出 版 说 明

由于网络应用越来越普及,信息化的社会已经呈现出越来越广阔的前景,可以肯定地说,在未来的社会中电子支付、电子银行、电子政务以及多方面的网络信息服务将深入到人类生活的方方面面。同时,随之面临的信息安全问题也日益突出,非法访问、信息窃取、甚至信息犯罪等恶意行为导致信息的严重不安全。信息安全问题已由原来的军事国防领域扩展到了整个社会,因此社会各界对信息安全人才有强烈的需求。

信息安全本科专业是 2000 年以来结合我国特色开设的新的本科专业,是计算机、通信、数学等领域的交叉学科,主要研究确保信息安全的科学和技术。自专业创办以来,各个高校在课程设置和教材研究上一直处于探索阶段。但各高校由于本身专业设置上来自于不同的学科,如计算机、通信和数学等,在课程设置上也没有统一的指导规范,在课程内容、深浅程度和课程衔接上,存在模糊不清、内容重叠、知识覆盖不全面等现象。因此,根据信息安全类专业知识体系所覆盖的知识点,系统地研究目前信息安全专业教学所涉及的核心技术的原理、实践及其应用,合理规划信息安全专业的核心课程,在此基础上提出适合我国信息安全专业教学和人才培养的核心课程的内容框架和知识体系,并在此基础上设计新的教学模式和教学方法,对进一步提高国内信息安全专业的教学水平和质量具有重要的意义。

为了进一步提高国内信息安全专业课程的教学水平和质量,培养适应社会经济发展需要的、兼具研究能力和工程能力的高质量专业技术人才。在教育部相关教学指导委员会专家的指导和建议下,清华大学出版社与国内多所重点大学共同对我国信息安全人才培养的课程框架和知识体系,以及实践教学内容进行了深入的研究,并在该基础上形成了"信息安全人才需求与专业知识体系、课程体系的研究"等研究报告。

本系列教材是在课程体系的研究基础上总结、完善而成,力求充分体现科学性、先进性、工程性,突出专业核心课程的教材,兼顾具有专业教学特点的相关基础课程教材,探索具有发展潜力的选修课程教材,满足高校多层次教学的需要。

本系列教材在规划过程中体现了如下一些基本组织原则和特点。

(1)反映信息安全学科的发展和专业教育的改革,适应社会对信息安全人才的培养需求,教材内容坚持基本理论的扎实和清晰,反映基本理论和原理的综合应用,在其基础上强调工程实践环节,并及时反映教学体系的调整和教学内容的更新。

(2)反映教学需要,促进教学发展。教材要适应多样化的教学需要,正确把握教学内容和课程体系的改革方向,在选择教材内容和编写体系时注意体现素质教育、创新能力与实践能力的培养,为学生知识、能力、素质协调发展创造条件。

(3) 实施精品战略,突出重点。规划教材建设把重点放在专业核心(基础)课程的教材建设上;特别注意选择并安排一部分原来基础比较好的优秀教材或讲义修订再版,逐步形成精品教材;提倡并鼓励编写体现工程型和应用型的专业教学内容和课程体系改革成果的教材。

(4) 支持一纲多本,合理配套。专业核心课和相关基础课的教材要配套,同一门课程可以有多本具有各自内容特点的教材。处理好教材统一性与多样化,基本教材与辅助教材、教学参考书,文字教材与软件教材的关系,实现教材系列资源的配套。

(5) 依靠专家,择优落实。在制定教材规划时依靠各课程专家在调查研究本课程教材建设现状的基础上提出规划选题。在落实主编人选时,要引入竞争机制,通过申报、评审确定主编。书稿完成后认真实行审稿程序,确保出书质量。

繁荣教材出版事业,提高教材质量的关键是教师。建立一支高水平的、以老带新的教材编写队伍才能保证教材的编写质量,希望有志于教材建设的教师能够加入到我们的编写队伍中来。

重点大学信息安全专业规划系列教材

联系人:魏江江 weijj@tup.tsinghua.edu.cn

前　　言

在信息安全专业的课程体系中,信息安全技术相关的开发实践是非常重要的环节。这类开发实践不仅能够培养学生的动手实践能力,激发对学习和钻研信息安全技术的兴趣和热情,还能在很大程度上加深对信息安全基本原理和技术的理解。

编者近年来负责上海交通大学信息安全专业软件课程设计的教学工作,该课程设计旨在通过进行相应的信息安全技术开发实践,来提高与信息安全相关的实践动手能力,从而加深对信息安全技术和相应信息安全工具的理解和掌握。在课程施教过程中,编者发现目前介绍信息安全原理和技术的书籍和教材很多,涉及信息安全技术和信息安全工具实现过程的书籍或教材却很少。难以找到一本合适的教材或参考书,指导学生顺利完成某类信息安全工具的开发,也不能在较短时间内搜集到进行信息安全技术开发实践所必备的知识。为了提高教学质量,帮助学生在较短时间内真正入手并顺利完成有关的信息安全技术开发实践,编者在综合多年科研及教学经验和成果的基础上撰写了本书,希望能够推动和促进国内信息安全专业在信息安全技术开发实践上的本科教育和课程建设。

信息安全是一门外延很广的学科,所涉及的信息安全技术众多。本书从中挑选出具有代表性且经常涉及到的四类信息安全技术进行实现解析和开发过程的探讨,这四类信息安全技术包括:Linux 内核级安全技术、网络防火墙技术、安全脆弱性检测技术、攻击检测技术。

本书分为上下两篇,上篇为"技术解析篇",下篇为"开发实践篇"。"技术解析篇"重点介绍这四类信息安全技术的基本概念和原理,并对进行相关信息安全技术开发实践所需要的关键方法和技术措施进行详细的探讨。"技术解析篇"是本书进行相关信息安全技术开发实践的基础,该篇内容与其他介绍信息安全技术原理的书籍明显不同在于,本书以引导读者进行相应的信息安全技术开发实践为目标导向,围绕如何开发相应的信息安全原型系统编写。

"技术解析篇"共包含 7 章,第 1 章"Linux 内核级安全开发基础"和第 2 章"Linux 内核级安全机制实现解析"系统性地阐述进行 Linux 内核级安全机制开发的基本原理和技术基础。第 3 章"网络防火墙功能与结构解析"、第 4 章"网络防火墙的技术类型"及第 5 章"各类型防火墙实现解析"从原理、技术到实现全面阐述开发实现目前主要类型网络防火墙所需的各种知识。第 6 章"系统脆弱性检测技术及实现解析"对安全脆弱性检测的作用和技术分类进行了详细的介绍,重点分析两种典型的脆弱性检测技术(即端口扫描技术和弱口令扫描技术)的原理及实现方法。第 7 章"入侵检测技术及实现解析"对入侵检测的主要技术和方法、入侵检测系统的工作原理和组成结构,以及入侵检测系统的实现技术进行详细的阐述。

"开发实践篇"以实例方式阐述如何实现信息安全技术和原型系统的开发实践,本篇共包含 10 章,每章阐述一个信息安全相关原型系统的具体开发过程。与"技术解析篇"对应,这 10 个开发实践分属于"技术解析篇"介绍的 4 类信息安全技术。"开发实践篇"中的第 8 章"基于 LSM 的文件访问控制原型实现"和第 9 章"基于系统调用重载的文件访问日志原型实现"属于 Linux 内核级安全机制开发类。第 10 章"内核模块包过滤防火墙的原型实现"、第 11 章"基于队列机制的应用层包过滤防火墙原型实现"、第 12 章"应用代理防火墙的原型实现"和第 13 章"透明代理防火墙的原型实现"属于网络防火墙开发类。第 14 章"端口扫描工具的原型实现"和第 15 章"弱口令扫描工具的原型实现"属于脆弱性检测技术开发类。第 16 章"基于特征串匹配的攻击检测系统原型实现"以及第 17 章"端口扫描检测系统的原型实现"则属于入侵检测系统开发类。本书中所有原型系统(或工具)的源代码均在 Linux 操作系统中调试通过,涉及到内核模块开发的原型系统对 Linux 内核版本有特定要求,在 Linux 系统的其他内核版本运行时需要进行相应的修改,对此有明确的说明。

为突出每种信息安全技术和原型系统实现的核心技术,"开发实践篇"中的每个开发实践过程都具有如下特点:①全部采用标准的 C 语言实现,不进行任何类库的封装,全面展示信息安全原型系统的底层核心实现技术;②开发实践中的源代码都经过针对性地提炼,尽可能精简读者比较熟悉且与核心技术关系不太密切的部分,如所有的原型系统全部采用最简单的命令行界面;③每个开发实践的 C 语言源代码控制在 200 行左右,同时配以详尽的注释,甚至包括函数间的调用关系图。

"开发实践篇"所实现的每个信息安全原型系统"刻意"包含最原始、最基本的安全功能,如对包过滤防火墙原型系统而言,只能支持一条包过滤规则,且该过滤规则只涉及源 IP 地址和目标 IP 地址。这一方面是因为本书旨在提高读者进行信息安全开发实践的动手能力,而不是向读者展示和提供一个功能完善的信息安全系统。另一方面,希望读者以本书的原型系统为基础进行相应的扩展开发实践,以切实提高自己的动手实践能力,为此本书特意对在原型系统上所能进行的后继扩展开发实践进行针对性阐述(见每章中的"扩展开发实践"部分),以引导读者在这些原型系统的基础上完成相应的扩展开发实践。

本书首要用途为信息安全技术开发实践或课程设计的教材,这也是作者撰写本书的初衷。任课教师可在讲解完原型系统的实现后,让学生在原型系统的基础上自行进行相关的扩展开发实践。因此本书在附录 A 中对所有的扩展开发实践题目进行了汇总,以方便任课教师组织学生选择他们感兴趣的扩展开发实践。本书也可作为信息安全原理和技术相关课程的参考书,通过研读本书中信息安全原型系统的实现技术及相关源代码,可加深学生对信息安全基本技术和原理的理解和掌握。

在阐述信息安全技术的具体开发实践过程中,本书以实例的形式向读者展示了十几种操作系统和网络相关的常用开发技术,因此本书也适合从事相关软件开发的工程师和技术人员参阅。这些开发技术主要包括 Linux 的内核模块开发、Linux 的字符设备驱动开发、Linux 安全模块(即 LSM)开发、Linux 的系统调用重载、基于 Netlink 通信的编程、基于 Netfilter 机制截获和控制 IP 报文、原始套接字编程、基于 Libpcap 的 IP 报文获取技术、基于 Libnet 的底层协议报文组装技术、多线程编程技术、Web 代理服务器实现技术以及透明代理服务器实现技术等。

本书由訾小超主持编写和统稿,李建华教授主审。本书中的开发实践题目和章节结构由薛质教授精选及确定,訾小超负责完成第 1～5 章、第 8～13 章的编写,姚立红负责完成第 6～7 章、第 14～17 章的编写,薛质、蒋兴浩、潘理分别协助完成第 8～9 章、第 10～13 章及第 14～15 章的编写。蒋璐瑶、蔡汶楷、许可同学分别协助进行第 10～11 章、第 16 章、第 17 章的程序调试和材料整理。另外,夏业添同学参与了开发技术细节的程序验证工作。

本书编写过程得到上海交通大学信息安全工程学院领导和老师的大力支持,他们就本书的内容组织提出了很多宝贵的建议,在此深表感谢。本书的开发实践基本都源自于信息安全专业本科生的课程设计作业或科研创新项目,一些开发实践的源程序是在学生作业的基础上完善、修改而成。特别感谢修读软件课程设计的 05、06、07 级本科学生,以及参加编者指导的各类科研创新项目的同学。另外,个别原型系统的实现借鉴信息安全论坛一些开源软件的技术思路,在此一并致谢。

由于编者水平有限,再加上国内的信息安全开发实践课程和教材建设尚处于探索阶段,以及信息安全技术的快速发展,书中难免会存在一些错误和不足,恳请各位学者及读者批评指正,编者不胜感激。

编　者

2011 年 5 月

目　　录

上篇　技术解析篇

第 1 章　Linux 内核级安全开发基础 ………………………………………………… 3

1.1　操作系统体系结构概述 …………………………………………………………… 4
  1.1.1　单体式结构 ………………………………………………………………… 4
  1.1.2　微内核结构 ………………………………………………………………… 5
1.2　Linux 的动态内核模块机制 ……………………………………………………… 5
  1.2.1　动态内核模块机制概述 …………………………………………………… 5
  1.2.2　Linux 内核模块的加载和卸载 …………………………………………… 6
1.3　Linux 内核模块开发方法 ………………………………………………………… 7
  1.3.1　源代码组成 ………………………………………………………………… 7
  1.3.2　外部符号引用 ……………………………………………………………… 7
  1.3.3　编译和运行模式 …………………………………………………………… 8
  1.3.4　调试和信息输出 …………………………………………………………… 9
1.4　Linux 系统调用概述 ……………………………………………………………… 9
  1.4.1　系统调用与系统安全 ……………………………………………………… 9
  1.4.2　系统调用的服务功能 ……………………………………………………… 10
1.5　Linux 系统调用的实现 …………………………………………………………… 11
  1.5.1　系统调用入口地址表 ……………………………………………………… 11
  1.5.2　中断机制和系统调用实现 ………………………………………………… 11
  1.5.3　Linux 系统调用的实现过程 ……………………………………………… 12
1.6　应用程序和内核模块的信息交互方式 …………………………………………… 13
  1.6.1　Netlink 机制 ……………………………………………………………… 13
  1.6.2　创建设备文件 ……………………………………………………………… 14
  1.6.3　添加系统调用 ……………………………………………………………… 15
1.7　本章小结 …………………………………………………………………………… 15
习题 ……………………………………………………………………………………… 16

第 2 章　Linux 内核级安全机制实现解析 ································· 18

　2.1　Linux 的安全模块(LSM)机制 ····························· 19

　　　2.1.1　LSM 机制的出现背景 ····························· 19

　　　2.1.2　LSM 机制的实现原理 ····························· 19

　　　2.1.3　LSM 机制中钩子函数的注册 ····················· 20

　　　2.1.4　钩子函数的参数传递 ····························· 21

　2.2　基于 LSM 的 Linux 内核级安全机制实现 ················· 21

　　　2.2.1　基于 LSM 的内核级安全机制实现概述 ············· 21

　　　2.2.2　访问监视类安全机制的实现 ····················· 22

　　　2.2.3　访问控制类安全机制的实现 ····················· 22

　　　2.2.4　数据转换类安全机制的实现 ····················· 23

　2.3　Linux 系统调用重载技术 ······························· 23

　　　2.3.1　系统调用重载的概念 ····························· 23

　　　2.3.2　系统调用重载的实现技术 ······················· 24

　　　2.3.3　系统调用重载中的参数传递 ····················· 24

　2.4　基于系统调用重载的内核级安全机制实现 ··············· 25

　　　2.4.1　基于系统调用重载的内核级安全机制实现概述 ····· 25

　　　2.4.2　访问监视类安全机制的实现 ····················· 26

　　　2.4.3　访问控制类安全机制的实现 ····················· 26

　　　2.4.4　数据转换类安全机制的实现 ····················· 27

　2.5　基于 LSM 的文件访问控制实现解析 ····················· 27

　　　2.5.1　原有文件访问控制机制概述 ····················· 28

　　　2.5.2　基于 LSM 的文件访问控制实现结构 ··············· 28

　2.6　基于系统调用重载的文件访问日志实现解析 ············· 30

　　　2.6.1　Linux 的日志系统概述 ·························· 30

　　　2.6.2　基于系统调用重载的文件访问日志 ··············· 30

　2.7　本章小结 ··· 31

　习题 ··· 32

第 3 章　网络防火墙功能与结构解析 ··························· 33

　3.1　网络防火墙的基本概念 ································· 33

　3.2　防火墙的网络访问控制功能 ····························· 33

　3.3　访问控制功能的实现要素 ······························· 34

　　　3.3.1　访问控制规则的配置 ····························· 34

　　　3.3.2　基于访问控制规则的访问判决 ··················· 36

　　　3.3.3　网络访问判决的实施 ····························· 36

　3.4　网络防火墙的逻辑结构 ································· 37

　　　3.4.1　访问控制规则配置模块 ························· 37

　　　3.4.2　访问控制规则数据库 ································· 38

　　　3.4.3　网络访问截获和控制模块 ························· 38

　　　3.4.4　网络访问判决模块 ································· 38

　　3.5　网络防火墙接入的协议层次 ····························· 39

　　　3.5.1　非代理模式下的协议处理流程 ···················· 39

　　　3.5.2　代理模式下的协议处理流程 ······················ 40

　　　3.5.3　网络防火墙的 IP 层接入 ························· 42

　　　3.5.4　网络防火墙的应用代理接入 ······················ 43

　　3.6　网络访问的控制粒度 ·································· 43

　　3.7　本章小结 ··· 44

　　习题 ·· 45

第 4 章　网络防火墙的技术类型 ································· 46

　　4.1　包过滤防火墙原理及特征 ······························ 46

　　　4.1.1　包过滤防火墙工作原理 ·························· 46

　　　4.1.2　包过滤防火墙工作流程 ·························· 47

　　　4.1.3　包过滤防火墙的优缺点 ·························· 47

　　4.2　应用代理防火墙原理与特征 ···························· 48

　　　4.2.1　应用代理防火墙工作原理 ························ 48

　　　4.2.2　应用代理防火墙工作流程 ························ 49

　　　4.2.3　应用代理防火墙的优缺点 ························ 49

　　4.3　透明代理防火墙原理及特征 ···························· 50

　　　4.3.1　透明代理防火墙的技术背景 ······················ 50

　　　4.3.2　透明代理防火墙技术解析 ························ 51

　　　4.3.3　透明代理防火墙工作原理 ························ 52

　　　4.3.4　透明代理防火墙的功能特征 ······················ 53

　　4.4　防火墙技术类型的新发展 ······························ 53

　　4.5　本章小结 ··· 54

　　习题 ·· 55

第 5 章　各类型防火墙实现解析 ································· 56

　　5.1　防火墙实现基础：Netfilter 机制 ······················· 57

　　　5.1.1　Netfilter 概述 ······························· 57

　　　5.1.2　Netfilter 机制的运行原理 ······················ 58

　　　5.1.3　Netfilter 功能种类 ··························· 59

　　5.2　Linux 内置包过滤防火墙 ······························ 60

　　　5.2.1　Linux 内置包过滤防火墙概述 ··················· 60

　　　5.2.2　Linux 内置包过滤防火墙的构建 ················· 61

　　　5.2.3　过滤规则配置及测试 ·························· 62

　　　　5.2.4　Linux 内置包过滤防火墙的管理 ……………………………… 63

　　5.3　基于内核模块的包过滤防火墙实现解析 ……………………………… 64

　　5.4　基于 Netfilter 队列机制的防火墙实现解析 ………………………… 65

　　5.5　应用代理防火墙实现解析 ……………………………………………… 66

　　5.6　透明代理防火墙实现解析 ……………………………………………… 67

　　5.7　本章小结 ………………………………………………………………… 68

　　习题 …………………………………………………………………………… 69

第 6 章　系统脆弱性检测技术及实现解析 ……………………………………… 71

　　6.1　安全脆弱性检测概述 …………………………………………………… 71

　　6.2　脆弱性检测的技术分类 ………………………………………………… 72

　　　　6.2.1　基于主机的脆弱性检测 ……………………………………… 72

　　　　6.2.2　基于网络的脆弱性检测 ……………………………………… 73

　　6.3　端口扫描的基本原理和技术 …………………………………………… 74

　　　　6.3.1　全连接扫描技术解析 ………………………………………… 74

　　　　6.3.2　半连接扫描技术解析 ………………………………………… 75

　　　　6.3.3　结束连接(FIN)扫描技术解析 ……………………………… 76

　　　　6.3.4　UDP 端口扫描技术解析 …………………………………… 77

　　6.4　端口扫描的实现解析 …………………………………………………… 77

　　　　6.4.1　原始套接字及编程 …………………………………………… 78

　　　　6.4.2　Libnet 和 Libpcap 库函数编程 …………………………… 79

　　6.5　弱口令扫描技术基本原理 ……………………………………………… 82

　　　　6.5.1　口令认证方式解析 …………………………………………… 82

　　　　6.5.2　弱口令扫描的基本原理 ……………………………………… 83

　　6.6　Linux 下弱口令扫描实现解析 ………………………………………… 84

　　　　6.6.1　口令信息的保存 ……………………………………………… 84

　　　　6.6.2　口令的加密方式 ……………………………………………… 85

　　　　6.6.3　弱口令扫描的场景和流程 …………………………………… 85

　　6.7　本章小结 ………………………………………………………………… 86

　　习题 …………………………………………………………………………… 86

第 7 章　入侵检测技术及实现解析 ……………………………………………… 88

　　7.1　入侵检测概述 …………………………………………………………… 88

　　7.2　入侵检测的主要技术 …………………………………………………… 89

　　　　7.2.1　误用检测 ……………………………………………………… 89

　　　　7.2.2　异常检测 ……………………………………………………… 90

　　7.3　主机入侵检测和网络入侵检测 ………………………………………… 91

　　　　7.3.1　主机入侵检测 ………………………………………………… 91

　　　　7.3.2　网络入侵检测 ………………………………………………… 92

7.4 入侵检测系统的实现技术解析 ················· 93

　　7.4.1 入侵检测系统的工作原理 ············· 93

　　7.4.2 判定入侵的依据 ··················· 93

　　7.4.3 入侵检测算法的实现方式 ············· 95

　　7.4.4 系统预知特征的获取方式 ············· 95

　　7.4.5 入侵检测系统的实现结构 ············· 96

　　7.4.6 网络入侵检测系统的接入方式 ·········· 97

7.5 网络入侵检测系统实例及实现解析 ············· 98

　　7.5.1 基于特征串匹配的网络攻击检测解析 ······ 99

　　7.5.2 针对端口扫描的攻击检测系统解析 ······· 100

7.6 本章小结 ························ 100

习题 ····························· 101

下篇　开发实践篇

第8章　基于LSM的文件访问控制原型实现 ············· 105

8.1 原型系统的总体设计 ··················· 105

8.2 配置程序的实现 ····················· 106

　　8.2.1 程序用到的库函数 ················· 106

　　8.2.2 源码与注释 ···················· 107

8.3 LSM内核控制模块的实现 ················· 108

　　8.3.1 涉及到的外部函数及结构体 ··········· 108

　　8.3.2 头文件、全局变量及函数声明 ·········· 111

　　8.3.3 函数功能设计 ··················· 113

　　8.3.4 函数实现与注释 ················· 114

8.4 编译、运行及测试 ···················· 116

　　8.4.1 编译方法和过程 ················· 116

　　8.4.2 运行及测试环境配置 ··············· 117

　　8.4.3 文件操作控制功能的测试 ············· 119

8.5 扩展开发实践 ······················ 120

　　8.5.1 基于LSM的程序运行权限管理 ········· 120

　　8.5.2 基于LSM的程序完整性保护 ·········· 122

　　8.5.3 基于LSM的网络连接控制 ··········· 123

　　8.5.4 基于LSM的基本型文件保险箱 ········· 123

　　8.5.5 基于LSM的系统级资源访问审计 ······· 124

8.6 本章小结 ························ 125

习题 ····························· 125

第 9 章　基于系统调用重载的文件访问日志原型实现 ················· 127

　9.1　原型系统的总体设计 ··································· 127

　9.2　内核日志模块的实现 ··································· 128

　　　9.2.1　涉及的外部函数及结构 ·························· 129

　　　9.2.2　头文件、全局变量及声明 ························ 131

　　　9.2.3　函数组成和功能设计 ··························· 132

　　　9.2.4　函数实现与注释 ······························· 135

　9.3　日志应用程序的实现 ··································· 139

　　　9.3.1　程序功能及实现思路 ··························· 139

　　　9.3.2　涉及的库函数和结构体 ························· 139

　　　9.3.3　头文件及全局变量 ····························· 141

　　　9.3.4　函数组成及功能设计 ··························· 142

　　　9.3.5　函数实现与注释 ······························· 142

　9.4　编译、运行及测试 ····································· 145

　　　9.4.1　编译方法和过程 ······························· 145

　　　9.4.2　文件操作日志测试 ····························· 146

　9.5　扩展开发实践 ··· 148

　　　9.5.1　基于系统调用重载的系统级资源访问审计 ········ 148

　　　9.5.2　基于系统调用重载的访问控制类开发实践 ········ 149

　　　9.5.3　基于系统调用重载的加密型文件保险箱 ·········· 150

　　　9.5.4　基于系统调用重载的日志原型系统的移植 ········ 151

　9.6　本章小结 ··· 151

　习题 ··· 152

第 10 章　内核模块包过滤防火墙的原型实现 ···················· 153

　10.1　原型系统的总体设计 ·································· 153

　　　10.1.1　规则配置程序的设计 ·························· 153

　　　10.1.2　内核模块的设计 ······························ 155

　10.2　规则配置程序的实现 ·································· 155

　　　10.2.1　用到的库函数 ································· 155

　　　10.2.2　规则配置程序的函数组成 ······················ 156

　　　10.2.3　头文件和全局变量 ···························· 157

　　　10.2.4　函数的源代码实现 ···························· 157

　10.3　内核控制模块的实现 ·································· 160

　　　10.3.1　外部函数及结构 ······························ 160

　　　10.3.2　头文件、全局变量及声明 ······················ 163

　　　10.3.3　函数组成及功能设计 ·························· 164

　　　10.3.4　函数实现与注释 ······························ 166

10.4 编译、运行及测试 ……………………………………………………… 171
    10.4.1 编译方法和过程 ………………………………………………… 171
    10.4.2 测试环境说明 …………………………………………………… 171
    10.4.3 功能测试过程 …………………………………………………… 172
10.5 扩展开发实践 …………………………………………………………… 173
    10.5.1 内核模块包过滤防火墙的控制功能扩展 ……………………… 174
    10.5.2 内核模块包过滤防火墙原型系统的移植 ……………………… 174
    10.5.3 基于 Netfilter 的网络加密通信系统 …………………………… 175
    10.5.4 内核模块包过滤防火墙的攻击检测功能扩展 ………………… 175
10.6 本章小结 ………………………………………………………………… 176
习题 …………………………………………………………………………… 176

第 11 章　基于队列机制的应用层包过滤防火墙原型实现 ……………………… 178

11.1 原型系统的总体设计 …………………………………………………… 178
    11.1.1 应用层 IP 报文获取方案 ……………………………………… 178
    11.1.2 功能和结构设计 ………………………………………………… 179
    11.1.3 运行方式 ………………………………………………………… 179
11.2 原型系统的实现 ………………………………………………………… 180
    11.2.1 外部库函数 ……………………………………………………… 180
    11.2.2 头文件和全局变量 ……………………………………………… 180
    11.2.3 函数组成及功能设计 …………………………………………… 181
    11.2.4 函数实现和注释 ………………………………………………… 183
11.3 编译、运行及测试 ……………………………………………………… 189
    11.3.1 编译环境、方法和过程 ………………………………………… 189
    11.3.2 测试环境 ………………………………………………………… 190
    11.3.3 防火墙的功能测试 ……………………………………………… 190
11.4 扩展开发实践 …………………………………………………………… 193
    11.4.1 应用层包过滤防火墙的控制功能扩展 ………………………… 194
    11.4.2 应用层包过滤防火墙的 Netlink 通信 ………………………… 194
    11.4.3 应用层包过滤防火墙的报文内容变换扩展 …………………… 195
    11.4.4 应用层包过滤防火墙的攻击检测功能扩展 …………………… 195
11.5 本章小结 ………………………………………………………………… 195
习题 …………………………………………………………………………… 196

第 12 章　应用代理防火墙的原型实现 ………………………………………… 197

12.1 原型系统的总体设计 …………………………………………………… 197
    12.1.1 原型系统的功能设计 …………………………………………… 197
    12.1.2 原型系统的逻辑结构 …………………………………………… 198
    12.1.3 程序运行方式 …………………………………………………… 198

　　12.2　原型系统的实现 ……………………………………………………………… 199
　　　　12.2.1　主要库函数 ……………………………………………………………… 199
　　　　12.2.2　头文件及全局变量 ……………………………………………………… 200
　　　　12.2.3　函数功能与设计 ………………………………………………………… 200
　　　　12.2.4　主线程实现 ……………………………………………………………… 201
　　　　12.2.5　子线程实现 ……………………………………………………………… 203
　　12.3　编译、运行与测试 ……………………………………………………………… 206
　　　　12.3.1　编译和运行 ……………………………………………………………… 206
　　　　12.3.2　测试环境设置 …………………………………………………………… 206
　　　　12.3.3　测试过程 ………………………………………………………………… 207
　　12.4　扩展开发实践 …………………………………………………………………… 208
　　　　12.4.1　应用代理防火墙的控制功能扩展 …………………………………… 208
　　　　12.4.2　应用代理防火墙的缓存机制支持 …………………………………… 209
　　　　12.4.3　应用代理防火墙的消息变换功能扩展 ……………………………… 209
　　　　12.4.4　应用代理防火墙的审计功能扩展 …………………………………… 210
　　　　12.4.5　应用代理防火墙的 FTP 支持扩展 ………………………………… 210
　　12.5　本章小结 ………………………………………………………………………… 211
　　习题 …………………………………………………………………………………… 211

第 13 章　透明代理防火墙的原型实现 ……………………………………………… 213
　　13.1　透明代理防火墙的关键技术解析 …………………………………………… 213
　　　　13.1.1　目标服务器标识获取 ………………………………………………… 214
　　　　13.1.2　至客户端的源地址重定向 …………………………………………… 214
　　13.2　原型系统的总体设计 ………………………………………………………… 215
　　　　13.2.1　原型系统的功能设计 ………………………………………………… 215
　　　　13.2.2　原型系统的逻辑结构 ………………………………………………… 216
　　　　13.2.3　原型系统运行方式 …………………………………………………… 216
　　13.3　原型系统的实现 ……………………………………………………………… 217
　　　　13.3.1　关键库函数 …………………………………………………………… 217
　　　　13.3.2　头文件及全局变量 …………………………………………………… 218
　　　　13.3.3　函数组成和功能设计 ………………………………………………… 218
　　　　13.3.4　主线程代码实现与注释 ……………………………………………… 219
　　　　13.3.5　子线程代码实现与注释 ……………………………………………… 221
　　13.4　编译、运行与测试 ……………………………………………………………… 223
　　　　13.4.1　测试环境设置 ………………………………………………………… 223
　　　　13.4.2　编译和运行 …………………………………………………………… 224
　　　　13.4.3　测试过程 ……………………………………………………………… 224
　　13.5　扩展开发实践 ………………………………………………………………… 226
　　　　13.5.1　透明代理防火墙的多规则支持和动态配置扩展 …………………… 226

　　　13.5.2　透明代理防火墙的 HTTP 协议解析与控制扩展 ················· 227
　　　13.5.3　透明代理防火墙的 FTP 协议解析与控制扩展 ·················· 227
　　　13.5.4　透明代理防火墙的网页缓存扩展 ·············· 227
　　　13.5.5　透明代理防火墙的 HTTP 消息变换扩展 ·············· 228
　13.6　本章小结 ················ 228
　习题 ················ 228

第 14 章　端口扫描工具的原型实现 ················ 230

　14.1　原型工具的总体设计 ················ 230
　　　14.1.1　功能及实现方案 ················ 230
　　　14.1.2　原型工具的运行方式 ················ 230
　14.2　原型工具的实现 ················ 231
　　　14.2.1　主要头文件及宏定义 ················ 231
　　　14.2.2　主要数据结构 ················ 232
　　　14.2.3　函数组成和功能设计 ················ 233
　　　14.2.4　函数源代码与注释 ················ 235
　14.3　编译、运行和测试 ················ 241
　　　14.3.1　端口扫描工具的编译 ················ 242
　　　14.3.2　对 Linux 系统的扫描测试 ················ 242
　　　14.3.3　对 Windows 系统的扫描测试 ················ 243
　14.4　扩展开发实践 ················ 244
　　　14.4.1　UDP 扫描扩展实现 ················ 245
　　　14.4.2　全连接扫描的多线程扩展 ················ 245
　　　14.4.3　端口扫描原型工具的扫描功能扩展 ················ 245
　14.5　本章小结 ················ 246
　习题 ················ 246

第 15 章　弱口令扫描工具的原型实现 ················ 247

　15.1　原型工具的总体设计 ················ 247
　　　15.1.1　原型工具的输入 ················ 247
　　　15.1.2　口令加密方式 ················ 247
　　　15.1.3　原型工具的运行方式 ················ 247
　15.2　原型工具的实现 ················ 248
　　　15.2.1　头文件和数据结构 ················ 248
　　　15.2.2　函数组成和功能设计 ················ 248
　　　15.2.3　函数源代码和注释 ················ 249
　15.3　编译、运行与测试 ················ 251
　15.4　扩展开发实践 ················ 252
　　　15.4.1　弱口令扫描的功能增强扩展 ················ 252

　　　15.4.2　针对 Windows 系统的弱口令扫描实现 ……………………… 252
　15.5　本章小结 …………………………………………………………… 253
　习题 ………………………………………………………………………… 253

第 16 章　基于特征串匹配的攻击检测系统原型实现 ……………………… 254

　16.1　原型系统的总体设计 ……………………………………………… 254
　　　16.1.1　检测功能概述 ……………………………………………… 254
　　　16.1.2　TCP 数据包的获取方案 …………………………………… 255
　　　16.1.3　特征串匹配算法 …………………………………………… 255
　　　16.1.4　程序运行方式 ……………………………………………… 256
　16.2　原型系统的实现 …………………………………………………… 256
　　　16.2.1　主要头文件 ………………………………………………… 256
　　　16.2.2　主要数据结构 ……………………………………………… 256
　　　16.2.3　使用的全局变量 …………………………………………… 257
　　　16.2.4　函数组成和调用关系 ……………………………………… 257
　　　16.2.5　函数源代码与注释 ………………………………………… 259
　16.3　编译及运行测试 …………………………………………………… 261
　　　16.3.1　编译方式 …………………………………………………… 262
　　　16.3.2　运行与测试 ………………………………………………… 262
　16.4　扩展开发实践 ……………………………………………………… 263
　　　16.4.1　原型系统的抗逃避检测扩展 ……………………………… 263
　　　16.4.2　原型系统的特征串匹配算法改进 ………………………… 264
　　　16.4.3　原型系统的检测准确性扩展 ……………………………… 265
　16.5　本章小结 …………………………………………………………… 265
　习题 ………………………………………………………………………… 266

第 17 章　端口扫描检测系统的原型实现 ………………………………… 267

　17.1　原型系统的总体设计 ……………………………………………… 267
　　　17.1.1　原型系统的功能及实现原理 ……………………………… 267
　　　17.1.2　程序运行方式 ……………………………………………… 268
　17.2　原型系统的实现 …………………………………………………… 268
　　　17.2.1　主要头文件及宏定义 ……………………………………… 268
　　　17.2.2　主要数据结构 ……………………………………………… 269
　　　17.2.3　使用的全局变量 …………………………………………… 270
　　　17.2.4　函数组成和功能设计 ……………………………………… 270
　　　17.2.5　函数源代码与注释 ………………………………………… 271
　17.3　编译及运行测试 …………………………………………………… 275
　　　17.3.1　编译 ………………………………………………………… 275
　　　17.3.2　运行与测试 ………………………………………………… 276

17.4　扩展开发实践 ··· 277

17.4.1　原型系统的检测准确性改善 ····················· 277

17.4.2　针对 FIN 扫描检测扩展 ························· 278

17.4.3　针对 UDP 端口扫描检测扩展 ·················· 278

17.4.4　针对半连接攻击的检测扩展 ····················· 278

17.5　本章小结 ··· 278

习题 ··· 279

附录 A　扩展开发实践题目汇总 ·································· 280

参考文献 ··· 291

上篇　技术解析篇

　　本篇是"开发实践篇"的基础篇，主要从实现角度来解析典型的信息安全技术。该篇共包含如下 7 章内容，详细阐述 4 类信息安全技术，分别对应"开发实践篇"中相应类型的开发实践。

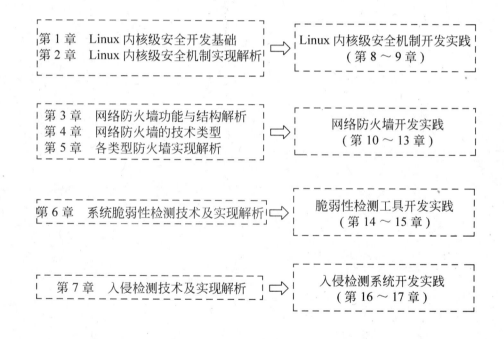

第1章 Linux 内核级安全开发基础

为了安全性以及使用方便等考虑,操作系统将设备、文件等相关资源的访问统一进行管理,因而应用程序对系统中很多重要的资源(文件、网络数据、设备等)不能直接进行访问,只能借助于操作系统提供的服务接口(系统调用、API 等),应用程序通过调用操作系统的服务接口来完成资源访问操作。

Linux 系统在接收到应用程序的资源访问服务请求后,通常并不会无约束地立即为应用程序完成资源访问服务,而是先要进行一定的访问控制判断,然后根据判断结果再决定是提供资源访问服务还是拒绝该服务。Linux 所支持的资源访问控制规则都是在操作系统设计和实现中预先定义好的,如对文件访问时,按文件主、组用户、其他用户 3 类访问用户进行自主式的访问控制。这种访问控制机制能够满足大多数情况下的安全需求,然而作为实现系统安全的基础软件,在一些情况下如果能够提供特殊的访问控制,则能在很大程度上提高系统的安全特性,如从操作系统层限定任何情况下都不能删除(或修改)某目录下的文件等。

由于程序的资源访问都需要经过操作系统,在操作系统中可以很方便地进行相应的资源访问监视。Linux 作为一个通用的操作系统,考虑到其效率和性能,目前 Linux 内核只是记录了启动流程、设备异常等,并没有对每个资源的访问进行记录。而对一些具有特定安全需求的操作系统而言,有必要对其上所运行应用程序的资源访问进行记录。

无论是实现系统级的资源访问监控,还是实现新的资源访问控制方式,都涉及到对 Linux 操作系统的修改。Linux 操作系统作为一个开源软件,可以下载并修改其源代码,从而实现所需要的资源访问监视和资源访问控制,这种方式实现复杂,且移植性较差。

所幸的是 Linux 支持动态内核模块机制,可以将资源访问监控或控制实现为一个单独的 Linux 内核模块。在 Linux 系统运行的时候,只要将新编制的内核模块动态加载到 Linux 系统中,Linux 系统就能支持相应的资源访问监视和控制功能。

进行 Linux 内核层次的安全技术编程和开发实践,需要深入了解 Linux 操作系统的体系结构,以及 Linux 内核模块的运行原理和开发方法。在 Linux 内核级安全机制开发中,内核模块实现相应的安全功能后,使用者(或安全管理员)通常要通过应用配置程序进行安全功能配置,应用配置程序如何将配置信息传递给内核模块是一个需要重点考虑的关键技术。另外,作为操作系统内核向应用程序提供的服务接口,系统调用在操作系统的安全机制实现中占有非常重要的地位。

鉴于此,在后面章节具体讨论 Linux 内核级安全技术和开发实践之前,这里先行介绍与 Linux 内核级安全开发相关的概念、原理和技术,具体包括:操作系统的体系结构,Linux 动态内核模块机制及开发方法,Linux 系统调用接口的原理及实现,以及应用程序与内核模块之间的信息交互方式。

1.1　操作系统体系结构概述

操作系统作为计算机的系统平台软件,其开发和研制特点与一般的应用程序存在明显的区别。首先,操作系统的软件规模大,复杂度高,且运行效率要求高。其次,操作系统负责管理各种计算机硬件,并且生命周期长,随着硬件种类的发展,操作系统在其生命周期中需要不断地对其进行维护,以扩充新的功能或支持新的硬件。

为了便于开发和维护操作系统,需要在操作系统设计之初采用合理的软件体系结构,以提高操作系统的运行效率,降低开发难度,并提供良好的可维护性及可扩展性。操作系统从19 世纪 60 年代出现至今约 50 年的发展历程中,出现了多种的操作系统体系结构,其中单体式结构和微内核结构是最有影响而又被普遍采用的操作系统体系结构。

1.1.1　单体式结构

单体式结构(又称单内核结构)是最常用的操作系统体系结构。具有单体式结构的操作系统,其整个系统就是一堆过程的集合,每个过程都可以调用任意的其他过程。使用这种技术时,系统中的每一过程都有一个定义完好的接口,即过程的入口参数和返回值,而且过程之间的调用不受约束。

在单体式系统中,为了构造最终的操作系统目标程序,开发人员首先将一些独立的过程进行编译,然后用链接程序将其链接在一起成为一个单独的目标程序。从信息隐藏的观点看,它没有任何程序的隐藏——每个过程都对其他过程可见。单体式结构具有明显的优点,采用单体式结构的系统,其运行效率非常高。然而,单体式结构也存在很多的问题,很多优点的背后也恰好隐藏了缺点:

- 从系统中各过程间的调用许可来看,各模块(或过程)间没有一个清晰的调用关系,各模块间能随意调用。因此它们之间形成了非常复杂的调用关系,互相依赖且毫无次序。这样一种复杂的调用,使得模块间的关系扑朔迷离、难以理解,系统的正确性难以保证。另外,模块间关系紧密,某一模块的错误会造成很大的影响面,因此系统中的错误在一个模块表现出来,但其根源可能在别的模块,难以查找和消除。
- 系统不便于维护和扩充。由于模块间的关系密切,因此某一模块功能的变更或扩充,都将可能引起接口的改变,而接口的改变又会影响到与此有关的各模块的变动,这种牵一发而动全身的态势,会给系统的扩充、移植等工作带来诸多麻烦。
- 系统运行时冗余模块占用系统资源。由于具有单体式结构的操作系统以一个单独的目标程序存在,该程序中需要包含多种实用场景和硬件配置下的功能模块。在具体硬件上运行时,很多功能模块都是冗余的,这些冗余模块占用了系统资源,降低了系统运行的效率,同时对系统运行的稳定性也存在负面的影响。

单体式结构是一种出现较早且比较流行的操作系统体系结构,包括各版本的 UNIX、Linux 等操作系统都采用这种体系结构。显然,在采用单体式结构开发实际的操作系统时,尽管从技术角度允许各模块之间任意调用,研制者都会自觉地清晰定义每个模块的功能,以及它们之间的逻辑关系,尽量使得模块之间不随意调用,以尽可能地保证操作系统的正确性和可维护性等。

1.1.2　微内核结构

近来微内核的概念得到了广泛的关注。尽管不同的操作系统开发者对微内核有着不同的解释,微内核可以看作是一个小型的操作系统内核,它为操作系统的扩展提供了基于模块扩充的基础。

微内核的基本思想是:内核中仅存放那些最基本的内核操作系统功能,其他服务和应用则建立在微内核之外,在用户模式下运行。尽管哪些功能应该放在内核内实现,哪些服务应该放在内核外实现,在不同的操作系统设计中未必一样,但事实上过去在操作系统内核中的许多服务,现在已经成为与内核交互或相互间交互的外部子系统,这些服务主要包括设备驱动程序、文件系统、虚拟内存管理器、窗口系统和安全服务等。

微内核的流行是由于 Mach 操作系统成功地应用了该技术,这种技术提供了高度的灵活性和模块化。Windows NT 是另一个成功使用微内核技术的操作系统,除了模块化之外,还取得了很好的可移植性。Windows NT 的微内核包括一组紧凑的子系统,基于此在各种平台实现 Windows NT 操作系统就变得十分容易。

微内核结构的优点主要有如下几个方面:

- 交互接口的一致性。微内核结构对进程的请求提供了一致性接口,进程不必区别是内核级服务还是用户级服务,因为所有这些服务均借助消息传送机制提供。
- 可扩充性。在实际使用过程中,操作系统需要增加目前设计中没有的功能特性,如支持新硬件设备和新软件技术等。微内核结构具有可扩充性,它允许增加新服务,以及在相同功能范围中提供多种可选服务,服务的增加、修改和选择并不需要建立一个新的内核。
- 可移植性。随着各种各样硬件平台的出现,可移植性成为操作系统极具吸引力的一个特性。在微内核结构中,所有与特定 CPU 有关的代码均在内核中,因而把系统移植到一个新 CPU 上所需的修改较少。

微内核的一个潜在缺点是性能问题,微内核中的服务以消息传送机制提供,而建立消息和发送消息都需要花费一定的时间代价,同直接调用单个服务相比,接收消息和生成回答都要多花费时间。

1.2　Linux 的动态内核模块机制

1.2.1　动态内核模块机制概述

Linux 内核是一种单体式结构的内核,即整个系统是单一的大程序,内核中所有的功能部件都可以对其全部的内部数据结构和过程进行访问。单内核结构的一个显著问题在于系统功能的扩展性不好,因而在设计之初可能会实现较多的冗余功能,这些冗余功能的存在会影响到操作系统的运行效率和系统稳定性。

Linux 为了克服单内核结构的缺点,在采用系统模块化设计的同时,引入了支持内核模块动态加载机制,通过内核模块的扩展和动态加载实现操作系统功能的扩充。在一些内核模块不再使用时可以卸载该模块,以保证操作系统的运行效率和系统稳定性。

在这种机制下,Linux 内核由基本内核和一系列内核模块组成,基本内核中实现了操作系统的基本功能,每个内核模块实现单一的、可选的操作系统功能。系统启动时,首先加载基本内核,启动完成后,Linux 系统可以让用户按照需要动态地加载操作系统内核模块,当不再需要它们时,又可以将它们从内核中卸载。

Linux 内核模块一旦被加载,则它们和普通内核代码一样都是内核的一部分,具有与其他内核代码相同的权限与职责,因此 Linux 内核模块中的错误可能会导致内核崩溃。为保证内核模块的正确运行,内核模块应与所运行内核在接口约定上保持一致,否则内核模块中调用其他内核过程时可能会发生错误。因此内核使用严格的版本控制来对所加载的模块进行检查,以防止这种情况的发生。

动态可加载内核模块机制的好处在于让内核保持很小的尺寸,同时又非常灵活。比如在系统实际运行时,只是偶尔使用 VFAT 文件系统,所以将 VFAT 文件系统实现为一个独立的内核模块。当 mount(挂装)VFAT 分区时自动加载该内核模块。当卸载 VFAT 分区时,系统将检测到不再需要 VFAT 文件系统模块,从而将它从系统中卸载。此外,动态内核模块机制下,可以不通过重构内核并频繁重新启动的方式来尝试运行新内核代码,便于新设备驱动程序的编写和调试。

1.2.2　Linux 内核模块的加载和卸载

内核模块的加载方式有两种,一种是使用 insmod 命令手工加载模块,另外一种则是在需要时加载模块,即请求加载。当内核发现有必要加载某个内核模块时,如用户挂装了内核中不支持的文件系统时,内核将请求内核后台进程(kerneld)加载适当的模块。该内核后台进程仅仅是一个带有超级用户权限的系统进程,当系统启动时它也被启动,并为内核打开一个进程间通信(IPC)通道,系统需要执行相应任务时,利用该通道向 kerneld 发送消息。

利用 insmod 命令加载内核模块时,insmod 程序必须找到要求加载的内核模块文件,请求加载的内核模块一般被保存在目录/lib/modules/2.6.18(假定内核版本为 2.6.18)中。这些内核模块和系统中可执行程序一样是已链接的目标文件,但是它们被链接成可重定位映像,即映像没有被链接到在特定地址上运行。

新编写的内核模块中可以使用基本内核或者其他内核模块中定义的资源,如数据结构和函数等,也可以输出在本模块中定义的资源。所有能够被内核模块使用的资源,包括基本内核中定义的资源和新加载模块中定义的资源,被操作系统以内核输出符号表的形式统一管理。

在内核模块加载过程中,首先要在内核输出符号表中找到本模块用到的外部符号,如果有找不到定义的外部符号,或者找到外部符号但与所定义的类型不一致,系统则拒绝加载该模块,并提示用户加载错误。一旦内核模块加载成功,系统会将本模块输出的符号添加到内核输出符号表中,供以后加载的内核模块使用。如果一个内核模块(记作模块 A)中输出的符号被后加载的内核模块(记作模块 B)使用,相当于模块 B 依赖模块 A,或者说模块 A 被模块 B 引用。

当一个新模块加载到内核过程中,内核在检查该模块所使用的外部符号时,会增加定义这些外部符号的模块的引用记数。可以通过使用 ksyms 工具或者查看/proc/ksyms 来查看系统当前内核输出符号表中的内容。lsmod 命令可以列出系统中所有已加载的内核模块以及模块的引用计数。

　系统中已加载的内核模块可以通过使用 rmmod 命令来卸载,如果要卸载的内核模块正在被其他模块引用,Linux 系统则会拒绝卸载该模块,否则该模块被卸载后,其他模块仍在引用该模块中定义的符号,就会导致系统崩溃。一旦内核模块被成功卸载,Linux 不但会从内核输出符号表中删除在该模块中定义的外部符号,而且会检查该模块曾引用过的外部符号,将定义这些外部符号的模块的引用记数减 1。

　除手工卸载内核模块外,Linux 还支持内核模块的自动卸载,如果模块正在被引用时不能被自动卸载,只有在已加载模块的引用记数为 0 时,才自动从系统中卸载该模块。内核模块的自动卸载工作由内核后台进程 kerneld 完成,kerneld 在相应定时器每次到期时执行检查,将不再使用的已加载模块从系统中卸载。

1.3　Linux 内核模块开发方法

　无论是在编译和运行方式上,还是在函数组成上,内核模块的开发与很多经常接触到的应用程序开发存在本质性的区别。下面分别从四个方面,即源代码组成、外部符号(函数、变量等)引用、编译和运行模式、调试和信息输出,来详细阐述 Linux 内核模块的开发方法。

1.3.1　源代码组成

　Linux 动态内核模块一般需要包含三个部分:一是模块初始化部分,主要用于该模块的注册、各种数据和变量的初始化等,该部分以初始化函数的形式存在,在模块加载到内核运行时,系统会自动调用该函数完成该模块的初始化;二是模块的注销部分,主要完成各种资源的释放等,该部分以注销函数的形式出现,在模块从 Linux 内核卸载时,系统自动调用该函数,完成该模块的注销工作;三是模块的主体功能部分,用于实现该模块的具体功能,该部分通常以一组函数的形式存在,该部分的函数一般不会自动运行,在需要的时候由用户通过系统调用或其他的功能模块调用。

　一般而言,在实现内核模块时需要分别实现上述三个部分,进行相关实验的代码编制时不能遗忘任何一个部分。在用 C 语言编写应用程序时,main 函数是必不可少的,main 函数相当于应用程序的执行入口,缺少了 main 函数,应用程序的源代码就无法编译成可执行的目标程序。而对于内核模块编程而言,无需实现 main 函数,这一点要特别注意。

1.3.2　外部符号引用

　应用程序的开发通常需要调用一些外部的资源,如库函数、系统调用等,以实现较为复杂的程序功能,如输出一条信息到屏幕上、显示一个对话框等。同样 Linux 的内核模块编程也经常需要使用外部资源,不同的是应用程序中使用的外部资源是库函数或者系统调用,而对内核模块而言,要使用的外部资源是在 Linux 基本内核或其他内核模块中定义的资源(函数、全局变量等)等,如模块需要调用内核内存分配函数 kmalloc()来分配内存等。

正如在应用程序编程时需要了解所用库函数、系统调用的功能及其使用方式,内核模块编程中的一项重要工作是了解哪些外部函数(或全局变量)可以用来实现本模块功能,以及这些外部函数(或全局变量)的具体使用方式。在 Linux 系统运行中,ksyms 工具可以列出当前系统所能使用的所有外部符号(函数、全局变量等),进行内核模块开发时可以从中选取要使用的外部符号。

与应用程序编程所使用的库函数不同,基本内核或其他内核模块中定义的外部符号(简称为内核符号)缺乏相应的使用文档。比如 Linux 中可以通过 man(或 info)命令列出一个库函数详细的使用文档,包括函数名、函数功能、返回值类型、参数个数,以及每个参数的类型等。而 Linux 中的内核符号没有详细的使用文档,这给内核模块开发人员造成了很大困难。

通常可通过以下途径获得内核符号的引用方式:一是找到功能类似的开源内核模块的实现代码,参考其中内核符号的引用方式;二是以符号名为关键字,通过搜索引擎在 Internet 上查找该符号的使用方式;三是查询和浏览 Linux 操作系统的内核源代码,直接阅读相关函数和变量的声明和定义。

由于内核符号的定义在 Linux 各个内核版本间不尽相同,因此从网上查到的或者从其他开源软件中看到的内核符号使用方法,在用于自己的内核模块开发、编译或运行时出现问题也是很正常的,这时候需要参考内核源代码,以确认内核符号的正确用法,内核模块编程人员可在手边经常放置内核源代码以方便查阅。

1.3.3　编译和运行模式

对 x86 系列的处理器而言,存在 4 种运行模式,每种模式对应不同的执行权限级别,按执行权限级别从大到小的次序依次为 0、1、2、3,由于这些级别的执行权限像同心圆一样存在严格的包含关系,这些执行权限级别常被人称为运行环,即 0 环至 3 环共 4 个环。当 CPU 运行于 0 环时具有最高的权限,能够执行所有的指令和特权操作,如访问控制寄存器等,运行于 3 环时则权限最低,无法执行任何特权指令,也无法访问硬件。在这些运行环中,通常只用到两个环,即 0 环和 3 环,并将 CPU 运行在 0 环时称为 CPU 处于特权态,而将 CPU 运行在 3 环时称为 CPU 处于非特权态。

当代的操作系统(包含 Linux)在设计时密切配合了处理器的不同运行模式,让操作系统的内核代码运行在特权态,特权态又称管态、系统态或内核态,而让运行在操作系统之上的应用程序代码运行在非特权态,该态一般又称为目标态或用户态。

CPU 在不同模式运行时,其指令权限、内存地址解析方式等都存在本质区别。CPU 运行在系统态时,能够执行所有的系统指令,如开中断、关中断指令等,在寻址方式上采用实地址模式。CPU 运行在用户态时,指令集中有一部分指令,即特权指令,不能被执行,如果所执行的应用程序代码中包含特权指令,CPU 运行时将会出错,此外 CPU 在解析程序代码的指令地址和数据地址时采用虚地址方式。换言之,运行在不同 CPU 模式下的程序代码特性也存在不同,一段拟在用户态运行的代码,将其在系统态运行会出错。内核模块的代码在加载到系统内核后,将在 CPU 的系统态下执行。

从源程序的角度来看,系统态下的程序和用户态下的程序并没有本质的区别,只不过编译器会根据程序员的不同要求,生成适合系统态运行的目标代码,或生成适合在用户态运行的目标代码。

编制好内核模块对应的源程序后,在将源程序编译成目标代码模块 *.o(或 *.ko)文件时,要告知编译器需要编译的是内核模块的代码。具体方式是在 gcc 或 cc 选项中添加 D_MODULE,这样就能生成适合在系统态运行的 Linux 内核模块。在 2.6 内核版本的 Linux 下,内核模块编译涉及到很多的编译选项和预定义,Linux 内核提供了编译内核模块的工程文件模版,利用该模版(见 8.4 节)和 make 工具可方便地编译出内核模块。

1.3.4　调试和信息输出

在内核进行代码调试时,也可以借助相应的调试工具。目前看到的内核调试工具主要是 KDB,是由 SGI 公司开发的遵循通用公共授权(General Public License,GPL)的开放源码调试工具。官方发布的 Linux 内核并不包含 KDB,KDB 以内核源程序补丁的形式存在,通过修改内核源程序将调试器的源代码嵌入到内核中,从而提供方便的调试手段。因此要使用 KDB 进行调试,需要重新编译内核,使编译后的内核中包含 KDB 的调试器代码。显然 Linux 内核中代码调试要比一般的应用程序的调试更加复杂,因其涉及到硬件方面的信息,需要对硬件,尤其是 CPU 的寄存器结构等有一定的了解。另外 Linux 的并发机制也会给内核的代码调试带来一定的困难。需要的话可尝试使用 KDB 帮助自己进行内核代码调试工作。

多数程序页都有过不利用调试工具完成应用程序调试的实际经历,最常见的是在源代码中添加一些信息输出语句,来观察程序的具体执行过程以及某变量在特定运行时刻的值,如在 C 语言编制的应用程序中,可以调用基本 I/O 库中的各种库函数,如 printf 等,将信息输出到 console 控制台上。

在内核模块的调试过程中,也可以采用类似的调试技术。不过这些基本 I/O 库中的库函数只能被应用程序所调用,鉴于应用层和内核层运行机制的区别,这些函数不能被处于内核层的操作系统模块调用。在 Linux 基本内核中,定义了一个格式化输出的全局函数 printk(),内核模块可以调用该函数将获得的进程信息输出到控制台或日志文件中。该函数在头文件 include/linux/printk.h 中声明,调用该函数前,需要先将该头文件包含到实现内核模块的源文件中。

1.4　Linux 系统调用概述

作为操作系统中最为重要的概念,系统调用在 Linux 操作系统安全中占有非常重要的位置,理解系统调用的原理和实现过程对理解 Linux 操作系统安全,以及进行相应的安全机制开发具有重要作用。

1.4.1　系统调用与系统安全

在当代计算机体系结构中,操作系统内核运行在系统态,应用程序运行在用户态,从 CPU 的执行机制来看,运行在用户态的应用程序其权限是受到限制的,不能执行特权指令,不能直接对硬件进行操作。这种计算机体系结构有利于保证操作系统的安全性,实现了计算机系统运行的稳定性和安全性,因为应用程序的可靠性和安全性通常比较低,如果任由应用程序执行特权指令或访问硬件,很容易导致计算机系统崩溃。回顾 CPU 8086 时代,无用户态和系统态之分,其上的 DOS 操作系统和应用程序具有相同的执行权限,应用程序可以任意破坏系统。

禁止应用程序执行特权指令和访问硬件保证了系统的安全性,但这同时带来了另外一个问题,在很多时候应用程序为了应用任务,需要执行相应的特权操作或硬件访问操作,如应用程序需要访问磁盘来保存自己的计算数据,这样仅靠应用程序自身的代码功能就无法完成该应用任务。

解决上述问题的思路是,操作系统为应用程序提供相应的服务,应用程序利用操作系统提供的服务来间接完成所需要的特权操作或硬件访问操作,操作系统在提供服务前进行相应的安全控制检查,检查通过后提供相应的特权操作或硬件访问操作。这样既保证了系统的安全性,又满足了应用程序访问系统资源的需求。

因此作为应用程序运行平台的支撑软件,操作系统除管理和协调应用程序的运行外,其另一项重要任务是为应用程序的运行提供各种操作系统服务。应用程序要访问硬件资源或完成某特权操作,只要调用相应的操作系统服务即可,即通常所说的系统调用过程,每一种类型的服务被称之为一个系统调用。

1.4.2　系统调用的服务功能

在当代操作系统(如 Linux)中,操作系统的服务是以系统调用接口的形式存在的。随着计算机技术的发展,系统调用的功能早已超出了代理应用程序执行特权操作和硬件访问操作的范畴,目前操作系统提供的系统调用多数是为应用程序封装出更加高层、功能更加强大、使用更加便捷的系统服务。如操作系统通过文件管理,将磁盘类访问封装成文件相关的各种系统调用,显然应用程序借助文件访问相关的系统调用比直接访问磁盘块方便,安全性也好,不用担心与其他应用程序发生磁盘块访问冲突。

系统调用是应用程序和操作系统内核之间的功能接口,其主要目的是可以比较方便地使用操作系统提供的有关设备管理、输入/输出系统、文件系统和进程控制、通信以及存储管理等方面的功能,而不必了解系统内核代码的内部结构和有关硬件细节,从而起到减轻用户负担、保护系统以及提高资源利用率的作用。系统调用在 Linux 系统中发挥着巨大的作用,如果没有系统调用,那么应用程序就失去了内核的支持。在应用程序编程时用到的很多函数,如 open()、write()、read()等,都与具体的系统调用相对应。

众所周知,C 语言的库函数为应用程序开发者提供了便捷的开发接口。系统调用也相当于为应用程序的编制提供了必要的开发接口。系统调用和 C 语言的库函数两者在接口形式和使用方式上没有明显的差别,应用程序都可像函数调用一样使用它们,甚至于编程人员都没必要区分一个函数调用是库函数还是系统调用。从实现的角度而言,系统调用和 C 语言的库函数两者有本质性的区别,前者是在操作系统内核实现的,其对应的运行代码段在系统态执行,而后者是在用户态实现,在程序编译过程中,库函数将和所编写的源代码一起生成目标文件。C 语言库函数实现时可以调用操作系统提供的系统调用,事实上很多库函数在实现时都使用了系统调用。当然操作系统在实现系统调用对应的代码段时,不会也不允许去调用 C 语言函数库。

1.5　Linux 系统调用的实现

　　在不同的系统架构下，Linux 操作系统的系统调用实现方式存在一定的差别，下面以最常见到的 x86 平台为例，阐述 Linux 系统调用的实现方法。

1.5.1　系统调用入口地址表

　　现在操作系统能够给在应用层运行的应用程序提供多达数百条的系统调用，如 Linux（内核版本 2.6.18 及以上）就有超过 300 个的系统调用。同大多数人预想的一样，每个系统调用在 Linux 内核中都有一个对应的处理函数，以完成该系统调用对应的服务功能。应用程序在调用某系统调用时，操作系统会执行相应的处理函数。为了便于管理这些系统调用，Linux 系统在给系统调用命名的同时也给每个系统调用分配了一个编号，即从 0 开始的连续数字，每个系统调用对应一个数字编号，即通常所说的系统调用号。系统按照编号将每个系统调用的处理函数入口地址保存在一个内存数组中，即系统调用入口地址表。

　　在系统调用的实现中，系统调用入口地址表是非常重要的内容。该表实质上对应一个地址数组，数组长度由所支持的系统调用数目决定，数组元素的下标对应于系统调用号，每个元素中存储了对应系统调用的处理函数入口地址。在 Linux 系统（以内核版本 2.6.18 为例）中，系统调用入口地址表定义在源代码文件 syscall_table.S 中，如下所示：

```
ENTRY(sys_call_table)
.long sys_restart_syscall        /* 0 */
.long sys_exit
.long sys_fork
.long sys_read
.long sys_write
.long sys_open                   /* 5 */
.long sys_close
.long sys_waitpid
.long sys_creat
.long sys_link
.long sys_unlink                 /* 10 */
…(以下略)
```

　　由于这些系统调用对应的处理函数是操作系统内核的组成部分，运行在用户态的应用程序不能直接查找和调用只能在系统态执行的系统调用处理函数。既然如此，操作系统怎么知道应用程序中所请求的系统调用对应内核的哪个系统调用，以及如何找到对应的处理函数呢，这就是系统调用接口需要解决的问题。系统调用接口的实现比较复杂，涉及到 CPU 的设计、操作系统的设计以及编译器的配合。

1.5.2　中断机制和系统调用实现

　　系统调用接口实现的核心问题是 CPU 如何进行运行模式的切换，即 CPU 在用户态执行应用程序过程中，如遇到应用程序的系统调用请求，该如何转向系统态执行操作系统中该系统调用对应的处理函数。

CPU 运行模式的切换要从 CPU 的中断机制说起,中断是现代 CPU 和操作系统中最为重要的概念,CPU 在正常运行过程中一旦收到中断信号,就会暂停当前的任务,进行相应的中断处理,哪怕 CPU 当前正运行在用户态,也会自动转换到系统态进行相应的中断处理。为了便于管理不同的中断,计算机系统根据中断源的不同将中断细分并分别进行编号,为每个编号的中断设计相应的处理函数,同时将这些处理函数的入口地址保存在一段内存数组中。通过访问该内存数组中对应下标的数组元素,就能获得相应编号的中断处理函数的入口地址,这段内存数组通常被人们称为中断向量表。

严格说来,CPU 和操作系统(以 x86 计算机架构和 Linux 操作系统为例)的中断按处理方式不同可分为三种类型:一是严格意义上的中断,即硬件中断,硬件中断是外部设备与 CPU 进行通信的主要形式,也是 CPU 和外部设备能够并行工作的技术保证;二是 CPU 执行异常,如 CPU 在执行应用程序指令过程中发现了除 0 的情况,就会发出异常信号,CPU 进行相应的异常处理;三是一种特殊的中断形式,即自陷 trap,CPU 和操作系统提供这种中断形式的目的就是为了让 CPU 在执行应用程序过程中能够主动切换到(即陷入)系统态执行,以进行相应的处理。硬件中断和后面两种形式的中断在具体处理上有明显区别,CPU 在一条指令的执行过程中,若发生硬件中断(如内存缺页中断),待中断处理完成返回时,CPU 会重新再次执行被中断的指令,若发生异常和自陷,待中断处理完成返回时,CPU 不会重新执行所中断的指令,而直接执行下一条指令。

系统调用是借助于系统自陷实现的,系统调用发生时将通过执行相应的机器代码指令来产生中断信号,产生中断的重要效果是 CPU 自动从用户态切换到系统态来对它进行处理。就是说,系统在执行系统调用的自陷指令时,自动地将系统切换到系统态,并进行相应的处理。待处理完成后,CPU 将返回到用户态,继续执行系统调用后面的指令。

1.5.3　Linux 系统调用的实现过程

Linux 用来实现系统自陷的实际机器指令是 int x80,这条指令的执行效果是激发一个 x80 号中断。Linux 系统为实现系统调用接口分配的中断编号为 128(即十六进制的 80),CPU 执行这一指令时通过中断向量号 128 将控制权转移给内核。当然程序员在编写应用程序时,如果需要调用系统调用,没有必要直接在自己程序的源代码中插入这样的一条汇编指令,而只要像调用库函数一样调用系统调用即可。编译器在将源程序编译成可执行文件时,会生成相应的机器指令代码,主要包括:保存系统调用编号对应的指令代码,int x80 的对应指令代码。

编译出的目标程序在执行到 int x80 位置时,CPU 会切换到系统态运行,并将控制权转移给操作系统内核(即开始执行操作系统内核的代码)。内核中的代码将通过查找中断向量表中 x80 号中断对应的中断处理函数入口地址,系统转而执行相应的中断处理函数。x80 号中断对应的中断处理函数,即为系统调用总入口函数,该函数的大致任务(中间省略了一些信号、调试、跟踪等处理)为:

- 保存寄存器等各种运行现场;
- 从相应寄存器中获得系统调用号;
- 根据系统调用号,从系统调用入口地址表获得该系统调用处理函数的入口地址;

- 调用该系统调用处理函数,将结果保存在相应的寄存器中;
- 完成系统调用处理,从系统态返回,并把结果反馈给用户进程,用户进程继续执行后继的指令代码。

1.6　应用程序和内核模块的信息交互方式

应用程序代码运行在用户态,内核模块代码运行在系统态。在 Linux 操作系统中,运行在用户态下的 CPU 工作在保护地址模式下,而运行在系统态下的 CPU 工作在实地址模式下。内核模块代码和应用程序代码分别运行在不同的地址空间上,二者不能相互访问和自由地进行数据传递。

在通过开发 Linux 系统内核模块以实现内核级的 Linux 安全增强时,内核模块与上层应用程序之间通常需要进行一些信息的交互。如通过内核模块实现内核级的文件访问控制时,需要将通过配置程序得到的一些控制配置信息传递给内核模块,从而让内核模块按用户的控制配置进行相应的访问控制。再如,在通过内核模块实现系统级的访问日志时,内核模块需要将收集到的日志信息传递给上层应用程序进行处理。因此,如何实现内核模块与上层应用程序之间的信息交互,是开发 Linux 系统内核模块实现操作系统级的 Linux 安全增强中的一个关键问题。

Linux 系统中,在应用层和内核层之间完成信息交互需要采取一定的技术措施。在本书的开发实践中,有多个实验题目涉及到内核模块和配置应用程序间的数据交换。为便于理解相关的开发实践,本节集中阐述内核模块开发者经常用到的内核模块与应用程序之间的三种数据交换技术,即 Netlink 机制、创建设备文件、添加系统调用。

1.6.1　Netlink 机制

基于套接字的网络通信编程在计算机和网络通信中得到非常广泛的应用,既适用于TCP/IP 协议的通信,也适用于其他协议的通信,可以说套接字是目前网络通信中普遍接受的接口形式。为了便于软件开发者完成内核层与应用层之间的通信,Linux 操作系统内核从 2.6 版本开始提供一种基于套接字接口的通信机制,即 Netlink 机制。软件开发者可以在内核模块和上层应用程序之间分别建立 Netlink 协议类型的套接字,经过套接字初始化后,应用程序和内核模块就可以使用这对套接字进行数据传递。

在内核模块和上层应用程序之间采用 Netlink 机制进行通信,具有如下几个优点:①采用全双工异步通信,在内核实现 Netlink 接收队列,即可实现无阻塞的消息通信;②具有“组播”功能,Netlink 消息可发送到一个 Netlink 组地址,所有设定该组地址的进程都能收到该消息;③在内核模块中添加一个 Netlink 套接字只需进行少量修改,且 Netlink 套接字与BSD 套接字在应用层的风格一致,便于掌握和应用。

由于 Netlink 机制的这些优点,Netlink 机制逐渐成为 Linux 系统中一种标准的通信机制,目前多种基于 Linux 开发的相关应用,如路由器、防火墙、IPSec 等,都采用 Netlink 机制实现内核模块和上层应用程序之间的通信。在 Netlink 机制中,也有 Netlink 协议簇的概念,以分别支持各种形式和用途的通信,目前 Netlink 协议簇的支持范围为 0～31,其中

0～16对应Linux自身或者知名的应用(如Linux防火墙、路由器等)，17～31供用户定义使用。

　　Netlink机制的使用比较简单，使用Netlink机制进行通信的套接字与普通的套接字通信并没有本质的差别，即先创建套接字，然后在该套接字上完成数据的发送和接收，只是Netlink套接字通信时消息数据的构造相对复杂，涉及到几个较为复杂的数据结构。Netlink套接字的使用方法将在后面的章节中结合具体开发实践进行阐述。

1.6.2　创建设备文件

　　在Linux系统中，为屏蔽硬件细节，引入了设备文件这种方式，即无论底层硬件有多大不同，都通过相应的设备驱动将具体设备抽象为设备文件(其中网络设备例外，抽象为接口)，给应用程序提供一个统一的编程接口。

　　Linux系统中设备的基本类型有字符设备、块设备和网络设备三种。系统中设备文件的类型可以用"lsdev -l"命令查看，以字母"c"开头的表示字符设备，以字母"b"开头的表示块设备，如PC上的串口和键盘等属于字符设备，硬盘和软盘等属于块设备。相对来说，字符设备对应的驱动程序最为简单。

　　Linux系统为每个设备分配了一个主设备号和一个次设备号，主设备号标识设备对应的驱动程序，次设备号标识具体设备的实例。每一类设备使用的主设备号是唯一的，系统增加一个驱动程序就要赋予它一个主设备号，这一赋值过程在驱动程序的初始化过程中进行。

　　设备文件不涉及磁盘数据及访问，仅作为设备访问的入口点，应用程序利用该入口点就可以像操作普通文件一样来操作设备。设备驱动程序实质上是一组完成不同任务的函数集合。当应用程序需要对设备进行操作时，可以访问该设备对应的文件结点，内核将调用该设备的相关处理函数，通过这些函数所提供的功能，可以像读写文件一样从设备接收输入和将输出送到设备。这些函数集合定义在一个file_operations类型(在Linux内核源代码include/linux/ fs.h文件中定义)的结构体中，定义了常见文件I/O函数的入口地址。

　　实际上，可以创建一个虚拟设备来实现内核模块和上层应用程序之间的通信，该虚拟设备的驱动程序不是去管理具体的硬件设备，而是通过驱动中的各操作函数实现内核模块与应用程序之间的数据交互。

　　编写一个字符设备驱动的主要任务是实现file_operations结构中的各个操作函数，如open()、release()、read()、write()、lseek()、ioctl()等，大多数设备驱动无需实现所有的操作函数，只要为用到的操作编写相应的函数即可。在本文下面章节的开发实践中，主要编写的是函数write()，该函数的主要功能是：把通过应用程序配置的信息传递给内核模块，以实现相应的资源访问控制等。

　　在设备驱动中，除编写操作函数外，还需要实现初始化，以在内核中注册该设备。设备驱动是以一个独立的内核模块形式存在的，在包含设备驱动的内核模块加载时，需要调用设备初始化函数完成设备注册，即将驱动程序的file_operations与主设备号一起向内核进行注册。

　　字符设备的注册函数为int register_ chrdev (unsigned int major, const char name, struct file_operations fops)，其中major是设备驱动程序向系统申请的主设备号，如果major值为0，则系统动态地分配一个主设备号；name是设备名；fops是file_operations结

构类型的变量,该变量包含处理该设备每个操作(读、写等)的入口函数地址。

相应地,包含该设备驱动的内核模块卸载时,需要调用设备的卸载函数完成对设备的注销,字符设备的卸载函数为：int unregister_ chrdev(unsigned int major, const char name),其中 major 是为要注销设备的主设备号,name 是设备名称。

1.6.3　添加系统调用

系统调用是应用程序使用操作系统所提供服务的接口形式,在使用各种类型的服务功能时,应用程序要与 Linux 内核交互数据,系统调用中的参数就是用来在应用程序和 Linux 内核间完成数据交互的。因此,如果新添加一个带参数的系统调用,就可以完成应用程序和内核模块间的信息传递。

实现一个新的系统调用要完成的工作大致包括：为新添加的系统调用预先分配一个系统调用号,实现一个相应的系统调用处理函数,最后将该函数的入口地址写入到系统调用入口地址表的对应表项中。

新添加的系统调用有静态实现和动态实现两种方法。静态实现就是直接修改 Linux 操作系统的源代码,即先分配一个新的系统调用号,再实现一个新的系统调用处理函数,然后修改系统调用入口地址表的源代码,在入口地址表中找到新系统调用号对应的表项位置,写入新函数的入口地址(实际上就是函数名)。静态实现方法由于修改了内核源码,需要对内核源码重新编译,并启动新生成的内核 image 文件。动态实现是在 Linux 系统的运行过程中实现系统调用的扩展,该方法无需重新启动 Linux 操作系统,更无需重新编译操作系统的源代码。由于 Linux 支持动态内核模块机制,可以在系统运行过程中加载新的内核模块,因此可用内核模块的形式进行系统调用的动态扩展。在用内核模块扩展系统调用时,预先分配好一个系统调用号,并实现一个系统调用处理函数,最后在模块初始化函数中,将新函数的入口地址写到系统调用入口地址表中的对应表项。

在新版的 Linux 系统(2.6 版本以后)中,Linux 内核不再导出系统调用入口地址表,因此内核模块不能直接访问到系统调用入口地址表,而动态实现系统调用扩展的关键在于如何访问到系统调用入口地址表,在本书第 2 章讨论系统调用重载(见 2.3 节)时会进行详细的阐述,这里不再赘述。

除上述三种内核模块与应用程序间的信息交互方式外,借助 Linux 的 proc 文件系统,采用新创建一个 proc 文件结点的方法也能实现内核层和应用层间的信息交互,本书中的开发实践没有涉及到这种信息交互方式,这里不进行详细阐述。

1.7　本 章 小 结

Linux 内核级的安全开发需要涉及到 Linux 操作系统内核的修改,了解 Linux 内核结构是进行 Linux 内核级安全开发的基础。尽管 Linux 操作系统采用了单体式的体系结构,仍为 Linux 内核的功能灵活扩展提供了一种高效的实现机制,这就是 Linux 的动态内核模块机制,即新编制内核模块,在系统运行过程中将新编制的内核模块动态加载到 Linux 系统,从而实现 Linux 系统功能的扩展。

　　基于动态内核模块机制实现 Linux 安全功能扩展是目前系统安全领域广泛采用的一种方式,采用这种方式实现安全功能扩展不需要修改 Linux 内核的原有源代码,具有系统移植性好、测试和使用方便等多种优点。很多著名的安全系统,如美国国家安全局(National Security Agency)主持开发的 Security Enhanced Linux(即 SELinux 系统)、谢华刚主持开发的 Linux Intrusion Detection System(即 LIDS 系统),以及开源软件组织开发的 RSBAC 系统等,都是基于动态内核模块机制扩展了 Linux 系统中的安全功能。在本书中涉及 Linux 内核级安全功能开发的三个开发实践(见第 8、9、10 章)也采用 Linux 内核模块来实现。

　　本章重点阐述了 Linux 内核级安全功能开发的技术基础,具体包括:操作系统的体系结构,Linux 内核模块机制的原理,如何新开发一个 Linux 内核模块,以及内核模块与应用程序之间的信息交互技术。系统调用作为操作系统对应用程序提供的服务接口,在系统调用中实现安全检查是 Linux 系统中一种重要的安全机制,在 Linux 的系统调用中引入新的安全机制也是实现 Linux 内核级安全功能的重要手段,因此本章还对 Linux 系统调用的实现过程进行了详细的阐述。

习　　题

　　1. 在操作系统设计和开发中,有哪两种主要的操作系统体系结构,各具有什么特点? Linux 系统采用了哪种体系结构?

　　2. 简述 Linux 操作系统中引入动态内核模块机制的好处。

　　3. 简述为何质量差的内核模块比一个质量差的应用程序给 Linux 系统的运行会带来更大的安全危害。

　　4. 结合处理器的运行模式,说明应用程序和内核模块在执行方式上的区别。

　　5. 简述编译应用程序和内核模块在方法上有何不同。

　　6. Linux 操作系统在内核模块加载、卸载时,分别需要完成哪些具体工作?

　　7. 如果一个内核模块无法卸载成功,其最可能的原因是什么?

　　8. 内核模块主要由哪三部分组成,分别说明这三部分在什么场合下被调用?

　　9. 用 C 语言编制内核模块时,是否需要实现 main 函数作为内核模块执行的入口?

　　10. 简述内核输出符号表在内核模块开发和运行中的作用。

　　11. 在 Linux 内核模块编程中,是否可以调用 C 语言函数库? 简要说明理由。

　　12. 简述系统调用和一般 C 语言库函数的区别和联系。

　　13. 在 C 语言库函数的实现中,可以调用系统调用吗?

　　14. 简要说明系统调用号在系统调用实现中的作用。

　　15. 简要阐述中断及中断向量表在系统调用实现中的作用。

　　16. 简要阐述系统调用总入口函数的主要任务。

　　17. 什么是系统调用入口地址表,以及系统调用入口地址表的作用是什么?

　　18. 操作系统为应用程序提供了很多服务支持,为何不让应用程序直接调用操作系统中实现的这些服务函数,而是采用系统调用的接口形式提供服务支持? (从系统安全性角度

阐述其具体原因）

19. 简述内核层和应用层之间常见的通信方式。

20. 简述 Netlink 机制的通信特点。

21. 简述添加系统调用的两种技术方案。

22. 在设备文件中，主设备号和次设备号分别有什么作用？

23. 在利用设备文件进行内核层与应用层之间的数据通信时，新设备的驱动程序需要编写哪些函数？

第 2 章　Linux 内核级安全机制实现解析

第 1 章详细阐述了进行 Linux 内核级开发的原理和基础,重点包括 Linux 的动态内核模块机制、Linux 系统调用的实现、内核模块的开发方法,以及内核模块与应用程序之间的数据交互方式等。基于这些基础知识,可以进行相应的内核模块开发,从而扩展 Linux 的内核功能。但要在新开发的内核模块中方便地实现新的安全机制,对操作系统的安全功能进行增强和提高,还需要相应安全技术的支持。

不难理解,对 Linux 内核而言,其两类安全机制最为重要,一是访问控制功能,访问控制的目的是实现既定安全策略,管理资源访问请求,即对资源访问请求做出是否许可的判断,能有效地防止应用程序非法使用系统资源;二是安全日志功能,即对系统中所有影响系统安全的操作进行记录,以便于发现非法操作,发现和弥补系统安全漏洞,以及对所发生的安全事件进行事后追查。

在 Linux 操作系统中,无论是实现哪种安全功能,访问控制或安全日志,都需要知道系统中正在执行的操作。因此,要在所编写的内核模块中实现访问控制功能,需要 Linux 内核在操作发生前告知内核模块将要产生操作的信息(即操作上下文,包括操作类型、操作对象等),并且还需要让 Linux 内核遵从内核模块的访问控制决策,拒绝继续执行该内核模块不建议实施的操作。相应地,要在所编写的内核模块中实现安全日志功能,同样需要 Linux 内核在操作发生后告知内核模块已经发生的操作信息(包括操作类型、操作对象、是否成功等),这样内核模块才能实现相应的日志功能。

通过本书 1.4 节、1.5 节对系统调用概念和实现过程的阐述,自然会想到,既然系统调用是 Linux 内核向应用程序提供的服务接口,应用程序通过系统调用向内核提出资源访问相关的请求,如果围绕系统调用接口开展工作或许能够获得系统中操作执行相关的信息。的确,通过这样的技术思想可以截获 Linux 系统中所执行的操作,这就是系统调用的重载技术。在内核模块中,通过系统调用重载可以实现相应的内核级安全机制。

除了系统调用重载外,Linux 基于钩子函数的实现思想还提供另外一种操作截获的方法,这就是 Linux 安全模块(Linux Security Modules)机制,即 LSM 机制。在实现安全机制的内核模块中,如果向 LSM 中注册相应的钩子函数,Linux 内核在执行相关的资源访问操作时,会自动调用所注册的钩子函数,内核模块可以在钩子函数中实现资源访问控制或者相应的操作日志记录。

在具体详述如何在内核模块中实现访问控制和安全日志这两种安全机制前,本章首先具体阐述这两种安全机制的实现技术。文件是操作系统中最重要的数据资源,文件访问操作对操作系统的安全性有着非常重要的影响。本章以文件访问为例,基于系统调用重载和 LSM 机制这两种实现技术,对如何在 Linux 操作系统中实现系统级的文件访问控制和文件访问监视进行解析,同时设计了两个 Linux 内核级安全机制的开发题目:基于 LSM 机制的文件访问控制,以及基于系统调用重载的文件访问日志。这两个开发题目对应的开发实践过程及相应的原型系统在本书第二部分"开发实践篇"中详细阐述,具体详见第 8、9 章。

2.1　Linux 的安全模块(LSM)机制

LSM 机制是目前 Linux 系统中最受人关注的安全机制之一,下面从 LSM 机制的背景、实现原理、基本功能等方面阐述 LSM 机制。

2.1.1　LSM 机制的出现背景

近年来 Linux 系统由于其出色的性能和稳定性,开放源代码特性带来的灵活性和可扩展性,以及较低廉的成本,受到计算机工业界的广泛关注和应用。但在安全性方面,Linux内核只提供了经典的 UNIX 自主访问控制,以及部分地支持了 POSIX.1e 标准草案中的capabilities 安全机制。Linux 系统在安全性方面存在的不足,影响了 Linux 系统的进一步发展和更广泛的应用。

在 2001 年的 Linux 内核峰会上,当时 Linux 内核的创始人 Linus Torvalds 同意 Linux内核引入一个通用的安全访问控制框架,但他指出最好是通过可加载内核模块的方法,这样可以支持现存的各种不同的安全访问控制机制。因此,Linux 安全模块(LSM)机制应运而生。

LSM 是 Linux 内核的一个轻量级通用访问控制框架,使得各种不同的安全访问控制模型能够以 Linux 可加载内核模块的形式实现出来,可以根据需求选择合适的安全模块加载到 Linux 内核中,从而提高 Linux 访问控制机制的灵活性和易用性。目前已经有很多著名的访问控制增强系统移植到 LSM 上实现,包括 POSIX.1e capabilities、安全增强 Linux(SELinux)、域和类型增强(DTE),以及 Linux 入侵检测系统(Linux Intrusion Detection System,LIDS)等。LSM 最初是作为一个 Linux 内核补丁的形式提供,在 2.6 以上内核版本的 Linux 中,已经将 LSM 机制包含到内核中,被 Linux 内核接受成为 Linux 内核安全机制的现实标准。

2.1.2　LSM 机制的实现原理

各种不同的 Linux 安全增强系统要求 LSM 机制能够允许它们以可加载内核模块的形式重新实现其安全功能,并且不会在安全性方面带来明显的损失,也不会带来额外的系统开销。因而以 Linus Torvalds 为代表的内核开发人员对 LSM 提出了具体要求:真正的通用,当使用一个不同的安全模型时,只需要加载一个不同的内核模块即可;对 Linux 内核影响小、高效,并且能够支持 POSIX.1e 接口中定义的 capabilities 控制方式。

为了满足这些设计目标,LSM 通过在内核源代码中放置钩子的方法,来仲裁对内核中内部对象进行的访问,这些对象有任务、node 结点、打开的文件等。Linux 系统中已经实现了经典的访问控制机制,即基于保护位的自主访问控制。在 Linux 的资源访问流程中,LSM 钩子点的位置通常在经过自主访问控制后,在 Linux 内核试图对内部对象进行真实访问前,换言之只有通过自主访问控制的操作请求才可能到达 LSM 的钩子点。

LSM 每个钩子点包含两层含意:①当 Linux 的资源访问流程执行至此时,调用 LSM安全模块(即借助于 LSM 机制实现安全功能的内核模块)注册的函数,通过该调用相当于询问 LSM 安全模块是否允许执行该访问；②待 LSM 安全模块根据其安全策略进行决策后（即所调用的函数执行结束），依据其决策结果（即函数返回值），允许进行实际的资源访问，或者中止访问流程提前返回。

另外，为了满足大多数现存 Linux 安全增强系统的需要，LSM 采用了如下的简化设计：①目前，LSM 主要支持安全增强系统中的访问控制功能，而对一些安全增强系统要求的其他安全功能，如安全审计等，只提供少量的支持；②LSM 主要支持"限制型"的访问控制决策，即当 Linux 内核给予访问权限时，LSM 在此基础上进一步完成是否允许访问的判断，而当 Linux 内核拒绝访问时，就直接跳过 LSM，而基本不支持"允许型"的访问控制决策（即通过 LSM 机制实现原 Linux 所拒绝的操作）。同时，LSM 中允许多个安全机制叠加，当系统需要多个安全模块共同完成安全功能时，由第一个加载的 LSM 安全模块进行模块安全功能合成的最终决策。

2.1.3　LSM 机制中钩子函数的注册

严格说来，LSM 是一种 Linux 安全实现机制，其本身不提供任何具体的安全策略，而是提供了一个通用的基础体系给 LSM 安全模块，由 LSM 安全模块来实现具体的安全策略。因此不包含任何安全功能（即不含任何 LSM 安全模块）的 LSM 机制通常被称为 LSM 框架，本书下面部分也采用 LSM 框架的说法。

LSM 框架主要在以下方面对 Linux 内核进行了修改：在特定的内核数据结构中加入安全域；在内核源代码中不同的关键点插入对安全钩子函数的调用；加入一个通用的安全系统调用；提供函数允许内核模块注册为 LSM 安全模块或者注销 LSM 安全模块。

LSM 框架提供对安全钩子函数的两类调用：一类管理内核对象的安全域，主要用于 LSM 框架自身的配置和管理，另一类仲裁对内核中各种资源对象的访问，这是实现内核级安全机制的重点。对安全钩子函数的调用通过钩子（hook）来实现，钩子是全局表 security_ops 中的函数指针，这个全局表的类型是 security_operations 结构（在 include/linux/security.h 文件中定义），这个结构中包含了一系列的钩子函数指针。在内核源代码中很容易找到对钩子函数的调用，其前缀是"security_ops->"。

在内核引导过程中，LSM 框架被初始化为一系列的虚拟钩子函数。当加载一个安全模块时，必须使用 register_security() 函数向 LSM 框架注册这个 LSM 安全模块，这个函数将设置全局表 security_ops，使其中的每个表项分别指向这个安全模块中相应的钩子函数，从而使内核执行至钩子点时向这个安全模块询问访问控制决策。一旦某安全模块被第一个成功注册，就成为系统的安全策略决策中心，该安全模块不会被后面的 register_security() 函数覆盖，直到该安全模块被使用 unregister_security() 函数向框架注销。第一个被成功注册的安全模块通常被称为 LSM 的主安全模块。

另外，LSM 框架还提供了 mod_reg_security() 函数和 mod_unreg_security() 函数（在内核源代码文件 security/security.c 中定义），使其后的安全模块可以向第一个成功注册的主安全模块申请注册和注销，最终的控制策略实现由主安全模块决定，即主安全模块按照某种既定的策略来实现各安全模块的控制功能叠加，也可以忽略其他安全模块的访问判决直接向 LSM 返回自己的判决。

2.1.4　钩子函数的参数传递

在基于 LSM 框架实现相应的安全机制时,需要特别注意钩子函数的参数定义。通常钩子函数在实现相应的安全机制时,无论是进行操作日志记录,还是进行操作控制,都需要用到操作的上下文信息。LSM 框架一般通过参数的形式将执行操作的上下文信息传递给所注册的钩子函数。

实际上,LSM 框架对每个钩子函数的参数都进行了明确的约定,具体包括参数的个数、每个参数的类型,以及每个参数的含义。如删除文件索引结点(即删除文件)的钩子点描述为 int (* inode_unlink)(struct inode * dir, struct dentry * dentry),表明希望注册到该钩子点的函数包含两个参数,前一个指向要删除文件所在目录的索引结点,后一个指向要删除文件对应的目录项结构体。每个钩子点的参数声明可参见内核源代码中 struct security_operations 结构体的定义以及相关的注释。在 Linux 系统运行中,LSM 框架会按照这个规范组织实际参数,并将它们传递给所注册的钩子函数。

因此,在设计要注册的钩子函数时,要按照 LSM 框架的约定来定义钩子函数的形式参数,参数的数目、类型、次序需与 LSM 框架的要求完全一致。不满足参数格式约定的钩子函数在源程序编译阶段会受到编译器的警告,在运行阶段,由于实际参数和形式参数不能做到数目、类型、次序的逐一对应,LSM 框架就无法将操作上下文信息准确无误地传递给钩子函数,因此钩子函数无法完成所需要的安全功能,更严重者会导致内存方面的使用错误,甚至系统崩溃。

钩子函数名以及每个参数符号可以任意命名,这些符号最终会被编译成具体的符号地址,钩子函数注册和参数传递时不会关心具体的函数或符号名称。

2.2　基于 LSM 的 Linux 内核级安全机制实现

下面首先介绍基于 LSM 框架实现内核级安全机制的大致方法,然后分别阐述如何实现控制类安全机制、日志类安全机制,以及加解密类安全机制。

2.2.1　基于 LSM 的内核级安全机制实现概述

利用 LSM 框架实现安全机制,实际上就是基于 LSM 框架实现一个包含相应安全机制的内核模块。从第 1 章中的内容可知,一个内核模块涉及到模块初始化函数、模块注销函数、模块主体函数三个部分。模块初始化函数和注销函数分别在模块加载和注销时被 Linux 内核自动调用,模块主体函数完成内核模块的具体功能,在适当的时候被其他模块和 Linux 基本内核调用。如果一个内核模块要基于 LSM 框架实现安全机制,该内核模块的三个部分可进一步细化为:

- 模块主体函数部分:实现一组安全功能函数,该组函数是内核模块的主体。一般而言需要为每个(或者相关)资源访问点对应的钩子点设计一个安全功能函数,该安全功能函数对钩子传递来的操作上下文进行处理,从而完成所希望实现的安全功能。
- 模块初始化函数:将上面设计好的一组安全功能函数,按照对应的位置挂装到相应的钩子点。当该内核模块加载到内核运行时,该初始化函数就能完成钩子函数的注册。钩子函数注册后,如果 Linux 系统中发生一些处理流程经过某钩子点所在位置的操作,注册在该钩子点的处理函数就会被自动调用。

- 模块注销函数:注销挂装在每个钩子点的处理函数,该操作对应钩子点注册函数的逆过程。在系统动态运行过程中,如果不再需要新添加的内核模块提供的安全功能,可以通过 rmmod 命令卸载该模块,其模块注销函数会自动执行,完成钩子点处理函数的注销过程。以后,Linux 系统中的操作处理流程再经过钩子点所在位置时,就不再调用曾经注册过的那些处理函数。

LSM 安全模块的主体是注册到 LSM 框架中各钩子点的一组函数,拟实现的安全机制和功能就具体体现在这组函数中。根据 LSM 框架对钩子函数的调用和参数传递情况,在所注册的钩子函数中,所实现的安全机制大致可以分为三类:访问监视类的安全机制,访问控制类的安全机制,数据转换类的安全机制。后面三小节分别详细阐述基于 LSM 实现这三类安全机制的基本思路。

2.2.2 访问监视类安全机制的实现

这里所说的访问监视类安全机制,是指监视和记录系统中发生了哪些与系统安全有关的事件,这些事件主要包括各种资源访问操作,以及各种系统管理操作等。安全日志或安全审计就是访问监视类安全机制的典型代表,安全日志等访问监视类安全机制对信息安全的作用在本章开头部分已有简单的介绍,这里不再赘述。

LSM 框架在 Linux 系统进行相关的操作(文件、网络访问等)时,会自发调用注册在相应钩子点的函数,同时将该操作的上下文信息以参数的形式传递给该钩子函数。LSM 安全模块的开发者在该函数中通过解析传递进来的参数,就可以知道 Linux 系统中正在发生哪些操作,以及对应的上下文信息(操作的主体、操作的具体类型、客体等),将这些信息记录下来,就能形成对 Linux 资源访问的安全监控。如果进一步对资源操作信息进行分析,就能据此开发出相应的审计功能,甚至实现部分的入侵检测功能。著名的 LIDS 系统就是基于 LSM 框架实现的一个访问监视类的安全增强工具。

2.2.3 访问控制类安全机制的实现

这里所说的访问控制类安全机制,是指对系统中将要发生的系统安全有关事件(如各种资源访问操作,以及各种系统管理操作等)按照既定的安全规则进行控制,拒绝执行不符合既定安全规则的操作。访问控制是信息安全中最为基础,也是最为常见的安全机制,其基本概念和安全作用无需在这里赘述。

LSM 框架除了在进行相关操作前会自发调用所注册的钩子函数,并将该操作的上下文信息以参数的形式传递给该函数外,LSM 框架还会遵从钩子函数对该操作是否应该完成的处理结果,即根据钩子函数的返回值来决定是继续执行还是拒绝该操作。基于 LSM 框架的这种特性,内核模块的开发者就可以在内核模块中实现相应的控制类安全机制,基本思路为:在钩子函数中,通过解析 LSM 框架传入的参数获知 Linux 系统中要进行的操作,按照既定的安全规则形成访问判决,然后将该访问判决以函数返回值的形式返回给 LSM 框架,LSM 框架就会执行所形成的访问判决,即继续执行或拒绝执行该操作。目前多数 Linux 相关的安全增强系统,如 SELinux、RSBAC 等,都基于 LSM 框架实现了访问控制类的安全机制。

2.2.4　数据转换类安全机制的实现

这里所说的数据转换类安全机制,是指对系统中将要发生的与系统安全有关的资源访问操作进行数据转换处理。最为常见的、需要对数据进行转换的资源访问操作是数据的加密和解密,如对写入到文件中的数据进行加密处理,或者对发送到网络的应用数据进行加密处理等。

通常对数据加密是为了数据存储和传输的安全性。因此在操作系统中,加密操作通常发生在相应的系统操作之前,如对写入到文件中的内容进行加密处理,加密操作显然需要在写入文件前。而数据解密则相反,需要发生在系统操作之后,如在加密文件的内容读出后,将读出的内容交给应用程序前完成解密处理。

不难看出,加密处理的时间点与进行访问控制的时间点是一致的,都需要在操作实际发生前完成。LSM 框架在系统进行相关操作前,会自发调用所注册的钩子函数,并将该操作的上下文信息以参数的形式传递给该函数。在有些情况下,相关操作的上下文信息参数中包含所涉及到的数据缓冲区,LSM 安全模块就可以对该数据缓冲区中的内容进行加密处理。

解密操作通常发生实际操作之后,这就需要 LSM 框架提供相应操作完成后的钩子点。LSM 框架设计时主要考虑到用于实现访问控制类的安全机制,操作完成后的钩子点比较少,只覆盖了寥寥的几个操作。因此,基于 LSM 框架实现数据解密存在较大的局限性。

2.3　Linux 系统调用重载技术

系统调用是操作系统对应用程序提供的服务接口,是获得系统操作相关信息以及进行操作控制和操作记录的理想之处,很多安全机制是以系统调用的方式实现的。如果需要在所开发的内核模块内获知系统调用中所发生操作的具体信息,及进行相应的控制和记录,Linux 中的系统调用重载是最常用的开发技术。

本书第 1 章(1.4 节和 1.5 节)详细阐述了系统调用的原理以及在 Linux 操作系统中的实现技术,下面在此基础上介绍如何实现 Linux 系统调用的重载。

2.3.1　系统调用重载的概念

对一个系统调用来说,其具体的服务功能由相应的系统调用处理函数完成,而系统调用与其处理函数之间的关系由系统调用入口地址表决定。如果修改系统调用入口地址表的某个表项,将另外一个新函数的入口地址写入该表项,那么在执行相应的系统调用时,Linux系统会自动调用该新函数。这里将这种操作称为系统调用的重载,即重新实现系统调用的处理函数,有些文献中将其称为系统调用截获或者系统调用劫持。

实现系统调用的重载有两种基本思路:静态实现和动态实现。静态实现就是直接修改Linux 操作系统的源代码,如要重载打开文件的系统调用 open,首先实现一个新的函数,然后修改系统调用入口地址表的源代码,即在入口地址表中找到相应的位置,写入新函数的入口地址(实际上就是函数名),以替代原来的处理函数。静态实现需要修改操作系统的源代码,要求开发者具有编译和定制内核的能力,而且实现比较复杂,难度也较高。下文的开发实践采用动态重载的方式,静态重载的方式这里不再详述,有兴趣的话可以参看相关文献。

　　系统调用重载的动态实现是在 Linux 系统的运行过程中实现系统调用的重载,该方法无需重新启动 Linux 操作系统,更无需重新编译操作系统源代码。由于 Linux 支持动态内核模块机制,可以在系统运行过程中加载新的内核模块,系统调用重载的动态实现是以内核模块的形式进行的。在完成系统调用重载的内核模块中实现一个新函数,并在该内核模块的初始化过程中,从系统调用入口地址表中找到被重载系统调用对应表项,写入新函数的入口地址。

　　本书下文中的系统调用重载除特别指明外,均指动态的系统调用重载。

2.3.2　系统调用重载的实现技术

　　在实现动态的系统调用重载过程中,需要知道系统调用入口地址表在内存中的位置,即其首地址。在 Linux 操作系统的早期版本中,系统调用入口地址表是作为一个外部符号导出的,内核模块可以直接访问系统调用入口地址表。

　　在新版的 Linux 系统(2.6 版本以后)中,Linux 不再导出系统调用入口地址表,因此内核模块不能再顺利地访问到系统调用入口地址表。实际上,基于 Linux 系统调用的实现原理和方法(见 1.5 节),可以间接获得系统调用入口地址表,基本方法和流程为:

　　(1) 获得中断向量表的起始地址。这在 x86 下的 Linux 系统中能够方便获得,因为在 CPU 中有一个 IDT 寄存器,即中断描述表(或中断向量表)寄存器,访问该寄存器就可以获得中断向量表的起始地址。由于运行在系统态,内核模块能够访问 IDT 寄存器。

　　(2) 获得系统调用总入口函数(即 x80 中断处理函数)地址。获得中断向量表的起始地址后,加上 x80 * 8 的偏移量(每个向量占 8 个字节),就可以获得 x80 中断的入口函数地址。x80 是实现系统调用的特殊中断,该入口函数即为系统调用总入口函数。

　　(3) 在系统调用总入口函数的代码段中,查找系统调用入口地址表的首地址。在系统调用总入口函数的指令代码中,有访问系统调用入口地址表的一条指令,其对应的汇编语句为 call * sys_call_table(,%eax,4)(可参见 Linux 的内核源代码 arch/i386/kernel/ entry.S),该条语句是根据系统调用号调用对应的系统调用处理函数,变量 sys_call_table 即为系统调用入口地址表的起始地址,寄存器 eax 保存了当前要调用的系统调用号。call 指令的指令码为十六进制的 FF1485,在系统调用总入口函数的代码段中先查到该指令码的位置,其后的内容即为系统调用入口地址表的起始地址。

　　(4) 重载系统调用处理函数入口地址。在获得系统调用入口地址表的起始地址后,根据要重载的系统调用编号,计算出待重载系统调用在系统调用入口地址表中的表项位置,在此位置写入新处理函数的入口地址即可。

2.3.3　系统调用重载中的参数传递

　　在系统调用的重载中,需要重点关注系统调用的参数。就每个具体的系统调用而言,操作系统都要有固定的参数约定,具体包括参数的个数,每个参数的类型,以及每个参数的含义。如读文件系统调用,其原型为 int read(int fd, char * buf, int len),这表明该系统调用有三个参数,第一个参数是整数型的文件描述符,表示从这个文件中读数据,第二个参数是字符型指针指向的数据缓冲区,从文件中读出的数据将会放入到该缓冲区中,第三个参数是整数型的长度值,表示这次从文件中读出数据的长度。

这种参数约定一方面要求应用程序按这个参数格式来激发相应的系统调用,不满足这个参数格式约定的系统调用可能连源程序编译都通不过。另一方面,系统调用的处理函数也要满足这个参数格式约定,这样在系统调用发生时,Linux 内核在系统调用入口地址表中找到该系统调用所对应的处理函数时,才能准确无误地将应用程序中传来的实际参数传递给系统调用处理函数中的相应参数。如果系统调用处理函数中定义的形式参数与从应用程序中传递来的实际参数不能做到数量、类型及含义的逐一对应,Linux 系统就不能正确地为应用程序提供服务支持。实际上这与一般函数调用中的形式参数和实际参数之间的关系是一样的,二者必须一致。

因此在进行系统调用的处理函数重载时,需要特别注意要重载的系统调用的参数情况。为重载某个系统调用定义新的处理函数时,其形式参数要与该系统调用原处理函数的形式参数在参数数量和类型上完全一致。如要重载 read 系统调用,原处理函数的原型为 int read(int fd, char * buf, int len),新定义的 read 系统调用处理函数也要有相同的参数。这里只是要求参数的数目、类型及次序完全一致,至于形式参数的符号名无所谓是否一致。

某系统调用的处理函数被重载后,一旦应用程序调用了该系统调用,Linux 内核会依据系统调用入口地址表的内容,自动调用重载后的处理函数,准确无误地将应用程序中传来的实际参数传递给重载后的系统调用处理函数。实际上,在某系统调用的处理过程中,Linux 内核只是按照系统调用入口地址表中的处理函数入口地址,调用相应的系统调用处理函数,其既不知道也不关心该函数是原有的处理函数还是重载后的处理函数。

2.4　基于系统调用重载的内核级安全机制实现

2.4.1　基于系统调用重载的内核级安全机制实现概述

利用系统调用重载技术实现 Linux 内核级安全机制,实际上就是基于系统调用重载技术实现包含相应安全机制的内核模块。相应地,该内核模块也涉及到三个部分:模块初始化函数,模块注销函数,以及模块主体函数。前两者分别在模块加载和注销时被 Linux 内核自动调用,后者在适当的时候被其他模块和 Linux 内核调用。这三部分的具体功能为:

- 模块主体函数部分:实现一组安全机制函数。该组函数是内核模块的主体,每个函数分别对应需要重载的系统调用。在系统调用执行过程中,Linux 内核会将上下文信息(即系统调用的实际参数)以参数的形式传递给这些函数,这些函数基于传递来的操作上下文进行处理,从而完成所希望实现的安全机制。
- 模块初始化函数:将上面设计好的一组处理函数的入口地址写入到系统调用入口地址表中的相应位置。当该模块加载到内核时,该初始化函数就能完成相关的系统调用的重载。重载完成后,应用程序一旦进行系统调用,Linux 内核就会自动调用该模块中的相应函数,同时将系统调用的上下文信息传递给该函数。

- 模块注销函数:重新修改系统调用入口地址表,将重载过的表项恢复成原有的系统调用处理函数入口地址,这相当于系统调用重载的逆过程。当不需要内核模块提供的安全功能时,可通过 rmmod 命令卸载该模块,这时模块注销函数会自动执行,恢复系统调用的原有处理函数。这样,在应用程序再次发生系统调用时,那些曾经重载到系统调用入口地址表中的处理函数就不再被调用。

这里值得注意的是,一旦完成系统调用的重载,在发生相应的系统调用后,Linux 内核就不再调用原来的系统调用处理函数。这意味着,为保证系统调用功能实现的正确性,在内核模块中用于重载系统调用的处理函数不仅要实现相应的安全机制,还需要为调用该系统调用的应用程序提供相应的服务。如用一个新函数 myread 重载 read 系统调用的处理函数,在 myread 函数中还需要完成 read 系统调用的服务功能,即将指定文件中的内容读到指定的缓冲区,否则应用程序再也不能通过调用 read 系统调用来完成文件内容的读取。在实际开发中,以损害操作系统服务功能来实现安全机制是不可行的。

尽管在重载的系统调用处理函数中需要实现对应的服务功能,实际的内核模块开发者在实现系统调用重载时,通常采用的是一种简便的方法,即在该函数中的适当位置调用该系统调用的原处理函数。这需要在重载系统调用前,记录下该系统调用原处理函数的入口地址。事实上,在内核模块初始化时必需记录系统调用原处理函数的入口地址,因为在内核模块注销时需要使用该入口地址完成对系统调用入口地址表的恢复。另外,为了正确告诉应用程序其通过系统调用请求的操作是否已正确执行等,用于重载系统调用的处理函数需要调用原处理函数,将其返回值作为自己的返回值,返回给应用程序。从这里不难看出,系统调用重载的本质相当于在原处理函数外面加了一个实现安全机制的"外壳",并不会改变其对应系统服务的实现过程。

综上所述,用于重载系统调用的处理函数是该内核模块的主体,拟实现的安全机制和服务功能就体现在这组函数(下文称之为安全机制函数)中。同基于 LSM 框架的安全模块中的钩子函数类似,这组函数所实现的安全机制大致也可分为三类:访问监视类的安全机制,访问控制类安全机制,以及数据转换类安全机制。下面分别阐述这三类安全机制的基本实现思路。

2.4.2　访问监视类安全机制的实现

完成系统调用重载后,每当应用程序执行系统调用时,内核模块中用来重载系统调用的安全机制函数就会被自动调用,同时系统将该操作的上下文信息以参数的形式传递给该函数。在该函数中,通过解析传递进来的参数,就可以知道应用程序请求系统执行什么样的操作。另一方面,该函数还要调用系统调用的原处理函数,以实现应用程序请求的系统服务,通过分析原处理函数的返回值,就可以知道应用程序请求的操作是否被成功执行。将系统调用请求对应的上下文信息(操作的主体、操作的具体类型、操作的客体等)以及请求是否成功等信息记录下来,就能形成 Linux 资源访问的日志记录。

2.4.3　访问控制类安全机制的实现

同实现监视类安全机制一样,每当应用程序执行系统调用,内核模块中用来重载系统调用的相应安全机制函数就会被自动调用。在该函数中,解析传递进来的参数,就可以知道应用程序请求执行的操作,然后基于请求的上下文信息,按照既定的安全规则形成访问判决,最后根据判决结果采取不同的措施,即对允许执行的操作,调用原处理函数继续执行所请求的操作,对拒绝执行的操作,不再调用原处理函数,直接退出该函数回至应用层即可。

在安全机制函数的实现中,需要注意该函数的返回值。如果形成的判决为许可,那么直接将调用原处理函数所得到的返回值作为自己的返回值,将其返回给应用程序。如果形成的判决为拒绝,由于不再调用原处理函数,这就要求自己生成返回值。通常系统调用的返回值有具体含义,在进行相应开发前,可以通过查阅该系统调用的文档说明,了解不同返回值的具体含义,选取一个含义为"操作不允许"或"操作执行失败"的值作为该函数的返回值。否则如果随便返回一个值,可能会误导应用程序,应用程序可能会根据返回值做不同的处理,从而导致应用程序的运行错误。如原 open 系统调用返回值的约定是正整数表示文件成功打开后的文件描述符,值－1 表示文件打开失败,因而重载 open 系统调用也需遵循该约定。如果安全机制函数中形成的判决为拒绝,没有调用原处理函数执行文件打开操作,且返回给应用程序一个正整数,这相当于"欺骗"了应用程序,应用程序将该正整数作为文件描述符进行后继处理,可能会出现运行错误。

2.4.4　数据转换类安全机制的实现

下面以文件操作的加密和解密为例,阐述基于系统调用重载技术来实现数据转换类的安全机制。文件操作的加解密对应一个应用层透明的加解密机制:在应用程序执行 write 系统调用时,在数据写入文件前先将数据进行加密;在应用程序执行 read 系统调用时,在将数据从文件读出后、交给应用程序前,实现相应的解密操作。

数据加密需要发生在文件写入操作实际执行前。不难看出,加密处理的时间点与进行访问控制的时间点是一致的,都需要在操作实际发生前完成。write 系统调用的参数中有指向写入数据的缓冲区指针,也就是在重载的处理函数中可以访问到要写入的数据,因此只要对缓冲区中的这些数据进行加密处理,然后再调用原处理函数完成实际的文件写入操作即可。

数据解密操作发生在数据从文件中读出之后,这要求在重载的处理函数中首先调用原处理函数实现文件内容的读取,读取完成后再对保存在缓冲区的读出数据进行解密处理,处理完成之后再返回到应用程序。

本节详细阐述了基于系统调用重载技术实现 Linux 内核级安全机制的主要思路和方法,细心的读者可能会发现系统调用重载技术的负面效果。实际上,系统调用重载也给黑客提供了在操作系统层面上操控计算机系统的一种技术手段,甚至可以看成是一种高级木马技术,能够对上层应用程序发起各种形式的安全攻击。如通过截获 Web 服务器的系统调用,分析出该服务器的帐户信息等。

2.5　基于 LSM 的文件访问控制实现解析

本章前面已经详细阐述了两种重要的内核级安全机制实现技术,以及基于这两种实现技术进行内核安全功能开发的基本思路和方法。从中可以看出,无论是以重载系统调用处理函数的方式还是以 LSM 安全模块的方式,都能截获文件相关的操作。截获文件相关的操作后,既可对相应的文件操作进行控制,也可对该文件操作进行记录。

为了分别展示这两种安全开发技术在具体开发实践中的应用,本书结合实例阐述文件访问控制和文件访问监视安全功能开发实践时,刻意采用不同的开发技术,即采用 LSM 机制实现文件访问控制,采用系统调用重载实现文件访问日志。因此所对应的两个开发实例在本书中分别称为"基于 LSM 的文件访问控制"和"基于系统调用重载的文件访问日志"。本节和下节分别介绍这两个开发实例的实现思路和方法,在本书第二部分"开发实践篇"(见第 8、9 章)中详细介绍这两个实例的原型系统开发过程。

2.5.1　原有文件访问控制机制概述

访问控制是操作系统中最为重要的安全功能,在多用户系统中,操作系统通过访问控制机制实现多个用户间的数据和访问权限的分离。在 Linux 系统中,访问控制是根据访问的主体和控制的客体之间的关系来决定主体是否具有访问客体的权限。传统的访问控制技术根据进程用户的相关属性来判断进程的操作权限。

具体到 Linux 系统中的文件访问控制而言,Linux 中的每个文件都对应一个用户主标识(UID)和一个用户组标识(GID),通常 Linux 将创建文件的用户默认为该文件的用户主,将该用户所在的组默认为该文件的组标识。基于文件的用户主标识和用户组标识,可将访问该文件的所有用户分为三类:同主用户,即与文件主具有相同的用户标识;同组用户,即与文件的用户组具有相同的组标识;其他用户,即不与文件具有相同的主标识和组标识的用户。Linux 采用 9 个权限位来表示各种不同类型用户的访问权限,分为三组,分别对应三类用户(同主用户、同组用户以及其他用户)的访问权限。每组三个权限位,分别表示读、写、执行三种类型的访问权限。

Linux 系统中现有的访问控制机制只描述了用户对系统资源的访问权限,没有进一步准确指明用户执行的每个程序应该享有该用户的哪些权限,而是默认用户执行的每个程序都能享有该用户的所有权限。这种授权方式意味着用户把自己的所有权限都赋予所启动的进程,进程代码可以任意访问该用户所能使用的资源,任意进行该用户所能执行的操作。

如果用户所运行的程序都是善意的、可靠的,即这些程序不执行任何恶意的操作,Linux 系统中的这种授权机制是合理的。但是一旦用户(尤其是管理员用户)有意或无意地运行了恶意程序,该恶意程序就能使用该用户的权限为所欲为。为了保护系统中的重要文件不被非法访问,如防止系统中的配置文件被有意或无意地删除,对特定文件进行特殊的安全保护是很有实际意义的,如禁止删除系统配置文件等。

2.5.2　基于 LSM 的文件访问控制实现结构

要实现文件访问控制的安全增强,需要截获系统所执行的各种文件操作。现有 Linux 系统中的 LSM 框架对文件访问提供了比较全面的支持,在各种文件操作(如打开、读、写、执行等)前都设置了相应的钩子点,内核模块可以在这些钩子点处注册相应的钩子函数。通过向 LSM 框架注册钩子函数,不仅可知道 Linux 系统将要进行哪些文件访问相关的操作,而且可以通过钩子函数返回不同的值,来告知 LSM 框架对截获的文件访问操作是继续完成还是拒绝执行。

在钩子函数中，如果按照既定的文件访问控制规则，并基于每次文件访问操作的上下文信息，对该次文件操作形成相应的访问判决，然后将判决结果以钩子函数返回值的形式返回给 LSM 框架，LSM 框架就会实现相应的文件访问控制。这相当于能够让 Linux 内核按照 LSM 安全模块中的安全规则进行文件访问控制。

在钩子函数中，要对某次具体的文件访问操作形成相应的访问判决，需要两个前提条件。一个是获得相关文件操作的上下文信息，如操作类型是打开、读，还是写，操作主体是哪个用户或哪个进程，以及具体对哪个文件进行操作等。在形成访问决策前，需要对这些信息进行收集和分析。通常 LSM 框架在调用钩子函数时，会将这次文件操作相关的上下文信息以参数的形式传递给钩子函数，然而这些上下文信息一般是不全面的，还需要钩子函数通过访问 Linux 内核的其他资源（如导出的函数或变量等）来获得其他的一些上下文信息。如文件操作的主体信息就不能从钩子函数的参数中获得，需要访问 Linux 内核中的进程控制块结构获取。

另一个是确定具体的访问控制规则，即按照什么控制逻辑或规则对某次文件访问操作形成访问判决。对于实用的文件访问控制技术而言，显然不能将控制的逻辑或规则固化在所实现的 LSM 安全模块中，这就涉及到访问控制规则的设置。因此要实现基于 LSM 框架的文件访问控制，除了开发一个 LSM 安全模块外，还需要有访问控制规则配置程序等。

访问控制规则配置程序为安全管理员提供访问控制规则的配置界面，管理员可以通过此界面设置相应的访问控制规则，即哪些程序能够访问哪些文件，而哪些程序不能访问哪些文件等。通过 1.6 节的介绍可知，访问控制规则配置程序不能与内核层的钩子函数直接交互，因此需要采用一定的技术措施（具体可参见 1.6 节）将规则信息传递到 Linux 内核层的缓冲区中，以便于在 Linux 内核模块中形成访问判决。另外，访问控制规则配置程序最好对所配置的规则保存一份副本，以便于重启系统后，不用再麻烦管理员重复配置相同的访问控制规则。

LSM 框架下文件访问控制的逻辑结构和运行原理大致如图 2-1 所示。

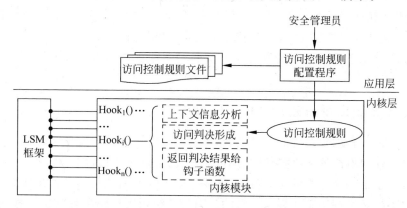

图 2-1　LSM 框架下文件访问控制的逻辑结构和运行原理

对应本节内容，本书第二部分"开发实践篇"将展示基于 LSM 的文件访问控制开发实践以及其原型系统的具体实现过程。

2.6　基于系统调用重载的文件访问日志实现解析

下面首先简单介绍 Linux 原有的日志系统,然后详细解析如何基于系统调用重载技术实现文件访问日志。

2.6.1　Linux 的日志系统概述

操作系统的安全对于计算机系统的安全具有举足轻重的作用,而在操作系统的诸多安全子系统中,日志或审计系统又为最后一道安全防线。日志对于系统安全来说非常重要,记录了系统中发生的各种各样操作。通过日志能实现系统审计和监测功能,如可以通过日志来实时监测系统状态以检查错误发生的原因,或者在受到攻击时检测攻击者留下的痕迹,以监测和追踪侵入者等。

在 Linux 系统中有三类主要的日志。一是系统层日志,该日志由 Linux 内核产生,主要记录一些系统异常情况以及系统的启动过程、设备变更情况等。这些日志通常记录在"/var/log/messages"中,管理员可以通过查看该文件,或者借助 shell 命令(即 dmesg)掌握 Linux 系统运行的基本情况。二是应用层日志,Linux 的一些管理工具(如 login 等)在执行一些操作时会调用库函数接口,将一些日志记录到相应的日志文件("var/log/wtmp"和"/var/run/utmp")中,这样系统管理员能够跟踪到谁在何时登录到系统。此外,一些第三方的应用软件(如 HTTP 和 FTP 等网络服务器等)也可以向 Linux 的日志子系统汇报日志,如网络服务情况等,Linux 的日志子系统会将这些日志保存在"/var/log"目录下的相应日志文件中。

Linux 日志子系统只能被动地记录应用程序发送来的日志信息,在应用程序不配合的情况下,无法主动获得应用程序的操作日志。对 Linux 的日志子系统而言,除非应用程序主动向 Linux 日志子系统汇报自己的操作,否则应用程序所执行的操作都不会被记录下来,安全管理员也不会知道该应用程序在执行过程中进行了哪些操作。如果管理员要想知道一个执行完或正在执行的程序访问了哪些文件或删除了哪些文件,在目前的 Linux 操作系统中是不能做到的。

显然恶意的应用程序在执行一些破坏系统安全性的操作时,不可能将自己的行为主动汇报给 Linux 日志子系统。也就是说,Linux 管理员将无法得知恶意程序具体实施了哪些破坏行为。

2.6.2　基于系统调用重载的文件访问日志

为增强 Linux 日志子系统的安全功能,可实现一个主动式的文件访问日志,这样在任意应用程序进行任何形式的文件操作时,都可对其行为进行记录跟踪。

要实现一个主动式的文件访问日志,需要知晓 Linux 所执行的各种文件操作,通过重载文件访问相关的系统调用可达到这一目的。因为系统调用是操作系统向应用程序提供的服务接口,为了安全性考虑,操作系统将影响到系统安全的所有操作都封装成服务,并以系统调用的形式提供给应用程序使用。

对文件访问相关的系统调用进行重载后,Linux 系统中一旦发生文件相关的操作,系统会自动调用所重载的安全机制函数,并且将文件操作的上下文信息以函数参数的形式传递给安全机制函数。安全机制函数通过分析传递进来的函数参数,解析出 Linux 系统正在进行的文件访问的上下文信息(访问主体、访问的文件、文件类型等),根据这些访问上下文信息就能形成对应的访问日志项,然后将访问日志项记录到临时的日志缓冲区中。

除对文件操作相关的系统调用进行重载外,还需要实现一个实用的文件访问日志管理程序,该程序借助于 Linux 提供的应用层与内核层间的数据交互方式(具体可参见 1.6 节),从 Linux 内核中的日志缓冲区中读出临时存放的日志记录,对这些日志记录进行初步的预处理,然后形成简洁的日志记录,并将其存放在日志文件中。

日志管理程序对初始日志记录的预处理主要分为两类。一是相似日志信息的合并,在重载了文件操作相关的系统调用后,应用程序每对文件进行一次操作,都会形成一个日志记录项。如视频播放程序在运行中会不停地访问视频文件,从而会持续性生成成千上万条类似的日志记录,每条记录除了时间存在细微差别外,其他数据完全一样。这些相似的日志记录不仅无助于管理员了解文件访问情况,还会干扰和分散管理员的精力,因此相似日志记录的合并就显得尤为重要。二是不同信息类型的转换,如将日志信息中的 UID(用户标识)转换成用户名,或将 PID(进程标识符)转化成可执行程序名,进行信息类型转化后的日志记录项更便于管理员理解和使用。

图 2-2 给出了基于系统调用重载的文件访问日志的逻辑结构和运行原理。

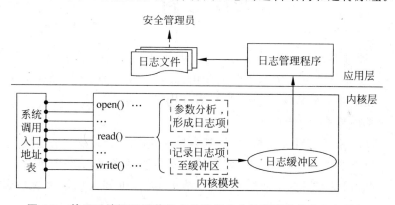

图 2-2　基于系统调用重载的文件访问日志的逻辑结构和运行原理

另外,在进行系统审计时,通过直接查看日志文件来完成审计过程则不太方便,如果能够提供良好界面的日志浏览和查询工具,就能给安全管理员提供更加直接的帮助。界面程序的开发不是本书讨论的重点,在这里和开发实践部分都不再重点介绍,感兴趣的话可以自己探讨如何实现日志浏览和查询工具。

对应本节内容,本书的第二部分“开发实践篇”将展示基于系统调用重载的文件访问日志的开发实践以及原型系统的具体实现过程。

2.7　本章小结

对 Linux 内核而言,访问控制和系统日志是最为重要的两类安全机制,前者能有效地防止应用程序执行非法操作、恶意使用资源等,后者记录各种安全相关的操作,便于发现系统安全漏洞，以及在发生安全事件后进行事后追查。在 Linux 操作系统中，无论是实现访问控制功能还是安全日志功能，都需要知道系统中执行的相关操作。

本章重点介绍了两种截获 Linux 系统操作的技术，一种是注册 LSM 钩子函数，另一种是系统调用重载的处理函数。这两种技术与直接修改 Linux 源代码来实现系统操作的截获相比具有明显的优点，具体为：不需直接修改内核的源代码，而是通过开发内核模块的方式，实现难度相对较小，容易调试，而且对 Linux 原有的功能及实现影响小；具有较好的移植性，由于所有的安全机制实现集中在一个内核模块中，而不是分散到内核源代码的诸多文件，在进行系统间的移植时，直接将编译好的内核模块复制到新版 Linux 系统上即可，或在内核模块与内核版本不一致时，只需要重新编译内核模块的源代码即可实现移植。

本章还详细阐述了基于这两种技术（见 2.2、2.4 节）实现控制类、日志类和数据转换类这三种不同安全机制的基本思路和方法。本章最后设计了两个 Linux 内核级安全机制的开发题目：基于 LSM 的文件访问控制和基于系统调用重载的文件访问日志。这两个开发题目对应的开发实践过程及相应的原型系统实现在本书第二部分"开发实践篇"中详细阐述，具体见本书第 8、9 章。

习　题

1. 分别简述控制类安全机制和日志类安全机制对 Linux 系统安全的作用。

2. 简述 Linux 安全模块（LSM）机制的作用，以及引入这种机制的原因。

3. 在利用 LSM 框架实现安全机制时要为某钩子点设计相应的钩子函数，是否可以任意定义该钩子函数的参数，为什么？

4. 在基于 LSM 框架实现安全机制时，其内核模块的三个部分分别完成怎样的功能？

5. 若用 LSM 框架实现一个应用层透明的加密文件存储，有哪些困难？

6. 从单条日志记录的信息全面性上分析，基于 LSM 框架实现系统级日志存在的不足有哪些？

7. 解释完成系统调用重载的基本流程。

8. 在为某个系统调用设计相应的重载函数时，是否可以随意定义该函数的参数，为什么？

9. 在为某个系统调用设计相应的重载函数时，除安全功能外，是否还需要在该函数中实现系统调用的原服务功能？若需要实现，如何实现？

10. 简述 Linux 系统原有的文件访问控制功能。

11. 采用系统调用重载技术分别实现控制类安全机制与日志类安全机制有什么显著的不同？

12. 与基于 LSM 框架或系统调用重载实现安全机制相比，采用直接修改 Linux 内核源代码的方式实现安全机制存在哪些不足？

第3章　网络防火墙功能与结构解析

Internet 的出现给人们带来了全新的资源和信息共享方式,Internet 的快速发展和广泛应用给人们生活、工作,甚至整个社会的经济发展都带来了深远的影响。可以说 Internet 在很大程度上日益改变着人们的生活方式,甚至在改变整个社会的经济活动模式。例如,以此为基础发展出的电子商务,不仅改变数以亿计人们的购物方式和消费习惯,也对一些传统的经济实体(如各种实体商店、百货公司等)带来了极大的冲击。

另一方面,Internet 的网络互联也给网络黑客及其他网络攻击者远程攻击和控制目标网络与计算机系统提供了前提和基础。各种各样的机密信息窃取、信息篡改等网络安全事件层出不穷,网络和计算机系统的安全性面临着严峻的威胁。

为了应对信息安全威胁,多层次的信息安全技术以及相应的系统应运而生,如实现网络连接控制的防火墙系统,实现入侵发现的入侵检测系统,攻击响应及恢复系统等。网络防火墙对远程的网络访问进行检查和控制,是实现网络信息安全的第一道防线,也是目前最常用的信息安全技术,其相应的开发技术一直受到人们的重视。

3.1　网络防火墙的基本概念

Internet 的迅速发展,提供了发布信息和检索信息的场所,但也带来了信息失窃和数据破坏的危险。人们为了保护其数据和资源的安全,设计出了网络防火墙。防火墙原是建筑物大厦中采用的消防设施,以防止火灾从大厦的一部分扩散到另一部分。理论上网络防火墙的功能也属于类似目的,一般部署在内部网络接入 Internet 的出口处。网络防火墙作为要塞点、控制点能显著提高一个内部网络的安全性,通过对网间所传递的数据进行分析和控制,只有被认定为正常的网络协议数据才能通过防火墙,这样可防止 Internet 上的危险传播到网络内部,也能防止内部网络的数据被来自 Internet 的恶意用户窃取。

除了对内外网间的网络访问进行分析控制外,一般网络防火墙还具有审计功能,即对经过网络防火墙的所有网络访问作出日志记录,同时也能提供网络使用情况的统计数据。当发生可疑操作时,网络防火墙能进行适当的报警,并提供网络是否受到攻击的详细信息。

除具有网络访问控制和审计功能外,目前的网络防火墙产品还支持虚拟专用网(Virtual Private Network,VPN)功能,网络防火墙利用 VPN 功能可以创建安全连接,网络用户可以借助于该安全连接进行数据的安全传输,以保证数据在传输过程中不被偷听和篡改。

3.2　防火墙的网络访问控制功能

网络防火墙作为目前最为流行的网络安全技术,无论在学术界还是信息安全业界,其相关的研究、开发都受到广泛的关注和重视,各种新功能,如网络地址转换(Network Address

Translation,NAT)等,相继被开发并集成到相应的网络防火墙产品中。

　　尽管如此,网络访问的管理和控制功能仍然是网络防火墙最核心的基本功能。一方面,目前很多网络安全问题都是由不合理的网络连接或网络数据包传递引起的,任何对内部网络发起的攻击最终都要体现为恶意的网络连接和数据传递,因此阻断不必要的网络连接和网络数据包传递能够使内部网络躲避绝大多数的网络攻击。另一方面,网络防火墙的其他安全功能大多都要建立在对网络访问的管理和控制基础上。如果没有对网络访问的管理和控制,恶意的网络连接和网络数据包传递就可以任意通行,网络防火墙就失去了对网络最基本的安全保护能力,这时网络防火墙的其他安全功能就完全发挥不了作用。下文将网络连接以及网络数据包传递统称为网络访问,将对网络访问的管理和控制简称为网络访问控制。

　　网络防火墙要实现理想的网络访问控制功能,关键是如何甄别出哪些网络访问是正当的,应该让其通过的,而哪些网络访问是恶意的或者不正当的,应该阻断的。通常正常的网络连接或网络数据包不会在自身附上正当访问的标签,相反地,恶意的网络连接和数据包为了不被网络防火墙阻断,反而会尽可能地在形式或外表上将自己伪装成合法的网络连接或网络数据包。

　　甄别网络访问是否正当的过程实际上就是访问控制的决策过程,网络防火墙要完成该过程主要涉及到三个方面,即访问控制规则的设计、访问控制决策的形成以及访问控制决策的实施。①访问控制规则设计部分的功能体现为要按照什么规则和逻辑来判定网络访问是正当的、应该放行的,还是不正当的、应该阻断的,如根据网络数据包的源地址是否在指定的合法 IP 地址列表中来判定一个 IP 数据包是否放行,这就是一个常见的网络防火墙的访问控制规则;②访问控制决策形成部分的功能是对一个特定的网络访问,根据相应的访问控制规则,给出应该放行还是阻断该网络访问的判决或决策;③访问控制决策实施部分的功能是依据所形成的访问控制判决结果,对一个特定的网络访问进行控制,即放行或阻断该网络访问。

　　本书在讨论网络防火墙的实现技术中,重点关注如何实现网络防火墙的网络访问控制功能,对于网络防火墙的其他功能(如日志、VPN 等)不做具体的阐述。

3.3　访问控制功能的实现要素

　　综合上面的分析可知,网络防火墙要完成一个完整的网络访问控制功能,具体需要三个基本功能要素:访问控制规则的配置,基于访问控制规则的访问判决,访问判决的实施。下面的三个小节分别讨论这三个部分。

3.3.1　访问控制规则的配置

　　通常,网络防火墙不能完全智能地甄别出不当的或恶意的网络访问,并自动实现相应的网络访问阻断,毕竟防火墙所处的网络环境是多种多样的,甚至网络应用也处在动态变化之中。目前大多数网络防火墙都是依据网络管理员配置(或制定)好的规则进行网络访问控制,访问控制规则的制定是网络防火墙实现网络访问控制的前提和基础。因此在网络防火墙的实际应用中,访问控制规则的配置尤为重要。针对所在的网络应用环境,制定合适的网络访问控制规则是网络防火墙对内部网络切实发挥安全保护作用的关键所在。

对具体的网络防火墙而言,为其配置合适的访问控制规则涉及到几个方面的现实问题。一是规则配置平台,即网络防火墙提供了什么样的方法来配置控制策略。二是访问控制规则的具体存在和表示形式,如控制规则中支持哪些控制要素以及运算逻辑等。另外安全管理员的作用也同样重要,安全管理员要配置出合适的安全规则还会涉及到很多因素,如安全管理员自身的安全素养,安全管理员对网络应用的熟悉程度,安全管理员对规则配置平台的理解程度等。安全管理员如果不能为网络防火墙配置出合适的访问控制规则,如默认放行所有的网络访问,网络防火墙就不能真正发挥作用。实际上,这些问题可归结为网络防火墙的管理和使用问题,本书从网络防火墙的开发角度出发,更关注如何实现或提供一个好的规则配置平台,以及如何组织访问控制规则。

对访问控制规则配置平台而言,良好的配置方式和界面非常重要,尤其是商用的网络防火墙。一个好的配置界面不但有利于系统被用户接受,而且还便于用户培训,节省培训费用等。但就其功能而言,访问控制规则配置平台的核心体现在能够配置出什么样的访问控制规则。网络防火墙所配置出的访问控制规则类似于一个运算结果为布尔值的函数,该类函数的关键特征体现在两个方面,一是其中所包含的数据种类,即所支持的数据类型、常量、变量等,二是对应所能支持数据种类的运算类型,如算术运算、逻辑运算等。相应地,网络防火墙规则配置平台的本质特征在于所支持的参量类型,即可以基于哪些要素来配置网络访问控制规则,以及所支持要素上的运算类型。通常运算类型依赖于所支持的参量,当规则配置支持的参量类型确定之后,其上所能进行的运算类型也就相应地确定下来,因此这里重点讨论防火墙规则配置所支持的参量类型。

网络防火墙的访问控制规则包含的元素可能会涉及到较多的数据类型,但从来源看,访问控制规则所依赖的要素可分为三类:网络访问参量、系统状态参量、自定义参量。目前大多数的网络防火墙都是在这三类参量上配置访问控制规则。

- 网络访问参量:不管是网络连接还是网络数据包传递,一个网络访问总会伴随着一定的上下文信息或者网络访问属性,如数据包的源 IP 地址、数据包的源端口、数据包的目标 IP 地址等,这些信息统称为网络访问参量。

- 系统状态参量:除了该次网络访问的属性外,有些网络防火墙的访问控制规则还涉及到一些全局性的系统状态变量,如系统时间等。商业化的防火墙多数都能配置出时间相关的网络访问控制规则,如工作日的 9:00~17:00 才能进行网络访问等。

- 自定义参量:这些参量通常体现为由安全管理员自己定义的一些常量,这些常量的值在规则配置阶段就已确定下来,如特定的网络 IP 地址段、合法的 URL 列表、URL 黑名单列表等。这些自定义参量对应了安全管理员的先验知识,安全管理员在配置网络访问控制规则时需要具备这些知识。

通常安全管理员在为网络防火墙配置访问控制规则时,配置出的可能不是单个规则,而是多条规则组成的规则集合,这些规则一般适用于不同场合下的网络访问。对于适用于相同场合的多条网络访问控制规则,网络防火墙应该包含规则冲突解决方案,即在对同一网络访问进行访问判决过程中,如出现有超过一条的访问控制规则适用于该访问,并且这些访问控制规则的判决结果不一致,这时应该以哪条判决结果对该网络访问进行控制。

3.3.2　基于访问控制规则的访问判决

网络访问控制规则给出了网络访问是否能够得到许可的静态约束和描述,即在什么条件下能够进行网络访问,什么条件下不能进行网络访问。而对一个特定的网络访问,需要根据其访问属性执行相应的访问控制规则,才能得出具体的访问判决结果。在网络防火墙中,基于控制规则的访问判决大致包含以下三个过程:

(1) 控制规则选取阶段。如果网络防火墙有多条访问控制规则,对一个特定的网络访问,需要找出对应本网络访问的(一条或几条)访问控制规则,然后解释或执行相应的访问控制规则以形成访问判决。一般情况下,在为一个网络访问选取相应的控制规则时,需要预先知道该网络访问的一些访问属性。假定防火墙中存在两条访问控制规则,分别用于 TCP 应用和 UDP 应用,因此只有明确该网络访问对应的具体业务类型(TCP 或 UDP)后,才可能为该网络访问找到合适的访问控制规则。如果网络防火墙只有一条访问控制规则,也就无所谓规则选取,在生成访问判决时会略过这个阶段。

(2) 单规则判决阶段。在为指定网络访问找到合适的控制规则后,解释或执行该控制规则,就能够得到关于该网络访问的判决结果。如果找到多条合适的控制规则,可能需要逐一解释或执行这些控制规则。

在控制规则的解释或执行过程中,如何获得该规则中所有的参量(或参量的取值)是最为核心的问题。在 3.3.1 节中提到的三种参量中,自定义参量的值如果包含在访问控制规则中,在解释或执行访问控制规则时不存在获得其参量值的问题,如果是保存在防火墙的配置文件中,只要读取相应的配置文件就能获得这些参量的值。

对于全局状态参量,通过访问全局数据结构或者状态查询函数,就能获得其参量的值,如调用操作系统的函数 gettimeofday()获得系统时间,用于解释什么时间段能够访问、什么时间段不能访问这样的访问控制规则。

对网络访问参量值的获取相对比较复杂,有些访问属性值可以从网络访问中直接得到,例如,从 IP 数据包中可以直接获得源 IP 地址,而有些访问属性值需要经过分析才能得到;从 IP 数据包中不能直接得到所对应的网络应用服务类型;是 FTP 应用还是 EMAIL 应用,网络应用服务类型可能需要将多个 IP 报文拼装分析后才能获得。

(3) 冲突判决仲裁阶段。对某网络访问,当有两条或两条以上访问控制规则的判决结果发生冲突时,需要对这些判决结果进行仲裁,以获得最终的判决结果。实际的网络防火墙可能会采用不同的方案来解决多条访问控制规则的判决冲突问题。多数防火墙采用"否定优先"的方式,即对一个网络访问的所有判决结果中,只要有一个是阻断的,防火墙就会阻断该网络访问。极少有防火墙采用"肯定优先"的方式来裁决不一致的判决。

3.3.3　网络访问判决的实施

在获得最终判决结果后,网络防火墙就能够对某网络访问进行管理和控制,即放行或阻断该网络访问。不难理解,要对一个网络访问进行控制,首先需要在机制上保证网络防火墙能够截获到该网络访问,如截获一个 TCP 连接或者一个 IP 数据包等。也就是网络防火墙必须运行在网络访问所经的结点(路由结点或某协议层次)上,或者至少有一个模块运行在相应的结点上,且该模块能够影响到该结点上的网络访问处理流程。如某防火墙要控制进出一个局域网的 IP 数据包,该防火墙至少需要有模块运行在该局域网的网关(或路由器)上,且该模块能够根据访问判决结果,控制该网关是转发 IP 数据包还是阻断 IP 数据包。

显然在网络防火墙的实现中,网络访问判决的实施是一个非常关键的技术,直接决定了网络防火墙的实现方式和应用部署方式,3.5 节将结合具体的实现方式再进行详细阐述。

3.4　网络防火墙的逻辑结构

根据所实现功能的不同,网络防火墙在逻辑上可以分为三大模块,即访问控制规则配置模块、网络访问截获和控制模块、网络访问判决模块,此外还需一个保存访问控制规则的数据库。一个完整的网络防火墙的逻辑结构如图 3-1 所示。

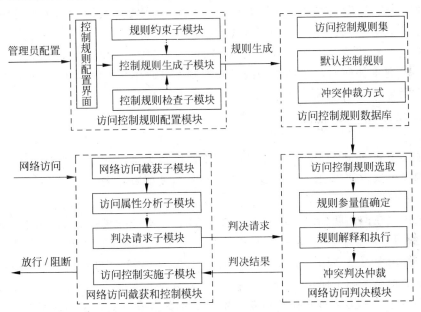

图 3-1　网络防火墙的逻辑结构

3.4.1　访问控制规则配置模块

该模块的主要功能是提供一个接口或者界面,供网络管理员配置相应的访问控制规则,并将配置结果保存在访问控制规则库中。在实现访问控制规则配置模块时,要预先确定访问控制规则所支持的参量种类,以及其上所能进行的运算类型。这些参量种类和运算类型要与后面(3.4.4 节)提到的访问控制规则解释和执行子模块所支持的参量种类和运算类型相一致。网络管理员只能在这些参量种类和运算类型基础上配置安全规则,否则所配置出的访问控制规则不能有效生成真正的访问控制判决。

有些网络防火墙的访问控制规则配置模块还具有附加功能,具体可能包括:访问控制规则的完整性检查,甚至自动添加一些默认规则,如默认禁止访问等;访问控制规则的冲突检查,或者以静态的方式预先消除规则冲突,或者指定规则冲突解决方式,以便于在适用于同一网络访问的多个规则出现判决不一致时形成最终的访问判决结果。

因此该模块从功能逻辑上可以划分为三个部分：规则约束子模块，其功能是约定用户如何配置出相应的访问控制规则，如约定可以配置的参量种类以及相应的运算类型等；控制规则生成子模块，该子模块为整个模块的功能核心，按照用户的配置生成相应的访问控制规则；控制规则检查子模块，即在生成访问控制规则前，对访问控制规则的完整性、一致性等进行检查。

3.4.2　访问控制规则数据库

访问控制规则数据库是联系访问控制规则配置模块和网络访问判决模块之间的纽带，保存访问控制规则配置模块的运行成果，用于网络访问判决模块对指定的网络访问形成相应的访问判决。

访问控制规则数据库中的规则内容和存在形式在不同的网络防火墙系统中差别很大，一个简单的网络防火墙可能只有一两条规则，而一些应用复杂的网络防火墙可能有几十条乃至上百条的规则。一般而言，访问控制规则数据库存储的内容主要包括：由一条条具体的访问控制规则组成的访问控制规则集合；默认的访问控制规则，该规则约定在没有合适的控制规则情况下如何对一个网络访问进行控制；规则冲突仲裁方式，用于在多个控制规则对同一个网络访问出现不同判决时产生最终的判决结果。

3.4.3　网络访问截获和控制模块

该模块的主要功能是截获网络访问，向网络访问判决模块询问如何处理该网络访问，待网络访问判决模块返回判决结果后，依据所得到的判决结果对该网络访问实施访问控制，即放行或者阻断该网络访问。

通常该模块在向访问判决模块询问判决结果时，需要将该网络访问的上下文信息，即各种访问属性，同时提交给访问判决模块，以便于访问判决模块形成对该网络访问的判决。因此该模块在逻辑上可分为四个子模块：访问截获子模块、访问属性分析子模块、判决请求子模块以及访问控制实施子模块。

- 访问截获子模块：该子模块截获网络中正在发生或将要发生的网络访问，包括网络连接、报文传递、应用会话等。开发和应用部署网络防火墙时，要保证所有的网络数据传递或者希望控制的网络数据传递全部经过该子模块，即该子模块不能被旁路，要能截获到所有需要控制的网络数据传递。
- 访问属性分析子模块：在截获网络访问后，需要将该网络访问发生的上下文信息进行收集，如数据包的来源、目的地址等。
- 判决请求子模块：依据分析出的访问属性信息（即访问上下文信息），形成访问判决请求，并将该访问判决请求连同访问属性信息一起发送给网络访问判决模块。
- 访问控制实施子模块：对已截获的网络访问，接收来自于网络访问判决模块的判决结果，并依据该判决结果对该网络访问进行处理，阻断或允许所传递的数据包（或网络连接）等。

3.4.4　网络访问判决模块

该模块的主要功能是针对网络访问截获和控制模块提交来的访问判决请求（附带有相

应的访问上下文信息),依据对应的访问控制规则形成访问判决,并将该判决结果返回给网络访问截获和控制模块。依据 3.3.2 节的讨论,该模块主要包含以下功能流程。

- 控制规则选取:根据待判决的访问控制请求及其访问属性信息,在访问控制规则库中选取适用于该访问的控制规则。对一些网络防火墙而言,可能会选取出多条适用的访问控制规则,也可能没有适用的访问控制规则,通常没有适用的访问控制规则意味着适用默认规则,或者直接生成默认的判决结果。
- 规则参量值提取:访问控制规则类似于一个布尔函数,访问控制规则的执行类似于计算函数的值,计算出函数结果的前提是需要知道函数参数的值。同样在执行选取出的访问控制规则时,需要知道该规则中所有参量的值。这些参量值可通过读取该网络访问伴随的访问属性值,查询全局状态,或者读取规则配置文件(或数据库)等来获得。
- 规则解释与执行:在获得访问控制规则涉及到的参量值后,就可以对该网络访问执行相应的规则解释,以对该网络访问形成访问判决结果。
- 判决结果仲裁:在出现多条访问控制规则的判决结果不一致时,如果管理员设置了不一致判决的仲裁方式,该模块将按此方式仲裁出最终的判决结果,否则需要按默认的方式,即"肯定优先"或"否定优先"等,仲裁出最终的判决结果。

3.5　网络防火墙接入的协议层次

从网络防火墙的逻辑结构不难看出,网络防火墙要在一个网络中实现真正的网络访问控制,需要能够截获针对该网络的网络访问,并且按照判决结果控制该网络访问的放行和阻断。换而言之,网络防火墙中的网络访问截获和控制模块(或者至少其中的一部分)应该嵌入到原有网络的协议处理流程中,这样才能截获到网络访问并获得网络访问的上下文信息,以及影响和改变网络访问的处理流程,从而真正落实网络防火墙的访问判决结果。因此,要实现网络防火墙,需要首先了解原有的网络协议处理流程。

网络访问对应为具体的网络通信,在 TCP/IP 体系结构下,通信双方以客户/服务器的形式存在。目前主要的应用层协议(FTP、HTTP 等)都支持代理模式,代理模式下的网络协议处理流程和一般模式下的网络协议处理流程存在根本性的不同,本节的一般模式是相对于代理模式而言的,即非代理模式。

本节首先用两小节分别介绍 TCP/IP 协议体系下一般模式和代理模式下的协议处理流程,然后讨论如何将防火墙嵌入到原有的网络协议处理流程中,即讨论防火墙的协议嵌入层次。

3.5.1　非代理模式下的协议处理流程

不失一般性,这里假定发出数据包的主机为客户端,接收数据包的主机为网络服务器。图 3-2 首先给出了非代理模式下的网络服务结构,这里假定客户端为局域网 LAN_A 中的 $HostA_i$;服务器为局域网 LAN_B 中的 $HostB_j$。

从客户端发出的代表网络访问的数据包要依次经过下列网络路径:客户机 $HostA_i$,局域网 LAN_A 的网关 GatewayA,Internet 上的各种中间设备(路由器、交换机等),局域网

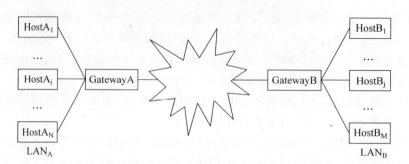

图 3-2　非代理模式下的网络服务结构

LAN$_B$ 的网关 GatewayB,最后到达服务器主机 HostB$_j$。

从协议的处理层次角度来看,网络数据包经过的网络路径结点对应的处理方式存在区别。图 3-3 给出了各网络结点上协议的大概处理流程,这里假定客户端的 IP 地址和端口分别为 m 和 n(记作 m:n),服务器的 IP 地址和端口分别为 x 和 y(记作 x:y),各网络结点上的协议处理过程概括如下:

- 在客户端,应用层的数据经过 TCP/IP 协议的逐层处理,将会被封装成源 IP 地址和源端口为 m:n、目标 IP 地址和目标端口为 x:y 的 IP 数据包(记作 m:n—>x:y),然后封装在 MAC 帧中传输到硬件链路上。
- 在网络中间结点(包括局域网网关以及途径的 Internet 上的各种中间设备),从所收到的 MAC 帧中提取出 IP 数据包,基于该数据包的目标 IP 地址,运行路由算法计算出下一跳的 IP 地址和连接该 IP 地址的网络接口,然后将该 IP 数据包再次封装成 MAC 帧,从相应的网络接口中转发出去。
- 在服务器端,IP 协议层从所收到的 MAC 帧中首先提取出 IP 数据包,根据该数据包的目标 IP 地址判断出该数据包是发往本机的。进行相应处理后,将 IP 包的数据部分交给上层协议,经传输层处理解析出应用层数据,并将这些数据交给应用层进行处理。

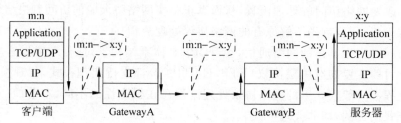

图 3-3　非代理模式下的网络协议处理流程

从图 3-3 可以看出,在一般模式的协议处理流程中,除非在端系统(客户端或服务器端),所有网络中间结点都不会将途经的协议报文上升到应用层,网络中间结点只是对 IP 数据包进行路由和转发处理。一般情况下,IP 数据包在中间的传递环节是不做任何修改的,除非需要进行 IP 分片。

3.5.2　代理模式下的协议处理流程

为了一些特殊目的,如网络地址公用、安全控制等,一些应用层协议(FTP、HTTP 等)

开始支持代理模式下的网络访问,也就是说在客户端和服务器之间存在一个应用代理服务器。

理论上,从所处的物理结构来看,应用代理服务器并不一定要位于与客户端相同的局域网内,其也不一定要位于客户端和网关之间。但如果需要在应用代理服务器上实现安全控制功能,则该代理服务器就应位于客户端与服务器之间的访问路径中,这里只讨论这种网络结构,如图 3-4 所示。这里假定客户端为局域网 LAN$_A$ 中的 HostA$_i$,服务器为局域网 LAN$_B$ 中的 HostB$_j$,App_Proxy 为位于客户端和服务器间的应用代理服务器。

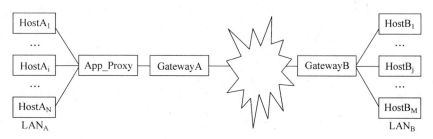

图 3-4　代理模式下的网络结构

从网络服务的逻辑关系上看,代理模式下的代理服务器对应两个角色:对内网的客户端而言,它相当于外网的服务器;对外网的服务器而言,它相当于请求服务的网络客户端。事实上,代理服务器的主要功能分为两个模块:一个是对内网客户端模拟服务器的代理服务器模块;另一个是对外网服务器模拟客户端的代理客户端模块。这里假定这两个模块对外提供的 IP 地址和端口分别为 s:t 和 p:q。

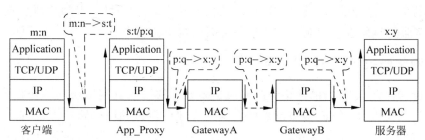

图 3-5　代理模式下的网络协议处理流程

代理模式下的协议处理流程如图 3-5 所示,这里假定客户端的 IP 地址和端口为 m:n,服务器的 IP 地址和端口为 x:y。各网络结点上的协议处理过程概括如下:

- 客户端:在应用层,与服务器的应用会话数据将会按照代理协议的格式和要求,被封装在发往代理服务器的应用会话中,然后该应用会话经过 TCP/IP 协议的逐层处理,被封装成源 IP 地址和源端口为 m:n、目标 IP 地址和目的端口为 s:t 的 IP 数据包(记作 m:n->s:t),然后封装在 MAC 帧中传输到硬件链路上。
- 代理服务器端:从所收到的 MAC 帧中,IP 协议层首先提取出 IP 数据包,根据该数据包的目标 IP 地址判断出该数据包是发往本机的。进行相应处理后,将 IP 包中的数据部分交给上层协议,经传输层解析出应用层数据,并将这些数据交给应用层进行处理。应用代理服务器基于代理协议从中解析出所代理的应用会话数据,然后该应用会话经过 TCP/IP 协议的逐层向下处理,先被封装成源 IP 地址和端口为 p:q、目标 IP 地址和端口为 x:y 的 IP 数据包(记作 p:q—>x:y),最后封装在 MAC 帧中传输到硬件链路上。

- 网络中间结点:从所收到的 MAC 帧中,提取出 IP 数据包,基于该数据包的目标 IP 地址运行路由算法,计算出下一跳的 IP 地址和连接该 IP 地址的网络接口,然后将该 IP 数据包再次封装成 MAC 帧从相应的网络接口中转发出去。
- 服务器端:从所收到的 MAC 帧中,IP 协议层首先提取出 IP 数据包,根据该数据包的目标 IP 地址判断出该数据包是发往本机的。进行相应处理后,将 IP 包的数据部分交给上层协议,经传输层处理解析出应用层数据,并将这些数据交给应用层进行处理。

从上面的协议处理流程可以看出以下几个特点。

- 客户端发出的 IP 数据包,其目标 IP 地址和目标端口为 s:t,这意味着客户端直接和代理服务器发起会话,但会话的内容是让代理服务器代替自己与服务器进行网络会话。
- 服务器收到的 IP 数据包,其源 IP 地址和源端口为 p:q,服务器感觉是与代理服务器进行网络会话,但并不知道是代理服务器自身与其会话,还是代理其他客户端与其会话。

值得注意的是,代理模式下客户端是知道代理服务器存在的,因此网络用户在使用外网提供的网络服务时,要配置代理服务器的 IP 地址与端口。如使用 IE 浏览器时,单击菜单"选项"|"Internet 选项",在所显示的对话框中单击"连接"|"局域网设置"选项,设置应用代理服务器的 IP 地址和端口。这样 IE 在与外网服务器进行会话时,会启用所设置的代理,从而将与服务器的网络会话封装在与代理服务器的网络会话中进行。

3.5.3　网络防火墙的 IP 层接入

前面提到,网络防火墙的网络访问判决结果要能够影响到网络访问的协议处理流程才能真正生效。同样网络访问截获也需要在网络访问所经过的网络路径上,因此需要将网络防火墙(主要是其中的访问截获和控制实施部分)嵌入到原有的网络协议处理流程中,这就是网络防火墙的网络访问接入。

在实现网络防火墙的网络访问接入时,一个最基本的原则就是接入点一定要在网络访问的必经之处,否则该网络防火墙就有可能被绕过,从而起不到安全控制的作用。对应 3.5.1 节和 3.5.2 节的两种网络服务模式,在网络中分别存在两种比较合适的位置来嵌入网络防火墙的网络数据截获和控制实施模块,即一般模式下的网关 IP 层和代理模式下的应用代理服务器。本节和下节分别详细阐述网络防火墙的这两种接入方式。

网关作为局域网的出入口,局域网内主机和外部网络主机间的任何网络访问,不管是内网主机访问外网,还是外网主机访问内网,其网络访问都要经过网关。因此在网关中嵌入网络防火墙的访问截获和控制实施模块比较合适。

从图 3-3 所示的网络协议处理流程可以看出,网关主要在 IP 协议层实现 IP 数据包的路由和转发,对应网络访问的网络数据报文只能到达 IP 层,不会上传到传输层,更不会上传到应用层。因此在网关上实现网络防火墙接入时,要将防火墙的访问截获和控制实施模块嵌入到 IP 协议层中，具体包括：

- 截获 IP 数据包：在网关的原有 IP 协议处理流程中加入截获 IP 数据包的操作，以便于知道有哪些 IP 报文拟经过该网关，同时获得这些 IP 数据包的网络访问属性，从而基于这些属性给出放行还是阻止该 IP 数据包的访问判决。
- 控制数据包的转发：在网关的原有 IP 协议处理层嵌入控制操作，这些操作能够根据访问判决结果，影响和改变固有的 IP 包处理方式，阻断那些访问判决结果为阻止的 IP 数据包通过网关。

3.5.4　网络防火墙的应用代理接入

如果一个网络结构中采用了应用代理服务器，即局域网中所有对外的网络访问都通过代理服务器，或内部主机通过代理服务器来对外提供网络服务（注：这种情况下的代理服务器通常被称为反向代理服务器），在代理服务器中嵌入防火墙的网络访问截获和控制实施模块就非常合适，具体为：

- 应用层会话的截获和分析：网络防火墙需要将网络会话截获和分析的相关代码嵌入到应用代理服务器中，获得所有需要进行代理的网络会话，并对网络会话的访问属性进行分析，以便基于所分析出的访问属性对网络会话进行控制。
- 应用层会话的代理控制实施：网络防火墙需要将网络会话代理控制的相关代码嵌入到应用代理服务器中，从而控制应用代理服务器对代理会话的处理流程，让其不代理那些判决结果为阻止的网络会话，使得这些网络会话无法通过应用代理服务器。

事实上，在网络防火墙的这种接入方式下，应用代理服务器和网络防火墙常常统一在一起实现，即通常所说的应用代理防火墙。应用代理服务器在代理网络会话时，一般都会基于一定的原则对所代理的网络会话进行控制，将二者集成在一起实现是合理的。

3.6　网络访问的控制粒度

网络访问控制层次是网络防火墙的一个核心问题，即该防火墙在哪个协议层次上进行网络访问控制，或者说以什么访问粒度（如 IP 数据包、应用会话等）为单位进行网络访问控制。对应于上面提到的网络防火墙两种访问接入层次，很自然地存在两种不同的访问控制粒度，这两种访问控制粒度存在截然不同的特点。

如果将网络防火墙的控制接入到网络的 IP 协议处理流程中，防火墙所能够获得的网络访问对象为一个个独立的 IP 数据包，网络防火墙实际上就是对这些 IP 数据包依据访问控制规则进行控制。这意味着：

- 在进行具体的访问控制时，防火墙只能分析出基于 IP 数据包层面的网络访问属性，如访问的源地址等，并基于这些访问属性进行访问控制规则选取，以及解释和执行相应的访问控制规则以形成访问判决。
- 访问控制规则中涉及到的访问属性仅限于 IP 数据包层面，即通过分析某 IP 数据包能够获得的这些网络属性。相应地，3.3.1 节提到的访问控制规则配置平台只支持在这些访问属性基础上设置控制规则,否则即使配置出访问属性超出 IP 包层面的控制规则,在进行访问控制判决时,也不能解释和执行这些规则。

为了覆盖更多的 IP 报文控制要素,实际上有些防火墙尽管实现的是 IP 层接入控制,还会对单个 IP 数据包适当地分析其上层协议,如进行传输层协议的分析,提取出相应的源端口和目标端口信息,并以此进行控制。

如果将网络防火墙的控制接入到应用代理服务器中,网络防火墙所能够获得的网络访问对象对应为一个个独立的网络会话,基于相应的访问控制规则,网络防火墙对这些网络会话进行控制。这意味着:

- 网络防火墙以单个的网络会话为控制对象,分析出该网络会话相应的网络访问属性,从而顺利地选取合适的访问控制规则,并解释和执行该规则以形成对每个网络会话的判决。
- 访问控制规则中涉及到的访问属性主要是网络会话层次的特征信息。如对 SMTP 的网络会话而言,可从该会话中分析邮件的收件人、邮件附件类型和长度等,可以基于这些会话层次上的访问属性配置访问控制规则。
- 由于网络防火墙在截获会话后,可以借助操作系统提供的一些调用接口获得该会话的底层协议属性(如源 IP 地址和目标 IP 地址,源端口和目标端口等),因此访问控制规则中也可以包含底层协议对应的访问属性。

通常在应用会话层实现网络访问控制,其访问控制规则可以包含更多的语义信息,尤其是一些网络应用特征的信息,因此访问控制的语义更加完整、控制准确性更高。另一方面,由于在应用会话层实现访问控制,网络报文数据要到达应用层,需经过传输层和应用层协议处理,通常而言其运行效率相对较低,网络防火墙的存在可能会影响原有的网络处理性能,降低内部网络访问外部网络的实际带宽。

在 IP 层实现网络访问控制,其只能对单个 IP 报文进行控制,而且控制所依赖的要素语义层次比较低,如源 IP 地址和目标 IP 地址等,无法实现基于应用层语义信息(如邮件的收件人等)的控制。另一方面,该类防火墙的实现通常具有较高的效率,一般不会大幅度降低原有的网络处理性能。

3.7 本章小结

网络防火墙是目前最重要、也是最流行的一种安全工具,通常部署在内部网络(局域网)连接外部网络(Internet 等)的网络出口处,对所有内外网之间的网络访问进行相应的检查和控制,从而实现对内部网络的安全保护。网络访问控制功能是网络防火墙的核心功能,网络防火墙实现网络访问控制的关键是如何甄别哪些网络访问是正当的、应该让其通过的,而哪些网络访问是恶意的或不正当的、应该阻断的。一般的网络防火墙无法对网络访问的正当性实现全智能化地识别,因而需要防火墙管理员就具体网络访问是否正当的判别依据进行设置。

在逻辑结构上,网络防火墙可以分为三大功能模块,即访问控制规则配置模块,网络访问截获和控制模块,以及网络访问判决模块,此外网络防火墙还需一个保存访问控制规则的数据库。网络防火墙要在一个网络中实现真正的网络访问控制,其网络访问截获和控制模块应该嵌入到原有网络的协议处理流程中,这样才能截获网络访问以及影响和改变网络访问处理流程,从而真正落实网络防火墙的访问判决。在 TCP/IP 协议体系结构下,通信双方以客户/服务器的形式存在,除一般的网络应用服务模式外,主要的应用层协议(如 FTP、HTTP 等)都支持服务代理模式。代理模式下的网络协议处理流程和非代理模式下的网络协议处理流程存在本质的不同,对应这两种网络服务模式,存在两种位置便于嵌入网络防火墙的网络数据截获和控制模块,即一般模式下的网关 IP 层和代理模式下的应用代理层。

在应用代理层实现网络访问控制,其访问控制规则可以包含更多的语义信息,尤其是一些网络应用特征的信息,因此访问控制的语义更加完整,准确性更高。另一方面,由于在应用会话层实现访问控制时,网络数据要到达应用层,需要经过传输层和应用层协议处理,通常其运行效率相对较低。在网关的 IP 层实施网络访问控制则正好相反,其运行效率较高,但访问控制的语义层次低。

习　题

1. 简单阐述网络防火墙的基本功能。

2. 网络防火墙判定一个网络数据包是否应该放行的依据是什么?

3. 一般的网络防火墙中,其访问控制规则通常包含哪些要素?

4. 基于访问控制规则的访问判决形成一般包含哪些具体过程?

5. 有些网络防火墙的访问控制规则配置模块具有访问控制规则检查功能,这些检查功能具体包括哪些?

6. 简述非代理模式下,报文从客户端发出、到达应用服务器过程中的具体协议处理流程。

7. 用实例的形式给出代理模式下的网络结构。

8. 在 Web 代理模式下,Web 浏览器是如何知道代理服务器的 IP 地址的?

9. 简述代理模式下,报文从客户端发出、到达应用服务器过程中的具体协议处理流程。

10. 将网络防火墙的报文截获和控制模块嵌入到网络协议处理流程中的具体方式有哪两种? 分别简述它们的特点。

11. 分别在网关 IP 层和代理服务器中实现网络访问控制时,其控制对象和控制要素各有什么特点?

12. 对比分别在网关 IP 层和代理服务器中实现网络访问控制时的控制效率。

第4章 网络防火墙的技术类型

第3章详细阐述了网络防火墙所接入的网络协议层次,从中可以看出,网络防火墙的协议接入层次完全决定了网络防火墙的各种基本特性,如网络访问控制的对象(网络会话、单个IP报文等),以及网络访问控制的要素(IP地址、邮件收件人等)等。甚至还要影响到网络的服务方式,如以应用代理的形式实现网络防火墙的接入,需要网络用户在使用该防火墙时设置相应的代理服务器。因此,网络防火墙依据接入协议层次的不同,被分为IP报文过滤防火墙和应用代理型防火墙这两种基本类型。

IP报文过滤防火墙在网络IP层接入到原有的网络协议处理中,其通常对单个的IP数据包进行控制,因此常被简称为包过滤防火墙。应用代理型防火墙以应用代理服务器的形式接入到原有的网络协议处理中,对应用会话进行控制,该类防火墙又称为应用代理防火墙,简称代理防火墙。

由于一些配置管理等方面的需求,市场还出现了一种特殊的网络防火墙,该网络防火墙的协议接入层次在网关的IP协议层,而控制层次在应用会话层,这就是信息安全界常说的透明代理防火墙。另外,为了提高包过滤防火墙对网络数据控制的语义层次,以及简化网络防火墙的管理配置任务,近年来开始出现了一些新型的网络防火墙,如混合防火墙、动态包过滤防火墙等。

本章分三节逐一详细阐述包过滤防火墙、应用代理防火墙、透明代理防火墙这三种防火墙的工作原理、工作流程及相应的优缺点。在4.4节中对新型的网络防火墙进行简单介绍。

4.1　包过滤防火墙原理及特征

包过滤防火墙的"过滤"二字形象地表明包过滤防火墙的主要功能,即对所通过的IP数据包按照既定的包过滤规则(在包过滤防火墙中,访问控制规则通常被称为包过滤规则)进行检查和控制,"过滤"掉不能满足要求的IP数据包,即不让这些数据包通过网络防火墙。

4.1.1　包过滤防火墙工作原理

包过滤防火墙通常嵌入在连接内外网的路由器(或网关)上实现。普通的路由器只检查数据包的目标地址,并选择一个达到目标地址的最佳路径。它处理IP数据包是以目标地址为基础的,若路由器可以找到一条路径到达目标地址,则将该数据包从指定网络接口发送出去,若路由器不知道如何发送该数据包,则通知数据包的发送者"数据包不可达"。

嵌入包过滤防火墙的路由器(简称过滤路由器)会仔细地检查所经过的IP数据包,除了决定是否有到达目标地址的路径外,包过滤防火墙还将对每一个接收到的数据包做出允许或拒绝通过的决定,即针对每一个数据包的包头,按照包过滤规则进行判定,规则允许通行的数据包依据路由信息继续转发,否则就丢弃该数据包。

包过滤防火墙的包过滤操作是在 IP 层实现的,根据数据包的源 IP 地址、目标 IP 地址、协议类型(TCP、UDP、ICMP 等)、源端口、目的端口、ICMP 消息类型等报头信息及数据包传输方向等信息来判断是否允许数据包通过。

常见的过滤规则具体有以下类型。

- 拒绝/允许来自(或到达)某主机或某网段的所有 IP 数据包。
- 拒绝/允许来自(或到达)某主机或某网段的指定端口的 IP 数据包。
- 拒绝/允许某种协议类型(TCP、UDP、ICMP 等)的 IP 数据包。

4.1.2　包过滤防火墙工作流程

对照第 3 章中网络防火墙的基本原理,包过滤防火墙的报文处理流程可大致概括如下:

(1) 从网关(或路由器)的 IP 协议层截获所有经过该网关的 IP 数据包,或者截获需要进行控制的 IP 数据包。

(2) 对截获的 IP 数据包的包头(即 IP 或 TCP/UDP 协议头)进行分析,提取相应的网络访问属性(源 IP 地址、目标 IP 地址、源端口、目标端口、协议类型等)。

(3) 根据 IP 数据包的网络访问属性,选取适合于该 IP 数据包的包过滤规则。通常情况下,包过滤防火墙以协议类型为主关键字来组织包过滤规则。

(4) 基于 IP 数据包的网络访问属性,解释或执行所选取的包过滤规则,得出针对该 IP 数据包的访问判决,即放行或阻止该 IP 数据包。若没有找到适合该 IP 数据包的包过滤规则,则根据默认的包处理方式(或默认规则)得到该 IP 数据包的访问判决。

(5) 根据判决结果,直接丢弃所截获的 IP 数据包,或者让 IP 协议层继续进行路由处理,实现该 IP 数据包的转发。

4.1.3　包过滤防火墙的优缺点

对比下一节将要讲到的应用代理防火墙,包过滤防火墙具有明显的优点,具体体现在以下方面。

- 包过滤防火墙工作在 IP 层,与应用层不相关,不需要改变客户端的任何应用程序或设置,也无需对内部网络用户进行相关使用培训,因而很容易接入到现存的网络环境中。
- 包过滤防火墙工作在 IP 层,最多分析所对应的传输层协议(即获得端口等相关的属性信息),协议处理比较简单,所以处理包的速度比应用代理防火墙快。
- 包过滤防火墙实现相对简单,甚至可以集成到原有的路由器中。目前很多网络路由器都有 IP 包过滤功能,它们在逻辑上可以认为是包过滤防火墙。

包过滤防火墙针对 IP 数据包进行报文过滤,而不是对应用层会话进行网络访问控制。包过滤防火墙中的包过滤操作通过查看数据包的源地址、目标地址、源端口、目标端口来实现,它不保持前后连接信息,也不会分析这些 IP 数据包的上层语义信息。因此,包过滤防火墙也存在明显的不足,具体体现在以下方面。

- 包过滤防火墙在 IP 层实施网络访问控制,而用户认证是应用层的概念,因此包过滤防火墙不支持有效的用户级认证。
- 包过滤防火墙一般基于单个 IP 数据包进行控制,很少分析 IP 数据包之间的关系以及所对应的高层语义信息。由于单个 IP 数据包的语义层次低,所对应的高层语义信息不明确,难以实现应用会话级的网络访问控制,只能基于 IP 数据包的访问属性进行网络访问控制。

- 包过滤防火墙所能接触的信息较少,生成的日志通常只包括通过数据包捕获的通信时间、网络层的 IP 地址、传输层的端口等非常低层的信息。安全管理员难以从 IP 数据包记录中获得直接有用的信息,这在发生安全事件时给管理员的安全审计带来很大的困难。显而易见,对安全管理员而言,一条诸如"几时几分从某 IP 某端口向某 IP 某端口发送了一个 IP 数据包"之类的日志记录,明显没有诸如"几时几分某 IP 上某用户从某 FTP 服务器下载了一个某某文件"的日志记录直观和有用。

从 IP 数据包过滤功能上看,包过滤防火墙按一定的包过滤规则控制 IP 报文的通行,不具有屏蔽内部网络细节的作用。但几乎在所有的商用包过滤防火墙中,都集成了网络地址转换(即 NAT)功能,即当内部的计算机要与外部 Internet 网络进行通信时,包过滤防火墙将其内部客户机的地址和端口转换为本防火墙的地址和端口。一个企业如果不想让外部网络用户知道自己的网络内部结构,可以通过该防火墙中的 NAT 功能将内部网络与外部 Internet 隔离开,外部用户就无法知道内部网络主机的 IP 地址。

4.2　应用代理防火墙原理与特征

从协议处理层次上看,包过滤防火墙工作在 IP 层,对经过的 IP 数据包进行控制,而应用代理防火墙工作在应用层,以一种特殊网络服务器的形式存在,对经过其代理的每个应用会话进行控制。

4.2.1　应用代理防火墙工作原理

应用代理防火墙采取的是一种代理机制,可以为每一种应用服务建立一个专门的代理,所以内外网之间的通信不是直接的,都需先经过应用代理防火墙的审核。审核通过后再由应用代理防火墙代为连接,不给内、外网的计算机任何直接会话的机会,从而避免了外部攻击者入侵内部网络。

应用代理型防火墙的组成结构和工作原理如图 4-1 所示。

图 4-1　应用代理防火墙的结构和工作原理

从图 4-1 可看出,应用代理防火墙的核心是协议分析和控制模块,该模块基于接收到的网络请求和响应,分析出所对应的网络会话语义以及相应的访问属性,如服务类型(FTP、HTTP、SMTP 等),然后基于这些访问属性以及所对应的网络访问控制规则,进行访问判决,以决定是继续代理该访问请求和响应还是阻断它们。应用代理防火墙本质上对应一个能够提供代理功能的网络服务器,为避免与网络客户端所要访问的网络服务器(HTTP 服务器或 FTP 服务器等)混淆,本书称后者为目标服务器。

应用代理防火墙工作在网络协议的最高层,即应用层,其特点是完全"阻隔"了网络通信流。由于每种应用协议存在明显的不同,应用代理防火墙需要对每种应用服务分别编制专门的代理程序,从而实现监视和控制应用层通信流的功能。

除了能够对所代理的网络会话进行控制以实现内部网络的安全外,应用代理防火墙还起到屏蔽内部网络结构的作用,因为所有的内网用户都是通过代理防火墙访问外部网络,从外部网络看来,该防火墙是唯一与之发生网络交互的主机。这样,Internet 上的黑客或攻击者就不能探测到内部网络的主机,因而降低了内部主机遭受外部攻击的风险。

4.2.2　应用代理防火墙工作流程

从图 4-1 可以看出,应用代理防火墙的工作流程大致为:

(1) 代理服务器模块首先与客户端建立起应用会话连接,然后接收客户端发来拟代理访问的网络请求。经初步分析后,将该网络请求转发给协议分析和控制模块。

(2) 协议分析和控制模块接收转发来的拟代理的网络请求,分析出该网络请求的各种属性特征,然后根据这些属性特征选取对应的访问控制规则,并依据访问控制规则进行访问判决,最后根据访问判决结果对拟代理的网络请求进行控制,即将该网络请求转发给代理客户端模块,或通过代理服务器模块告知客户端拒绝该网络请求。

(3) 代理客户端模块接收来自于协议分析和控制模块转发来的网络请求,并以本机身份将这些请求发送给目标服务器。之后,该模块接收来自于目标服务器对该网络请求的响应,并将该响应转发给协议分析和控制模块。

(4) 多数应用代理防火墙只对网络访问请求进行控制,而对许可请求的响应不再进行控制而直接转发给代理服务器模块。有些安全功能(如内容过滤等)需要防火墙对响应进行安全控制。这种情况下,由协议分析和控制模块接收来自于代理客户端模块的请求响应,并依据相应的访问控制判决结果来控制该响应,即只将获得许可的响应转发给代理服务器模块。

(5) 代理服务器模块接收来自于协议分析和控制模块转发来的响应,将其封装在与客户端建立起的会话连接中转发给客户端。

4.2.3　应用代理防火墙的优缺点

应用代理防火墙在应用层上进行网络访问控制,对比包过滤防火墙,应用代理防火墙具有明显的优点,具体体现在以下几个方面。

- 应用代理防火墙在应用层实施网络访问控制,可以通过应用层网络协议与网络客户端交互用户认证相关的信息,从而实现用户认证。因而该类型防火墙能够基于用户帐号和密码进行网络访问控制。

- 应用代理防火墙以应用服务或应用会话为单位进行控制,每个应用服务和应用会话一般具有比较明确的高层语义信息,如邮件服务的发件人、FTP 服务的下载文件名等,管理员可以基于这些高层语义信息配置相应的访问控制规则。因而该类型防火墙能够实现高层语义的访问控制。

- 应用代理防火墙能够分析比较高层的语义信息,能够以应用服务和应用会话为单位进行日志记录。这类日志记录能够直观地对应管理员所能理解的网络访问事件,如在某时间某用户向某邮件地址发送了一个邮件等,这在发生安全事件后给管理员的安全审计带来很大的帮助和便利。
- 应用代理防火墙将内部网络的网络访问统一起来,以自己身份与外网的服务器进行通信。从逻辑上来看,应用代理防火墙相当于唯一的可被外部看见的主机,从而保护内部主机免受外部攻击。应用代理防火墙和下节讲到的透明代理防火墙在应用时会代理内网客户与外部网络进行交互。因而这两种防火墙能够起到屏蔽内部网络结构的作用,内部网络主机的安全弱点也不会暴露给外部网络,这会给网络黑客攻击内部网络带来较大的困难,因而能够在很大程度上提高内部网络的安全性。

应用代理防火墙由于在应用层基于应用会话实现网络访问控制,实现的协议层次高,对比包过滤防火墙,该类型防火墙也存在明显的不足,具体体现在以下几个方面。

- 对内网用户而言,该类防火墙的使用不透明,需要更改内部网络的一些网络应用软件的设置。如要在内网主机上的网络浏览器进行代理服务器相关的设置,相当于要告诉该浏览器所启用的代理服务器的地址和端口,否则该内网主机就不能访问到外网中的 Web 服务。
- 该类型防火墙的速度相对比较慢,当用户对内外网间的吞吐量要求比较高时,应用代理防火墙就会成为内外部网络之间的瓶颈。因为该类型防火墙需要为不同的网络服务建立专门的代理服务,而代理服务分别与网络客户端和目标服务器建立连接需要额外的时间开销,所以给系统的性能带来了一些负面影响。相比而言,包过滤防火墙直接在 IP 协议层进行过滤和控制,速度要快得多。

4.3　透明代理防火墙原理及特征

顾名思义,透明代理防火墙在控制功能上对应一个应用代理型防火墙,即工作在应用层,对所代理的每个应用会话进行控制。所谓的"透明"是指像包过滤防火墙一样,使用该类型防火墙的内网客户端感受不到该防火墙的存在,也无需在浏览器(或其他客户端软件)中进行代理服务器的设置。

4.3.1　透明代理防火墙的技术背景

从 4.1 节可以看出,包过滤防火墙的显著优点在于直接工作在网关的 IP 协议层,内网中的网络用户不需要更改网络软件设置(如配置代理服务器的地址、端口等),因此该类防火墙的部署和使用都比较简单。不难理解,在包含成百上千台主机的企事业单位局域网中,包过滤防火墙的这个优点显得非常重要,也会大大减少其实施费用(如客户端培训等)。但包过滤防火墙在 IP 层实现网络访问控制,每个 IP 报文很难对应高层语义信息,这给控制规则配置和安全审计都会带来一定困难。

从 4.2 节可以看出,应用代理型防火墙与包过滤防火墙正好相反,该类型防火墙可以在网络会话层进行访问控制,每个控制对象都对应明确的高层语义。因而网络访问控制规则易于配置且安全性好,防火墙的日志也便于管理员理解。但是该类型防火墙对网络用户不透明,在网络中部署不方便。

透明代理防火墙所希望的目标是通过一定的技术手段,实现包过滤防火墙和应用代理型防火墙二者的优点,既能够像应用代理防火墙一样,在应用层实现基于网络会话的连接控制并产生相应的日志记录,又能够像包过滤防火墙一样对局域网内部的网络用户透明,无需对客户端软件(如 Web 或 FTP 的客户端软件)进行设置就能完成内外部网络之间的通信。

4.3.2　透明代理防火墙技术解析

从实现的访问控制粒度上来看,透明代理防火墙需要解析出一个个应用层会话,需要像应用代理型防火墙一样处理每一个网络访问。同时,透明代理防火墙也要像包过滤防火墙一样实现对网络用户的透明,即网络用户感受不到防火墙的存在,从而无需配置客户端软件,因此客户端所发出的对应应用会话的 IP 数据包,其目标地址和端口一定是所要访问的目标服务器的地址和端口。

网关是局域网连接外部网络的入口,透明代理防火墙要实现内外网间的网络访问控制,需要在此进行相应的检查和控制。对一般网关(即不实现透明代理功能的网关)而言,局域网网关的 IP 协议层在接收到 IP 数据包后,首先会基于该 IP 数据包的目标地址进行路由选择,由于内网客户端发出 IP 数据包的目标 IP 地址是外网中目标服务器的 IP 地址,网关不会进行其他处理,直接依据路由信息将该包从对应的网络接口转发出去。而对内嵌透明代理防火墙的网关而言,需要更改其 IP 协议层的处理流程,将这些包截获并进行特殊的分析和处理,而不是直接转发出去。

透明代理防火墙在对所流经的网络报文实施应用会话级的网络访问控制时,需要将截获的 IP 包进行上层协议分析,从而恢复出一个个应用会话,这就需要该防火墙自己实现传输层协议和应用层协议的解析和重组工作。然后对这些应用会话进行高语义层次级的访问控制判决,对判决许可的应用会话,透明代理防火墙同一般应用代理型防火墙一样,代替客户端与目标服务器进行网络会话。

基于屏蔽内网结构等方面的原因,同一般的应用代理服务器一样,透明代理防火墙在代替内网客户端与目标服务器发生网络会话时,会以自己的身份来进行会话连接,即发往目标服务器的 IP 数据包的源地址为网关外网接口的 IP 地址,而不是客户端的 IP 地址。同时源端口也发生了改变,为网关指定的端口,而不是客户端的端口。在透明代理防火墙中,IP 数据包的处理流程如图 4-2 所示,其中客户端的 IP 地址和端口为 m:n,目标服务器 IP 地址和端口为 x:y,透明代理防火墙中代替客户端与目标服务器连接的 IP 地址和端口为 p:q。

从逻辑上讲,透明代理防火墙需要改变所在网关的 IP 协议处理流程,这需要在网关的 IP 协议层实现。然而对大多数操作系统而言,其 IP 协议都是实现在系统内核层。如果将透明代理防火墙全部放在 IP 层实现,则面临比较大的开发和调试困难,因而实际的透明代理防火墙在开发时,会尽量减少在操作系统内核中的开发工作量,尽可能在应用层实现相应的功能模块。

从功能模块结构上来看,透明代理防火墙与应用代理型防火墙最主要的不同之处在于接收 IP 数据包的流程不同。在一般的应用代理防火墙中,客户端所发送 IP 数据包的目标

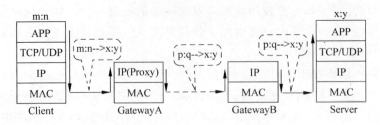

图 4-2　透明代理防火墙的工作方式

地址和端口为应用代理防火墙的 IP 地址和端口,因此网关的 TCP/IP 协议会自动地将 IP 数据包组装成应用层数据交给应用代理防火墙。而在透明代理防火墙中,来自客户端的 IP 数据包的目标地址和端口为目标服务器的 IP 地址和端口,因此需要在网关的 IP 协议中添加 IP 报文截获模块。同时需要在透明代理防火墙中添加应用数据(或 IP 包)组装模块,该模块类似于 TCP/IP 协议的功能,将 IP 数据包组装成应用层数据,并将目标服务器返回的响应数据分解封装成一个个 IP 数据包,以便将响应返回给客户端。除此之外,透明代理防火墙其他功能模块与一般应用代理型防火墙的模块相类似。透明代理防火墙的逻辑结构如图 4-3 所示。

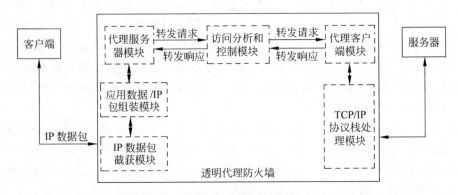

图 4-3　透明代理防火墙的逻辑结构

在上面的模块结构中,TCP/IP 协议处理模块无需另行开发,可直接使用网关操作系统中的协议处理即可,这里列出该模块的目的在于完整展现透明代理防火墙的数据处理流程。另外,应用数据/IP 包组装模块实际上是完成 TCP/IP 协议的功能,只不过处理方式存在差别,将目标 IP 地址和端口不是透明代理防火墙 IP 地址和端口的 IP 数据包也重组后交给透明代理防火墙。在 5.5 节可看到,通过一定的技术处理,也可以用网关操作系统的原有协议完成应用数据/IP 数据包组装模块的功能。

4.3.3　透明代理防火墙工作原理

通过 4.3.2 节的技术解析,透明代理防火墙的工作原理可简述如下:假设 A 为内部网络的客户机,B 为外部网络的目标服务器,C 为透明代理防火墙,当 A 对 B 有连接请求时,连接请求被透明代理防火墙 C 截取,然后 C 上的访问分析和控制模块对该连接进行访问判决,如果该连接请求是许可的,C(实际上是其上的代理服务器模块)就冒充目标服务器 B 与 A 首先建立连接,然后 C(实际是其上的代理客户端模块)再以客户端的身份与 B 建立起网络连接。如果访问控制规则允许,这两个连接中任意连接上的所有请求和响应都将会转发到另外一个网络连接,由此通过透明代理防火墙 C,建立起 A 和 B 之间的数据传输途径。

从内网用户角度来看,A 和 B 是直接连接,因为它发出的 IP 数据包其目标 IP 地址和端口是目标服务器的 IP 地址和端口,接收到的响应报文其源 IP 地址和端口也是目标服务器的 IP 地址和端口。在实际部署透明代理防火墙时,不需要客户端进行代理服务器设置,甚至根本不知道透明代理防火墙的存在,尽管内网用户实际上是通过透明代理防火墙与目标服务器建立连接和进行数据通信,但该防火墙在内网用户看来是透明的。

除需要从截获的 IP 数据包中分析出应用数据,以及将响应返回的应用数据组装成 IP 数据包外,透明代理防火墙和一般应用代理型防火墙的工作流程基本一致,这里不再赘述。这里需要强调的是,透明代理防火墙的部署位置要求与应用代理防火墙存在明显的区别。应用代理防火墙并不一定安置在内网连接外网的网关上,由于客户端需要设置应用代理防火墙的 IP 地址和端口,客户端所发出 IP 数据包的目标地址为应用代理防火墙的 IP 地址,这些 IP 数据包自然会被路由到该防火墙,并接受该防火墙的连接控制管理。而透明代理防火墙需要部署在内网连接外网的网关上,否则内网主机直接经过已有网关与外网发生网络连接,透明代理防火墙就不能截获所通信的数据包,更谈不上对其施加相应的控制。

4.3.4　透明代理防火墙的功能特征

通常在使用一般的应用代理服务器时,每个用户需要在客户端的网络应用软件中指明要使用代理,并自行设置代理参数(如在浏览器中有专门的设置来指明 HTTP 或 FTP 等的代理)。如防火墙使用了透明代理技术,代理服务对用户也是透明的,用户意识不到该防火墙的存在,便可完成内外网络的通信。当内部用户访问外部资源时,不需要设置代理服务器,透明代理防火墙会建立透明的通道,让内网用户与外网通信,这样极大地方便了用户的使用。

同一般应用代理防火墙一样,透明代理防火墙可以做到网络地址的转换,以自己的身份与外网进行网络交互,从而屏蔽内部网络的细节,使外网上的恶意用户无法探知内部网络结构。透明代理防火墙也能够实现应用会话级的网络访问控制,并形成相应的日志。这里值得注意的是,透明代理防火墙由于是从 IP 报文中分析出应用会话,客户端意识不到防火墙的存在,也就不能像一般应用代理防火墙那样提供用户帐户、口令等相关的认证信息,因而透明代理防火墙不能支持用户安全认证。

另外,透明代理防火墙还可以使其服务端口无法探测到,外部非法用户也就无法对该防火墙进行攻击,从而极大提高防火墙的安全性与抗攻击性。该类防火墙中的透明特性避免了使用过程中可能出现的配置错误,降低了防火墙使用时固有的安全风险和出错概率,方便用户使用。

4.4　防火墙技术类型的新发展

上面提到的包过滤防火墙通常被称为静态包过滤防火墙,它的过滤规则由管理员事先配置好,即根据定义好的过滤规则审查每个数据包,以便确定其是否与某一条包过滤规则相匹配,从而进行 IP 数据包的过滤。近来,动态包过滤防火墙也开始受到关注,该类防火墙采用动态设置包过滤规则的方法,避免了静态包过滤防火墙所具有的难以配置的问题。动态包过滤技术是传统包过滤技术上的扩展,可与其所在网络的网络数据流相适应,如基于 TCP 连接和通信过程中的状态变化及上下文内容,建立临时会话状态表,对通过其建立的每一个连接都进行跟踪,并且根据需要可动态地增加或更新过滤规则。

通常所说的状态分析包过滤防火墙就是一种典型的动态包过滤防火墙,该类防火墙在包过滤技术基础上,不再只对每个进来的数据包简单地就 IP 地址、端口等进行检查,而是通过基于上下文的动态包过滤模块进行检查,增强了该防火墙的安全检查功能。对新建的应用连接,该防火墙先依据预先设定的安全规则,允许符合规则的连接通过,并在内存中记录下该连接的相关信息,并生成状态表。对该连接的后续数据包,只要符合状态表,就可以通过。

混合型防火墙是近几年才得到广泛应用的一种新的防火墙类型,可以结合应用代理防火墙的安全性和包过滤防火墙的高速等优点,在不损失安全性的基础之上将应用代理防火墙的性能提高数倍。组成这种类型防火墙的基本要素有两个:自适应代理服务器与动态包过滤器。在自适应代理服务器与动态包过滤器之间存在一个控制通道。在对该类防火墙进行配置时,仅仅将所需要的服务类型、安全级别等信息通过相应代理服务器的管理界面进行设置,然后自适应代理服务器就可以根据用户的配置信息,决定是使用代理服务从应用层代理请求还是从网络层转发 IP 数据包。如果是后者,将动态地通知包过滤器增减过滤规则,满足用户对速度和安全性的双重要求。

4.5 本章小结

从实现技术和网络防火墙的协议工作层次,目前主流的防火墙主要分为包过滤防火墙、应用代理防火墙,以及透明代理防火墙。包过滤防火墙工作在 IP 协议层,根据每个 IP 数据包的具体特征(主要是协议头信息)进行报文访问控制。应用代理防火墙工作在应用层,根据每个应用会话的特征进行相应的网络访问控制。透明代理防火墙可以像包过滤防火墙一样作为一个网络层设备接入到网络中,但能够实现基于应用会话特征的网络访问检查和控制。

对比而言,包过滤防火墙进行网络访问控制时其语义层次较低,无法实现基于应用层特征的控制,但运行效率高,而且部署方便,无需更改内网用户的软件设置。而应用代理防火墙能够实现应用层的语义控制,还能实现对网络用户的认证,但应用代理防火墙接入现有网络时相对不便,需要客户端进行代理服务器设置,指定代理服务器(即应用代理防火墙)的 IP 地址和服务端口。

透明代理防火墙在很大程度上综合了包过滤防火墙和应用代理防火墙的优点。在控制功能上对应一个应用代理防火墙,即工作在应用层,对所代理的每个应用会话进行控制。另外它能像包过滤防火墙一样,使用该防火墙的内网用户感受不到该防火墙的存在,也无需进行代理服务器的设置。实现透明代理防火墙的关键在于改变所在网关的 IP 协议处理流程,让 IP 层将经过的报文交给上层的透明代理防火墙处理,而不是直接进行路由转发。

　　本章重点对包过滤防火墙、应用代理防火墙,以及透明代理防火墙的工作原理和报文处理流程进行阐述,这里将这三种防火墙的特点总结在表 4-1 中。第 5 章将会进一步探讨这三种防火墙的具体实现技术。

表 4-1　三种防火墙的特点比较

	包过滤防火墙	应用代理防火墙	透明代理防火墙
部署位置	网关	不限定	网关
客户端是否需要设置	否	是	否
协议接入层次	IP 层	应用层	IP 层
控制层次和对象	IP 数据包	应用层会话	应用层会话
控制规则组成要素	IP、TCP 等包头属性	应用会话属性	应用会话属性
支持用户认证否	否	是	否
屏蔽内网结构	需引入 NAT 功能	是	是
总体安全性	一般	高	高
运行效率	高	一般	一般

习　　题

　　1. 包过滤防火墙和应用代理防火墙对应的协议接入层次分别是什么?

　　2. 在一个实际的网络环境中,如果要开发和部署透明代理防火墙,需要做哪些方面的工作?

　　3. 简述包过滤防火墙的主要工作流程。

　　4. 与应用代理防火墙相比,包过滤防火墙具有哪些优点和缺点?

　　5. 简述应用代理防火墙的主要工作流程。

　　6. 与包过滤防火墙相比,应用代理防火墙有哪些优缺点?

　　7. 简述网络地址转换(NAT)的基本概念,并指出哪种类型的防火墙常常包含该功能。

　　8. 除对网络会话进行控制外,应用代理防火墙对网络安全的作用还体现在哪些方面?

　　9. 简述透明代理防火墙的基本概念。

　　10. 对比包过滤防火墙和应用代理防火墙,简述实现透明代理防火墙的关键技术。

　　11. 指出透明代理防火墙和应用代理防火墙在网络部署位置上的区别,并解释其具体原因。

　　12. 对比包过滤防火墙和应用代理防火墙,透明代理防火墙克服了哪些不足,以及存在哪些不足?

　　13. 简述状态分析包过滤防火墙的工作原理。

　　14. 结合防火墙的工作原理,说明哪些类型的防火墙在使用时,客户端发出的报文其目标 IP 地址是目标服务器的 IP 地址,哪些类型的防火墙在使用时,客户端发出的报文其目标 IP 地址不是目标服务器的 IP 地址。

第5章　各类型防火墙实现解析

从第3、第4两章可以看出,实现网络防火墙的关键技术之一就是将控制添加到原有的网络协议处理流程中,从而实现对网络访问的控制和管理。对应用代理防火墙而言,可以将相应的控制直接添加到以应用程序形式存在的代理服务器中,因而应用代理防火墙的软件开发和编程实现可以全部在应用层完成,不涉及对操作系统中网络协议的控制和修改。

与应用代理防火墙的开发不同,包过滤防火墙和透明代理防火墙都涉及到对操作系统中网络协议的控制或修改。包过滤防火墙需要在 IP 层截获所经过的 IP 数据包,并且能控制 IP 协议层按照防火墙生成的访问判决来处理 IP 数据包,即继续进行路由转发,还是拒绝放行该 IP 数据包。透明代理防火墙也要求改变网关 IP 协议层的报文处理方式,即对目标地址为非本机 IP 地址的报文,不是直接进行路由转发,而是重组出高层协议数据并进行高层协议的属性分析,基于属性分析再进行安全检查,对通过检查的高层协议数据还要再组装成相应的 IP 数据包转发出去。

要控制 IP 协议层的报文处理方式,最直接的思路是直接修改 TCP/IP 网络协议的实现,由于 TCP/IP 协议通常实现在操作系统内核中,这意味着开发包过滤防火墙和透明代理防火墙需要涉及到对操作系统内核的修改。对大部分网络防火墙的开发者而言,在操作系统内核中完成 TCP/IP 协议实现的修改是有难度的,因而以修改 TCP/IP 协议实现的方式来开发网络防火墙具有很大的技术风险。

幸运的是,Linux 操作系统为便于在其上开发网络防火墙,在 2.4 以后的内核版本中实现了 Netfilter 机制,该机制实现了一个开放式的 IP 数据包截获和处理接口,使得网络防火墙开发者不用直接修改 TCP/IP 协议实现也能完成对 IP 数据包的处理控制,即截获 IP 数据包或者控制是否放行 IP 数据包。基于这种机制,信息安全开发者不仅能够在 Linux 系统中实现应用代理防火墙,也能方便地实现包过滤防火墙以及透明代理防火墙。事实上,由于 Linux 系统的开源特性以及其 Netfilter 机制,目前很多的网络防火墙系统都在 Linux 操作系统平台上进行研制和开发。

本章重点阐述和解析各种类型网络防火墙的实现技术,鉴于 Netfilter 机制是实现包过滤防火墙和透明代理防火墙的技术基础,本章首先介绍 Linux 系统中的 Netfilter 机制,随后介绍 Linux 系统内置的一款包过滤防火墙的功能及使用方式,最后重点解析如何在 Linux 操作系统平台上具体开发包过滤防火墙、应用代理防火墙,以及透明代理防火墙。

在 Netfilter 机制下,包过滤防火墙有两种开发方式:一种是在操作系统层以内核模块的方式实现报文过滤;另一种是借助 Netfilter 的队列机制将 IP 数据包传递到应用层,在应用层进行报文过滤。因此本章对四个具体的网络防火墙进行了实现技术解析,包括基于内核模块的包过滤防火墙、基于 Netfilter 队列机制的包过滤防火墙(或称应用层包过滤防火墙)、应用代理防火墙、透明代理防火墙。

5.1 防火墙实现基础：Netfilter 机制

5.1.1 Netfilter 概述

由于 Linux 的开源特性，第三方软件厂商或自由软件爱好者都可以按照自己的需求修改 Linux 内核。从前面两章的阐述可看出，要构建一个 Linux 包过滤防火墙，需要做如下的工作：修改网关上 Linux 操作系统 IP 协议层的源代码实现，在 IP 协议处理流程中添加对 IP 数据包的控制，使得 IP 协议在转发途径该网关的 IP 数据包前，先根据一定的安全规则（即包过滤规则）判断该 IP 数据包是否应该被禁止通过（即过滤掉该 IP 数据包），然后根据判决结果，只转发那些准许通行的 IP 数据包。事实上，2000 年前后在 Linux 平台流行的 IPchains 就是这样的一种网络防火墙。

IPchains 是软件爱好者 Rusty Russell 等在内核版本 2.2 的 Linux 系统上实现的。在软件形式上，它作为该版本 Linux 的内核源码补丁存在，并且它自身也是开源的。为了便于用户使用以及方便地配置过滤规则，同时开发出了与 IPchains 配套的包过滤规则配置工具。

尽管管理员可以配置 IPchains 的包过滤规则，但 IPchains 支持的包过滤规则的种类是固定的，只能基于预定的报文特征要素（如源 IP 地址、目标 IP 地址、源端口及目标端口等）进行报文过滤，如果要实现基于其他要素的包过滤，就需要重新修改 IPchains 的源代码。另一方面，基于内核版本 2.2 的 IPchains 没有提供将数据包传递到用户空间的框架，所以任何需要对数据包进行处理的代码都必须运行在内核空间，内核编程非常复杂，而且只能用 C 语言实现，容易出现错误对内核稳定性造成威胁，因而 IPchains 防火墙不便于实现灵活的 IP 报文过滤。

为了实现功能灵活的 Linux 包过滤防火墙，也为了便于实现其他形式的 IP 报文处理，从 2.4 内核版本 Linux 操作系统开始引入 Netfilter 机制。Netfilter 概念的提出及主要实现是由 Rusty Russell 完成，他是 IPchains 的合作完成者及当前 Linux 内核包过滤防火墙的维护者。另外 Marc Boucher、James Morris、Harald Welte 等都参与了 Netfilter 项目。

Netfilter 机制的核心是一个开放式的 IP 数据包处理框架，该框架对外提供了操纵和处理 IP 数据包的统一接口，编程人员可以利用该接口实现对 IP 数据包的控制以及其他新的处理方式。一方面，Linux 系统自身借助该机制实现一些常见的 IP 数据包处理方式，包括重新实现了其内核包过滤防火墙（本书称之为 Linux 内置包过滤防火墙）及其他相关的处理功能，如网络地址转换（即 NAT 功能）等。另一方面，第三方的软件开发者可以基于 Netfilter 提供的 IP 数据包处理接口，开发相应的网络工具，包括网络防火墙、网络审计等。

在系统运行过程中，系统管理员可以通过统一的配置工具（即 IPtables 工具）对 Netfilter 的各种功能进行配置，以及对 Linux 自带的基于 Netfilter 接口开发的各种安全功能进行统一的配置。因此有些技术人员在讨论 Netfilter 机制的概念时，将 Linux 自带的基于 Netfilter 统一框架接口实现的安全机制（如内置包过滤防火墙）也包含进来，本书也不对二者进行刻意区分。

最初的 Netfilter 机制是作为 Linux 内核的补丁存在,在使用 Netfilter 提供的接口进行相关软件开发前,或者使用 Linux 内置包过滤防火墙前,需要预先以打补丁的方式将 Netfilter 合并到 Linux 内核中。由于 Netfilter 机制逐渐得到广泛的认可和使用,目前 Netfilter 的实现不再作为内核源码的补丁,而是直接嵌入到官方发布的 Linux 内核源代码中,其对应的用于配置控制规则的应用层软件工具也被集成到所有主流的 Linux 发行版本(如 Federo Core Linux、Suse Linux 等)中。

5.1.2　Netfilter 机制的运行原理

Netfilter 机制在其功能上比以前任何一版 Linux 内核的防火墙子系统都要完善和灵活,不仅能够按照所配置的过滤规则要求进行相应的 IP 报文过滤,还提供了一个开放式的、通用化的 IP 层协议处理框架。

Netfilter 的核心思想是:在网络 IP 协议层的 IP 数据包处理流程中,总结出几个关键点(即钩子点),这些关键点提供了多种可能的 IP 数据包处理方式和开放接口,安全管理员不但可以配置 Netfilter 以不同的方式处理 IP 数据包,也可利用 Netfilter 所提供的开放接口在 IP 数据包的协议处理流程中实现新的 IP 数据包处理方式。

在 Netfilter 机制中,一共定义了五个数据包处理的钩子点,每个钩子点对应了 IP 数据包处理流程中的一个关键位置。Netfilter 框架中的钩子点分布如图 5-1 所示。

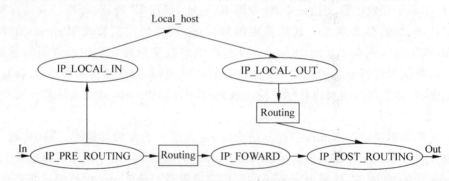

图 5-1　Netfilter 框架中的钩子点分布

- IP_PRE_ROUTING。在 IP 数据包处理流程中,该位置点对应的处理时刻为:IP 数据包刚刚从网络接口接收到,还没有进行路由处理。从图 5-1 可以看出,从本机发出的 IP 数据包(其源地址为本机 IP 地址)不经过该处理点,需要特别注意。
- IP_FORWARD。在 IP 数据包处理流程中,该位置点对应的处理时刻为:IP 数据包已经进行了路由处理,该数据包需要转发到下一跳,但还没有进行转发。从图 5-1 可以看出,需要发送到本机的 IP 数据包不会经过该钩子点,另外本机发出的 IP 数据包也不会经过该处理点。
- IP_LOCAL_IN。在 IP 数据包处理流程中,该位置点对应的处理时刻为:从网络接收的 IP 数据包需要发往至本机的上层协议,将该 IP 数据包传递给本机的传输层协议处理前。从图 5-1 看出,需要转发到网络下一跳的 IP 数据包不会经过该处理点。
- IP_LOCAL_OUT。在 IP 数据包处理流程中,该位置点对应的处理对象为:刚刚从

本机的上层协议发出,还未进行路由处理的 IP 数据包。显然,从网络上接收到的 IP
数据包不会经过该处理点。

- IP_POST_ROUTING。在 IP 数据包处理流程中,该位置点对应的处理时刻为:IP
数据包将要离开本机发往网络下一跳之前。无论是从网络上接收到的途经本主机
的 IP 数据包,还是本机对外发送出的 IP 数据包,在发往网络下一跳之前都经过该
处理点。

通过 Netfilter 所提供的配置工具,在相应的关键点设置不同的 IP 数据包处理方式,就
可以控制 IP 协议中的 IP 报文处理流程。

5.1.3　Netfilter 功能种类

从上面的讨论中可看出,Netfilter 通过在关键点的不同操作来实现对 IP 报文处理流程
的各种控制。Netfilter 在这些关键点所支持的不同报文处理方式具体可归为两种:开放式
处理方式和内嵌处理方式。

在内嵌处理方式中,安全管理员不用自己编写程序,通过配置 Netfilter 就可以让相应
的报文处理方式发挥作用,经常用到的内嵌处理方式具体包括如下两种方式。

- 报文过滤方式:Netfilter 内嵌有包过滤子系统,该子系统在 IP_LOCAL_IN、IP_
FORWARD 和 IP_LOCAL_OUT 三个钩子点分别添加了相应的数据包过滤函数,
数据包经过这些位置时,包过滤子系统能够对这些数据包进行过滤。这三个钩子点
上过滤规则链的名称分别为 INPUT、FORWARD 和 OUTPUT,它们共同组成了一
张过滤表,每条链可以包含各种规则,每一条规则都包含零个或多个匹配项以及一
个动作,当数据包满足所有的匹配时,则过滤函数将执行设定的动作,以便对数据包
进行过滤。网络管理员可以通过 IPtables 工具在上述表所包含的各条规则链中添
加规则,或者修改、删除规则,从而可以根据需要构建包过滤规则。不难看出,这三
个钩子点正好能够覆盖到所有经过本机 IP 层的数据报文,任何一个 IP 数据包都会
经过这三个钩子中的某一个钩子点,因而可以对所有的 IP 数据包进行过滤和控制。
如对本机发出和到达本机的 IP 数据包,可分别通过配置 OUTPUT 链和 INPUT 链
上的规则进行控制,而对途经本机的 IP 数据包,可以通过配置 FORWARD 链上的
规则进行控制。
- 报文重定向方式:即 NAT 功能,在 IP_PRE_ROUTING、IP_POST_ROUTING 及
IP_LOCAL_OUT 这三个钩子点分别添加了相应的地址转换函数,依据所设置的
NAT 表,对流经这三个钩子点的数据包进行源地址或目标地址的转换。一般而言
在 IP_PRE_ROUTING 处对需要转发数据包的目标地址进行地址转换以实现目标
地址重定向;在 IP_POST_ROUTING 处对需要转发数据包的源地址进行地址转换
以实现源地址欺骗类等功能;对于本机发出数据包的目标地址转换则在 IP_
LOCAL_OUT 处实现。Netfilter 机制中的 NAT 功能分为源地址重定向(SNAT)
和目标地址重定向(DNAT)这两种不同类型,前者对 IP 数据包中的源 IP 地址和端
口进行转换,后者对 IP 数据包中的目标 IP 地址和端口进行转换。IP 数据包的目标
地址是 IP 数据包路由计算的依据,通常情况下需要在 IP 数据包路由前进行
DNAT,即在 IP_PRE_ROUTING、IP_LOCAL_OUT 钩子点处进行 DNAT 较有意

义。SNAT 常用于 IP 地址欺骗等相关网络应用,只要在 IP 数据包离开本机前进行源地址转换即可,因此 SNAT 通常在 IP_POST_ROUTING 钩子点处进行。从中可看出,因数据包的流经途径不同,以及需要进行的处理不同,一些数据包处理方式只能在一些特定的钩子点上设置才有效,并不能在任意钩子点上进行随意设置。

开放处理方式意味着可在 Netfilter 机制基础上自己开发新的报文处理,Netfilter 将 IP 数据包的处理权交给新开发的报文处理。开放处理方式包括如下两种具体方式。

- 钩子函数方式。Netfilter 机制为每种网络协议(IPv4、IPv6 等)定义一套钩子(如图 5-1 中,为 IPv4 定义了五类钩子),在数据包流过协议的某钩子点时,注册在该钩子点上的钩子函数将会被调用。内核模块可以对一个或多个钩子点进行相应的函数注册,将自行实现的 IP 数据包处理函数挂接在相应的钩子上。这样当某个数据包经过 Netfilter 框架的某钩子点时,Linux 内核能检测到是否有内核模块对该钩子点进行了钩子函数注册。若有注册,则调用所注册的钩子函数,因而这些内核模块就有机会检查(可能还会修改)该数据包,作出处理该数据包的具体判决,同时将判决结果以函数返回值的方式告诉 Netfilter 框架。在调用完钩子函数后,Netfilter 会根据钩子函数的返回结果来处理相应的 IP 数据包,即丢弃该 IP 数据包,或继续按常规处理该 IP 数据包等。在本书开发实践部分将会看到,Netfilter 可以支持多个内核模块在同一个钩子点分别注册它们的钩子函数,Netfilter 会依据钩子函数注册时设定的优先级,按次序分别调用这些钩子函数。换言之,基于钩子函数方式开发新的 IP 数据包处理功能时,能够有效避免与其他已经存在的处理方式产生冲突。

- 队列输出方式。利用注册钩子函数的方式可以让 Netfilter 按安全管理员的意愿处理 IP 数据包。但这种方式存在一个明显的不足,即这些钩子函数实现在 Linux 内核中,需要进行 Linux 内核相关的编程,而 Linux 内核编程比较复杂,对于安全管理员来说,进行 Linux 内核编程具有很大的挑战性。因此 Netfilter 提供队列输出功能,在这些关键点将所经过的 IP 数据包通过一定的方式直接交给应用层,程序员可以在应用层开发应用软件,对这些数据包进行完全自主的处理,如丢弃、修改等。在进行特定处理后,还可将这些数据包再通过 Netfilter 队列输出功能,发送给 IP 协议层进行后继的协议处理。

5.2 Linux 内置包过滤防火墙

5.2.1 Linux 内置包过滤防火墙概述

Linux 系统中的 Netfilter 机制提供了基于过滤规则的 IP 数据包过滤功能。使用与 Netfilter 机制配套的过滤规则配置工具 IPtables,网络管理员就可以设置出相应的报文过滤规则,有了这些报文过滤规则,就能实现内外网间的报文过滤功能。因此要在实际网络中实现一个包过滤防火墙,其直观想法是利用 Netfilter 的包过滤功能来完成,通过这种方式所实现的包过滤防火墙,其运行原理如图 5-2 所示。

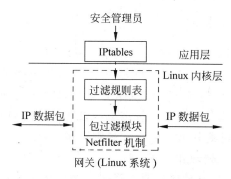

图 5-2　Linux 内置包过滤防火墙的运行原理

5.2.2　Linux 内置包过滤防火墙的构建

　　为了保证内外网间的 IP 数据包都经过包过滤防火墙且受该防火墙过滤规则的控制,需要将包过滤防火墙设置在内网连接外网(Internet 等)的网关处。因此在基于 Netfilter 机制实现内置包过滤防火墙之前,需要将一台安装有 Linux 系统的主机配置成网关,具体的安装和网络接入、配置过程如下:

　　(1) 安装一台运行 Linux 操作系统的主机,该主机用作网关连接内网和外网,所以该主机需要有两块网卡。鉴于篇幅所限,本书省略了 Linux 的安装方法和安装过程。

　　(2) 将该主机以网关的形式接入到网络中,一个网口连接内网,另一个网口连接外网。同时需要进行相应的软件设置,首先保证该 Linux 系统能够以网关形式正常运行,具体要配置的项目包括内网口的 IP 地址、外网口的 IP 地址、路由表设置等。另外还需要内部网络的主机将网关设置为该 Linux 系统主机的内网口 IP 地址。图 5-3 给出一个具体的网络配置实例。

图 5-3　包过滤防火墙应用时的网络地址设置实例

　　(3) 打开 Linux 中的 IP 报文转发功能选项(即 IP forward 选项),这样 Linux 主机才能用作网关。该选项保存在一个 proc 文件(即/proc/sys/net/ipv4/ip_forward)中,该文件的内容如果为 0,表示关闭 IP 报文转发功能,为 1 表示打开报文转发功能。在 Linux 命令行窗口下,运行如下命令即可打开 IP 报文转发功能。

```
echo 1 > /proc/sys/net/ipv4/ip_forward
```

　　(4) 为了保证 Linux 内置包过滤防火墙运行和测试的顺利进行,网络环境设置好以后,需要进行网络联通性测试,即测试用作网关的 Linux 系统主机是否能够正确工作,即实现内外网间的 IP 数据包转发。最常用的方法是在内网主机中用 ping 命令测试外网主机,以判断网关设置是否正确。

5.2.3　过滤规则配置及测试

Netfilter 机制主要依据规则链来对 IP 数据包进行访问控制处理，Netfilter 中包过滤功能默认了 INPUT、FORWARD、OUTPUT 这三个常用的规则链，INPUT 链上的规则作用于刚从网络上接收到的数据包，FORWARD 链上的规则作用于转发的数据包，OUTPUT 链上的规则作用于本机发出的数据包。管理员可以通过 IPtables 命令来新增加和删除规则链，依据需要将新添加的规则分组在对应的规则链中，或从对应的规则链中删除相应的规则，从而实现对 IP 数据包的处理和控制。

对大部分应用场合而言，管理员只要设置这三个默认的规则链就能实现所需要的包过滤功能，因此这里重点讨论如何通过 IPtables 命令来配置这三个默认规则链，即在这三个规则链中添加、删除和修改规则。

IPtables 通过命令参数的形式指明所要配置的规则，一条 IPtables 命令的参数大致包含如下几个部分。

- 指定命令类型和所操作的链对象。

格式为：-A/D/C INPUT/FORWARD/OUTPUT

如：-A INPUT，表示在 INPUT 链中添加一条规则。

-D FORWARD，表示在 FORWARD 链中删除一条规则。

-C OUTPUT，表示在 OUTPUT 链中修改一条规则。

- 指明规则所作用的协议类型。

格式为：-p protocol_type

如：-p tcp，表示针对 TCP 协议。

-p !udp，表示除 UDP 协议外的所有协议。

- 指定规则所作用的主机地址。

格式为：-s/d IP-addr

如：-s 192.168.47.1，表示源地址为 192.168.47.1 的 IP 数据包。

-d !192.168.47.1，表示目的地址不是 192.168.47.1 的 IP 数据包。

- 指定规则所作用的网络。

格式为：-s/d IP/mask

如：-s 192.168.47.0/24，表示源地址在网络 192.168.47.0/24 中，即 IP 地址如 192.168.47.* 的 IP 数据包。

-d !192.168.47.0/24，表示目标地址不在网络 192.168.47.0/24 中，即 IP 地址在 192.168.47.* 之外的 IP 数据包。

- 指定规则所作用的具体网络接口。

格式为：-i/o network-interface

如：-i eth0，表示从网络接口 eth0 接收的数据包。

-o eth0，表示从网络接口 eth0 发送的数据包。

- 指定规则所作用的端口。

格式为：-sport/dport port

如：-sport 500，表示源端口为 500 的 IP 数据包。

-dport !22,表示目标端口不为 22 的 IP 数据包。

- 规则约定的动作。

格式为：-j ACCEPT/DROP/REDIRECT/QUEUE

如：-j ACCEPT,表示放行 IP 数据包。

　　-j DROP,表示阻断 IP 数据包。

　　-j REDIRECT,表示重定向 IP 数据包。

　　-j QUEUE,表示将 IP 数据包通过队列机制发送至应用层。

上面给出的是常用的命令参数,详细的命令参数可以参看 IPtables 的使用指南,或者在 Linux 操作系统命令行下,输入命令 man IPtables 来查看 Linux 系统提供的帮助。

通过组合上面不同类型的参数,就可以配置出所需要的包过滤规则,如：

- IPtables -A FORWARD -p TCP -dport 22 -j REJECT　　♯过滤掉目标端口为 22 的 TCP 数据包。
- IPtables -A FORWARD -s !192.168.47.1 -j REJECT　　♯过滤掉源地址不为 192.168.47.1 的 IP 数据包。

除了配置上述形式的过滤规则外,IPtables 还可以配置默认规则,在没有找到所对应的包过滤规则时,启用默认规则对数据包进行过滤,如：

- IPtables -P FORWARD DROP　　♯默认拒绝所有转发的 IP 数据包,即除非找到允许规则,否则拒绝 IP 数据包。
- IPtables -P FORWARD ACCEPT　　♯默认放行所有转发的 IP 数据包,即除非找到拒绝规则,否则放行 IP 数据包。

从上面的配置过程可知,要获得一个包过滤防火墙并不需要进行编程和软件开发,只需要利用 Linux 操作系统提供的 IPtables 配置工具等,依据实际的访问控制需求,设置对应的包过滤规则即可。

5.2.4　Linux 内置包过滤防火墙的管理

使用 IPtables 可以有效配置 Linux 内置包过滤防火墙,启用相应的包过滤规则或者取消相应的包过滤规则。另外,为了便于系统管理员配置 Linux 的防火墙功能,很多 Linux 操作系统提供了图形化防火墙配置工具。这些图形化配置工具使用比较简单,但所能实现的配置项目比 IPtables 少很多。

“开发实践篇”将会开发其他技术类型的防火墙原型系统,在 Linux 操作系统中测试这些防火墙原型系统时,Linux 内置包过滤功能的运行可能会产生干扰。如 Linux 内置包过滤防火墙在报文到达本书开发的防火墙原型系统前阻止报文,防火墙原型系统就无法正常运行。因而这里先行简单介绍内置包过滤防火墙的端口开放方法和内置包过滤防火墙的关闭方法。

要配置 Linux 内置防火墙以开放相应的服务端口,其具体步骤(以 Fedora Core 6 为例)是：选择菜单中的“系统”|“管理”|“安全级别和防火墙”命令,启动安全级别设置程序,在安全级别设置窗口中,单击“防火墙选项”Tab 页,在“其他端口”设置部分,单击“添加”按钮,在新弹出的对话框中输入要开放的服务端口(如 TCP 协议的 8888 端口),成功设置后的防火墙配置如图 5-4 所示。

图 5-4　Linux 内置包过滤防火墙的配置界面

如果要关闭 Linux 内置包过滤防火墙，其具体步骤为：从菜单中选择"系统"│"管理"│"安全级别和防火墙"命令，启动安全级别设置程序，在安全级别设置窗口中，单击"防火墙选项"Tab 页，将 Linux 内置防火墙的配置由"启用"直接改为"禁止"即可。

5.3　基于内核模块的包过滤防火墙实现解析

从本章 5.1、5.2 两节可知，Linux 内置包过滤防火墙实现功能强大的报文过滤功能，过滤规则的要素涉及到协议类型、源 IP 地址、目标 IP 地址、源端口、目标端口，甚至访问时间等。但 Linux 内置的包过滤防火墙也存在明显的功能限制，Netfilter 机制中内嵌的包过滤功能相对固定，只能基于各种预定的 IP 数据包属性进行过滤，所能支持包过滤规则的类型固定，只能基于预定的数据包属性配置出相应的过滤规则。另外一方面，Netfilter 内嵌的包过滤功能不支持组合的或复杂的过滤规则。

由上可看出，要在局域网出口处实现复杂的过滤功能，或者开发能够支持复杂过滤规则的包过滤防火墙，仅利用 Netfilter 内嵌的包过滤功能是行不通的。因此可利用现有的 Netfilter 框架，设计和开发可支持复杂过滤规则的包过滤防火墙系统。对比防火墙的基本实现要素，Netfilter 框架已经实现了报文的截获和依据判决结果的报文控制与过滤。因此要实现支持新类型控制规则的防火墙，还需要实现能够解释新规则的访问判决模块。

从 5.1 节可看出，Netfilter 框架通过在 IP 数据包处理流程中的关键点设置钩子的方式提供实现新判决模块的接口，即以 Linux 内核模块的形式实现解释和执行访问控制规则的判决函数，然后将这些判决函数注册到相应钩子点，Netfilter 框架在获得 IP 数据包后会自动调用所注册的钩子函数(即判决函数),然后根据钩子函数的返回结果(即判决结果),决定如何处理相应的 IP 数据包,即继续协议的其他处理或丢弃该数据包等。

作为一个实用的防火墙,直接将访问控制逻辑固化在访问判决函数中是不可行的,因此还需要在应用层实现相应的包过滤规则配置程序。由于新实现的访问判决模块工作在 Linux 的内核层,包过滤规则配置程序需要与访问判决模块交互所配置的包过滤规则。可选用的交互方式有 Netlink 方式、注册设备文件方式等。这些内核与应用程序间的信息交互方式具体在第 1 章(见 1.6 节)中已详细介绍。

新实现的包过滤防火墙的结构和运行原理如图 5-5 所示。从该图可以看出,由于解释和执行访问控制规则的判决函数以及规则配置程序全部是自行设计,因此该包过滤防火墙不再受到原有 Netfilter 框架所能支持访问控制规则的约束,可以支持所希望的任意类型的报文过滤规则。

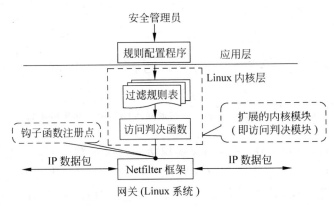

图 5-5　基于内核模块的包过滤防火墙的逻辑结构和运行原理

5.4　基于 Netfilter 队列机制的防火墙实现解析

通过注册钩子函数的方式实现新的包过滤防火墙,这种内核层面的实现方式能够获得较好的运行效率。但从实现的难度来看,这种方式的不足之处在于需要开发新的内核模块,即要在 Linux 的内核层进行编程。由于内核模块和应用程序在执行方式上存在本质区别,因而 Linux 内核模块和应用程序的开发方法存在较大的差别,如不能像开发应用程序一样调用 C 语言的函数库,也难以进行单步跟踪调试等。此外,进行 Linux 内核模块的开发还需要对 Linux 的内核运行机制有比较深入的了解。

对绝大部分习惯了应用程序开发的程序员而言,Linux 内核模块开发具有很大的难度。幸运的是,Netfilter 框架提供了队列功能(即 IPqueue 功能),可以将 Netfilter 所截获的 IP 数据包不经过传输层(TCP、UDP 等),而通过 Netfilter 通道(即 IPqueue)以队列方式直接传递到应用层。应用程序可以在应用层从队列中接收 IP 数据包,对这些 IP 数据包进行分析和检查。对通过检查的 IP 数据包,应用程序可以再用反向的队列将这些 IP 数据包直接传递回 Netfilter 框架,Netfilter 继续对这些 IP 数据包进行路由和转发处理;对不能通过检查的 IP 数据包,应用程序就直接丢弃,从而起到阻断该 IP 数据包的作用。

　　因此,借助于 Netfilter 机制支持的队列功能,可以在应用层实现对 IP 数据包的过滤和控制,基于这种方式实现的包过滤防火墙就是常说的应用层包过滤防火墙。该类防火墙在运行之前,需要管理员使用 IPtables 命令对 Netfilter 机制进行配置,让 Netfilter 将 IP 数据包以队列方式发送到应用层,具体的配置方式将在本书的第二部分"开发实践篇"结合具体的开发实践(见第 11 章)详细阐述。

　　基于 Netfilter 队列机制实现的应用层包过滤防火墙的结构和运行原理如图 5-6 所示。

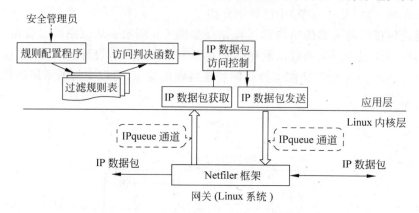

图 5-6　基于队列机制的包过滤防火墙的结构和运行原理

　　对比图 5-5 和图 5-6 可发现,在应用层实现访问判决函数的应用层包过滤防火墙能够像内核包过滤防火墙一样有效地实施基于过滤规则的报文过滤。但基于 Netfilter 的队列机制实现的包过滤防火墙,其中所有新开发的模块,包括访问判决函数、IP 数据包访问控制、IP 数据包获取及 IP 数据包发送模块可以集成到一个应用程序中,所有功能全在应用层完成,无需进行 Linux 内核编程。只要对 Netfilter 进行合适的配置,让其将截获的 IP 数据包通过 IPqueue 通道转发到应用层,并基于 IPqueue 通道接收应用层转发回的 IP 数据包,该防火墙就能在应用层正常运行。

5.5　应用代理防火墙实现解析

　　从前面的章节中可知,应用代理防火墙不涉及到内核层的编程,IP 数据包在操作系统内核层所需要的处理可直接由操作系统中的 TCP/IP 协议来完成,所有的应用连接处理以及相应的协议分析和控制都可以在应用层实现。

　　应用代理防火墙的具体结构和运行原理如图 5-7 所示。

　　与上述两种包过滤防火墙的实现对比,应用代理防火墙的主要开发工作集中在对应用层协议的分析上,需要将从 TCP/IP 协议中获取的数据组装成应用层会话,并且分析出该会话的相关属性,从而基于分析出的会话属性进行相应的控制。

　　从编程和开发技术来看,实现一个应用代理防火墙主要涉及到一般的 SOCKET 编程,不涉及到 Linux 内核模块的编程,也不依赖于 Linux 的 Netfilter 机制。应用代理防火墙的具体实现方式将在本书第二部分"开发实践篇"(见第 12 章)中做详细介绍。

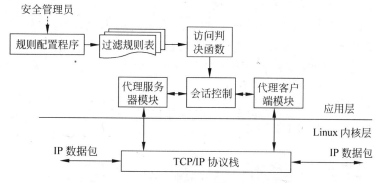

图 5-7　应用代理防火墙的结构和运行原理

5.6　透明代理防火墙实现解析

从技术原理来看,与应用代理防火墙相比,透明代理防火墙中明显的不同在于:经过透明代理防火墙所在主机的 IP 数据包,其目标地址不是透明代理防火墙的 IP 地址,而是目标服务器的 IP 地址。因此,若不经过特殊的技术处理,所在主机的 IP 协议层不会从相应 IP 数据包中提取出数据交给上层协议处理,而是转发至网络下一跳,这样作为应用程序运行的透明代理防火墙不可能获得这些 IP 数据包,更谈不上对它们进行控制和过滤。

鉴于此,要实现透明代理防火墙,其直观思路是更改或重新实现操作系统中的 TCP/IP 协议,以改变其原有 IP 数据包的协议处理流程。不难理解,重新实现操作系统 TCP/IP 协议的难度是可想而知的,为开发透明代理防火墙而重新实现 TCP/IP 协议所花费的代价很大。如果在原有操作系统(假定为开源的 Linux 系统)协议实现的基础上直接进行修改,可以减少开发的工作量。但因涉及内核层的编程开发比应用层有很大的难度,而且需要对原有的 TCP/IP 协议实现有很好的了解,显然通过直接修改 Linux 协议来实现透明代理防火墙也不是一个很好的解决方案。

幸运的是,Linux 系统的 Netfilter 框架提供了目标 IP 地址和目标端口重定向功能,利用该功能,就能够让 TCP/IP 协议对接收到目标地址不是透明代理防火墙的 IP 数据包也交给透明代理防火墙处理,而不按常规处理,即转发该 IP 数据包。因此基于 Netfilter 框架,就可将需要进行安全处理的数据包送到应用层,供透明代理防火墙进行网络访问控制。

因此一个完整透明代理防火墙的基本工作原理和流程为:

- 通过 IPtables 配置 Netfilter,使其一旦在 IP_PRE_ROUTING 点接收到 IP 数据包,不管该数据包原来的目标地址、端口如何,一律将其目标地址改成本机的 IP 地址,并将其目标端口改为透明代理防火墙所监听的端口。
- IP 数据包进入透明代理防火墙所在主机后,首先经过目标地址和目标端口重定向,然后进入 TCP/IP 协议的后继处理流程,协议依据修改后的目标地址和端口处理该 IP 数据包。经过 TCP/IP 协议的一系列处理,透明代理防火墙从所监听的端口就能获得网络应用数据。
- 运行在应用层的透明代理防火墙在接收到网络应用数据后,就可以和应用代理防火墙一样对应用会话进行分析和控制。

- 相应地,对于从目标服务器返回来的响应,其对应的 IP 数据包在从透明代理防火墙所在主机发往客户端前,需要进行源 IP 地址和源端口的重定向。

透明代理防火墙的实现结构和运行原理如图 5-8 所示。

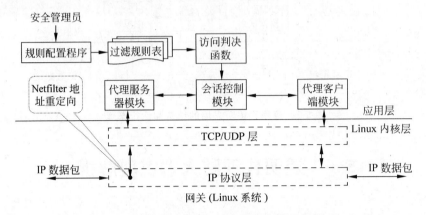

图 5-8　透明代理防火墙的实现结构和运行原理

在运行透明代理防火墙时,需要对 Netfilter 机制进行设置,让 Netfilter 在 IP_PRE_ROUTING 的钩子点上进行目标地址转换(即 DNAT),将报文的目标 IP 地址和目标端口重定向到透明代理防火墙所在主机的 IP 地址和透明代理防火墙监听的网络端口。

在透明代理防火墙的实现中有一点非常关键,由于重定向后 IP 数据包的目标 IP 地址和目标端口已经被 Netfilter 修改过,透明代理防火墙就不能直接获得客户端所要连接的目标服务器的 IP 地址和端口,获得不了目标服务器的 IP 地址和端口,就无法代替客户端去连接目标服务器。如何获得目标服务器的 IP 地址和端口,将在本书"开发实践篇"(见第 13 章)结合开发实例进行详细阐述。

5.7　本章小结

在目前的 Linux 操作系统平台上,除直接配置 Netfilter 的包过滤规则实现报文过滤外,还有四种常用方式来开发和实现网络防火墙,其技术原理可概括如下:

- 基于内核模块的包过滤防火墙:将访问判决函数实现在新编写的内核模块中,并将这些函数注册到 Netfilter 框架中相应的钩子点。当有 IP 数据包通过时,访问判决函数会自动调用,从而实现报文过滤功能。
- 基于 Netfilter 队列功能的包过滤防火墙:通过 Netfilter 的队列功能,将流经网关的 IP 数据包传递到应用层空间进行检查和控制,经许可放行的 IP 数据包再通过队列功能交还给 Netfilter 进行后继处理。
- 应用代理防火墙:以代理服务器的形式存在,对所代理的网络会话实施相应的安全检查和网络访问控制,对不能通过检查的网络会话拒绝提供代理服务,从而阻断内外网间的非法网络数据访问。

- 透明代理防火墙：通过 Netfilter 的网络地址重定向功能，将流经网关的 IP 数据包重定向到应用层的透明代理防火墙，由应用层的透明代理防火墙实现网络会话级的安全检查和网络访问控制。

本章对上述四种防火墙的实现结构和运行原理进行解析，这里将两种包过滤防火墙和两种代理防火墙的实现特点分别对比如下：

- 基于内核模块的包过滤防火墙和基于 Netfilter 队列机制的包过滤防火墙存在明显的相似处，具体表现为二者都要自己实现规则配置程序、设计过滤规则表和访问判决函数，并且这三部分可以用类似的方法实现。这两种防火墙明显的不同在于，基于内核模块的包过滤防火墙需要在 Linux 内核层以内核模块的方式实现访问判决函数，而基于队列机制的包过滤防火墙以单独应用程序的方式实现访问判决函数。与此对应的是，在实现这两种防火墙时 Netfilter 配置也有所不同，前者涉及到钩子函数的注册，而后者要配置 Netfilter 的队列机制。另外，在基于队列机制的包过滤防火墙中，由于 IP 数据包要传递到应用层进行处理，涉及到内核层和应用层的大量数据交换，因而该防火墙的运行效率要显著低于基于内核模块的包过滤防火墙。
- 应用代理防火墙和透明代理防火墙在应用层的结构和处理流程大致相同，都需要对应用层协议数据进行分析，并基于分析出的应用会话属性进行网络连接和会话控制。二者的不同主要体现在，应用代理防火墙在内核层不需要做任何工作，而实现透明代理防火墙时，还需要利用 IPtables 对 Netfilter 机制进行配置，启用其中的地址重定向功能。

对应本章四种防火墙的开发实践及相关的实现细节，将在本书"开发实践篇"的第 10～13 章分别阐述。

习　题

1. 对实现包过滤防火墙和透明代理防火墙而言，都涉及到对 TCP/IP 协议中 IP 数据包处理方式的控制或修改，以直接修改协议实现的方式开发这两类防火墙有哪些困难？

2. 简述 Netfilter 机制的组成以及运行原理。

3. 详述 Netfilter 用什么方式实现了对外的报文处理接口，可以让软件开发者控制 IP 协议的报文处理流程。

4. Netfilter 机制中设置了哪些钩子点？协议在处理哪些报文以及在处理到哪个阶段时会经过这些钩子点？

5. 简述 Netfilter 最常用的两种内嵌报文处理方式。

6. 简述 Netfilter 两种开放的 IP 报文处理方式。

7. 在 Netfilter 机制下，怎样实现将目标 IP 地址不是本机的 IP 数据包交给上层协议处理，而不是转发至下一跳的网络结点？

8. 简述如何通过 Netfilter 的包过滤功能在实际网络环境中搭建一个包过滤防火墙。

9. 从实现功能的角度，简述基于内核模块的包过滤防火墙比内置包过滤防火墙有哪些好处。

10. 简述基于内核模块的包过滤防火墙的逻辑结构和运行原理。

11. 简述应用层包过滤防火墙的逻辑结构和运行原理。

12. 从实现难度和运行效率上,对比基于内核模块的包过滤防火墙与基于队列机制的包过滤防火墙的优缺点。

13. 简述在 Netfilter 机制下透明代理防火墙的实现原理。

14. 从使用方式、IP 数据包的处理流程上,对比应用代理防火墙和透明代理防火墙的优缺点。

第6章 系统脆弱性检测技术及实现解析

互联网的发展给信息共享和数据共享提供了很大便利,越来越多的计算机系统开始以各种方式接入到互联网。与此同时,各种网络应用也快速涌现,尤其是网上办公、电子商务等应用越来越普及。由于 Internet 的开放式体系结构,基于 Internet 的数据传递和网络应用直接暴露在网络黑客的面前,连接入 Internet 的计算机系统面临着远程网络攻击和入侵的风险。

计算机和网络系统遭到攻击或者受到入侵的原因是多样的,既有技术方面的原因,也有系统安全管理方面的原因。但不可否认的是,绝大多数的网络攻击和入侵的得逞都能归咎于被攻击目标的自身原因,即系统自身存在这样或者那样的弱点或漏洞,或者说系统存在一定的脆弱性或安全隐患,这些脆弱性被攻击者加以利用,从而形成攻击或系统入侵。如系统个别用户帐号所设置的口令比较简单,被攻击者通过一定的技术手段猜出,从而成功入侵到系统中。

若能预先对系统中存在的脆弱性进行针对性的安全修补或消除,就能够有效地降低系统遭受攻击或入侵的可能性。要对系统中存在的脆弱性进行针对性的安全修复,首先要发现当前系统中存在哪些可能带来安全隐患的弱点,这就是系统的安全脆弱性检测与分析。本章首先介绍安全脆弱性检测的基本概念,然后重点讲述两种常见的脆弱性检测技术和基本实现原理:端口扫描技术和弱口令扫描技术。这两种脆弱性扫描工具的具体开发过程和源代码实现将在第 14、15 章分别介绍。

6.1 安全脆弱性检测概述

所谓的安全脆弱性是指系统的一组特性,恶意的主体(攻击者或者攻击程序)能够利用这组特性,获取对资源的未授权访问或者对系统造成损害。判断系统或系统的一个特性(一种系统配置等)是否构成安全脆弱性的一个准则在于它是否对应某种潜在的安全威胁,即攻击者能否据此形成一定的攻击行为并对系统构成安全危害。据 SecurityFocus 公司的安全脆弱性统计数据表明,目前绝大部分操作系统存在安全脆弱性。除操作系统外,一些应用软件也面临同样的问题,再加上管理、软件复杂性等原因,信息系统的安全脆弱性是一个普遍存在的问题。

安全脆弱性是一个动态的概念,一组系统特性在没有发现基于它形成的攻击方式前并不会被认定为构成安全脆弱性,如果有黑客或者研究人员基于该系统特性构造出危害系统安全的攻击方式,该组系统特性就会被认定为构成安全脆弱性。因而安全脆弱性检测依赖于已知安全脆弱性和攻击方式的发现。

安全脆弱性的原创性发现成为最具挑战性的研究工作,当前从事安全脆弱性挖掘的研究部门主要来自大学、安全公司和黑客团体等。除了安全脆弱性发现外,安全脆弱性检测还需要脆弱性信息收集、分类和标准化等研究,如 MITRE 组织制定了通用漏洞列表 (Common Vulnerabilities&Exposures,CVE)来规范脆弱性命名。在脆弱性信息发布方面,卡内基·梅隆大学的计算机安全应急响应组(Computer Emergency Response Team,CERT)最具有代表性,是最早向 Internet 网络发布脆弱性信息的研究机构。

安全脆弱性检测对消除系统的潜在安全威胁、改善系统安全特性具有非常重要的意义。网络或系统管理员在安全脆弱性检测后,需要对发现的脆弱性进行针对性地处理,常见的有:

- 关闭不必要的网络服务端口。
- 进行应用软件的安全升级。
- 要求系统用户设置复杂口令,增加口令的强度。
- 更改系统或应用软件的安全设置。

6.2 脆弱性检测的技术分类

按照检测思路和实施方式的不同,安全脆弱性检测技术可以分为两类:基于主机的安全脆弱性检测和基于网络的安全脆弱性检测。

6.2.1 基于主机的脆弱性检测

基于主机的安全脆弱性检测主要从本地系统管理员的角度去发现系统中存在的安全弱点,实现基于主机的安全脆弱性检测的软件工具通常被称为本地扫描器或者系统扫描器,该工具主要对系统中不合适的设置、脆弱的口令以及其他与安全规则相抵触的对象进行检查。

基于主机的安全脆弱性检测工具有以下几个特点:

- 运行于单个主机,扫描目标为本地主机。
- 扫描器的设计和实现与目标主机的操作系统相关。
- 扫描对象主要包括用户帐号文件、组文件、系统权限、系统配置文件、关键文件、日志文件、用户口令、网络接口状态、系统服务、应用软件缺陷等。

COPS(Computer Oracle and Password System)是一种典型的基于主机的脆弱性检测工具,具体形式为一个 UNIX/Linux 平台的安全工具集。该工具集的主要作用是寻找管理错误、帐号问题以及未认证的许可或权限等,具体的检查对象包括:

- 重要系统文件和目录的危险权限。
- 所有用户可读/可写的系统文件。
- 所有文件的 SUID 状态。
- /etc/passwd 文件中的空口令。
- /etc/group 文件。
- 用户口令的可猜测性。
- 在/etc/rc * 中的命令,以确保没有文件或路径是所有用户可写的。
- crontab 文件,以确保没有文件或路径是所有用户可写的。
- 用户的工作目录,以确保它不是所有用户可写的。

- 特定的用户文件,以确保它不是所有用户可写的。
- FTP 设置。
- 非法的文件系统改动。

在众多的系统安全脆弱性中,弱口令是系统中最为常见,也是安全威胁非常严重的一种安全脆弱性。所谓的弱口令是指易于被第三者猜出的口令,或者采用一定的技术手段(如字典攻击等)猜出的口令。很多信息系统都是通过帐号加口令的方式来验证用户的身份,因而如果某用户帐号设置了简单的口令,被攻击者猜出口令后,攻击者就能够冒充合法用户侵入系统,从而对系统造成危害。

本书以弱口令检测为实例进行基于主机的安全脆弱性检测开发实践,在 6.5 节和 6.6 节中对弱口令检测的原理和实现方式进行详细介绍,并在第 15 章进行实际的开发实践介绍。

6.2.2　基于网络的脆弱性检测

基于网络的安全脆弱性检测技术是从入侵者的角度发现系统中的安全弱点,实现基于网络的脆弱性检测的软件工具通常称为远程扫描器或者网络扫描器,该工具通过执行一些脚本模拟攻击系统的行为,并记录系统的反应,从而发现系统中存在的漏洞。

基于网络的安全脆弱性检测工具具有以下几个特点:

- 运行于单个或多个主机,扫描目标为本地主机或者单/多个远程主机。
- 扫描器的设计和实现与目标主机的操作系统无关。
- 通常的网络安全扫描不能访问目标主机的本地文件(具有目标主机访问权限的扫描除外)。
- 扫描对象主要包括目标主机的开放端口、网络服务、系统信息、系统漏洞、远程服务漏洞、特洛伊木马检测、拒绝服务攻击等。

基于网络的脆弱性检测从入侵者的角度对系统进行远程扫描和检测,能够发现系统中最危险、最可能被入侵者渗透的漏洞,扫描效率更高,且与目标系统的平台类型无关,便于网络管理员发现整个网络(或其内部的每个主机)的安全脆弱性,但该扫描过程可能会影响网络性能。

NMap(Network Mapper)是目前比较流行的一款功能强大的网络扫描器,可以帮助网络管理员探测系统内所开放的 UDP 或者 TCP 端口,甚至主机所使用的操作系统类型,还可以将所有探测结果记录到各种格式的日志文件中供进一步分析。

黑客和攻击者要对目标网络(或系统)发起远程攻击,首先要探测到目标网络内各主机所开放的网络服务及端口,进而基于这些网络服务开展相应的攻击。因而开放不必要的网络服务对网络系统的安全性造成非常严重的威胁,是网络脆弱性的一种典型体现。网络管理员通过一些检测技术预先获知网络中对外开放的网络服务,督促相应主机的管理员关闭这些不必要的网络服务,对改善网络的安全性非常重要。

本书以端口扫描为实例进行基于网络的脆弱性检测开发实践,在 6.3 节和 6.4 节中对端口扫描技术的原理和实现方式进行详细介绍,并在本书第 14 章进行实际的开发实践介绍。

6.3　端口扫描的基本原理和技术

在 TCP/IP 网络中,所有基于客户机/服务器模式(即 C/S 模式)的网络服务(如 HTTP、MAIL 等)以固定端口的形式向网络用户提供应用服务。计算机系统要对外提供网络服务,需要对外开放指定的端口,其他主机通过向该端口发起服务请求从而使用该网络服务。通常情况下,开放的端口对应所开放的应用服务。

端口扫描的目的是收集目标网络或目标主机的端口开放情况。安全管理员对自己所管理的网络或主机进行端口扫描,可以有效发现系统中不必要开放的端口,进而发现和消除系统弱点,以确保系统配置的正确性。一些后门或者病毒通常会私下开放一些网络端口,莫名的端口打开很可能是病毒或外界入侵者所为,因此经常地进行自我端口扫描有助于发现病毒和外界入侵行为。

端口扫描技术是最常用的一种网络扫描技术,其基本原理是:向被扫描目标主机的端口发送探测性的报文,然后根据该主机是否响应报文,以及响应何种特征的报文,来断定该端口的打开情况;通过逐一对每个端口进行试探,就能知道一个网络内或一台主机的端口开放情况。端口扫描中的"扫描"含义就是对所有可能的端口逐一进行试探,以得知端口开放情况。

因此,实现端口扫描的关键技术包括两个方面:构造和发送具有某些特征的探测性报文;接收和分析来自被扫描主机的响应报文。其中构造探测性报文是端口扫描的基础,构造的基本原则是:使得被试探的主机在接收到该探测报文后,主机上相应端口开放与否能够影响到对该报文的响应,即是否回复响应报文,以及回复的报文具有何种特征,也就是说扫描者能够根据被探测主机对探测报文的回复情况,判断出端口开放情况甚至其他信息。

在计算机网络协议层次中,端口是传输层协议区分上层应用服务的标识,且不同类型传输层协议的端口相互独立。目前两种主流的传输层协议 TCP 协议和 UDP 协议分别对应不同类型的端口,即 TCP 端口和 UDP 端口。由于协议类型的不同,两类不同的端口需要分别构造不同协议类型的探测性报文才能扫描到。因此,端口扫描分为 UDP 端口扫描和 TCP 端口扫描。

根据所构造和发送的探测性报文的不同,TCP 端口扫描技术又可分为以下几类:全连接扫描(或称 SOCKET 扫描)、半连接扫描(或称 SYN 扫描)、结束连接扫描(或称 FIN 扫描)。下面分别就这三类 TCP 端口扫描技术以及 UDP 端口扫描技术进行介绍。

6.3.1　全连接扫描技术解析

如果一个网络服务是建立在 TCP 协议基础之上的,客户端和服务器进行实际的数据通信之前,需要建立 TCP 连接。TCP 协议通过三个报文来建立 TCP 连接,即三次握手过程。客户端和服务器建立 TCP 连接的大致过程如下:

(1)第一次握手。建立连接时,客户端发送带 SYN 标志的 TCP 报文到服务器,并且客户端进入 SYN_SEND 状态,等待服务器确认。

（2）第二次握手。服务器收到带 SYN 标志的 TCP 报文,如果该端口是打开的,服务器向客户端回复一个带 SYN＋ACK 标志的 TCP 报文,此时服务器进入 SYN_RECV 状态。若端口关闭,服务器会向客户端回复带 RST 标志的 TCP 报文,或者不进行任何回复(不同操作系统的 TCP/IP 协议实现有差别)。

（3）第三次握手。客户端收到服务器发送来的带 SYN＋ACK 标志的 TCP 报文,向服务器发送带 ACK 标志的 TCP 报文,此包发送完毕后,客户端进入 ESTABLISHED 状态。服务器收到该报文后也进入 ESTABLISHED 状态,完成三次握手。完成三次握手后,客户端与服务器就可以传送应用层数据。

扫描主机可以利用与被扫描目标主机的指定端口建立 TCP 连接的方式来实现端口扫描,此时所建立的连接不是为了应用数据通信,而是为了探测被扫描主机的端口开放情况。这种形式的端口扫描称为全连接端口扫描。

基于 TCP/IP 协议簇提供的套接字接口,全连接端口扫描可以完全在应用层实现,其基本原理为:对于目标主机上每一个要探测的端口,调用套接字函数 connect()向目标主机上待扫描的端口发起 TCP 连接请求,本机的 TCP 协议与目标主机的 TCP 协议开始三次握手过程;如果被扫描主机的端口是打开的,则 TCP 连接就能建立成功,此时函数 connect()返回 0;如果端口是关闭的,则无法建立 TCP 连接,函数 connect()返回 SOCKET_ERROR,表示该端口不可访问。逐一对目标主机上的每个端口,通过调用函数 connect()尝试建立连接并查看返回值,就能知道远程目标主机端口的开放情况。

全连接扫描是 TCP 端口扫描的最基本方法,通过 SOCKET 编程能方便地实现相应的扫描工具,且扫描工具可以任意普通用户的身份运行,而不需要管理员帐号的特权。全连接扫描的显著缺点是扫描速度慢,全连接扫描通过函数 connect()来判断所探测端口的打开情况,而函数 connect()通过观察服务器的响应报文(即建立 TCP 连接的第二次握手报文)来判断端口打开情况。由于可能存在网络延迟的缘故,函数 connect()即使暂时没有收到响应报文,也不能立即确定所探测的端口是关闭的,通常情况下要等待一小段时间(以排除响应报文延迟的可能)后才能确定端口的打开情况。因此在实现全连接扫描时,通常采用多线程技术同时探测多个端口,以加快端口扫描的速度。

6.3.2　半连接扫描技术解析

半连接扫描技术是全连接扫描技术的发展。通过分析 TCP 建立连接时的三次握手过程可以发现,作为客户端的扫描主机在收到目标主机所回复的带 SYN＋ACK 标志的 TCP 报文后,就已经知道对方的相应端口是打开的。从端口扫描的角度而言其目的就已达到,无需再向目标主机回复带 ACK 标志的报文以完成一个完整的三次握手过程,这就是半连接扫描的基本出发点。

半连接扫描的基本过程为:扫描主机向目标主机的指定端口发送带 SYN 标志的 TCP 报文,如果目标主机应答的是带 RST 的 TCP 报文,则该端口是关闭的;如果目标主机应答的是带 SYN＋ACK 的报文,则该端口处于监听状态。循环这个过程,就可以探知目标主机上所有端口的打开和关闭情况。

在半连接扫描过程中不会完成一个完整的 TCP 连接建立过程。在扫描主机与目标主机的指定端口建立连接过程中,只完成了前两次握手,在第三步时扫描主机不再回复带

ACK 标志的 TCP 报文,从而中断了本次连接建立过程,使连接没有完全建立起来。实际上,这也是将这种技术称为半连接扫描的原因。

　　就实现技术而言,半连接扫描要比全连接扫描复杂且难以实现,这主要是因为:①无法通过普通的 SOCKET 套接字来实现,在普通的套接字接口下,函数 connect()的执行过程是一个建立 TCP 连接的完整过程,没有办法制止 TCP 协议进行第三次握手,即阻止给目标主机回复带 ACK 标志的 TCP 报文,因此要实现半连接扫描需要对底层协议报文进行直接操纵,这显然比全连接扫描的 SOCKET 编程要复杂;②在大部分操作系统下,需要超级用户的权限才能直接操纵底层协议报文,从而构造和发送带 SYN 标志的 TCP 报文,也就是说在扫描主机上无法以普通用户帐号发起半连接扫描。

6.3.3　结束连接(FIN)扫描技术解析

　　在基于 TCP 协议进行数据通信前,需要建立 TCP 连接,同样在通信结束后,也需要关闭 TCP 连接以释放连接资源。为此 TCP 协议定义了连接关闭过程,以及为完成连接关闭过程所需的报文,该报文即为带 FIN 标志的 TCP 报文。TCP 连接的一方(假定为客户端)如果要结束通信,向连接的另一方(假定为服务器)发送带 FIN 标志的 TCP 报文,在服务器回复带 ACK 标志的 TCP 报文后,客户端向服务器方向上的数据通信终止。由于 TCP 连接是全双工的,通常还需要服务器发送 FIN 报文、客户端发送 ACK 报文来关闭另外一个方向上的通信。因此 TCP 协议一般通过 4 个报文来完成连接关闭过程。结束连接扫描通过发送带有 FIN 标志的 TCP 报文来实现,因而通常被称为 FIN 扫描。

　　结束连接扫描通过尝试发送 FIN 报文,分析对方主机的响应情况来判断端口的打开情况。在 TCP 协议中,如果收到一个 FIN 报文,协议会按具体情况做如下处理:

　　(1) 若该 FIN 报文对应一个已经建立的连接,则回复一个 ACK 报文。显然扫描主机和目标主机间没有建立过连接,扫描主机发送 FIN 报文的目的也不是为了关闭连接,这种情况在端口扫描过程中不会发生。

　　(2) 若该 FIN 报文没有对应已建立的连接,但是该 FIN 报文对应的端口是打开的,则TCP 协议会丢弃该报文,不做任何处理。

　　(3) 若该 FIN 报文没有对应已建立的连接,且该 FIN 报文对应的端口是关闭的,TCP协议会回复一个带 RST 标志的 TCP 报文。

　　因此,扫描主机在向目标主机的某端口发送 FIN 报文后,如果收到了带 RST 标志的报文,则表明该端口是关闭的,否则可能存在以下两种情况:目标主机上该端口关闭但所回复的 RST 报文在传输过程中丢失,或者目标主机上该端口处于打开状态。对同一个目标主机进行多个端口的 FIN 扫描,如果对大部分端口收到了带 RST 标志的回复报文,而对另外一些端口没有收到,则基本可以断定没有收到报文回复的端口是打开的。

　　对比 SYN 扫描,FIN 扫描的缺点主要在于其扫描结果可能不完全准确,当没有收到对方主机的 RST 报文时,还要进一步甄别是端口打开还是响应报文丢失,而理论上也不可能完全排除响应报文丢失的可能性。

　　就实现技术而言,FIN 扫描要比全连接扫描复杂,与 SYN 扫描的实现难度相当,所面临的问题也比较类似:①无法通过普通的 SOCKET 套接字来实现,在普通的套接字接口下,无法让 TCP 协议去关闭一个本来就没有建立的 TCP 连接,因此同半连接扫描一样,

FIN 扫描需要对底层协议报文进行直接操纵；②同实现 SYN 扫描一样，直接操纵底层协议来构造和发送带 FIN 标志的 TCP 报文，需要超级用户的权限，因此无法以普通用户帐号身份发起 FIN 连接扫描。

另外，FIN 扫描发展出两种变种形式的扫描方式，即 Xmas 扫描和 Null 扫描。这里不再详述。

6.3.4　UDP 端口扫描技术解析

UDP 协议较为简单，客户端和服务器在进行数据通信之前无需建立连接，在数据通信完成之后也无需关闭连接。因此在 UDP 协议中没有包含 SYN 或 FIN 标志的 UDP 报文，所有针对 TCP 端口的扫描技术无法实现对 UDP 端口的扫描。

由于 UDP 协议中只有用于数据通信的报文，没有连接控制相关的报文，进行 UDP 端口扫描需要构造数据通信报文（报文中的应用数据部分可随意填充），并发送到目标主机要探测的端口。如果端口是打开的，目标主机的协议收到该报文后，通常会将其发送至监听对应端口的服务程序，当然这里不能指望随意填充的应用数据会被该服务程序理解，并将另一段应用数据封装在 UDP 报文中回复过来。在这种情况下，扫描者一般不会收到任何响应报文。

一些操作系统的协议在实现时约定，当接收到一个发往未打开 UDP 端口的 UDP 报文，向发送该报文的源主机回复一个包含 ICMP_PORT_UNREACH 错误（即端口不可达）标志的 ICMP 报文。UDP 端口扫描就是基于此判断端口是否打开的，即如果收到了表示端口不可达的 ICMP 报文，则表明该端口是关闭的。

同 FIN 扫描一样，UDP 端口扫描的扫描结果也不完全准确，扫描主机即使没有收到端口不可达的 ICMP 报文，也不能断定所扫描的目标端口是打开的。除因端口打开而不回复端口不可达的 ICMP 报文外，还有多种情况会导致扫描者接收不到相应的 ICMP 报文，具体为：目标主机不存在；目标主机上操作系统的实现不同，有些操作系统接收到发往未打开端口的报文时不回复端口不可达信息；发送的 UDP 报文途中丢失，目标主机没有收到该报文；目标主机回复的端口不可达 ICMP 报文途中丢失。

在实现上，UDP 端口扫描比全连接扫描要复杂一些，应用程序可以通过普通 SOCKET 接口发送 UDP 探测报文，但是不能通过普通 SOCKET 接口接收到目标主机返回的端口不可达 ICMP 报文，需要借助于原始套接字接口或者第三方开发的抓包工具才能实现。由于原始套接字接口和抓包工具都需要管理员权限才能调用，所以同实现半连接扫描和结束连接扫描一样，无法以普通用户帐号身份发起 UDP 端口扫描。

6.4　端口扫描的实现解析

端口扫描技术的基本原理是，向被扫描的目标主机某端口发送探测性的报文，然后根据对方主机是否响应报文，以及响应何种特征的报文来断定端口的打开情况。因此，实现端口扫描工具的关键技术包括两个方面：构造和发送具有某些特征的探测性报文，接收和分析来自目标主机的响应报文。

为了便于用户编程实现网络通信,操作系统的 TCP/IP 协议通常会屏蔽底层协议的报文生成和解析细节,对用户提供方便的通信接口,这就是套接字接口。一般的套接字接口对完成正常的网络通信带来了很大的便利,但对端口扫描程序而言,操作系统协议提供的常见的 TCP 和 UDP 套接字接口就不能满足要求,因为仅使用一般套接字接口的端口扫描程序无法自由构造出具有指定特征的探测报文,而且网络协议在收到一些端口扫描程序所需的响应报文时,也不会将这些报文交给端口扫描程序来处理。

对照 6.3 节中介绍的 SYN 扫描、FIN 扫描和 UDP 扫描,其探测报文以及可能收到的响应报文都是传输协议层的报文,这些底层协议报文由传输层协议处理函数进行相应处理,而不会交给应用程序进行处理。对于 SOCKET 扫描而言,通过调用套接字接口函数 connect()来间接发送探测性报文(即连接握手报文),且协议会通过函数 connect()返回值告知连接是否建立,因此可以完成一次完整的扫描过程。但对 SYN 扫描和 FIN 扫描而言,无法通过调用一般的套接字接口函数单独发送一个带 SYN 标志或带 FIN 标志的 TCP 报文,即使能够发送,目标主机的响应报文也是 TCP 协议层的报文,无法通过一般的套接字接口获得该响应报文的信息。

由于不能利用普通的 SOCKET 套接字接口对底层协议进行操纵以实现自由地组装和发送报文,也不能利用普通的 SOCKET 套接字接口直接接收和处理底层协议报文,因此无法基于普通的 SOCKET 套接字来实现 SYN 扫描、FIN 扫描和 UDP 端口扫描。目前有两种技术能够实现对底层协议的直接操纵,一是基于原始套接字实现,二是借助第三方函数工具库实现。下面分别介绍这两种技术。

6.4.1 原始套接字及编程

为了实现网络服务支持的开放性和灵活性,很多操作系统(Windows、Linux 等)的 TCP/IP 协议不仅支持一般的 TCP 和 UDP 类型的套接字,还支持原始套接字(RAW_SOCKET)。在原始套接字中,操作系统的 TCP/IP 协议不再基于 TCP/IP 协议规范对报文进行默认处理,而是由用户直接进行处理。基于原始套接字,甚至可以发送一个自定义的 IP 数据包,也可以要求操作系统协议在接收到 IP 数据包后直接交给用户程序处理。因此,基于操作系统协议提供的原始套接字服务,就可以完成对探测报文的构造和发送,以及获取和解析来自目标主机的响应报文,进而实现一个端口扫描工具。

这里以构造和发送 SYN 报文为例,来简单阐述基于原始套接字的编程方法和大致步骤。

1. 创建原始套接字

创建原始套接字和创建一般套接字都是利用套接字接口函数 socket()完成,不同的是传递给函数 socket()的参数有所区别。

函数 socket()的原型为: int socket(int af, int type, int protocol);

参数 af,用于指明协议簇,在 TCP/IP 网络中,该参数为 AF_INET。

参数 type,用于指明所创建套接字对应的网络服务类型,常见的类型有:

- SOCK_STREAM:指明创建的套接字为流套接字,用于 TCP 协议。
- SOCK_DGRAM:指明创建的套接字为数据报套接字,用于 UDP 协议。
- SOCK_RAW:指明创建的套接字为原始套接字,用于直接组装、发送或者接收底层的 IP 报文。

因此在发送 SYN 报文的源代码实现中,需要采用如下的形式创建套接字:

```
sockfd = socket(AF_INET,SOCK_RAW,IPPROTO_TCP);
```

其中 sockfd 用于保存原始套接字创建成功之后的套接字描述符,该描述符用于后继的套接字操作,如发送和接收报文等。

2. 定义报头的内容

采用原始套接字来发送 SYN 报文时,需要直接构造 TCP 协议头和 IP 协议头。在 TCP 报文头部中,需要注意对以下协议字段的设置。

- 目标端口:设置为目标服务器的端口。
- 源端口:因为被扫描的目标服务器可能会向该端口回复报文,该端口设置成扫描程序监控的端口。
- SYN 标志位:设置为 1,通知原始套接字发送的是一个 TCP 连接请求报文。
- 校验和:要在其他协议字段设置好后,计算出头部的校验和。

在 IP 报文头部中,重点需要注意对以下协议字段的设置:

- 协议类型字段:表明该 IP 报文中的传输层协议类型,应设置为 IPPROTO_TCP,指明发送的是 TCP 报文。
- 目标地址:设置为目标服务器的 IP 地址。
- 协议版本号:本章的扫描工具只考虑 IPv4,因此这里设置为 4。
- IP 头部长度:这里构造的 IP 数据包无需选项字段,标准的 IP 数据包头部长度为 20,设为 20 即可。
- IP 数据包长度:要将 TCP 报文头部长度也考虑进去,这里设为 40。

3. 发送自己构造的报文

在原始套接字函数中,可以与发送 UDP 报文一样使用函数 sendto() 完成报文发送。由于函数 sendto() 默认的方式是由底层协议构造 TCP 头部和 IP 头部,而这里需要在应用程序中构造报文头部,不必再让底层协议添加报文头部。这就需要调用函数 setsockopt() 来设置 SOCKET 的属性,通知底层协议应用层已构造好报文的协议头部。函数 setsockopt() 的使用如:

```
setsockopt(sockfd,IPPROTO_IP,IP_HDRINCL,&optval,sizeof(optval));
```

其中参数 IP_HDRINCL 指明无需底层协议构造 TCP 协议头部和 IP 协议头部。设置 SOCKET 套接字的选项后,就可以调用函数 sendto() 发送所构造的扫描报文。

6.4.2　Libnet 和 Libpcap 库函数编程

直接基于原始套接字编程实现网络数据包的生成和解析,需要对 TCP/IP 协议的实现细节进行处理,这要求对 TCP/IP 协议规范十分清楚,因此直接基于原始套接字开发端口扫描工具具有一定的难度。实际上,像端口扫描工具一样,很多网络安全工具(包括防火墙、入侵检测系统、网络安全监视工具等)都需要对底层协议数据包进行直接处理,都面临与端口扫描工具开发一样的技术问题,可以说底层协议数据包处理在网络安全工具开发中是一个共性的需求。

为了简化网络安全程序的编写过程,提高网络安全程序的性能和健壮性,同时使代码更易重用与移植,直接操纵底层协议数据包相关的函数库就应运而生。这些函数库将最常用的协议处理过程(如数据包截获、构造、发送、接收等)封装成函数的形式供安全程序开发者调用,完成底层数据包的相应控制。

Libnet 和 Libpcap 是目前最著名、也是最流行的操纵底层协议数据包的函数库,其中 Libnet 提供的接口函数主要实现和封装了数据包的构造和发送过程,Libpcap 提供的接口函数主要实现和封装了与数据包截获有关的过程。利用这两个函数库开发相关的网络安全工具,网络安全开发人员能够忽略网络底层的实现细节,从而专注于程序本身具体功能的设计与开发。

1. Libnet 及使用接口

Libnet 是一个小型的接口函数库,主要用 C 语言写成,提供了底层网络数据报文的构造、处理和发送功能。Libnet 的开发目的是建立一个简单统一的网络编程接口,以屏蔽不同操作系统底层网络编程的差别,使得程序员将精力集中在解决关键问题上。另外 Libnet 允许程序获得对数据报文的绝对控制。

利用 Libnet 函数库开发应用程序的基本步骤以及几个关键的函数使用方法简介如下。

(1) 初始化。调用初始化函数(函数原型为 libnet_t * libnet_init(int injection_type, char * device, char * err_buf);)来初始化 Libnet 函数库,返回一个 libnet_t 类型的描述符,以在随后的数据报文构造和发送函数中使用。其中参数 injection_type 指明了发送数据报文所使用的接口类型,如数据链路层或者原始套接字等,参数 device 是一个网络设备名称的字符串,在 Linux 下是"eth0"等。如果函数错误,则返回 NULL,参数 err_buf 指向存储错误原因的字符串。

(2) 数据报文的构造。Libnet 提供了丰富的数据报文构造函数,可以构造 TCP/IP 协议簇中大多数协议的报文,还提供了一些对某些参数取默认值的更简练的构造函数供用户选择,如函数 libnet_autobuild_ipv4() 等。

(3) 数据报文的发送。数据报文发送函数(函数原型为 int libnet_write(libnet_t * l);)将所构造的数据包发送到网络上,如成功将返回发送的字节数,如果失败则返回 -1,可以调用函数 libnet_geterror() 得到错误的原因。

(4) 退出。调用函数 libnet_destroy() 退出该 Libnet 函数库。

2. Libpcap 及使用接口

Libpcap(packet capture library)是一个 C 语言编写的数据包捕获函数库,其功能是通过网卡抓取网络中的数据包。Libpcap 通常将网卡接口设置为混杂模式,因而可以捕获所有经过该网络接口的数据报文,即使数据报文的目标地址不是本机。Libpcap 结构简单,使用方便,提供了 20 多个 C 接口函数,利用这些函数即可完成相应的网络数据包监听功能。Libpcap 支持多种操作系统,为不同操作系统平台提供了一致的 C 函数编程接口,以 Libpcap 为接口写的程序和应用能够自由地跨平台使用。

利用 Libpcap 函数库开发应用程序的基本步骤以及几个关键的函数使用方法简介如下:

(1) char * pcap_lookupdev(char * errbuf); 该函数用于返回可被函数 pcap_open_live() 或函数 pcap_lookupnet() 调用的网络设备名(一个字符串指针)。如果函数出错,则返回 NULL,同时参数 errbuf 指向存放相关错误消息的缓冲区。

(2) int pcap_lookupnet(char * device, bpf_u_int32 * netp, bpf_u_int32 * maskp, char * errbuf); 该函数用于获得指定网络设备的网络号和掩码。参数 netp 和参数 maskp 都是指向 bpf_u_int32 的指针。如果函数出错,则返回 −1,同时参数 errbuf 指向存放相关错误消息的缓冲区。

(3) pcap_t * pcap_open_live(char * device, int snaplen, int promisc, int to_ms, char * ebuf); 该函数打开设备,获得用于捕获网络数据包的数据包捕获描述字。参数 device 为指定打开的网络设备名;参数 snaplen 定义捕获数据的最大字节数;参数 promisc 指定是否将网络接口置于混杂模式;参数 to_ms 指定超时时间(单位毫秒)。如果函数出错,返回 −1,同时参数 errbuf 指向存放相关错误消息的缓冲区。

(4) int pcap_compile(pcap_t * p, struct bpf_program * fp, char * str, int optimize, bpf_u_int32 netmask); Libpcap 库为了提高报文捕获的效率,允许程序员指定捕获报文的具体类型,从而过滤掉不希望捕获的报文,该过滤功能在 Libpcap 库中由相应的过滤器来实现。该函数为编译和设置过滤器,将参数 str 指定的字符串编译到过滤器中。参数 fp 是一个指向 bpf_program 结构的指针,在该函数中被赋值;参数 optimize 控制结果代码的优化;参数 netmask 指定本地网络的网络掩码。

(5) int pcap_setfilter(pcap_t * p, struct bpf_program * fp); 该函数指定一个过滤器。参数 fp 是一个指向 bpf_program 结构的指针,通常通过 pcap_compile() 函数生成。该函数出错时返回 −1,成功时返回 0。

(6) int pcap_dispatch(pcap_t * p, int cnt, pcap_handler callback, u_char * user); 该函数捕获并处理数据包。参数 cnt 指定函数返回前所处理数据包的最大值,cnt 为 −1 表示在一个缓冲区中处理所有的数据包,为 0 表示处理所有数据包,直到发生错误、读取到 EOF 或超时(在函数 pcap_open_live() 中指定)。参数 callback 指定一个带有三个参数的回调函数,这三个参数分别为:一个从函数 pcap_dispatch() 传递过来的 u_char 指针,一个指向 pcap_pkthdr 结构的指针,一个表明数据包大小的 u_char 指针。函数 pcap_dispatch() 如果成功则返回读取到的字节数,读取到 EOF 时则返回零值,出错时则返回 −1,此时可调用函数 pcap_perror() 或函数 pcap_geterr() 获取错误信息。

(7) int pcap_loop(pcap_t * p, int cnt, pcap_handler callback, u_char * user); 该函数功能与函数 pcap_dispatch() 的功能基本相同,只不过此函数在处理了参数 cnt 指定数目的数据包或出现错误时才返回,读取超时则不会返回。参数 cnt 为负值时,函数 pcap_loop() 将始终循环运行,直至出现错误。

(8) u_char * pcap_next(pcap_t * p, struct pcap_pkthdr * h); 该函数返回指向下一个数据包的 u_char 指针。

(9) void pcap_close(pcap_t * p); 该函数关闭参数 p 指向的 Libpcap 句柄,并释放资源。

6.5　弱口令扫描技术基本原理

　　在多用户的信息系统(数据库系统或操作系统等)中,每一个用户有自己相应的操作权限,如对同一个文件,不同用户有不同的访问权限。信息系统在判断用户是否具有某操作权限时首先需要知道该用户的身份,这就涉及到用户的身份鉴别和身份认证。

　　为了区分用户的身份,系统管理员需要给每一个系统用户分配一个身份标识,即帐号或用户名等。对很多系统而言,在进入系统前,需要用自己的帐号登录进入系统,然后才能使用该系统。在登录过程中,系统根据帐号来识别用户的具体身份,从而确定该用户应具有的操作权限,这个过程称为用户身份鉴别。

　　由于用户冒充现象的存在,即一个用户冒用其他用户的帐号登录系统,因此在确定用户身份时,还需要对用户登录帐号进行认证,来进一步确定当前用户是登录帐号对应的用户还是在冒用其他用户的帐号,这个过程称为用户身份认证。

　　用户身份认证的核心是登录者提交与登录帐号相对应的证据来证明自己的身份。根据证据类型的不同,常见的认证方式通常分为三类:根据登录者所知道的信息来证明登录者的身份,口令认证是最常见的这种认证方式之一;根据登录者所拥有的物件来证明登录者的身份,如 USBkey 认证等;根据独特的身体特征来证明登录者的身份,如指纹认证等。

　　由于口令认证方便易行,只需要为每个用户设置一个口令,无需增加硬件成本,因而在许多信息系统中得到广泛的应用。字典攻击是针对口令认证方式的一种典型攻击方式,攻击的目的是为了获得其他用户的口令,从而冒充其他用户登录进入系统。如用户设置了弱口令,即以英语单词、人名、地名或生日等一些有规律、便于记忆的词条作为自己帐户的口令,则字典攻击比较容易成功。因此,弱口令扫描能帮助系统管理者在字典攻击发生前发现系统中用户口令设置的缺陷,通过重新设置复杂的用户口令来提高系统的安全性。

　　下面以 Linux 操作系统的口令认证机制为例,阐述弱口令扫描的技术原理以及相应的实现方式。

6.5.1　口令认证方式解析

　　口令认证的基本思路是,系统管理员为每个用户帐号预先设置一个口令,用户记住自己帐号以及对应的口令,信息系统也要保存预设的帐号和口令,这个过程称为口令设置阶段;用户在进行系统登录时,输入自己的帐号和口令,信息系统将该口令与所保存相应帐号的口令进行比对,从而确定用户的真实身份,这个过程称为登录阶段。

　　在口令认证中,口令信息保存的安全性非常关键,在很大程度上决定了口令认证方式的安全性。因此很多信息系统(包括 Linux 系统等)都是以密文的形式保存用户口令,即在保存口令前先对口令进行加密处理。为了防止攻击者在获取口令密文后解密出明文口令,从而冒充其他用户登录进入系统,信息系统通常采用单向加密算法(又称散列函数)来对口令进行加密处理,这样即使攻击者获得口令密文也无法解密出明文口令来。

　　相应地,采用密文口令的系统通过比较口令密文来认证用户身份。在登录阶段,登录者输入自己的帐号和口令,系统采用同样的单向加密过程对该口令进行加密,然后将加密后的密文与所保存的密文口令进行对比,如果二者一致则用户身份认证成功。系统中基于口令认证的身份认证过程具体如图 6-1 所示。

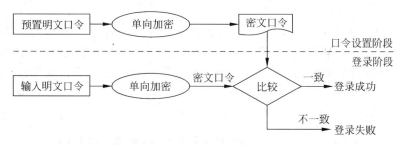

图 6-1　基于口令认证的身份认证过程

在 Linux 操作系统中,为安全性等方面的考虑,在对口令进行单向加密时,还将其他信息(如 salt 值等)一同进行加密处理,即将明文口令和相关信息合在一起加密得到密文(具体见第 15 章)。除口令信息外,口令设置阶段和登录阶段的加密算法以及所包含的相关信息都一致,如果明文口令一致,则会得到相同的加密结果,从而保证身份认证的成功。

6.5.2　弱口令扫描的基本原理

最容易想到的口令扫描方式是尝试用不同的口令登录系统,希望某一次尝试的口令正好与用户设置的口令是一样的,这样就可以成功登录系统。每次的登录尝试需要手工输入口令,少则花费几秒钟,多则要花费数分钟的时间,因此在有限的时间内,不能进行太多次数的口令尝试。

弱口令扫描的基本思路是以自动化的程序方式,实现上述的口令尝试过程。通常口令的加密方式(包括加密算法、所包含的其他相关信息等)是公开的,通过查阅相关文档或资料,就可知道系统所采取的具体加密方式,进而通过自己实现的程序来判断所尝试的口令是否与真实口令相符。

弱口令扫描主要包含两个要素:

- 字典。基于方便记忆等方面的考虑,很多用户在设置口令时,通常将英语单词、人名、地名、生日及其缩写等一些有规律、便于记忆的词条作为自己帐户的口令。将可能被选为口令的潜在词条集中在一起,以文件或数据库的形式保存起来,就形成了弱口令扫描中所谓的"字典"。弱口令扫描将按字典中的词条来一一尝试口令,因而弱口令扫描通常也被称为字典扫描。
- 弱口令扫描程序。该程序的具体功能是逐一读取字典中的词条,进行相应的加密处理,然后将加密后的密文与帐户的口令密文进行比较。如果二者一致,该词条就是要找的实际口令,则弱口令扫描成功,否则继续读取后面的词条进行同样的操作,直至字典结束。如果真实的口令包含在字典中,即该口令为字典中的某个词条,弱口令扫描就能找出这个作为口令的词条来,这样就成功检测出用户设置的简单口令。

弱口令扫描的关键在于字典的构造,如果字典中包含的词条多,而且代表性强,被扫描的口令在该字典中的可能性就越大,扫描成功的可能性也就越大。对一个真实的弱口令扫描工具而言,既可以自己构造字典,也可以从网络上下载字典。

弱口令扫描以程序实现口令尝试的自动化,相比前面提到的手工尝试方式,弱口令扫描具有较高的效率。目前具有一般硬件配置的主机,也能在几秒钟之内完成成千上万次的口令尝试。

由于用户对信息安全的重视性不够,目前很多系统中用户仍然选用比较简单的认证口令,弱口令扫描发现安全脆弱性的概率还是比较高的。有统计报道,弱口令扫描能成功获取超过半数的 Linux 用户口令,这些弱口令如不进行及时改正,很容易成为黑客或攻击者的入侵点。

6.6　Linux 下弱口令扫描实现解析

在构造弱口令扫描程序时,需要事先知道系统所采用的口令保存方式以及口令加密方式,知道了这两方面内容就可以开发相应的弱口令扫描程序,再加上自己构造或下载的字典,就能实现弱口令扫描。

下面重点阐述 Linux 系统下的口令保存方式及具体的口令加密方式,并在此基础上介绍 Linux 系统中弱口令扫描的基本流程。

6.6.1　口令信息的保存

Linux 操作系统中所有用户的帐户信息(包括口令密文)保存在配置文件/etc/passwd 中,这里称之为口令文件。口令文件中的每行对应一个用户帐户的信息,每行包含由 6 个冒号分隔的 7 个域,如 username：passwd：uid：gid：comments：directory：shell,含义分别为用户帐号、口令域、数字表示的用户标识符、组标识符、用户说明、用户工作目录、用户登录后启动的 shell 程序。口令文件中一个具体的用户帐户信息实例为：

zxc：$ 1 $ t4sFPHBq $ JXgSGgvkgBDD/D7FVVBBm0：509：510：：/home/zxc：/bin/bash

在系统运行过程中,许多应用程序需要使用口令文件中的信息,例如 ls 命令。由于 Linux 文件系统以用户标识符来表示文件主,如果不能访问文件/etc/passwd,那么命令 ls −1 在列目录信息时,获得文件主后无法将其转换成对应的用户名,只能在文件主一栏中显示对很多人而言不知所云的用户标识符。因此实际系统中的口令文件对所有用户都开放了读权限,可以轻易地从系统中获得口令文件,从而对系统构成威胁。

另外,为了提高口令系统的安全性,Linux 系统出现了影子(shadow)口令机制,Linux 管理员可以按照系统的需求来决定是否启用影子口令机制。在影子口令机制中,帐户信息分成两部分,分别保存在文件/etc/passwd 和文件/etc/shadow(称为影子口令文件)中。文件/etc/passwd 中不再保存帐户的口令密文,其相应的域一律用 x 代替,而文件/etc/shadow 则保存了真正的密文口令。口令文件仍然为任意用户可读,而影子口令文件只能是管理员用户可读。

影子口令文件中每一行对应一个用户,格式如 username：passwd：lastchg：min：max：warn：inactive：expire：flag,其中前两个域分别对应帐户名和口令域,后面的域表示口令更新的天数、口令的有效期等,因其与弱口令扫描无明显联系,这里不再详述。影子口令文件中一个具体的帐户信息实例为：

　　root:1t4sFPHBq$JXgSGgvkgBDD/D7FVVBBm0:11037:0:99999:7:−1:−1:1075498172

6.6.2　口令的加密方式

　　Linux 系统中，所有用户口令相关的信息保存在口令文件或影子口令文件中，文件中每一行保存一个用户帐户的基本信息。每个用户帐户的口令保存在以该用户帐号开头那一行的口令域中。口令域包含两部分内容，分别表示 salt 值和口令密文，salt 值以 $ 符号结尾，后面紧跟口令密文，形如 string$string。另外 salt 值通过前缀的形式指明所采用的口令加密算法。目前绝大部分的 Linux 系统采用 MD5(message-digest algorithm version 5)加密算法来加密口令，在口令域中，MD5 对应的 salt 值为 1string$ 。

　　MD 是一种信息摘要算法，由 MIT Laboratory for Computer Science 和 RSA Data Security Inc 的 Ronald L. Rivest 在 1991 年开发，经过了 MD2、MD3 和 MD4 的发展。MD5 的作用是对一段信息(message)生成信息摘要(message-digest)，该摘要对该信息具有唯一性，可以作为数字签名。MD5 主要用于验证文件的有效性，即是否有丢失或损坏的数据，以及对用户口令加密、在哈希函数中计算散列值等。MD5 算法的最大特点在于加密过程的不可逆性，对应一个单向的加密过程，不能从密文推导出明文。

　　在用于 Linux 口令认证的 MD5 加密过程中，还涉及到 salt 值。salt 值相当于 MD5 加密算法的一个加密因子，对同一段明文，如果 salt 值不同，所计算出的密文也不相同。在口令设置阶段，Linux 系统会随机生成一个 salt 值，利用该 salt 值对所设置的口令进行加密，加密完成之后，将 salt 值和对应的密文一起保存在口令文件(或影子口令文件)帐户对应的口令域中。

6.6.3　弱口令扫描的场景和流程

　　进行弱口令扫描前还需要构造字典，这可以自己构造，也可以从网络上下载。获得字典文件和口令文件之后，就可以通过编制弱口令扫描程序，完成下面的弱口令扫描流程。

　　图 6-2 给出了对口令文件/影子口令文件中某一个帐户进行弱口令扫描的流程。因为该文件包含了系统中所有用户的口令信息，可以通过循环上述过程逐一对系统中所有帐户的口令进行弱口令扫描。

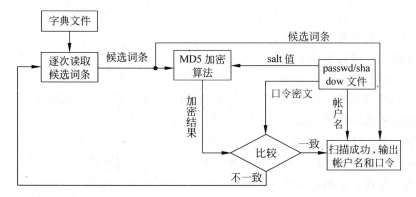

图 6-2　弱口令扫描流程

　　近年来,为了提高弱口令扫描发现安全脆弱性的概率,一些弱口令扫描工具不仅一一匹配和验证字典中的候选词条,还会对候选词条的变换形式(如大小写变换、词条组合等)进行验证。如果所设置的口令为字典中某词条的简单变换,该弱口令扫描也会成功。本书中的相关原理和开发实践暂不涉及这种支持词条变换的弱口令扫描方式,仅在第15章的弱口令扫描工具原型开发完成后简单阐述常见的词条变换方式(参见15.4节"扩展开发实践"),有兴趣的话可以在本书提供的原型工具基础上自行实现。

6.7　本章小结

　　由于技术或管理等方面的原因,系统在运行过程中可能存在一定的脆弱性或安全隐患,这些脆弱性可以被攻击者利用,从而形成攻击或系统入侵。若能预先对系统中存在的脆弱性进行针对性地安全修补或消除,就能有效降低系统遭受攻击或入侵的可能性。要对系统中存在的脆弱性进行针对性的安全修复,首先要发现当前系统中存在哪些可能带来安全危害的安全隐患,这就是安全脆弱性检测。本章重点讲述了端口扫描和弱口令扫描这两种常见脆弱性检测的基本原理和实现技术。

　　不可否认,脆弱性检测作为一种技术手段,既可以被网络或系统管理员用于发现系统中的安全脆弱性,进而对发现的脆弱性进行消除或修正,也可能被黑客或攻击者用于发现攻击目标系统中存在的安全漏洞,进而针对所发现的安全漏洞进行网络攻击。如,攻击者利用端口扫描工具收集拟攻击目标主机的端口开放信息,以发现系统的弱点,进而确定入侵点,或者攻击者通过弱口令扫描工具获得合法用户的口令,进而冒充合法用户进入系统。从安全防御的角度而言,无法杜绝将脆弱性检测技术用于网络攻击或系统入侵,但网络管理员可以先一步利用脆弱性检测技术发现系统中存在的安全弱点,并进行针对性地修复,来提高系统的安全性,降低系统受到攻击或入侵的风险。

　　在本章原理和实现技术分析基础上,本书设计了两个原型工具的开发实践,即端口扫描工具和弱口令扫描工具。这两个原型工具的具体开发实践过程将在第14、15章详细介绍。

习　　题

1. 简述安全脆弱性的基本概念。
2. 简述脆弱性检测的安全意义。
3. 简述端口扫描的基本原理。
4. 端口扫描过程具体包含哪两个阶段？这两个阶段分别完成什么任务？
5. 简述全连接扫描的基本原理。
6. 相对于半连接扫描,全连接扫描有什么样的优点和缺点？
7. 对照 TCP 的三次握手过程,半连接扫描和全连接扫描有什么不同？
8. 简述半连接扫描的基本原理和过程。
9. 相对于全连接扫描,半连接扫描有什么样的优点？

10. 半连接扫描比全连接扫描难以实现,具体体现在哪些方面?

11. 简述 FIN 扫描的基本原理。

12. 从扫描功能上看,FIN 扫描存在什么缺点?

13. 简述 UDP 端口扫描的基本原理。

14. 哪几种端口扫描方式需要直接操纵底层协议数据包?

15. 简述原始套接字的基本概念和用途。

16. 简要介绍 Libpcap 和 Libnet 工具库的用途。

17. 从正反两个方面简述端口扫描工具的用途。

18. 以 Linux 操作系统为例,简述常见口令认证方式的两个基本过程及分别完成的任务。

19. 为何在一般的口令认证中,采用单向加密算法对口令的明文进行加密存储?

20. 简述弱口令扫描的基本原理。

21. Linux 系统中的口令存储方式主要有哪两种?

第7章 入侵检测技术及实现解析

　　随着各种攻击和入侵技术的发展,以访问控制技术为核心的各种被动性安全机制(包括网络防火墙、主机上的资源访问控制等)并不能杜绝网络和主机受到攻击。另外各种脆弱性检测技术并不能保证能够发现和修复系统中所有的安全漏洞,由于各种技术和管理上的原因,入侵者仍然可能找到网络或系统的漏洞,绕过防火墙对其进行攻击,从而造成各种形式的入侵。为了应对这种威胁,以构筑多层次的安全防御体系,入侵检测技术应运而生。入侵检测作为一种积极主动的安全防护技术,及时发现内部攻击、外部攻击和误操作等危害系统安全的行为,在网络系统受到实质危害之前拦截和响应入侵,对保障系统安全具有非常重要的作用。

　　本章主要介绍入侵检测的基本概念和常见的入侵检测技术,然后分别讨论入侵检测系统的两种主要形式,即主机型入侵检测系统和网络型入侵检测系统,最后对入侵检测系统的实现结构和实现方式进行解析。

7.1　入侵检测概述

　　入侵检测的研究最早可追溯到 James Aderson 在 1980 年的工作,他首先提出了入侵检测的概念,提出审计追踪可应用于监视入侵威胁。1987 年 D. E. Denning 提出入侵检测系统(Intrusion Detection System,IDS)的抽象模型,首次将入侵检测的概念作为一种计算机系统安全防御措施提出,与传统的加密和访问控制等常用安全技术相比,IDS 是一种全新的计算机安全措施。

　　从功能上来看,入侵检测技术通过对系统的行为、安全日志、审计数据或其他网络上可以获得的信息进行分析,及时发现并报告系统中未授权访问或异常现象,是一种用于检测计算机或网络中违反安全策略行为的技术。完成入侵检测的软件与硬件的组合便是入侵检测系统,主要用于检测未授权对象(人或程序)针对系统的入侵(intrusion)企图或行为,同时监控授权对象对系统资源的非法操作(misuse)。

　　一般的入侵检测系统,其实施检测的基本工作流程为:

　　(1) 信息收集。从系统的不同环节收集信息。入侵检测的第一步是信息收集,不同的入侵检测系统基于的信息有所差别,因而所需要收集的信息种类也不尽相同。入侵检测系统收集的信息内容通常涉及到系统、网络、数据及用户活动的状态和行为。信息收集通常由放置在不同网段的传感器或不同主机上的代理来完成。

　　(2) 入侵分析。分析收集到的各种信息,试图发现入侵活动的踪迹。入侵分析是入侵检测系统的关键和核心,不同的入侵检测系统在判别入侵和攻击行为的方法上存在很大区别。

　　(3) 入侵响应。对分析出的入侵或危害系统安全的行为,按照预先定义的响应措施采取相应动作,如记录、告警等,甚至直接实施一些安全措施,如终止进程、切断连接等。

考虑到入侵处理的方便性和时效性,实际的入侵检测系统逐渐向集成化发展,即集成网络监控和网络管理的相关功能。集成化的入侵检测系统当发现网络中某台设备出现安全问题时,可立即对该设备进行相应的管理,从而形成网络管理、网络监控、入侵检测三位一体的网络安全防御体系。

误报率和漏报率是评价入侵检测系统优劣的最主要指标。漏报率是指在所有的攻击事件中,没有被入侵检测系统检测出的攻击事件所占的比例。误报率是指在所有被认定为攻击事件并对此报警的事件中,被入侵检测系统误认为攻击事件的正常事件所占的比例。对一个实际的入侵检测系统而言,这两个指标显然越低越好,但在多数入侵检测系统中这两个指标通常是矛盾的。入侵判定标准过于严格,会降低系统的误报率,但可能会增大系统的漏报率。相反地,如果入侵判定标准过于宽松,则会降低系统的漏报率,但系统的误报率会比较高。实际的入侵检测系统在判定入侵时,需要根据具体情况平衡这两个指标。

7.2 入侵检测的主要技术

入侵检测作为目前最为重要的信息安全技术之一,其相关研究一直受到信息安全界的高度关注。信息安全学者和专家从不同的检测角度出发提出了多种不同的入侵检测技术,并实现了相应的入侵检测系统。不难看出,入侵检测技术的核心是如何依据所收集到的信息来判断系统中是否存在入侵行为。从判断入侵的技术思路而言,入侵检测技术可分为异常检测技术和误用检测技术。前者通过已知的系统正常行为来判断系统的当前行为是否异常,进而判断出是否存在入侵行为,后者通过已知的攻击特征来判断系统中是否存在入侵行为。

7.2.1 误用检测

误用检测(Misuse Detection)通常又被称为基于特征的入侵检测(Signature-based Detection),该检测技术试图从已知的攻击行为特征来判定系统当前是否存在某种类型的攻击或入侵。

误用检测技术的理论依据在于,假设入侵者活动可以用一种或一组模式来表示,入侵检测系统的目标是检测系统的当前活动是否符合这些模式。这种假设在多数情况下是可以理解和成立的,入侵者在攻击一个系统时往往采用一定的行为序列,如猜测口令的行为序列。这种行为序列构成了具有一定行为特征的模型,根据这种模型所代表攻击意图的行为特征,可以实时地检测出恶意的攻击企图。

采用误用检测技术的入侵检测系统在实施检测之前,首先需要对已知的攻击或入侵方式所伴随的系统行为特征进行分析和描述,形成相应的事件模式或事件模型,所有的事件模式集合在一起就构成了描述攻击行为的特征库。实施检测时,入侵检测系统会将当前的系统行为与特征库中的每个事件模式逐一进行匹配,如果系统当前行为与某个事件模式相吻合,就判定系统遭受到这个事件模式所对应类型的攻击或入侵。

误用检测技术的关键在于建立起一套描述攻击行为特征的规则或模型,并以该规则为基础建立攻击特征库。理想的攻击特征库是将所有攻击类型的行为特征包含进来,而不包含任何系统正常运行的行为特征。攻击特征库直接决定了入侵检测系统的检测效率,其完备性决定了所能检测出的入侵类型。

与下面提到的异常检测技术相比,误用检测技术具有明显的优点,即误报率低,对于已知的攻击,可以详细、准确地报告出攻击类型。但由于误用检测技术是基于已知的攻击行为特征来检测入侵,所以不能检测出未知攻击,也不能检测出新型攻击。因此攻击特征库必须不断更新以检测出更多类型的入侵。

7.2.2　异常检测

异常检测技术提出的依据是假定入侵行为会伴随着有别于系统正常行为的异常活动,如果一个入侵或攻击不会带来系统的运行异常,该入侵从异常检测的角度就不能被检测出来。

为实现异常检测,入侵检测系统需要预先建立起表示系统正常行为的规范集(Normal Profile)。实施检测时,入侵检测系统会检测和度量系统当前行为与该规范集间的偏差,将那些与正常行为之间存在偏差的行为标识成为异常,然后根据异常行为的发生特征(如异常程度、异常发生频率、异常行为的危害等),判定系统中是否存在入侵。

异常检测的难题在于如何建立规范集以及如何设计偏差度量算法,从而避免将正常的操作误认为入侵或忽略真正的入侵行为。统计方法是较为成熟的一种入侵检测方法,在当前产品化的入侵检测系统经常用到。基于该统计方法,入侵检测系统通过分析和学习系统的日常行为,将那些与正常行为之间存在较大统计偏差的行为标识成为异常行为。

能够检测未知或新出现类型的攻击和入侵是异常检测技术的最大优势,异常检测依据已知的系统正常行为特征而不是攻击行为特征来判断系统中是否存在入侵,因而能够检测出新的攻击类型。对比前面讲到的误用检测技术,异常检测技术也存在明显的缺点:

- 容易发生入侵误报。通常入侵检测系统中所预知的系统正常行为特征不能完全涵盖系统中所有可能发生的正常行为,即正常行为的学习不充分。同时由于检测方法和学习代价的局限,多数采用异常检测技术的入侵检测系统也不能充分学习,因而所检测的目标系统中的一些正常行为可能会被认定为入侵。
- 基于统计方法的异常检测,其检测时间相对较长,入侵告警时间相对滞后。另外对检测出的入侵行为,无法确定其相应的攻击类型,更无法确定攻击来源等其他入侵特征。这些不足不利于实现入侵响应的自动化。
- 采用异常检测技术的入侵检测系统可以在实施入侵检测的同时学习用户的使用习惯,从而具有较高的检出率与可用性。但其学习能力也给入侵者提供了机会,可通过逐步训练使入侵事件符合正常操作的统计规律,小心地避免系统指标的突变,从而透过入侵检测系统。

近年来一些智能化的入侵检测技术开始出现,即采用人工智能的方法(如神经网络、支持向量机等)与手段来检测入侵,不过这些复杂的入侵检测技术多数还处于理论研究阶段,还很少用于实际的入侵检测产品中。

7.3　主机入侵检测和网络入侵检测

基于入侵检测所依赖的信息源以及所保护的对象不同,入侵检测系统可以分为基于主机的入侵检测系统(即主机入侵检测系统)和基于网络的入侵检测系统(即网络入侵检测系统)。前者依赖主机内部的审计信息,对安装它的主机系统提供攻击检测和安全保护。后者主要依赖网络上采集来的网络操作信息,对整个网络提供攻击检测和安全保护。

7.3.1　主机入侵检测

基于主机的入侵检测系统出现在 20 世纪 80 年代初期,那时网络还没有今天这样普遍、复杂,且网络之间也没有完全连通。基于主机的入侵检测系统主要对主机内部用户的操作行为进行入侵分析和检测,分析的数据主要是计算机操作系统的事件日志、应用程序的事件日志、系统调用和安全审计记录等。如果主体活动十分可疑,如行为特征违反统计规律等,主机入侵检测系统就会判定该主体有恶意企图,从而采取相应措施。

主机入侵检测系统所分析的数据来自于本主机系统内部的操作记录,对所安装的主机系统提供攻击检测和安全保护。不同的主机入侵检测系统判断系统入侵的方法各有不同,从检测技术上来看,异常检测和误用检测都常采用。主机入侵检测系统中常见的检测对象有:

- 用户操作记录监控。根据登录系统之后的操作(如文件访问、改变文件权限、试图建立新的可执行文件或试图访问特殊的设备等)来判断用户的行为特征和企图,进而发现系统是否遭受攻击。
- 文件完整性监控。对关键系统文件和可执行文件非法篡改检测的常用方法是定期检查文件的校验和,以便发现异常的变化,进而发现系统遭受的攻击和入侵。
- 重点应用服务器的程序异常监控。在目前实现的入侵检测系统中,有两种主要的方式实现服务器程序异常监控。一种是通过对服务器的日志记录分析来检测外来用户的攻击行为,另一种是通过分析网络服务器程序的系统调用序列来检测服务器是否受到攻击而被非法控制,这种检测方法对缓冲区溢出攻击具有非常好的效果。

对比下面讲到的网络入侵检测系统,主机入侵检测系统具有明显的优点,具体包括:

- 主机入侵检测系统能够对发生的入侵提供更加详细的信息。除了指出入侵者试图执行一些危险的命令之外,还能分辨出入侵者具体执行的操作,如运行的程序、打开的文件、执行的系统调用等。
- 主机入侵检测系统通常情况下比网络入侵检测系统的误报率要低。因为检测在主机上运行的命令序列比检测网络流更简单,而且能够获得主机系统内部操作的详细信息,如可以监视所有用户的登录及退出情况,以及每位用户在登录系统以后的具体行为。
- 主机入侵检测系统能够检测到一些网络入侵检测系统察觉不到的攻击,如由缓冲区溢出漏洞引起的网络入侵就可以躲开网络入侵检测系统的检测,而主机入侵检测系统通常能检测出这种类型的攻击。

另一方面,主机入侵检测系统存在一定的不足,具体体现在:

- 主机入侵检测系统主要对自身主机上发生的事件和行为进行检测,不检测网络上的情况。个别网络攻击方式,如一些扫描攻击等,就单个主机而言,其攻击特征并不明显,主机入侵检测系统就难以有效检测出这类攻击。
- 主机入侵检测系统安装在需要保护的主机上,如当一个数据库服务器需要保护时,就要在该服务器上安装入侵检测系统,这可能会降低应用系统的效率。
- 一些主机入侵检测系统依赖于操作系统或应用服务器固有的日志与监视能力,因此其部署受到操作系统类型及版本、应用服务器类型的制约。
- 主机入侵检测系统的检测范围仅限于所安装的主机,而在一个网络中全面部署主机入侵检测系统代价较大,因此企业中很难将所有主机用主机入侵检测系统进行保护,只能选择其中的部分主机加以保护。那些未安装主机入侵检测系统的主机将成为保护的盲点,入侵者可利用这些主机达到攻击目标。

7.3.2　网络入侵检测

随着网络化的发展,绝大部分主机系统都以各种形式接入到网络中,且来自网络的攻击行为种类和数量要远大于来自本地用户的攻击行为种类和数量,因此一些入侵检测系统分析来自网络访问的各种信息(如网络端口的活动、网络实时连接等),以及时发现各种网络攻击和入侵行为。这类入侵检测系统称为网络入侵检测系统,又称为基于网络的入侵检测系统(Network-based Intrusion Detection System,NIDS)。

网络入侵检测系统担负着保护整个网段的任务,通常以网络数据包作为分析数据源。一般利用工作在混杂模式下的网卡来嗅探网络上的数据包,一些复杂的网络入侵检测系统还可能需要散布在网络中的传感器来实现网络数据信息的收集。

网络入侵检测系统通常使用模式匹配、统计分析等技术来识别攻击或入侵行为,一旦检测到了攻击行为,该系统的响应模块就做出适当的响应,如报警、切断相关用户的网络连接等。不同的网络入侵检测系统在实现时采用的响应方式也可能不同,通常包括通知管理员、切断连接、记录相关的信息以提供必要的法律依据等。

与前面讲到的主机入侵检测系统相比,网络入侵检测系统的优点有:

- 网络入侵检测系统不需要改变服务器等主机的配置。由于它不会在业务系统的主机中安装额外的软件,从而不会影响这些机器的 CPU、I/O 与磁盘等资源的使用,不会影响业务系统的性能。网络入侵检测系统发生故障也不会影响正常业务的运行,部署网络入侵检测系统的风险比部署主机入侵检测系统的风险少得多。
- 网络入侵检测系统能够对整个网段实现监控和保护,实施代价小、部署方便。网络入侵检测系统也在逐渐向专门的设备发展,安装这样的一个网络入侵检测系统非常方便,只需将定制的设备接上电源,做很少的一些配置,将其连到网络上即可。
- 网络入侵检测系统能够检测那些来自网络的攻击,尤其对 TCP/IP 协议漏洞和不足引起的安全攻击具有非常好的检测效果。如形成拒绝服务攻击(Denial of Service,DoS)和碎片攻击(Teardrop)的数据包在经过网络时,网络入侵检测系统通过检查数据包的头部就能发现这些攻击,而主机入侵检测系统难以有效发现这类攻击。

网络入侵检测系统的不足主要体现在难以检测出由于应用程序安全漏洞或主机配置管

理漏洞引发的入侵或攻击,如攻击者通过匿名用户侵入网络内的主机系统,网络入侵检测系统就不能及时检测出来。

基于网络和基于主机的入侵检测系统都有各自的优点,并且互为补充,因此许多机构的网络安全解决方案都同时采用了这两种入侵检测系统。如配置网络入侵检测系统来监控来自外部 Internet 的攻击,而在网络中经常成为攻击目标的服务器(如 DNS、E-mail 和 Web 服务器等)上安装主机入侵检测系统,其检测结果也要向分析员控制台报告。鉴于此,综合了基于网络和基于主机的混合型入侵检测系统开始出现,既可以发现网络中的攻击信息,也可以从系统日志中发现异常情况。

7.4　入侵检测系统的实现技术解析

要实现一个具体的入侵检测系统,需要了解入侵检测系统的核心技术和实现结构。本章首先解析入侵检测系统的核心技术,包括工作原理、判别入侵的依据和具体算法实现等。然后分析入侵检测系统的常见实现结构,最后重点介绍网络入侵检测系统的网络接入方式,即如何部署到具体的网络环境中。

7.4.1　入侵检测系统的工作原理

从系统组成的角度来看,入侵检测系统有多个功能模块,如数据采集、入侵响应等。在入侵检测系统的所有功能模块中,分析和检测模块是最为核心的功能,该模块在一定程度上决定了其他功能模块的实现,并且在很大程度上决定了入侵检测系统的性能。分析和检测模块的功能是根据收集到的信息判定当前系统是否遭受攻击或入侵,以及受到何种类型的攻击。

在判断系统(既包括主机系统,也包括包含多个主机的网络系统)是否遭受攻击时,具体的入侵检测系统主要涉及到两个方面的要素:一是所依赖的数据,即所搜集到的系统当前运行信息,二是具体的检测算法。任何一个检测算法要进行入侵判定,都需要预先知道系统的运行特征,基于预知的系统运行特征,通过算法对比当前的系统运行特征,从而判断出系统当前是否遭受到攻击。

采用不同入侵检测技术的入侵检测系统从不同的角度来组织预知的系统运行特征。采用异常检测技术的入侵检测系统中,所预知的系统运行特征是系统正常运行(即不受攻击)时的特征,检测算法比对系统当前运行特征与预知的系统正常运行特征,以一定的形式度量二者的差异,并以此为依据判断系统是否受到攻击或入侵。采用误用检测技术的入侵检测系统中,所预知的系统运行特征是遭受攻击或入侵时的系统运行特征,检测算法比对系统当前运行特征与预知的遭受攻击时的系统运行特征,以衡量二者间的相似度,并以此相似度来判断系统是否受到攻击或入侵。

7.4.2　判定入侵的依据

入侵检测的基本原理是利用预知特征去判断系统当前运行过程中是否受到攻击或入侵,实际上这类似于系统状态分类,即将系统当前状态分为正常状态和受攻击状态。从分类学的角度来看,要进行分类首先要确定分类标准,这在入侵检测系统中对应为系统特征选取,即选取哪些种类的系统特征作为判断系统入侵的依据。

在系统运行过程中,可能会存在数以百计的各种属性特征,因此在入侵检测系统中应该选取一些能很好地体现系统是否受到入侵的系统属性,即用于入侵检测的一个(或一组)系统属性应该在系统正常运行和受到攻击时有着截然不同的表现,利用系统在该属性上的差别,可以有效区分出当前系统是正常运行还是受到攻击。

设计入侵检测系统的关键在于找到能够有效区分系统正常运行和受到攻击的一个(或一组)系统属性,并预先总结出正常系统(或受攻击系统)在该系统属性上的特征,这就是本章中强调的预知的系统运行特征。在异常检测技术中,预知系统运行特征是系统正常运行时在这些属性上的表现特征,检测过程中,在这些属性上与预知特征不吻合或偏差较大的系统状态将被认为系统受到入侵。在误用检测技术中,预知系统运行特征是系统在受到某种攻击的情况下在这些属性上的表现特征,检测过程中,在这些属性上与预知特征吻合或相差不大的系统状态将被认为系统受到入侵。

不同的入侵检测技术所选取的用作判断入侵与否的属性存在明显的不同。用于异常检测技术的属性常见的有:

- 系统调用特征。基于系统调用的入侵检测系统主要针对各种网络服务器的程序异常和攻击行为检测。服务器程序的主要任务是接受外界的服务请求,然后依据不同的请求类型提供相应的服务,即完成不同的操作。从操作系统层面上而言,服务器程序完成相应的操作需要执行对应的系统调用序列。可将服务器正常运行时的系统调用序列作为预知特征,进而判断服务器程序是在正常运行还是受到了攻击。

- 重要系统文件的摘要。攻击者在入侵系统后,为了达到危害或控制系统的目的,通常会修改一些重要的系统文件,定期扫描重要系统文件是否修改可以发现系统入侵行为。如果对原来的重要系统文件按照一定的算法提取摘要信息保存起来,在系统运行过程中再次用相同的方法提取摘要信息,并将其与原来的摘要信息进行比较,就可以发现重要系统文件是否经过修改,并据此发现系统中存在的入侵行为。

- 网络流量特征。一些类型的网络攻击(如拒绝服务攻击等)发生时可能会伴随着较大网络流量的出现,通过对系统正常运行下的网络流量进行特征提取,并以此为基础比对当前的网络流量,就可能检测出当前系统是否正在遭受相应类型的网络攻击。

对误用检测技术而言,对应不同的攻击类型所选取的系统属性也不相同,常见的用于误用检测的属性有:

- TCP 协议中 SYN 报文的数量和频次。一般黑客在发起网络攻击之前,需要了解所攻击目标主机或目标网络的基本情况,即收集攻击目标相关的信息,如开放哪些网络服务等。端口扫描技术是黑客们最常用到的获取开放网络服务的一种技术。要扫描网络内部所开放的 TCP 服务,就要向网络内部主机的不同端口发送大量的带 SYN 标志的 TCP 报文,因此这种 SYN 报文的数量和频次特征可以用作检测某些类型攻击的依据。

- 攻击特征串。系统配置和应用软件中存在的潜在漏洞常常被黑客们视为发动攻击的理想入口。一般而言,这些潜在漏洞只有在接收特定的外界输入时才可能被激发和利用。要利用这些漏洞攻击网络中的主机,就需要向网络内部传递包含这些特定输入(即攻击特征串)的网络报文。因此,收集攻击目前已知漏洞的特征串,以网络上传递的报文内容是否包含攻击特征串为依据,可以有效判断出是否存在相应类型的入侵。比较典型的攻击特征串包括用于缓冲区溢出攻击的 Shellcode 串、各类 CGI 攻击特征串等。

7.4.3　入侵检测算法的实现方式

在入侵检测系统中,将系统当前运行特征与预知系统运行特征的匹配过程体现为一套逻辑流程,这就是入侵检测算法。依据如何组织和使用预知的系统运行特征,入侵检测算法的实现可分为如下两种:

第一种是将预知特征直接以程序代码的方式表示,即将系统预知特征直接嵌入到入侵检测算法的实现代码中。这种实现方式的最大优点在于实现简单,无需将系统运行特征规则化,也无需设计特征规则的描述语言。这种方式也具有明显的缺点,即可扩展性差,不方便扩充新的预知特征。因而在产品化的入侵检测系统中很少采用这种实现方式。

第二种是以特征库形式表示系统预知特征,这样系统预知特征独立于入侵检测算法存在,入侵检测算法在检测入侵时会按需要动态读取特征库中的系统预知特征,与系统当前运行特征进行比对,从而判断系统当前是否存在入侵。这种实现方式相对而言比较复杂,需要设计一套表述系统运行特征规则(一般称之为检测规则,或者攻击模式、正常模式)的描述语言,而且检测算法的实现代码(一般称为检测引擎)也比较复杂,需要考虑多种不同的特征规则。这种实现方式具有非常好的扩充性,便于逐渐丰富系统预知特征规则。几乎所有产品化的入侵检测系统都采用这种方式实现入侵检测算法。

7.4.4　系统预知特征的获取方式

在入侵检测算法的运行过程中,系统预知特征起到比较关键的作用,如果没有系统预知特征或者系统预知特征不够全面,就会产生大量的检测错误,将正常行为误判为入侵或者漏检实际的入侵。在入侵检测系统中有两种主要的方法来获得系统预知特征:

- 程序自动学习　即编写相应程序以自动化的方式获取系统预知特征。基于系统调用序列的服务器异常检测就是采用程序自动学习的方式获取正常运行模式,即获得服务器正常运行下的系统调用情况,进而分析出体现服务器正常运行的特征短序列,即所谓的正常模式。这个学习过程在入侵检测系统中通常称为训练过程,训练的成果(即所预知的系统运行特征)保存到相应的特征库中,供入侵检测系统在检测阶段判断系统是否受到入侵时使用。

- 人工获取　即由入侵检测系统的设计者或维护者收集系统运行特征,对异常检测技术而言是收集系统正常运行特征,对误用检测技术而言是收集系统在各种攻击下的行为特征,然后将这些预知特征直接编写进相应的检测算法或者保存在特征库中,供入侵检测引擎在检测入侵时读取和使用。人工获取方式相当于用户(或信息安全专家)依据自己的知识提取相应的系统运行特征,交给入侵检测系统完成攻击检测。

随着系统功能的变化以及新型攻击方式的出现,原先收集的系统预知特征可能需要扩充,这就是特征库的升级或入侵检测系统的再学习。理想的再学习过程是在实施入侵检测的过程中自动实现学习和特征库更新,但自动学习所面临的一个问题是可能被攻击者利用,即通过渐变式的异常行为让入侵检测系统逐步适应,从而使自己的攻击逃过入侵检测系统的检测,造成入侵漏报。

7.4.5　入侵检测系统的实现结构

根据上面讨论的要素,包括入侵检测算法实现方式和预知特征的获取方式,入侵检测系统一般可分成四种典型的实现结构。

最简单的入侵检测系统的结构如图 7-1 所示,由入侵检测系统的设计者根据自己对外界攻击的特征认识(如连续向内网主机的多个不同端口发送连接请求报文即为端口扫描攻击等),实现体现这种特征的检测算法。在信息探测器获得系统当前运行特征后,入侵检测系统根据当前运行特征执行入侵检测算法,然后根据检测结果进行攻击响应。在这种结构下,入侵检测系统具有非常大的局限性,通常只能用于有限几种攻击方式的检测。但这种入侵检测系统结构简单,实现方便。

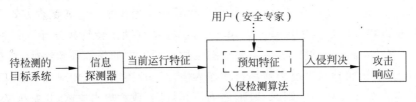

图 7-1　入侵检测系统典型结构一

图 7-2 所示入侵检测系统的结构中,系统预知特征从入侵检测算法中独立出来,形成一个可以动态扩充的预知特征库,入侵检测算法的执行实体独立成为一个入侵检测引擎。实现该类入侵检测系统结构的关键在于需要将系统运行特征(正常运行特征或受攻击时的运行特征)进行抽象,形成形式化表示的规则或模式,保存在预知特征库中。目前很多产品化的入侵检测系统都采用了这种结构。

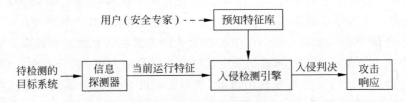

图 7-2　入侵检测系统典型结构二

在图 7-3 所示的入侵检测系统结构中,预知特征库不是入侵检测系统设计者依据自己的知识总结出系统特征行为直接构造出来的,而是通过自动学习建立起来的,即运行实际的目标系统,通过信息探测器获得系统运行状况,然后由学习算法提取系统特征,并将提取出的特征放入预知特征库。采用这种结构实现的入侵检测系统一般采用异常检测技术,即采用学习算法观察和提取系统在正常情况下的运行特征,并以正常运行特征为基础实现入侵检测。由于误用检测技术所预知的是攻击行为特征,目前通过学习算法自动化地形成攻击行为特征还缺乏成熟的技术。

由于学习代价等方面的原因,预先进行的系统特征学习可能并不能充分覆盖系统运行的所有情况和特征,如果能够在入侵检测阶段自动进行扩充式学习则能解决这方面不足。

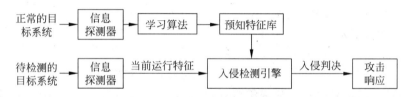

图 7-3　入侵检测系统典型结构三

图 7-4 所示的入侵检测系统除在训练阶段形成预知特征库外,还在检测阶段对预知特征库进行扩充,即将与原有的正常运行特征有少许偏差,但还没有偏差到被认定为入侵的那些系统特征行为也看成是正常的系统行为,将其扩充到预知特征库中。目前采用这种扩充式学习方式的入侵检测系统基本上还处于研究阶段,还没有看到有成熟的入侵检测产品。

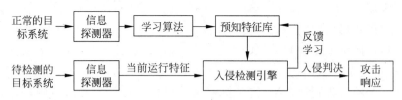

图 7-4　入侵检测系统典型结构四

7.4.6　网络入侵检测系统的接入方式

入侵检测系统实现攻击检测的前提条件是能够收集到相关的系统运行信息,具体到网络入侵检测系统而言就是如何获得网络的协议报文,通常是 IP 数据包。在不同网络体系结构中,网络入侵检测系统用于获得网络 IP 数据包的探测器部署位置和运行方式存在明显的不同,这其中的关键在于探测器以何种方式接入到网络运行体系中。常见的接入方式主要有如下三种。

- 网关接入。如果在网络运行体系结构中能够找到一个所有(或希望获得的)网络数据包的必经之处,在此放置入侵检测系统的探测器就能获得网络中的网络数据包。连接内部网络和外部网络的网关(或路由器)是最容易想到的位置,在网关 IP 协议层植入探测器能有效获得途经的网络数据包。

    这种接入方式的明显缺点在于,所获取的网络数据包仅限于外部网络发至内部网络或内部网络发至外部网络的网络数据包,不能获得只在局域网内传递的网络数据包。如果局域网内的用户对本局域网内的其他主机发起攻击,相应的攻击数据包不经过网关的 IP 协议层,因而基于这种数据包获取方式的入侵检测系统将会漏检这类网络攻击,如可检测出从外网对内网主机发起的端口扫描攻击,而不能检测出内网用户对内网其他主机的端口扫描行为。另外,在网关 IP 协议层获得入侵检测系统所需的数据包,还可能会影响到网关的运行效率,网关作为连接外部网络的瓶颈,其运行效率的下降会影响到网络系统的性能。

- 嗅探接入。即在所要保护的局域网中某台主机上设置一个网络嗅探器,让该主机的网卡工作在混杂模式下。在这种模式下该主机的网卡会接收局域网内所有的 IP 数据包,不管数据包的目标 IP 地址是否为本主机的 IP 地址。在编程实现这种接入模式时,可借助一些函数工具库(如 Libpcap 库)实现对网卡模式的设置以及获得相应的网络数据包,具体编程实现方式在第 16、17 章的开发实践中详细阐述。

嗅探接入是网络入侵检测系统最常采用的接入方式,其明显的优点在于:可在单独一台主机上实现,甚至在一些嵌入式设备中实现,只要该主机(或该设备)通过网线连入所要检测保护的网络中即可,因而这种接入方式不影响原有的网络结构,也不像网关接入方式那样会影响到网络的性能。

嗅探接入方式的采用受限于特定的网络体系结构,只对广播式的网络结构是有效的,如在用集线器(即 HUB)连接而成的以太网中就能采用这种方式实现网络入侵检测系统的网络数据包采集,因为在这种组网方式下集线器从一物理端口收到的数据帧会广播至所有的物理端口,换言之,网络中每个网络数据帧将广播到所有的网络终端。

交换式局域网中不能采用嗅探接入方式实现网络入侵检测系统的数据包收集,因为运行网络入侵检测系统的主机(下称宿主机)接入到交换机(或路由器)的某个端口(本小节中所谓的端口指物理接口,不同于 TCP 和 UDP 协议中的端口),交换机从一个端口收到数据帧后,会按帧头中目标地址转发到对应的端口,而不会广播到所有的端口。因而即使宿主机的网卡工作在混杂模式,网络入侵检测系统也只能获取发往宿主机的网络数据包,检测出对宿主机的攻击,而不能实现对整个网络的攻击检测保护。

- 镜像端口接入。网络数据包监控是网络管理中需要重点实现的功能之一,为此网络设备厂商从设备层面提供了很好的支持,这就是交换机(或路由器)的镜像端口,也称为监听端口。目前很多的中高档交换机(或路由器)都支持镜像端口,镜像端口视具体交换机不同可能是某一固定的物理端口,也可以是临时配置出的一个物理端口,交换机会将所有端口(或指定端口)的流量复制一份到该端口,运行网络入侵检测系统的宿主机连接到交换机的镜像端口就能获得网络中的所有数据包(或指定端口的数据包)。需要注意的是,宿主机网卡同样需要工作在混杂模式,否则即使所有的网络数据包都发往宿主机,网卡也会过滤掉目标地址不是本机的数据包,运行在其上的网络入侵检测系统同样只能获取发往宿主机的网络数据包,而不能实现对整个网络的攻击检测保护。不少成熟的网络安全产品通过这种方式实现对网络运行状态的监视以及相应的攻击检测。

另外,实际网络入侵检测系统还可能采用分布式接入方式,即在网络中的多个位置设置数据包探测器。这种网络入侵检测系统通常结构比较复杂,甚至与其他网络安全软件(如网络防火墙)或网络管理系统集成在一起实现,该方式一般用于大型网络入侵检测系统,这里不再详述。

7.5 网络入侵检测系统实例及实现解析

本书的第 16、17 章将详细阐述两个网络入侵检测系统(基于特征串匹配的网络攻击检测系统和针对端口扫描的攻击检测系统)的开发实践过程,本节先对这两个实例系统进行实现解析。

7.5.1　基于特征串匹配的网络攻击检测解析

　　基于特征串攻击是黑客经常采用的一种网络攻击方式,通过在网络数据流中检查已知的攻击特征串能够有效发现这一类型的网络攻击。在入侵检测系统中,攻击特征串常被称为攻击模式,基于特征串匹配的网络攻击检测通常又称为基于模式匹配的网络攻击检测。

　　如果在所有的检测过程中,都没有在网络数据流中发现与特征库中特征串匹配的内容,表明系统没有受到攻击。如果发现了某个网络数据包中的内容与特征库中的某特征串相匹配,表明检测到了攻击,从特征库中查询到对应该特征串的攻击类型,然后按照预定方式进行响应处理,如发送警告等。

　　作为一个实际的入侵检测系统,还涉及到检测效率等多种因素,因此要设计和实现一个实际的基于特征串匹配的攻击检测系统,还需要考虑以下几个方面。

- 特征库的维护。基于特征串匹配的攻击检测系统以预知的攻击特征串为依据,来判断系统是否受到攻击,因而特征库中的特征串非常关键,其在很大程度上直接决定入侵检测系统的检测性能。一个好的特征库,首先其包含的攻击特征串应比较全面,能覆盖尽可能多的攻击类型,另外所包含的攻击特征串应比较准确,的确能够体现相应攻击类型的数据交互特征,以尽可能地避免入侵漏报和入侵误报。

- 网络数据包的获取。基于特征串匹配的攻击检测系统,其执行基础是首先获得待检测的网络数据流,或者说要获得一个个的网络数据包。由于该种类型的入侵检测系统通常要对整个网络实现安全保护和攻击检测,而不仅仅对本主机(即运行该入侵检测系统的计算机)实现安全保护和攻击检测,因此对目标 IP 地址不是本主机 IP 地址的网络数据包也要截取,并进行相应的特征串匹配。获取这些数据包的常用方法是让网卡工作在混杂模式,以抓取所有的网络数据包。在进行这类入侵检测系统开发时,可以借助第三方的函数工具库(如 Libpcap 等),实现网络报文的抓取。

- 高效的特征串匹配算法。如果特征库中存在较多的攻击特征串(实际的入侵检测系统显然会包含数百、甚至更多的攻击串),用这些攻击特征串去一一匹配每个网络数据包的内容,支撑该匹配所需的计算量非常惊人,对一个满负荷的 100 兆以太网而言,所需的计算量可能是每秒高达数百亿次。因此引入一个高效的特征串匹配算法非常必要。另外一些改进的特征串匹配算法会按照不同协议类型进行针对性的特征串匹配,如果一个特征串攻击只会出现在某网络协议中,那么在检查其他网络协议报文的内容时就可以排除该特征串,从而提高匹配效率。

- 反逃避能力。基于特征串匹配的攻击检测系统会严格按照攻击特征串来检测网络攻击,如果攻击者对攻击特征串进行不影响攻击效果的微小变形,或进行一定的技术性处理,就可能躲过这类入侵检测系统的检测,即实现检测逃避。如攻击者将一个攻击特征串封装在多个极短的网络报文中,如果入侵检测系统不进行报文内容重组,单独检测单个数据包中是否包含攻击特征串,就可能漏检该攻击。基于特征串匹配的网络攻击检测系统在设计时,要充分考虑对一些攻击或入侵的反逃避能力。

　　本书的第二部分"开发实践篇"将会详细介绍基于特征串匹配的网络攻击检测系统的具体开发和实现过程。

7.5.2　针对端口扫描的攻击检测系统解析

本书的第 6 章对用作系统脆弱性检测的端口扫描技术进行了详细的介绍。事实上端口扫描作为一种技术手段,可以被网络或系统管理员用于发现系统或内部网络中开放的所有服务端口,并进一步确定和关闭无意打开的服务端口和没必要开放的服务端口,从而降低系统遭受外界入侵的风险。同样,端口扫描也可以被黑客或攻击者用于发现攻击目标主机或目标网络中所开放的服务端口,并针对所发现的开放服务端口进行网络攻击。

端口扫描技术的基本原理可大致概括为:向被扫描目标主机(或被扫描网络的多个主机)的多个端口发送探测性的报文,然后根据对方主机是否响应报文以及响应何种特征的报文来断定每个端口的打开情况。目前流行的端口扫描技术包括全连接端口扫描、半连接端口扫描、结束连接端口扫描,以及 UDP 端口扫描,这些端口扫描技术的基本原理和方法可参见本书的第 6 章。不同的端口扫描技术所发送的探测性报文也有所不同。

- 全连接端口扫描和半连接端口扫描以带 SYN 标志的 TCP 报文作为探测报文。
- 结束连接端口扫描以带 FIN 标志的 TCP 报文作为探测报文。
- UDP 端口扫描以普通的 UDP 报文作为探测报文。

要检测网络(或网络内的主机)是否受到了端口扫描,首先要分析网络中是否存在探测性报文。由于网络中会存在一些正常的网络应用,这些网络应用也会发送 SYN 报文、FIN 报文等,因而在网络中检测到这类报文并不意味着网络受到了扫描攻击。

仅通过检测单个报文很难断定网络是否受到端口扫描,需要从所检测到这类报文的数量以及报文之间的联系来判断是否受到端口扫描。根据经验,用于端口扫描的 SYN 报文、FIN 报文、UDP 报文与用于正常网络通信的 SYN 报文、FIN 报文、UDP 报文的明显区别在于:

- 通常前者发送的频率比较高,会在短时间内检测到大量的这类报文,对后者而言,除非网络中存在大规模的网络应用,一般网络中出现这类报文的频率不高。
- 前者发往的目标端口比较分散,或涵盖了一大段连续的端口范围,而后者发往的目标端口比较集中,通常仅限于几个知名的服务端口,如 23、25、80 等。
- 前者的源 IP 地址大都是同一主机 IP 地址,或一个局域网中有限的几个主机 IP 地址,而后者的源 IP 地址比较分散,无明显的规律性。

如果在局域网中短时间内检测到大量来自于同一 IP 地址(或同一网段 IP 地址),且目标端口分布比较广泛的 SYN 报文、FIN 报文或 UDP 报文,基本上可以确定局域网或局域网中的某主机受到了端口扫描。若用计算机程序完成这一判断过程,再加上一定的入侵告警措施,就能实现一个简单的针对端口扫描的攻击检测系统。

7.6　本章小结

入侵检测技术是一种主动安全防御技术,通过从计算机系统或网络中收集相关信息并对其进行分析,从中发现网络或系统中是否有违反安全策略的行为,以及是否受到攻击。入侵检测系统是保障网络信息安全的重要一环,在企事业单位的网络中可以和网络防火墙一起配置,协同工作,共同保证网络的安全。

　　本章首先阐述了入侵检测的基本概念、两种主要的入侵检测技术(误用检测和异常检测),以及两种类型的入侵检测系统(主机入侵检测系统和网络入侵检测系统)。其次从设计和实现角度对入侵检测系统的关键技术进行了解析,并分析了网络入侵检测系统如何接入到网络中。

　　在本章原理和实现技术解析的基础上,本书设计了两个入侵检测系统原型的开发实践,即基于特征串匹配的网络攻击检测系统和针对端口扫描的网络攻击检测系统。这两个原型系统的具体开发实践过程将在第 16、17 章详细介绍。

习　　题

　　1. 解释判断入侵检测系统优劣的两个指标:漏报率和误报率。

　　2. 简述入侵检测系统检测攻击行为的基本工作流程。

　　3. 简述误用检测的技术思路。

　　4. 简述异常检测的技术思路。

　　5. 对比异常检测技术和误用检测技术,它们各具有怎样的优缺点?

　　6. 主机入侵检测系统和网络入侵检测系统相比,二者各有怎样的优缺点?

　　7. 简述入侵检测算法的两种实现方式。

　　8. 简述入侵检测系统的工作原理。

　　9. 简述网络入侵检测系统的三种接入方式以及实现要点。

　　10. 对比网关接入和嗅探接入的优缺点。

　　11. 什么是交换机的镜像端口,以及镜像端口有哪些用途?

　　12. 实现一个好的基于特征串匹配的攻击检测系统需要重点考虑哪些方面?

　　13. 系统预知特征是实施入侵检测的基础,对实际的入侵检测系统而言有哪些方法可以获得系统的预知特征?

　　14. 入侵检测系统检测到 SYN 报文后,可从哪些方面判定该 SYN 报文是用于端口扫描攻击,还是用于正常的网络应用?

下篇　开发实践篇

　　本篇在"技术解析篇"基础上,阐述如何实现信息安全技术和原型系统的开发实践。本篇共包含十章,每章阐述一个独立的安全开发实践,这些开发实践分别对应"技术解析篇"中四类信息安全技术。

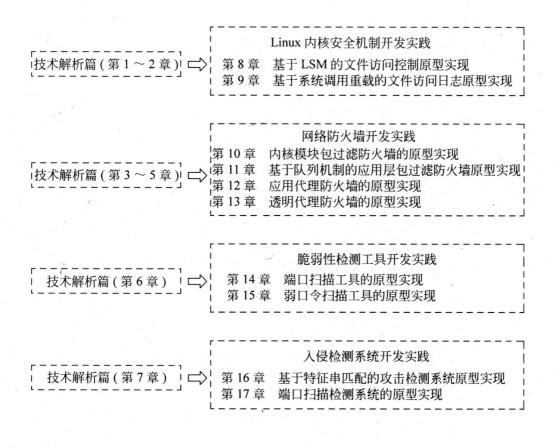

技术解析篇(第1～2章)⟹

Linux 内核安全机制开发实践
第8章　基于 LSM 的文件访问控制原型实现
第9章　基于系统调用重载的文件访问日志原型实现

技术解析篇(第3～5章)⟹

网络防火墙开发实践
第10章　内核模块包过滤防火墙的原型实现
第11章　基于队列机制的应用层包过滤防火墙原型实现
第12章　应用代理防火墙的原型实现
第13章　透明代理防火墙的原型实现

技术解析篇(第6章)⟹

脆弱性检测工具开发实践
第14章　端口扫描工具的原型实现
第15章　弱口令扫描工具的原型实现

技术解析篇(第7章)⟹

入侵检测系统开发实践
第16章　基于特征串匹配的攻击检测系统原型实现
第17章　端口扫描检测系统的原型实现

第 8 章 基于 LSM 的文件访问控制原型实现

本章主要阐述如何基于 Linux 的 LSM 机制实现一种新的文件访问控制机制。下面首先介绍该访问控制原型系统的总体设计，然后介绍该原型系统的源代码实现过程，最后介绍该原型系统的测试过程，以及下一步的开发实践。

8.1 原型系统的总体设计

在安全系统的访问控制中，采用何种访问控制规则（或策略）是一个比较关键的问题，这在很大程度上决定了系统的安全防护效果。本章的目的在于用实例的方式展现如何在 Linux 系统中实现一种新的访问控制机制，而不是在于实现复杂的访问控制规则。因此原型系统拟实现的访问控制规则比较简单，仅为设置一个目录（或文件），在任何情况下都不能删除该目录及该目录下的文件。在实际的安全应用中，这样的访问控制规则具有明确的意义，可以保护系统中的重要文件不被无意或恶意的删除。在一些特定的应用环境下，防止重要文件被删除具有重要的安全作用。

本章的原型系统分为两个部分独立实现，一部分是运行在应用层的配置程序，用来设置对哪个目录采取安全保护，另一部分是完成访问控制的 Linux 内核模块，该模块借助注册 LSM 钩子函数的方式来实现对文件访问的控制。配置程序和内核模块之间采用注册设备文件结点的方式来完成控制信息（即对哪个目录的删除进行控制）的传递。原型系统的总体实现结构如图 8-1 所示。

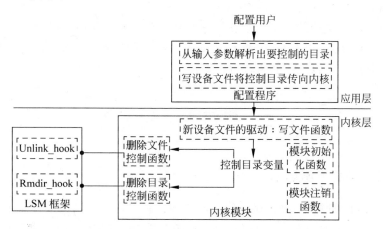

图 8-1　基于 LSM 的文件访问控制原型系统的总体结构

配置程序主要给用户提供输入界面，可以自己设置需要对哪个目录或文件进行禁止删除保护，具体来讲该程序完成两个方面的工作：①从程序的输入参数中解析出需要对哪个目录下的文件进行禁止删除控制；②创建一个新的设备文件，通过写该设备文件将用户的配置信息（即要禁止删除的目录或文件名称）传递到 Linux 内核中。配置程序通过命令行参数来输入要禁止删除的目录或文件名，如：（其中 filecontrol 为配置程序的可执行文件名）

```
filecontrol    /root/test        ＃表示禁止删除 /root/test 目录以及其下的所有文件
filecontrol                      ＃参数为空表示取消原来的设置，即关闭禁止删除的功能
```

内核模块部分主要实现对所保护目录（或文件）的禁止删除功能，具体包括以下四方面。

- 新设备文件的驱动。引入新设备文件的目的主要是完成应用程序向内核模块发送禁止删除的目录名称，因此只需重点实现该设备文件的写操作函数即可。该写操作函数的主要功能是接收配置程序写入的控制信息（即禁止删除的目录或文件名），然后将该内容保存在保护目录变量中。
- 一组访问控制函数。由于本原型系统实现中只对删除目录或文件的操作进行控制，因此只需实现两个相应的访问控制函数即可，一个用于控制目录的删除，另一个用于控制文件的删除。这两个函数的功能是根据传入的参数信息，解析出哪个目录（或文件）将要被删除，然后与保护目录变量中的内容进行比对，如是要禁止删除的目录（或文件），则函数返回 1，即告诉 LSM 框架不要删除该目录，否则返回 0，告诉 LSM 框架仍按既定的方式处理，这时候该目录或文件是否真正删除取决于其他方面的因素。
- 内核模块的初始化函数。该函数在模块加载时会被 Linux 自动调用，主要完成两方面的初始化工作。一是注册新设备文件的驱动程序，由于只是借助于新设备文件获得配置程序通过写文件操作传递到内核的保护目录（或文件）名称，因此只需实现设备驱动中的写文件操作函数即可。二是将预先设计好的相关控制函数注册到 LSM 框架中，如前一段所述，由于本原型系统只限制指定目录或文件的删除，因此只需将上面设计好的两个访问控制函数注册到相应的两个钩子点即可。注册完成以后，当系统中要执行目录（或文件）的删除操作时，LSM 框架会自动调用所注册的访问控制函数。
- 内核模块的注销函数。该函数在模块卸载时被 Linux 内核自动调用，主要完成设备文件驱动的卸载，以及从 LSM 框架中注销所注册的钩子函数，注销后当发生目录或文件删除操作时，LSM 框架就不再调用上面的访问控制函数。

8.2　配置程序的实现

8.2.1　程序用到的库函数

为便于理解下面的源码实现，这里先将源码中用到的主要库函数进行简单的介绍。

- int system(const char ＊ string)；　该函数功能是执行 string 表示的 shell 命令。实现原理为：system 调用 fork 产生子进程，由子进程调用/bin/sh string（假定对应的 shell 为/bin/sh）来执行参数 string 字符串所代表的 shell 命令，此命令执行完后随即返回原调用的进程。下面的开发实践用该函数执行创建设备文件的 shell 命

令，即 mknod。

- int stat（const char ＊ pathname，struct stat ＊ buf）；　该函数用于读取文件 pathname 的文件属性信息，如文件类型、inode 结点号、文件所有者等。该函数执行成功后，相应的文件信息保存在参数 buf 指向的 stat 结构体中。下面的开发实践不是利用该函数获得文件的信息，而是间接测试用于配置信息传递的设备文件和要删除保护的目录是否存在。

此外，下面的源代码中用到的一些函数，如 strlen（）、strcpy（）、write（）等，读者都比较熟悉，这里不再赘述。

8.2.2　源码与注释

```
# include < sys/types. h >
# include < sys/stat. h >
# include < stdio. h >
# include < fcntl. h >
# include < unistd. h >
# include < string. h >
# include < stdlib. h >

int main( int argc, char ＊ argv[ ]){
    char filename[256];              //禁止删除的目录或文件名缓冲区
    int fd;                          //设备文件打开时用到的文件描述符
    struct stat buf;                 //文件状态结构体缓冲区
    if (argc == 1)
        ＊filename = '\0';           //禁止删除的目录或文件名为空，即关闭删除保护功能
    else
        if (argc == 2){
            if (strlen(argv[1]) >= 256){   //容错性检查
                printf("The path is too long! Please check it and try again! \n");
                exit(1);
            }
            strcpy(filename, argv[1]);  //获得用户设置要保护的目录或文件名
            if (stat(filename,&buf) != 0){  //检查所保护的目录或文件是否存在
                printf("The file(or directory) may not exist! \n");
                exit(1);
            }
        } else{                          //参数输入错误，提示正确的命令行参数
            printf("Commandline parameters are wrong! Please check them! \n");
            printf("Usage: % s, or % s directory(file) name! \n",argv[0],argv[0]);
            exit(1);
        }
    if (stat("/dev/controlfile",&buf) != 0){
        / ＊ 探测设备文件是否已经创建，如果没有创建，则先创建该设备文件。"mknod /dev/
            controlfile c 123 0"是一个创建设备文件的 shell 命令，其后面的四个参数依次指
            明设备文件的文件名、设备类型、主设备号、次设备号，这些参数要和内核模块中该设
            备的驱动程序注册相一致 ＊ /
        if (system("mknod /dev/controlfile c 123 0") == -1){   //创建设备文件
            printf("Can't create the device file ! \n");
```

```
        printf("Please check and try again! \n");
        exit(1);
    }
}
fd = open("/dev/controlfile",O_RDWR,S_IRUSR|S_IWUSR);    //打开设备文件
if (fd > 0)
    write(fd,filename,strlen(filename));    //写入删除保护的目录(或文件)名
else {
    perror("Can't open /dev/controlfile \n");
    exit (1);
}
close(fd);                                  //关闭设备文件
}
```

8.3 LSM 内核控制模块的实现

Linux 内核模块在运行时是 Linux 内核的一部分,因此在进行 Linux 内核模块的编程时,可以使用 Linux 原基本内核中的一些数据或函数资源。事实上,Linux 内核模块也必须使用原有的内核资源,否则新编写的内核模块就不能很好地与原有的内核部分发生信息交互,也难以实现新编写模块的功能目标。新内核模块能够使用的内核资源主要包括数据结构、全局性或导出的各类符号(如常量、变量、函数)等。通过包含原 Linux 内核中的头文件,在新编写的内核模块中就可以使用对应的资源。如果新编写的内核模块中使用了原内核导出的符号,在内核模块加载时,Linux 内核会依据符号表将该符号的引用定位到相应的内存地址。

下面首先介绍该内核模块开发时要用到的外部函数和结构体。

8.3.1 涉及到的外部函数及结构体

Linux 内核模块编程与应用程序编程有明显的不同,在内核模块编程中可以使用内核中已经定义好的一些资源,包括结构体和导出的函数等。在进行内核模块编程时,应该依据模块要实现的功能,确定要使用的 Linux 内核中的结构体、变量和函数等。本内核控制模块实现中需要涉及以下结构体及函数。

1. struct file_operations

在 Linux 中,为了便于应用程序对设备进行访问,系统内核统一以文件的形式向应用层提供一致的设备访问接口。也就是说,应用程序可以按照访问文件的方式对设备进行访问,如使用各种文件操作接口(如打开、读、写、关闭)来访问设备。

尽管应用程序可以采用文件操作接口来访问设备,Linux 内核在接收到对设备文件的访问请求后,并不会像对普通文件那样进行处理,如读文件操作就是从磁盘上读数据,而是要调用相应的设备驱动进行处理。

在操作系统中,设备开关表指明了设备文件的各种操作类型与驱动程序中完成各种操作的处理函数之间的对应关系。在 Linux 操作系统中,设备开关表结构体对应为 struct file_operations,其内部包含一系列函数指针,每个函数指针对应一类设备操作。

struct file_operations 在 Linux 的源码头文件 include/linux/fs.h 中定义,其大致内容为:

```
struct file_operations {
    struct module * owner;              //使用该结构体的模块指针,避免正在操作时内核模块被卸载
    loff_t ( * llseek) (struct file *, loff_t, int);
    ssize_t ( * read) (struct file *, char __user *, size_t, loff_t *);
    ssize_t ( * write) (struct file *, const char __user *, size_t, loff_t *);  //写文件
    ssize_t ( * aio_read) (struct kiocb *, const struct iovec *, unsigned long, loff_t);
    ssize_t ( * aio_write) (struct kiocb *, const struct iovec *, unsigned long, loff_t);
    int ( * readdir) (struct file *, void *, filldir_t);
    unsigned int ( * poll) (struct file *, struct poll_table_struct *);
    int ( * ioctl) (struct inode *, struct file *, unsigned int, unsigned long);
    long ( * unlocked_ioctl) (struct file *, unsigned int, unsigned long);
    long ( * compat_ioctl) (struct file *, unsigned int, unsigned long);
    int ( * mmap) (struct file *, struct vm_area_struct *);
    int ( * open) (struct inode *, struct file *);
    ...
};
```

在下文的内核模块实现中,需要定义一个上述结构体的变量,并将该变量的 write 域初始化为自行设计的函数,用于接收配置程序通过写设备文件操作传递来需要删除保护的目录或文件名。

2. struct security_operations

该结构体包含一系列的函数指针,而这些函数指针逐一对应 LSM 框架覆盖的每个钩子点。内核模块注册完成之后,当 Linux 的处理流程经过某钩子点时,LSM 框架会自动调用该结构体中对应的函数。通过修改函数指针,将相应的函数指针指向自行设计的控制函数,就能实现对一些操作的控制。

该结构体在内核源码头文件 include/linux/security.h 中定义,其大致内容如下:

```
struct security_operations {
    ...
    int ( * inode_unlink) (struct inode * dir, struct dentry * dentry);
    int ( * inode_symlink) (struct inode * dir, struct dentry * dentry, const char * old_name);
    int ( * inode_mkdir) (struct inode * dir, struct dentry * dentry, int mode);
    int ( * inode_rmdir) (struct inode * dir, struct dentry * dentry);
    ...
}
```

详细查看头文件 include/linux/security.h 可以发现,struct security_operations 有近百个左右的函数指针域,这表明 LSM 框架在 Linux 系统的很多操作(包括文件的各类操作、网络的各类操作、系统管理各类操作)中都有相应的钩子,LSM 模块可以对近百类的 Linux 操作进行控制。本章的开发实践只对删除目录或文件进行控制,因此只需为 inode_unlink 和 inode_rmdir 两钩子点实现相应的控制函数即可。

3. struct dentry

结构体 struct dentry 对应 Linux 系统中维护在内存中的一个目录项,该结构体与保存

在磁盘的目录项有一定区别,主要是为了加快文件查找的速度,在该结构体中引入一些新的字段。

该结构体在 Linux 源码头文件 include/linux/dcache.h 中定义,其大致内容如下:

```
struct dentry {
    ...
    struct dentry * d_parent;                    //指向上层目录的目录项结构体
    ...
    unsigned char d_iname[DNAME_INLINE_LEN_MIN];  //目录名
};
```

在 Linux 系统运行过程中,所有的目录项在内存中按文件的目录层次关系组成一棵树。unsigned char d_iname 域保存该目录的目录名,即当层目录的局部名,不包含所在的目录路径。要获得一个目录项对应的全路径名,需要沿 d_parent 域向上搜索,依次拼合出全路径名。图 8-2 给出目录/home/zxc/test 的目录项及全路径上的目录项。

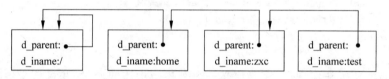

图 8-2　目录项示例

这里需要注意的是,文件目录树的根结点对应的目录项,其 d_parent 域的值并不指向 NULL,而是指向该目录项自身。因此在以循环的方式沿 d_parent 域向上搜索拼合成全路径名时,不能以 d_parent 域为 NULL 作为到达根结点并结束循环的条件,否则会陷入死循环。Linux 内核模块程序陷入死循环不同于应用程序中的死循环,应用程序死循环可以通过任务管理器结束对应的进程,而内核模块中的死循环会导致系统死机,只能以直接关闭电源的方式重起 Linux 系统。

4. 函数 copy_from_user()/copy_to_user()

在 x86 体系结构下运行的 Linux 操作系统中,应用程序运行在虚地址(或称保护地址)模式,其中的每个虚地址要经过页式地址转换才能对应到一个具体的物理内存地址,而 Linux 操作系统运行在实地址模式下,其每个地址直接就是具体的物理内存地址。

如果在应用程序中,需要将由地址指针 user_ptr 指向的一块缓冲区数据传递到内核中进行处理,尽管 Linux 内核可借助于系统调用参数等方式获得指针 user_ptr,也不能直接通过内存复制函数 memcpy()或字符串复制函数 strcpy(),将该指针指向的数据内容复制到另一块内核空间的缓冲区(假定由指针 kenerl_ptr 指向)中,因为函数 memcpy()或函数 strcpy()只能完成同一个地址空间上的两个缓冲区间的数据复制。在这种情况下,就需要借助内核函数 copy_from_user()(函数原型为 long copy_from_user(void * to, const void_user * from, unsigned long n);)完成从用户空间到内核空间的数据复制,参数 to 表示内核空间的缓冲区指针,参数 from 表示用户空间的缓冲区指针,参数 n 表示要复制的数据长度。在本开发实践中,函数 copy_from_user()用于获得从用户空间传来的禁止删除的目录或文件名信息。

类似地,如果要将数据从内核空间复制到应用层缓存区中,也不能直接进行内存复制,需要调用另外一个内核函数 copy_to_user() 来完成数据复制。

5. 函数 register_chrdev()/unregister_chrdev()

- 函数 register_chrdev()。函数原型为：

```
int register_chrdev(unsigned int major, const char * name, struct file_operations * fops);
```

该函数用于在系统中注册一个字符型设备及其相应的驱动函数，其中参数 major 指明了所要注册设备的主设备号，参数 name 指明了设备的名称，参数 fops 指向包含了一组操作函数的结构体。一旦设备注册成功，就可以通过 mknod 命令创建一个对应主设备号的设备文件，之后对该设备文件的访问就会自动调用结构体 fops 中的相应处理函数。在本开发实践的模块初始化函数中，需要调用该函数注册一个新的设备及其驱动函数。该函数在 Linux 源码头文件 include/linux/fs.h 中定义。

- 函数 unregister_chrdev()。函数原型为

```
int unregister_chrdev(unsigned int major, const char * name,);
```

该函数注销一个设备及相应的驱动函数，参数 major 指明要注销设备的主设备号，参数 name 指明了要注销设备的名字。在本开发实践的模块注销函数中，需要调用该函数注销本开发实践中注册的设备及其驱动函数。该函数在 Linux 源码头文件 include/linux/fs.h 中定义。

6. 函数 register_security()/unregister_security()

- 函数 register_security()。函数原型为：

```
int register_security (struct security_operations * ops);
```

要使内核模块中的安全机制发挥作用，当加载该内核模块时，需要使用该函数向 LSM 框架注册该内核模块中的控制函数，参数 ops 中的所有函数指针将挂装到相应的 LSM 钩子点，从而使 Linux 内核在发生一些事件时，借助 LSM 框架向这个内核模块询问访问控制决策。因此在内核模块的初始化函数中，需要将编写好的访问控制函数注册到 LSM 框架中。

- 函数 unregister_security()。函数原型为：

```
int unregister_security (struct security_operations * ops);
```

在卸载内核模块前，需要调用该函数将注册到 LSM 各钩子点的处理函数提前注销，否则内核模块显示为"used"状态，而 Linux 操作系统不允许卸载一个正在被使用的模块，因为已卸载模块的符号引用会给 Linux 系统带来很大的不稳定性。钩子函数的注销通常在内核模块的卸载函数中进行。

8.3.2　头文件、全局变量及函数声明

1. 头文件和宏定义

该系统原型的实现涉及到下列头文件和宏定义：

```
# include < linux/kernel.h >                     / * 该头文件包含了进程控制块结构体 tast_struct,
```

原型系统的实现代码中在解析文件或目录的路径时,需要用到该结构体 */

```
# include < linux/init.h >        //模块初始化函数需要包含该头文件
# include < linux/module.h >      //进行内核模块编程所必须包含的头文件
# include < linux/security.h >    //使用 LSM 机制必须要包含该头文件
# include < linux/fs.h >          //原型系统的实现代码中有关文件的相关操作要包含
                                  该头文件
# include < linux/uaccess.h >     //函数 copy_from_user()会涉及到该头文件
# define MAX_LENGTH 256           //表示所设置的禁止删除目录名的最大长度
```

2. 全局变量

本原型系统的源码实现共定义了五个全局变量:

* char controlleddir[256];　　　　//用于保存所控制的目录或文件名称

* int enable_flag = 0;　　　　　/* 表示是否启用新设计的访问控制功能,当用户配置
　　　　　　　　　　　　　　　　　禁止删除保护的目录或文件名为空串时,该标志变
　　　　　　　　　　　　　　　　　量置 0,表示关闭访问控制功能,否则置 1 */

* struct file_operations fops = {
　　　　owner:THIS_MODULE,　　　//定义了使用范围
　　　　write: write_controlleddir,　　//定义设备文件写操作的处理函数
　　};

全局变量 fops 对应了一个设备开关表,该变量将用于注册新创建设备文件的驱动函数。由于本开发实践中的设备文件是用于获得禁止删除保护的目录或文件名,因此只需重新实现该设备文件的写操作函数即可,其他种类的操作函数使用系统默认的处理函数即可。write_controlleddir 为新创建设备文件的写操作对应的处理函数。

* static struct security_operations lsm_ops = {
　　　　.inode_rmdir = lsm_inode_rmdir,
　　　　.inode_unlink = lsm_inode_unlink,
　　};

结构体变量 lsm_ops 定义了用于 LSM 机制的一组钩子函数,由于本开发实践中只关心对删除文件和删除目录的控制。因此只对该变量中的 inode_rmdir 和 inode_unlink 两个域进行初始化,这两个域分别对应删除目录和删除文件的钩子函数。lsm_inode_rmdir 和 lsm_inode_unlink 是原型系统中自行设计的两个函数,分别用于判断目录和文件的删除是否许可。

* static int secondary = 0;　　　　/* 标识所实现的内核模块是以主安全模块的方式注册
　　　　　　　　　　　　　　　　　到 LSM 框架中的,还是以从属的方式注册的 */

3. 函数声明

对 Linux 的内核模块而言,模块初始化函数和模块注销函数是由 Linux 内核自动调用的。前者在模块加载到内核中时被 Linux 内核自动调用,后者在模块卸载时被自动调用。显然 Linux 内核并不会智能地知道用户编写的哪个函数是模块初始化函数,哪个函数是模块注销函数。因此在模块编程中需要通过两个已经存在的宏定义,声明相应的模块初始化函数和模块注销函数,形如:

```
module_init(lsm_init);
module_exit(lsm_exit);
```

其中 lsm_init 和 lsm_exit 是本章开发实践中自行编写的两个函数。前者用于完成新设

备注册以及 LSM 的钩子函数注册,后者完成与前者相反的工作,即注销已注册的设备和
LSM 钩子函数。

为了防止编译出的内核模块在运行过程中出现"kernel tainted"一类的警告,现在的一
些 Linux 内核版本中,内核模块必须通过 MODULE_LICENSE 宏声明此模块的许可证。
一般而言,内核能接受的许可证有"GPL"、"GPL V2"等,这里采用下面的许可证声明:

```
MODULE_LICENSE("GPL");
```

8.3.3　函数功能设计

本系统原型的实现主要包括七个函数,各个函数的功能分别为:

- 目录删除控制函数。函数原型为:

```
static int lsm_inode_rmdir(struct inode * dir, struct dentry * dentry);
```

该函数将会被模块初始化函数注册到 LSM 框架中删除目录对应的钩子点,在
Linux 删除目录时被自动调用。该函数首先通过调用函数 get_fullpath()从参数
dentry 解析出要删除目录的全路径名,然后调用函数 myown_check(),将解析出的
全路径名与全局变量 controlleddir 中的内容进行比对。如果 controlleddir 中的内
容是该全路径名的前缀,说明要删除的目录为要保护的目录或者要保护目录的子目
录,向 LSM 框架返回值 1,表示拒绝删除该目录,否则向 LSM 框架返回值 0。

- 文件删除控制函数。函数原型为:

```
static int lsm_inode_unlink(struct inode * dir, struct dentry * dentry);
```

该函数与函数 lsm_inode_ rmdir()相类似,会被注册到 LSM 框架中删除文件对应
的钩子点,在 Linux 删除文件时被自动调用。该函数首先通过调用函数 get_
fullpath()从参数 dentry 解析出要删除文件的全路径名,然后调用函数 myown_
check(),将解析出的全路径名与全局变量 controlleddir 中的内容进行比对。如果
变量 controlleddir 中的内容是该全路径名的前缀,说明要删除的文件为要保护目录
下的文件,向 LSM 框架返回值 1,表示拒绝删除该文件,否则向 LSM 框架返回值 0。

- 全路径名获取函数。函数原型为:

```
static int get_fullpath(struct dentry * dentry, char * full_path);
```

该函数主要从参数 dentry 指向的目录项结构体中,通过逐层查找上层目录的方式
获得 dentry 所在的全路径名,并保存到参数 full_path 所指向的区域中。查找的具
体过程详见 8.3.1 节。

- 目录检查函数。函数原型为:

```
int myown_check(char * full_name);
```

该函数检查参数 full_name 中的目录或文件是否为受保护的目录或文件。该函数的
检查过程是将 full_name 指向的字符串与全局变量 controlleddir 中的内容进行比
较。如果后者为前者的前缀,表明参数 full_name 表示的目录或文件在所保护目录
下,返回值 1,否则返回值 0。该函数采用简易的方法判断一个文件是否在所保护的

目录下,事实上这种简易算法并不严谨,这里不再深究。

- 设备的写操作函数。函数原型为:

```
void write_controleddir( int fd, char * buf, ssize_t len);
```

该函数是新注册设备的一个驱动函数,用于处理设备文件的写操作。其主要任务是通过调用函数 copy_from_user(),将来自应用层空间的缓冲区 buf 中的内容(即所要保护的目录或文件名)复制到内核层空间的缓冲区,即模块全局变量 controleddir。

- 模块初始化函数。函数原型为:

```
static int __init lsm_init(void);
```

该函数在内核模块加载时被 Linux 内核自动调用,主要完成两项工作,即调用函数 register_chrdev()注册一个新设备及其驱动函数,以及调用函数 register_security() 注册控制函数到 LSM 框架中相应的钩子点。

- 模块注销函数。函数原型为:

```
static void __exit lsm_exit(void);
```

该函数在内核模块卸载时被 Linux 内核自动调用,完成与函数 lsm_init()相反的工作,即注销新注册的设备及其驱动函数,以及注销已注册到 LSM 框架中钩子点上的钩子函数。

8.3.4　函数实现与注释

- 全路径名获取函数。

```
int get_fullpath( struct dentry * dentry, char * full_path){
    struct dentry * tmp_dentry = dentry; //记录要获取的全路径名的目录项
    char tmp_path[MAX_LENGTH];           //保存路径名的临时缓冲区
    char local_path[MAX_LENGTH];         //保存路径名的临时缓冲区
    memset(tmp_path, 0, MAX_LENGTH);     //初始化缓冲区
    memset(local_path, 0, MAX_LENGTH);   //初始化缓冲区
    while (tmp_dentry != NULL){          /* 该循环从最下层的目录项开始,逐层向上处理,变量
                                            local_path 存储从正在处理的那层目录开始至当
                                            前层目录的路径名 */
        if (!strcmp(tmp_dentry->d_iname, "/"))  //是否已到根目录
            break;                       //已到根目录,提前退出
        strcpy(tmp_path, "/");           //设置上下两层目录之间的分隔符"/"
        strcat(tmp_path, tmp_dentry->d_iname);  /* 在目录分隔符后,合并正在处理目录项的
                                            目录名 */
        strcat(tmp_path, local_path);    //合并已拼合好的下层目录路径
        strcpy(local_path, tmp_path);    //将合并结果保存至变量 local_path
        tmp_dentry = tmp_dentry->d_parent;  //指向上层目录的目录项继续处理
    }
    strcpy(full_path, local_path);       //将计算出的全路径名复制到结果缓冲区中
    return 0;
}
```

- 目录检查函数。

```
int myown_check(char * full_name){
    if (enable_flag == 0)
        return 0;                    //禁止删除功能处于关闭状态,直接返回允许删除的标志
    if (strncmp(full_name, controlleddir,strlen(controlleddir)) == 0) {   /* 比较要删除
                    文件的文件(或目录)名与要删除保护的文件(或目录)
                    是否一致.注意: 如果要保护的目录 controlleddir 是
                    所删除文件 full_name 的前缀,表明该文件在所保护目
                    录的里面,应该禁止删除 */
        printk("remove denied of the file: %s \n",full_name);
        return 1;                    //删除保护的文件,禁止删除
    }
    else
        return 0;                    //删除的不是受保护的文件,允许删除
}
```

- 目录删除控制函数。

```
static int lsm_inode_rmdir(struct inode * dir, struct dentry * dentry){   /* 该函数在删除目录
                    时自动被 LSM 框架调用 */
    char full_name[MAX_LENGTH];       //要删除目录名的缓冲区
    memset(full_name,0,MAX_LENGTH);   //初始化目录名缓冲区
    get_fullpath(dentry,full_name);   //获得要删除目录的全路径名
    if (myown_check(full_name) != 0) {  //要删除目录在禁止删除目录内
        printk("remove denied of the directory: %s \n",full_name);
        return 1;                    //禁止删除
    } else
        return 0;                    //允许删除
}
```

- 文件删除控制函数。

```
static int lsm_inode_unlink(struct inode * dir, struct dentry * dentry){   /* 该函数在删除文
                    件时自动被 LSM 框架调用 */
    char full_name[MAX_LENGTH];       //要删除文件名的缓冲区
    memset(full_name,0,MAX_LENGTH);   //初始化缓冲区
    get_fullpath(dentry,full_name);   //获得要删除文件的全路径名
    if (myown_check(full_name) != 0) {  //要删除文件在禁止删除目录内
        printk("remove denied of the file: %s \n",full_name);
        return 1;                    //禁止删除
    } else
        return 0;                    //允许删除
}
```

- 设备写操作函数。

```
int write_controlleddir(int fd, char * buf, ssize_t len){
    if (len == 0){   //配置程序写入的内容为空,即长度为 0,表明用户关闭删除保护功能
        enable_flag = 0;             //设置删除保护功能禁用标志
        printk("Cancel the protect mechanism sucessfulvly! \n");
        return 0;
    }
    if (copy_from_user(controlleddir, buf , len) != 0){ /* 获得要删除保护的目录(或文件)
```

名,复制至全局变量 controlleddir * /

```
        printk("Can't get the controlled directory's name! \n");
        printk("Something may be wrong, please check it! \n");
        enable_flag = 0;              //无法获得禁止删除的目录,设置删除保护功能禁用标志
        retrun 0;                     //提前退出
    }
    controlleddir[len] = '\0';        //设置字符串结束标志
    enable_flag = 1;                  //设置删除保护功能启用标志
    printk("Controlleddir name: % s \n",controlleddir);   //输出更新后的删除保护目录名
    return len;
}
```

- 模块初始化函数。

```
static int __init lsm_init(void){
    int ret;
    if(register_security(&lsm_ops)){  //作为主安全模块加载不成功
        printk(KERN_INFO"Failure registering LSM module with kernel\n");
        if(mod_reg_security(KBUILD_MODNAME, &lsm_ops)){  / * 作为附属安全模块加载不成功 * /
            printk(KERN_INFO"Failure reigstering LSM module with primary module\n");
            return 1;                 //加载不成功返回错误
        }
        secondary = 1;                //设置标志,表明是作为一个附属安全模块加载成功的
    }
    ret = register_chrdev(123, "/dev/controlfile", &fops);  //向系统注册新设备及驱动
    if (ret != 0)                     //向系统注册新设备及驱动失败
        printk("Can't register device file! \n");          //输出错误提示信息
    printk(KERN_INFO"LSM Module Init Success! \n");
    return 0;
}
```

- 模块注销函数。

```
static void __exit lsm_exit(void){
    if(secondary)
        mod_unreg_security(KBUILD_MODNAME,& lsm_ops);  //卸载从属的 LSM 安全模块
    else
        unregister_security(&lsm_ops);                 //卸载独立的主安全模块
    unregister_chrdev(123, "/dev/controlfile ");        //向系统注销设备结点文件
    printk(KERN_INFO"LSM Module unregistered...\n");
}
```

8.4　编译、运行及测试

如前两节完成原型系统的代码编程后,就可以对该原型系统进行测试,在运行测试前需要将源代码编译成可执行程序及可加载内核模块。

8.4.1　编译方法和过程

该原型系统由配置程序和内核模块两部分组成,这两部分的编译方法不同,需要分别进

行编译。其中配置程序的编译比较简单,只需在 shell 命令行下输入命令即可。

```
gcc - o controlconf controlconf.c
```

controlconf. c 是保存配置程序源代码的源文件名(假定该文件在当前目录下),controlconf 为编译出的目标文件,该目标文件可以任意命名。gcc 命令执行结束,就会在当前目录下得到一个名为 controlconf 的可执行文件。

Linux 的内核模块编译方法比较复杂,会涉及到很多的编译选项,尤其在 2.6 以上 Linux 内核版本上编译内核模块。一般通过编写工程文件(Makefile)的方式来完成内核模块的编译,本开发实践中的 Makefile 文件为:

```
obj - m += lsm.o
KDIR  := /lib/modules/$(shell uname - r)/build
PWD   := $(shell pwd)
 $(MAKE) - C $(KDIR) M = $(PWD) modules
```

Obj-m += lsm. o 这个赋值语句表明使用目标文件 lsm. o 建立一个内核模块(这里的内核模块源代码文件为 lsm. c),最后生成的内核模块是 lsm. ko;KDIR 给出编译该内核模块所涉及到的一些资源所在路径,make 程序在解释执行该 Makefile 文件时,首先转到 $(KDIR)表示的目录下执行,M= $(PWD)指明了该模块文件所在的路径,modules 指明了所编译的是 Linux 内核模块。

在当前目录(即包含上面的 Makefile 和 lsm. c 的目录)下输入 make,执行完成后,就会看到 lsm. ko 文件,这就是可加载的内核模块目标文件。

需要注意的是,编者是在 Fedora Core 6 Linux(以下简称 FC6 系统)中,gcc 4.1.1 版本下编译 8.2 节和 8.3 节中的源代码,若在其他编译环境完成上面的编译时可能会遇到兼容性的问题,需进行相应的移植后才能成功编译。

8.4.2 运行及测试环境配置

这里需要说明的是 Linux 的不同内核版本对 LSM 框架和安全机制的支持方式存在一些不同。对 Linux 2.4 版本的内核,LSM 框架不限制安全机制的注册数量,也就是说可以依次向 LSM 框架注册多个安全机制,LSM 框架在每个钩子点会依次调用这些安全机制中的相关钩子函数。

多种安全机制注册功能的支持给 Linux 内核提供各种灵活的安全功能扩展方式,但多个安全机制的存在也可能会给系统带来一些稳定性和可靠性方面的威胁。因此在最近的 Linux 的内核版本(2.6.10 以上版本)中,已不能将多种安全机制加入 LSM 框架中。如果 Linux 系统运行时,已经注册了其他的安全机制,本章开发的 LSM 安全模块在加载到 Linux 内核时就不能将钩子函数成功注册到 LSM 框架中,因此其中的文件(目录)禁止删除的安全机制就不能发挥作用。由于一些 Linux 发行版(如编者所用的 FC6 系统)可能已经内嵌了一些安全机制,如 SELinux 等,这需要重新配置 Linux 内核,然后才能进行本原型系统的运行测试。

如果已注册到 LSM 框架中的安全机制以内核模块的形式存在于 Linux 内核中,只需卸载相应的安全模块即可。如果原来注册到 LSM 框架中的安全机制直接编译到 Linux 内

核中,要去掉已有的安全机制就比较复杂,编者以默认方式安装的 FC6 系统,其注册到
LSM 框架中的安全机制就是直接编译到内核中的。在这种情况下,就需要重新配置和编译
Linux 的内核,以去掉所注册的安全机制,下面以在 FC6 系统平台下新内核编译为例,简单
阐述如何编译和运行新 Linux 内核。

1. 下载和安装 Linux 的内核源代码

　　常见的 FC6 发行版的内核版本为 2.6.18-1.2798.fc,如果系统中已经安装了该版本的
内核源代码,或者能够找到对应的 RPM 包进行简单安装,就没有必要再去下载源代码了。
如果没有,可以去 Linux 内核的官方网站下载一个标准的 Linux 内核源代码,为了编译出的
新内核与 FC6 的应用层工具实现较好的兼容,这里编者下载一个 2.6.18 版本的内核代码,
其 URL 为 http://www.kernel.org/pub/linux/kernel/v2.6/linux-2.6.18.tar.bz2。所下
载的内核源码为一压缩文件,这里假定将其解压到/usr/src/kernels/linux-2.6.18 目录下。

2. 配置 Linux 的内核

　　在编译和安装 Linux 新内核前,需要进行编译选项的配置。对本章的开发实践而言,这
里编译新内核的目的就是在于去掉对其他 LSM 安全机制的支持。在源代码目录下执行
make config 或者 make menuconfig 可以进行编译选项配置,前者以字符界面方式完成内核
选项配置,后者以菜单的方式完成内核编译选项的配置。这里采用,也建议采用后者的方式
配置 Linux 内核的编译选项。

　　Linux 内核配置包含了数以百计的编译选项,对大部分编译选项而言采用默认的选项
配置即可,硬件配置相关的选项需要结合自己机器硬件进行配置。本章编译内核的目的是
去掉注册到 LSM 框架中的安全机制。进入 Security options,会出现如图 8-3 所示的配置
选项。

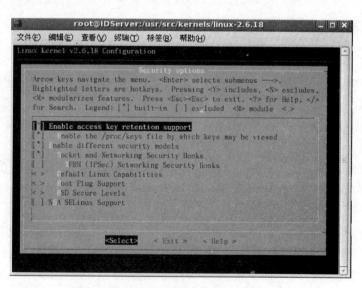

图 8-3　Linux 内核的安全选项配置实例图

　　从中可以发现几个与本开发实践有关的选项,其中 Socket and Networking Security
Hooks 选项表示是否支持 LSM 框架,显然一定要选定该选项,否则新编译出的内核不支

持 LSM 机制,更不用说新加载一个内核模块去注册 LSM 钩子函数。后面的选项涉及到基于 LSM 框架实现的安全机制,不要选择这些安全选项,以免影响本实践中的安全模块注册。

3. 编译和安装 Linux 的新内核

配置完成之后,在源代码目录树的根目录,依次输入下列命令完成 Linux 新内核的编译和安装:

```
make dep                    #计算源文件间的依赖,以便于只重新编译改动有关的部分
make                        #开始内核的编译过程,第一次完整编译需数十分钟至数小时不等
make modules                #编译模块
make modules_install        #安装模块
make install                #安装新编译好的内核
```

上述过程顺利完成之后,就可以重新启动系统。在启动的系统选择菜单中,就会看到新增加一个名称为"2.6.18"的引导项。这个引导项对应了上面编译出的支持 LSM 框架而又没有注册其他安全机制的新内核,选择这个引导项启动 Linux 系统,就可以进行本章开发的安全机制的运行和测试。

8.4.3　文件操作控制功能的测试

在测试之前通过 mkdir 命令创建一个专门目录用于测试,这里测试目录为/root/test,对本章开发的原型系统测试流程如下:

(1) 加载和查看模块。

* insmod lsm.ko　　　　#插入 lsm.ko 模块到 Linux 内核。
* dmesg　　　　　　　　#查看内核的信息输出,如果模块加载成功,且 LSM 钩子函数注册成功,在 dmesg 输出信息的最后部分,将会看到"LSM Module Init Success!"。这是在模块初始化函数中通过 printk 函数输出的信息。
* lsmod　　　　　　　　#查看系统中所有加载的内核模块,如果加载成功,在显示出的内核模块列表中将会看到名字为 lsm 的模块。

(2) 文件和目录删除测试。

* touch /root/test/testfile #创建测试用的文件。
* ./controlconf /root/test #配置:禁止删除/root/test 目录下文件和子目录。
* rm /root/test/testfile　#删除该文件,显示删除不成功。
* ./controlconf　　　　　#配置空路径,相当于关闭删除保护的功能。
* rm /root/test/testfile　#删除该文件,无输出信息显示,意味删除成功。
* mkdir /root/test/testdir #创建测试用的目录。
* ./controlconf /root/test #配置:禁止删除/root/test 目录下文件和子目录。
* rm /root/test/testdir　#删除该文件,显示删除不成功。
* ./controlconf　　　　　#配置空路径,相当于关闭删除保护的功能。
* rmdir /root/test/testdir #删除该目录,无输出信息显示,意味删除成功。

具体执行过程和结果如图 8-4 所示。

图 8-4　文件和目录删除测试过程

（3）卸载内核模块。

- rmmod lsm　　　　　　　＃卸载所插入的安全模块，测试完成。
- dmesg　　　　　　　　　＃查看内核输出的信息。

通过 dmesg 命令，在显示文本的最后可以看到图 8-5 中信息，这是内核模块在执行一些操作时的信息输出。

图 8-5　dmesg 命令看到的信息输出

8.5　扩展开发实践

本章基于 Linux 的 LSM 框架实现了文件访问控制的原型系统，为了将开发过程的重点集中在原理和开发技术体现上，仅仅实现文件和目录删除的控制。实际上，LSM 框架支持多达几百种类型的操作控制，在该原型系统的基础上，可基于 LSM 框架进行多个方面的扩展开发实践。

8.5.1　基于 LSM 的程序运行权限管理

回顾本书 2.5.1 节中的阐述可知：Linux 主要依据进程的启动用户判断进程的操作权限，这意味着进程可以享有启动用户的所有权限。这种授权方式违背信息安全的最小特权原则，最小特权原则指明按一个主体（进程等）完成它正常任务所需要的最小权限进行授权，如果一种权限对该主体正常运行不是必需的,就不要赋予该主体这种权限。

基于 LSM 框架,可以实现接近于最小特权管理的一种权限控制机制,管理员可以给一个可执行程序配置相应的运行权限,这种机制保证按管理员的权限配置对该可执行程序(实际上是该执行程序对应的进程)进行运行权限控制。

针对应用程序的运行权限控制给该应用程序划定了一个运行权限范围,防止应用程序有意或无意的越过该运行权限,对操作系统和其他应用程序的运行构成破坏。在国外的操作系统安全相关研究中,这类权限控制机制被称为 sandbox,在多种安全操作系统中得到支持和应用。要在本章原型系统的基础上实现针对指定应用程序的运行权限管理,需要重点考虑以下问题。

1. 划定要控制的权限种类

要实现针对应用程序的权限控制,首先要确定权限控制的粒度,显然权限种类划分粒度越细,实现就越复杂,这就需要管理员更加详细地配置应用程序所需的权限,当然所实现的权限控制更加精确,也更接近最小特权原则。如果控制粒度过粗,实现相对简单,但权限控制不够精细,可能无法满足安全需要。综合来看,一个实用的针对应用程序的权限控制应该重点实现对下列权限的控制。

- 文件访问类操作。这类操作主要包括各类文件(或目录)的创建、打开、读、写、执行(对可执行文件而言)以及删除等。文件类操作对系统的数据安全性非常重要,对一个应用程序进行权限控制要优先考虑这些操作对应的操作权限。
- 通信类操作。通信类操作代表一个进程与外界(其他进程或主机)的交互,以及对外界影响,这类操作具体来讲主要分为三种:进程间的数据通信,具体包括共享内存、消息队列、有名管道等;进程间的控制类通信,如发送各种信号等;网络类通信,即通过 SOCKET 等方式的网络通信。
- 管理类操作。这类操作的执行将会改变操作系统的配置和运行状态,具体有:关机或重启系统、内核模块加载、设备添加、挂载及卸载文件系统等。

2. 确定 LSM 框架中每个要控制操作对应的钩子点

本章的开发实践过程展示删除文件和删除目录操作所对应的钩子点,以及相应的控制函数注册过程。在确定好要控制的操作种类后,需要逐个对照 LSM 所支持的钩子点,明确每个操作会经过 LSM 的哪个钩子点,从而编写相应的控制函数注册到该钩子点。不难理解,实现针对应用程序的访问控制的大部分工作量就是实现对应每个操作的控制函数,数量可能多达几十个。

3. 确定控制的主体和对象

在实施每个操作的控制函数时,钩子函数传递进来的参数和系统全局变量体现了该操作的上下文信息。仅仅依靠这些上下文信息多数时候并不能直接进行权限控制判决,需要进一步明确操作的主体和被操作的对象。如在判断创建目录操作是否允许执行的钩子函数(其函数原型为 int (* inode_mkdir) (struct inode * dir, struct dentry * dentry, int mode))中,从传入的参数中可以解析出要创建的新目录的名称以及创建的路径,尽管从全局变量 current(当前进程的 PCB 结构体)可以获得进程的 PID(进程标识符),但不能直接获得当前进程(即实施该操作的主体)对应程序的全路径名。

显然管理员给出的是哪个可执行程序(用全路径名表示)能否访问哪些文件(用全路径表示)这类的权限配置信息,而不是哪个 PID 的进程能够访问哪个索引结点号。因此在进行该开发实践时要重点考虑如何获取每个操作对应的可执行文件名,以及所操作的实体名称,必要的时候可能需要借助截获其他 LSM 操作来实现,如截获 exec 操作,从而预先建立起 PID 和可执行文件名间的对应关系等。

4. 权限配置的存储和管理

在上面的开发实践中,只对某特定目录下的文件(或子目录)进行禁止删除的保护,配置信息只有一个目录名,便于将配置信息传递到内核模块中,内核中也方便存储管理,只需用一个字符串型全局变量(即 controlleddir)保存即可。实现一个针对应用程序的访问控制机制,应用程序可能会涉及到多个访问对象和多种类型的操作,因此需要对权限配置、存储、管理等方面进行精心设计和处理。与本章完成的开发实践相比,需要实现下述相关功能:①权限的配置操作(包括权限的添加、删除及修改等)以及相应的配置工具;②权限配置文件,要求管理员每次启动都重新配置某应用程序的权限是不合理的,因此需要以静态文本的形式保存已经存在的权限配置信息;③在内核模块中,需要复杂的数据结构保存权限配置信息。

8.5.2　基于 LSM 的程序完整性保护

上节中的开发实践是从限制指定应用程序的运行权限角度来进行,本节中的开发实践从相反的角度进行,即通过权限控制技术保证指定应用程序的完整性和提供可靠的运行环境。通常应用程序的完整性保护涉及到以下三个方面,前两个方面为相关文件的静态完整性保护,后一个方面为运行过程中的动态完整性保护。

- 可执行程序文件的完整性保护。通常应用程序对应的可执行文件,一旦由源代码编译完成后,就无需再进行修改,当然在安装到其他计算机系统上运行时也不应该被修改。如果出现被修改的情况,通常是因为受到了病毒的感染。为了防止应用程序的可执行文件被病毒感染或者被意外删除、破坏等,需要对应用程序的可执行文件进行写和删除保护,这在 LSM 框架中体现为禁止一切"unlink"或者以写方式打开该文件的操作,或只允许授权的特定程序(如系统管理工具等)删除该可执行文件。

- 数据和配置文件的完整性保护。对很多应用程序而言,其正常运行不仅需要一个(或组)可执行文件,还需要相关的数据文件以及配置文件。如一个网络防火墙程序,既有可执行文件,也有控制规则相关的配置文件,以及相应的日志文件,显然后两者对网络防火墙的正常运行不可缺少,如果其完整性受到破坏,也会导致网络防火墙的功能(或部分功能)失效。通常而言,这类文件具有明显的访问特点,一般只有该应用程序中的某个可执行程序在运行过程中才需访问它们,如防火墙配置文件,通常只有防火墙配置程序才可能去修改。限制这些数据和配置文件被该应用程序外的可执行程序访问(尤其是修改或删除操作),对保证该应用程序的完整性及正常运行具有非常重要的作用。

- 运行中的进程保护。应用程序在启动运行后,就体现为一个(组)进程,从安全的角度来讲,也需要对该进程进行动态运行保护。由于操作系统提供了进程间的基本隔离机制(如相互独立的虚拟地址空间),其他进程并没有太多的方式干扰指定应用程序的运行。在所能进行的干扰中,最为显著的一条是恶意终止(或 kill)该应用程序的进程,因此需要严禁其他进程恶意终止(或 kill)该进程,或者只允许在特定情况下终止该进程。

在明确了面向指定应用程序的完整性保护需求后,就可以梳理出如下两点:①进行哪些种类的权限控制,如何定义和设置应用程序的资源类型,即可执行文件、数据文件、配置文件等;② 权限配置及其保存方式实现等关键方案。结合上面的原型系统的开发基础,就可以进行相应的安全机制实现。

8.5.3　基于 LSM 的网络连接控制

LSM 框架中的钩子点不仅覆盖到各种文件操作,还覆盖各种网络通信操作。如果在相应钩子点注册控制函数,就能够对各种网络连接和通信操作进行控制,实现类似于 Windows 系统下个人防火墙的大致功能。

基于 LSM 框架实现网络连接控制可以从以下方面构造控制逻辑:①从网络通信的主体类型和具体参数来控制,如限定某应用程序或某用户的进程才能进行网络通信;②从网络通信的类型属性进行控制,如 TCP 通信还是 UDP 通信,本机进程作为服务器还是客户端等;③从通信的远程对象上进行控制,如只能与指定 IP 地址和端口进行通信。

对照 Linux 2.6.18 内核版本 security_options 结构体,网络连接和通信控制相关的钩子点及相应的钩子函数原型主要有以下几个。

- int (* socket_create) (int family, int type, int protocol, int kern);
  该钩子函数在创建 socket 时调用。
- int (* socket_bind) (struct socket * sock, struct sockaddr * address, int addrlen);
  该钩子函数在 socket 绑定地址时调用。
- int (* socket_connect) (struct socket * sock, struct sockaddr * address, int addrlen);
  该钩子函数在向服务器发起网络连接时调用。
- int (* socket_listen) (struct socket * sock, int backlog);
  该钩子函数在服务器监听连接时调用。
- int (* socket_accept) (struct socket * sock, struct socket * newsock);
  该钩子函数在服务器接收连接时调用。
- int (* socket_sendmsg) (struct socket * sock, struct msghdr * msg, int size);
  该钩子函数在数据发送时调用。
- int (* socket_recvmsg) (struct socket * sock, struct msghdr * msg, int size, int flags);
  该钩子函数在数据接收时调用。

设计好网络连接的控制逻辑,以及找到实现这些控制逻辑的钩子点,就可以用控制函数实现预定的控制逻辑,然后注册这些函数到相应的钩子点,就可以实现所希望的网络连接控制功能。

8.5.4　基于 LSM 的基本型文件保险箱

对一个多用户系统(或网络上的主机系统),尽管操作系统对用户数据提供了相应的访问控制机制,单个用户的数据仍面临多种泄密的安全威胁,如对数据文件的权限设置不正确,系统感染一些木马病毒等。如果能够从操作系统层面提供相应的控制机制,实现一个类似保险箱的数据保护系统(下面称文件保险箱),可以对用户的重要数据提供特殊的保护。文件保险箱的基本思想如下:

- 设置一个文件夹(下称保险箱文件夹)用作文件保险箱的数据存储,同时开发一个保险箱数据管理程序。
- 保险箱数据管理程序用于实现保险箱文件的管理,该程序相当于文件保险箱的钥匙,负责完成相关的保险箱数据操作,比如向保险箱中保存文件和从保险箱中取出文件。
- 保险箱数据管理程序是唯一能够访问保险箱文件夹下文件的程序,该保险箱文件夹中的文件对于保险箱数据管理程序外的其他程序都是不可见的,也是不可访问的。
- 保险箱数据管理程序在启动时会验证用户的身份,如果发现不是该保险箱的用户运行该程序操作文件保险箱时,该程序会拒绝运行。
- 通过上面开发实践中的技术,禁止任何对该保险管理程序的删除、修改、调试分析,以防止黑客通过修改或分析该程序,截获用户的身份认证信息(口令等)。

实现文件保险箱系统的关键在于两点:①屏蔽和拒绝保险箱数据管理程序外的程序访问保险箱文件夹下的文件,通过配置和修改上面的开发实践可以很方便地禁止其他程序访问该文件夹,至于屏蔽其他程序对该文件夹的可见性,需要另行设计和注册其他文件访问点的钩子函数;②对保险箱数据管理程序的保护,通过设计和注册相关的钩子函数,在操作系统层面上保证该程序不被篡改和调试分析。

这里的文件保险箱只实现了访问控制的功能,没有对其中的数据进行加密,一旦保险箱文件夹的存储载体脱离了该系统,如磁盘丢失等,就可能造成数据泄密。对比 9.5.3 节中提到的具有数据加密功能的文件保险箱,本书称这里的文件保险箱为基本型文件保险箱。

8.5.5　基于 LSM 的系统级资源访问审计

从本章前面的开发实践中可知,Linux 在进行资源访问操作时,LSM 框架会调用注册在相应位置的钩子函数,询问特定访问上下文的访问判决。因而可以在钩子函数中完成访问上下文信息的收集,从而实现一个简单的资源访问审计系统。

通过分析 LSM 框架中的钩子点可知道,由于要向注册的钩子函数询问操作是否可以执行,然后根据钩子函数的返回结果再进行操作实施或者拒绝该操作实施,因此 LSM 框架中除一小部分钩子点是因其他原因(相关的信息更新等)在操作完成之后调用外,绝大部分的钩子函数都在访问操作发生之前调用。因此在形成操作日志时,关于操作是否成功的记录并不能保证一定正确。

这里以删除文件(inode_unlink)对应的钩子点为例来说明日志中记录项不准确的原因。从传入钩子函数的参数可以分析出发起删除操作的进程标识、用户标识、对应的应用程序、要删除的文件名等。这时候删除操作还没有真正发生,这个操作是否真正发生并不完全取决于钩子函数的返回值。

如果该钩子函数的控制逻辑不允许删除该文件,则将会返回拒绝,该条操作日志毫无疑问可以记录为删除操作不成功,因为 LSM 框架在接收到钩子函数的拒绝结果后,不会真正实施该操作;如果该钩子函数的控制逻辑允许删除该文件,则将会返回同意删除该文件,这时如果将该条操作日志记录为删除操作成功还有些武断,因为不能排除其他原因导致文件删除最终没有成功。

如前所述,尽管基于 LSM 框架实现访问日志系统存在一定的缺点,但这样的一个日志系统还是有非常明显的作用,管理员可以据此发现系统中的进程恶意操作以及用户恶意行为。进行这样的安全开发实践对理解 LSM 的安全机制和内核模块编程具有很好的帮助。

本章完成的基于 LSM 的资源访问控制实践只是实现一个简单的原型系统,本节详细阐述了在该原型系统基础上能够进行下一步开发实践的五个目标和开发方向,有兴趣的读者可以在本章开发的原型系统基础上自行实现。

8.6　本章小结

本章详细阐述了一个基于 LSM 机制的文件访问控制系统原型的开发过程和源代码实现,该原型系统重点在于展示 LSM 机制的工作原理,以及如何利用 LSM 机制以内核模块的形式实现资源访问控制的开发方法,而不是提供一个完整的资源访问控制系统,因此本开发实践只是对文件和目录的删除操作进行了访问控制。

本章的开发实践除了涉及 LSM 机制外,还展示了其他一些软件开发技术,具体包括:如何注册一个新的字符设备,以及实现相应的驱动程序;如何进行 Linux 内核模块的开发、编译等;如何进行 Linux 内核的编译及安装等。

本章最后详细讨论在原型系统的基础上所能进行的具有实际安全意义的扩展开发实践。有兴趣的读者可以在此原型系统的基础上,按照 8.5 节中的扩展开发实践题目进行下一步的开发实践。

习　　题

1. 举例说明 8.5.4 节中拟扩展的文件保险箱系统所存在的泄密隐患,以及如何消除该隐患。

2. 从审计信息的完整性上看,8.5.5 节中基于 LSM 的系统级资源访问审计系统的实现方案存在哪些缺点?

3. 基于 LSM 机制实现基本型文件保险箱时,没有对存储在保险箱文件夹中的数据进行加密处理,是否可以通过 LSM 机制实现加密型文件保险箱? 如果能够实现,应该在何处完成数据的加密和解密过程?

4. 基于新创建设备文件的方式实现内核层和应用层之间的数据通信时,需要完成哪些工作?

5. 基于新创建设备文件的方式实现内核层和应用层之间的数据通信时,如果在设备驱动中未给某操作类型设置相应的处理函数,而应用程序无意中调用了设备文件的该类操作,如本章的开发实践中上层配置程序对设备文件执行了读(read)操作,将会出现怎样的后果?

6. 在基于新创建设备文件的方式实现内核层和应用层之间的数据通信时,应用层的文件访问操作是如何关联到内核中所注册的设备驱动函数的？

7. 在设计和实现 LSM 的钩子函数时，函数名是否有特殊的约定，即是否可以自行任意命名？另外，每个钩子函数的形参数量、各形参名称及各形参类型是否也可以自行定义？

8. 简单阐述如何解析一个类型为 struct dentry 的结构体变量对应的全路径名？

9. 在系统调用函数(或设备驱动函数)的实现中，为何不能直接访问应用层传来的缓冲区，而要通过 copy_to_user/copy_from_user 函数来间接访问这些缓冲区？

10. 在本章的开发实践中，新编写的内核模块加载时主要完成哪些工作？

11. 在本章中提到的基于 LSM 的程序运行权限控制的开发实践中，重点需要对哪几类权限进行控制？

12. 基于 LSM 机制，通过注册钩子函数的方法实现系统级的资源访问日志存在什么样的缺点？

13. 如果一个文件内容是加密过的，是否可以基于 LSM 机制，在所注册的相应钩子函数中实现文件读取内容的解密？

14. 简述对 Linux 系统进行内核版本升级的大致操作流程。

第9章 基于系统调用重载的文件 访问日志原型实现

本章主要阐述如何基于 Linux 的系统调用重载技术实现一个文件访问日志系统原型。下面首先介绍该文件访问日志原型系统的总体设计,然后介绍该原型系统的源代码实现过程,最后介绍该原型系统的测试过程,以及在此原型系统上的扩展开发实践。

9.1 原型系统的总体设计

在安全系统中,日志的重要性是毋庸置疑的,可以协助管理员发现系统中的一些异常行为或系统中存在的一些安全隐患。本章开发实践的目的在于用一个具体实例展现如何基于系统调用重载技术实现一个系统级日志系统的基本思路和方法,而不是要实现一个完整的、能够直接使用的日志系统。

本章开发的日志原型系统比较简单,只对文件访问操作进行记录,而且记录的内容限于简单的几项,包括程序名、用户名、访问方式(仅限于读或者写)、所访问的文件名以及具体的访问时间。任何进程要进行文件的读写等访问操作前,都需要调用 open 系统调用打开文件,因此本开发实践中日志系统的实现主要靠重载 open 系统调用的处理函数,并分析函数传入参数获得日志记录所需的访问上下文信息。另外为了防止系统运行过程中产生大量的日志信息进而影响系统性能,这里只对特定目录(默认为/root/testaudit)下的文件执行读写操作才进行日志记录。

本章的原型系统分为两个部分独立实现:一部分是完成日志信息收集的 Linux 内核模块,该模块借助系统调用重载技术,从每一次的 open 系统调用获得文件读写操作的日志信息,并且通过 Netlink 机制将获得的日志数据发往应用层;另一部分是运行在应用层的日志应用程序,该程序接收从内核层以 Netlink 机制发送来的日志信息,然后以格式化的形式存储在指定的日志文件中。

本章原型系统的逻辑结构如图 9-1 所示。

该系统的内核模块部分主要完成 open 系统调用的重载,以及相关文件访问操作的日志信息收集。从功能上划分,该模块主要包含以下四个部分:

- 内核模块初始化函数。该函数主要完成两方面的工作,一是完成 open 系统调用的重载,即通过一定的技术手段获得系统调用入口表的地址,将该表中对应 open 系统调用的处理函数入口地址替换成本开发实践中自己设计的函数,即操作信息收集函数,同时将原有 open 系统调用的处理函数入口地址保存起来;二是完成 Netlink 接口的初始化工作,包括创建相应的套接字接口,以及获得后台应用程序的 PID(进程标识符),以便于将来能够将日志信息定向发送到日志应用程序。内核模块初始化函数在内核模块加载时会被 Linux 内核自动调用。

- 内核模块注销函数。该函数在内核模块注销时被 Linux 内核自动调用。该函数完成与内核模块初始化函数相反的工作,即将系统调用入口表中 open 系统调用的处理函数入口地址恢复为原来的 open 系统调用处理函数入口地址。另外,该函数还需要回收为 Netlink 套接字接口所分配的资源。
- 操作信息收集函数。操作信息收集函数的入口地址一旦被内核模块初始化函数写入到 open 系统调用的处理函数入口地址表项中,每当 Linux 发生 open 系统调用时,该操作信息收集函数就会自动被 Linux 内核调用。该函数的主要功能是分析出该 open 调用的上下文信息,如调用 open 进程的进程标识符及用户标识符、打开文件的文件名、文件打开方式(读、写等)等。该函数的另一项重要工作是调用原来的 open 系统调用处理函数,以完成 open 系统调用应该完成的原有功能。
- 基于 Netlink 的日志信息发送。该部分主要将操作信息收集函数收集到的日志信息构造成相应的 Netlink 报文,然后通过 Netlink 接口将该报文发送到应用层的日志应用程序。

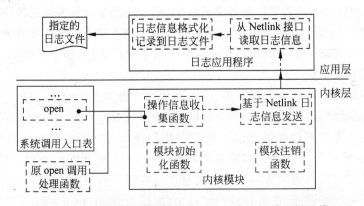

图 9-1　基于系统调用重载的文件访问日志系统逻辑结构

该系统中的日志应用程序主要完成下列几项功能:①从 Netlink 接口读取从内核层发送来的日志信息;②将读取来的日志信息转化成可读的格式,并保存在用户指定的日志文件中。该日志应用程序以命令行的方式启动,命令格式为:

```
auditdaemon filename          ＃ filename 为用户指定的日志文件名
auditdaemon                   ＃若 filename 为空,默认日志文件为当前目录下的 log
```

其中 auditdaemon 为日志应用程序的可执行文件名。如果要停止日志应用程序的运行,可先通过 ps 命令查看该日志应用程序的进程号,然后通过 kill 命令结束该日志应用程序即可。

9.2　内核日志模块的实现

同第 8 章进行的 LSM 安全模块开发一样,基于系统调用重载技术实现内核日志模块也要使用 Linux 原基本内核中的各种资源或信息,本节首先介绍该内核模块开发时要用到的外部函数和结构。

9.2.1　涉及的外部函数及结构

在本章原型系统的实现中需要涉及以下的数据结构及函数。

1. 结构体 tast_struct、fs_struct 及变量 current

进程控制块（Process Control Block，PCB）是操作系统中的重要概念，是操作系统进行进程管理的基础，其中包含了进程相关的各种信息，如进程的各类标识信息等。操作系统一旦创建一个进程，就会为该进程分配一个 PCB。在 Linux 操作系统中，PCB 对应的结构体名称为 tast_struct，该结构体定义在 Linux 内核源代码目录下的 include/linux/sched.h 文件中。task_struct 是一个非常复杂的结构，其中包含近百个字段。在本开发实践中主要用到以下几个字段：

```
struct task_struct {
    …
    pid_t pid;                  //该进程对应的进程标识符
    …
    uid_t uid,euid,suid,fsuid; //uid 表示该进程对应的用户标识符
    …
    char comm[TASK_COMM_LEN];   /ൈ该进程对应的可执行文件名(不含目录名),限于 16 字节长ൈ/
    …
    struct fs_struct ൈ fs;      //与该进程相关的文件系统信息
    …
};
```

日志信息收集的主要工作就是获取 open 操作的上下文信息。从 open 系统调用的处理函数原型（即 int open(char ൈ filename, int flags, int mode);）可知，从 open 系统调用的参数和原处理函数的返回值中，可以获得文件打开操作的部分上下文信息，具体为：从参数 filename 获得要打开文件的文件名，从参数 flags 中获得文件打开的方式（读、写等），从返回值中可以获知打开操作是否成功。

要获得执行该文件打开操作的主体的相关信息（如进程标识符、用户标识符、可执行程序名等），需要访问执行该 open 系统调用的进程的 PCB。在 Linux 系统中，可通过直接访问变量 current 的方式，查找出执行该 open 系统调用的进程的 PCB。current 是一个全局性的指针变量，指向正在执行进程的进程控制块结构，通过访问变量 current 所指向结构的相关域就能获得执行文件打开操作的主体的相应信息，具体为：从 current－＞pid 获得执行该次文件打开操作进程的进程标识符，从 current－＞uid 获得该进程的用户标识符，从 current－＞comm 获得该进程的可执行程序名。

用户如在编程中使用过 open 系统调用就不难发现，直接通过参数 filename 中的内容来确定日志记录中对应此打开操作的文件名并不合适。因为 filename 中的文件名可能是从根目录开始的全路径名（即绝对路径），也可能是从进程所在当前目录开始的局部路径名（即相对路径）。显然，作为文件操作日志应记录所操作文件的全路径名，如果记录了相对路径名，管理员看到该条日志记录并不能确定哪个文件是被访问的，因为如果不考虑所在目录的不同，系统中经常会存在多个同名的文件。

若 filename 中的文件名为相对路径名,要获得该文件的全路径名,需要获得从根目录到当前目录的路径名,然后与已有的相对路径名拼合在一起,就能形成一个全路径文件名。要获得当前目录的路径名就需要用到 current－＞fs,current－＞fs 指向一个类型为 fs_struct 的结构体,该结构体定义在 Linux 内核源代码目录下的 include/文件中,用于保存单个进程相关的文件系统设置,具体结构如下:

```
struct fs_struct {
    atomic_t count;
    rwlock_t lock;
    int umask;
    struct dentry * root, * pwd, * altroot;
    struct vfsmount * rootmnt, * pwdmnt, * altrootmnt;
};
```

其中 pwd 指向了类型为 struct dentry 的目录项结构。通过 current－＞fs－＞pwd 可以获得该进程的当前目录的目录项结构。本书的 8.3.1 节详细阐述了如何通过目录项结构获得对应的目录路径,用类似的方法可以获得进程当前目录的路径,拼合上相对路径的文件名,就能获得一个全路径文件名。

2. 结构体 struct sk_buff、struct nlmsghdr、struct iovec

由于应用层和内核层的地址空间不同,作为运行在应用层的日志应用程序并不能直接读取内核模块收集到的日志信息,因此需要专门的机制完成内核层和应用层之间的数据传递。在本章的开发实践中,拟采用 Netlink 机制完成内核层和应用层间的数据交换。在将待传递的数据构造成 Netlink 数据包的过程中,需要涉及到如下的数据结构,即 struct sk_buff、struct nlmsghdr 及 struct iovec。

结构体 sk_buff 是操作系统实现网络协议的重要结构,通常每个网络报文(无论是要发送的报文,还是从网络接口接收到的外部报文)都存在对应的 sk_buff 结构体,该结构体存储了报文所有的相关信息,供网络协议中的各子系统使用。sk_buff 结构体比较复杂,有多达五十个以上的成员变量,具体可以参见 Linux 的内核源代码文件 include/Linux /skbuff.h。

在进行本开发实践时,会涉及到对该结构体相关成员变量的访问,主要有:

- len:报文中数据载荷的长度。
- data:报文的数据载荷,该数据载荷是相对于 IP 协议层次而言的,Netlink 的消息头等也包含在该数据载荷中。

有关 Netlink 消息的构造以及相关的数据结构将在本章的下一节阐述。

3. 外部函数

在本章下面的开发实践中,将会用到 Linux 内核中的多个外部函数,为便于理解下面的实现代码,这里先介绍几个重要的外部函数。

- struct sock * netlink_kernel_create(int unit, unsigned int groups, void (* input) (struct sock * sk, int len), struct module * module); 该函数用于创建一个 Netlink 类型的套接字接口。一旦函数执行成功,该函数返回一个套接字接口指针,指向成功创建的套接字接口。该函数的具体参数含义如下:
    - unit:Netlink 的协议类型号,必须与上层程序中的 Netlink 协议号相一致,这样才能基于该套接字与上层程序的套接字建立起对应关系,从而完成通信。

♦ groups：Netlink 套接字的组标识,这里设置为 0 即可。

♦ (＊ input)(struct sock ＊ sk, int len)：回调函数的地址指针,一旦有报文到达该套接字接口,Netlink 机制会自动调用该函数设置的回调函数,同时将对应的套接字标识及长度传递给回调函数。

♦ module：为安全起见,指定使用该套接字的范围,该参数在模块编程中通常设为 THIS_MODULE,意即在当前模块(即创建该套接字的模块)中使用该套接字。

• int netlink_unicast(struct sock ＊ ssk, struct sk_buff ＊ skb, _u32 pid, int nonblock)；该函数用于向指定的进程(由参数 pid 标识)发送一个 Netlink 消息。参数 ssk 为函数 netlink_kernel_create()返回的套接字,即指明向哪个套接字接口发送消息。参数 skb 存放待发送的消息,它的 data 域指向要发送的 Netlink 消息结构,而 skb 的控制块保存了消息的地址信息。参数 pid 为接收消息进程的 PID。参数 nonblock 表示该函数是否为非阻塞,如果为 1,该函数将在没有接收缓存可利用时立即返回；如果为 0,该函数在没有接收缓存可利用时睡眠。

• struct sk_buff ＊ skb_dequeue(struct sk_buff_head ＊ list)；　该函数用于取得 Netlink 接收队列上的消息,返回一个 struct sk_buff 结构指针,该结构中的 data 域指向实际的 Netlink 消息。在本章的开发实践中,该函数在 Netlink 套接字的回调函数中调用,当有报文到达该套接字后,回调函数通过调用该函数获得一个消息(即所对应的 sk_buff 结构指针),然后再处理接收到的消息。

对 8.3.1 节中已经介绍过的外部结构和函数,这里不再赘述。另外,一些常见的工具函数,如内存分配函数(kmalloc)、缓存区初始化函数(memset)、字符串复制函数(strcpy)、字符串比较函数(strcpy/strncpy)等,对很多读者而言并不陌生,这里就不再详细阐述。

9.2.2　头文件、全局变量及声明

1. 该系统原型实现涉及到的头文件

```
# include <Linux/module.h>    //进行内核模块编程所必须包含的头文件
# include <Linux/kernel.h>
# include <Linux/init.h>
# include <Linux/syscalls.h>
# include <Linux/file.h>
# include <Linux/fs.h>        //下面的代码设计中用到文件相关的操作
# include <Linux/string.h>
# include <Linux/mm.h>
# include <Linux/sched.h>
# include <Linux/unistd.h>
# include <net/sock.h>
# include <net/netlink.h>     //使用 Netlink 机制所必需的头文件
```

宏定义包括：

```
# define TASK_COMM_LEN 16      //进程对应的可执行文件名长度
# define Netlink_TEST 29       / ＊ 日志应用程序和内核模块约定用于传递信息的 Netlink 协议号 ＊ /
# define AUDITPATH "/root/TestAudit"  //对该目录下的文件访问才被记录下来
```

```
#define MAX_LENGTH 256        //文件名的最大长度
```

2. 本系统原型源代码实现中的全局变量

```
void ** sys_call_table;        //指向系统调用入口表的地址
asmlinkage long ( * orig_open)(const char * pathname, int flags, mode_t mode);  / * 用于保存原
                                来的 open 系统调用处理函数地址 * /
static u32 pid = 0;            //与内核模块进行 Netlink 通信的日志应用程序的进程标识符
static struct sock * nl_sk = NULL;  //用于 Netlink 通信的套接字
```

3. 函数声明

在 8.3 节中已经详细阐述了程序员要主动声明内核模块的初始化函数和注销函数的原因，在本开发实践中，内核模块的初始化函数和注销函数声明如下：

```
module_init(audit_init);
module_exit(audit_exit);
```

其中函数 audit_init()和函数 audit_exit()是本章开发实践中自行编写的两个函数。前者用于 open 系统调用处理函数入口地址的重载，以及进行 Netlink 接口的初始化工作。后者完成与前者相反的工作，即在系统调用入口地址表中恢复原来的 open 系统调用处理函数地址，并撤销已创建的 Netlink 接口。

与 8.3 节中同样的理由，这里也通过宏 MODULE_LICENSE 声明此模块的许可证，具体为：

```
MODULE_LICENSE("GPL");
```

4. 结构定义

在系统的中断向量表中，每个中断对应一个结构体 struct idt_descriptor，通过该结构可直接获得中断处理函数的入口地址。本开发实践需要获得 0x80 号中断处理函数的入口地址，该中断是用来处理系统调用的。

```
struct idt_descriptor{
    unsigned short off_low;        //该中断的处理函数低 16 位地址
    unsigned short sel;
    unsigned char none, flags;
    unsigned short off_high;       //该中断的处理函数高 16 位地址
};
```

9.2.3　函数组成和功能设计

在 9.1 节中，将内核日志模块的功能分为四个部分：内核模块初始化，内核模块注销，操作信息收集，基于 Netlink 的日志信息发送。下面分别介绍这些部分所涉及到的函数。

1. 内核模块初始化

内核模块初始化部分主要完成系统调用重载，即将操作信息收集的主函数地址写入系统调用入口地址表中 open 系统调用处理函数对应的位置。该部分的难点在于如何获得系统调用入口地址表的首地址，另外还需要创建一个基于 Netlink 的套接字。这部分主要涉及如下几个函数：

- static int __init audit_init(void)；　该函数为内核模块初始化函数，在内核模块加载

到 Linux 内核中时被自动调用。该函数首先调用函数 get_sys_call_table()获得系统调用入口地址表的首地址,然后用自己设计的操作信息收集函数 hacked_open()来替换该入口地址表中 open 系统调用的处理函数入口地址,同时将原有的 open 系统调用处理函数入口地址保存到全局变量 orig_open 中,最后调用函数 netlink_init()完成 Netlink 套接字接口的初始化。

- void * get_sys_call_table(void);　该函数首先调用函数 get_system_call()来获得系统调用处理函数(即 0x80 号中断的处理函数)的入口地址。因系统调用处理函数中涉及到对系统调用入口地址表的引用,且该引用是作为 call 指令的参数,即紧跟在 call 指令的后面,而在系统调用处理函数的这段代码中,call 指令仅在引用系统调用入口地址表时出现一次。根据 call 指令的指令码(0xff1485)特征,从系统调用处理函数的总入口地址开始,逐个字节向下扫描就可获得该 call 指令的位置,其后的内容即为系统调用入口地址表的首地址。

- void * get_system_call(void);　该函数用于获得系统调用处理函数的入口地址,在 Linux 中系统调用作为一种特殊的中断(即系统自陷)存在,其中断编号为 0x80。在 Linux 的运行过程中,中断入口地址表(又称为中断向量表)的首地址一直保存在 CPU 的一个全局寄存器 IDTR 中。可以从该寄存器中读取中断向量表的首地址,加上 0x80 * 8(中断向量表每个表项占 8 个字节)就能获得 Linux 系统调用处理函数的入口地址。

- unsigned int clear_and_return_cr0(void);　该函数在函数 audit_init()中调用。通常系统调用入口地址表所在的物理页会处于写保护状态,函数 audit_init()在修改系统调用入口地址表中的 open 系统调用处理函数入口地址前,需要调用该函数进行临时性设置,以清除 CPU 控制寄存器 CR0 的写保护控制位。这样在修改系统调用的入口地址表时,CPU 会忽略所访问物理页是否需要写保护,而直接修改该页中的内容。

- void netlink_init(void);　该函数在函数 audit_init()中调用,它调用外部函数 netlink_kernel_create()创建一个基于 Netlink 的 SOCKET 接口,该 SOCKET 接口的数据接收钩子函数设置为函数 nl_data_ready(),并将该套接字接口保存在全局变量 nl_sk 中。

- void nl_data_ready(struct sock * sk, int len);　该函数被设置成所创建 SOCKET 接口的数据接收钩子函数,当该 SOCKET 接口收到日志应用程序发送来的数据时会自动调用该函数。日志应用程序在启动时,会将自己的 PID(进程标识符)发送到内核层,该函数主要从 SOCKET 接口的接收数据中解析出后台日志应用进程的 PID 信息,并将其保存到全局变量中。内核模块在收集到日志信息后,会基于 Netlink 的 SOCKET 接口,将日志信息定向发送给由该 PID 标识的日志应用程序。

2. 内核模块注销

内核模块注销部分的功能比较简单,主要函数有:

- static void __exit audit_exit(void);　该函数在内核模块卸载时被自动调用,主要功能是将系统调用入口地址表中的 open 系统调用处理函数入口地址恢复为原来的 open 系统调用处理函数入口地址。同样,在执行恢复操作的前后,要清除和恢复设置控制寄存器 CR0 的写保护位。最后该函数释放在函数 netlink _init() 中建立的 SOCKET 接口。

- void netlink_release(void)；该函数在函数 audit_exit() 中调用,用于释放所分配的 Netlink 资源。

3. 操作信息收集

该部分的功能是收集文件打开相关的日志信息,然后调用日志信息发送部分的函数将收集到的日志信息发送到应用层。该部分主要包括以下几个主要函数:

- asmlinkage long hacked_open(const char ＊ pathname, int flags, mode_t mode)；该函数的入口地址将在内核模块初始化时被函数 audit_init() 注册到系统调用入口地址表中,以替代原来的 open 系统调用处理函数入口地址。由于该函数的入口地址写入到系统调用入口地址表中,因此每当系统中有应用程序执行 open 系统调用的时候,该函数会被 Linux 系统自动调用。该函数的主要功能是首先调用原来的 open 系统调用处理函数,然后调用函数 AuditOpen() 进行日志信息的收集和记录。

- int AuditOpen(const char ＊ pathname, int flags, int ret)；该函数用于完成日志信息的收集,其中一项主要任务是调用函数 get_fullname() 获得所打开文件的全路径文件名,最后将收集到的内容封装在一个缓冲区中,再调用日志发送函数 netlink_sendmsg() 将日志内容发送出去。

- void get_fullname(const char ＊ pathname, char ＊ fullname)；该函数的功能是获得打开文件的全路径名,并将结果保存在参数 fullname 指向的缓冲区中。该函数首先从 current->fs->pwd 获得当前目录对应的目录项结构,然后获得该目录项对应的路径名(具体过程详见 8.3.1 节"struct dentry",这里不再赘述),该路径名拼合参数 pathname 指向的文件名后,就得到了全路径文件名。

这里需要注意的是,本开发实践中获取全路径名的算法存在一定的缺陷,如果参数传入的文件名为相对路径名,且包含向上级目录的回退(如../TestAudit 的形式),所计算出的全路径名就不够简约。如当前目录路径为/root/test,参数传入的相对路径为../TestAudit,应用程序要访问的实际路径为/root/TestAudit,而本函数计算出的全路径名为/root/test/../TestAudit。因此本章开发出的原型系统存在一定的安全漏洞,攻击者可以恶意绕过原型系统中的系统级日志访问目标文件夹。在基于该原型系统进行扩展开发实践时,可以进行针对性的改善,只要对本函数计算出的全路径名进行简约化处理即可,这里不再详述。

4. 基于 Netlink 的日志信息发送

该部分的功能是将内核模块收集到的日志信息通过创建好的 SOCKET 接口发送给日志应用程序。该部分仅包含一个函数:

- int netlink_sendmsg(const void ＊ buffer, unsigned int size)；该函数通过调用 Netlink 的单播发送函数 netlink_unicast(),将封装在 buffer 缓冲区中的日志数据发送到所创建的 SOCKET 接口中。应用层的日志应用程序会从该 SOCKET 接口中读取出相应的日志数据。

9.2.4　函数实现与注释

1. 模块初始化部分

```
static int __init audit_init(void){
    unsigned int orig_cr0 = clear_and_return_cr0();  /*清除控制寄存器 CR0 的写保护检查控
                                制位,并保存 CR0 寄存器的原始值*/
    sys_call_table = get_sys_call_table();  //获取系统调用入口地址表的首地址
    printk("Info: sys_call_table found at %lx\n",(unsigned long)sys_call_table);  /*输出
                系统调用入口地址表的首地址*/
    orig_open = sys_call_table[__NR_open];  /*保存 open 系统调用的原始处理函数入口地址,
                __NR_open 为 open 的系统调用号,该号对应 open 系统调用处理函数
                在系统调用入口地址表的位置*/
    sys_call_table[__NR_open] = hacked_open;  //重载 open 系统调用的处理函数入口地址
    asm volatile ("movl %%eax, %%cr0" : : "a"(orig_cr0));  /*恢复控制寄存器 CR0 的值,
                即恢复其写保护检查控制位*/
    netlink_init();          //进行 Netlink 相关的初始化
    return 0;
}

void * get_system_call(void) {  /*该函数用于获得系统调用处理函数的入口地址,即 Linux 系统
                中 0x80 号中断的处理函数地址*/
    unsigned char idtr[6];
    unsigned long base;      //存储中断向量表的首地址
    struct idt_descriptor desc;
    asm ("sidt %0" : "=m" (idtr));  //取出中断向量寄存器的内容
    base = *((unsigned long *) &idtr[2]);  //获得中断向量表的首地址
    memcpy(&desc, (void *) (base + (0x80 * 8)), sizeof(desc));  /*获得实现系统调用的中
                断(对应的中断号为 0x80)信息,由于每个中断的信息结构占 8 字
                节,所以该中断的信息在中断向量表中的偏移地址为(0x80 * 8)*/
    return((void *) ((desc.off_high << 16) + desc.off_low));  //将高地址的 16 左移
}

void * get_sys_call_table(void)
{
    void * system_call = get_system_call();  //获得系统调用处理函数(0x80 号中断)的地址
    unsigned char * p;        //临时性指针变量
    unsigned long sct;        //缓存系统调用入口地址表的首地址指针
    int count = 0;
    p = (unsigned char *) system_call;
    /*下面的循环在系统调用处理函数的代码段中搜索 call 指令的位置,call 指令的指令码为
        "0xff1485"*/
    while (!(( *p == 0xff) && ( *(p+1) == 0x14) && ( *(p+2) == 0x85))){
        p++;
        if (count ++> 500) {  //搜索范围超出了系统调用处理函数的代码段长度,终止搜索
            count = -1;      //设置不成功标志
            break;
        }
    }
    if (count != -1){          //判别是搜索成功终止,还是搜索范围超出终止
```

```
        p += 3;                /* 跳过指令码,获取第一个操作数,该操作数即为系统调用入口地
                                  址表的首地址 */
        sct = * ((unsigned long * ) p);
    }
    else
        sct = 0;               //没有成功获得系统调用入口地址表的首地址
    return((void * ) sct);     //返回系统调用入口地址表的首地址
}


unsigned int clear_and_return_cr0(void) {    //清除控制寄存器 CR0 中的写保护检查控制位
    unsigned int cr0 = 0;
    unsigned int ret;          //保存 CR0 寄存器的原始值
    asm volatile ("movl % % cr0, % % eax" : " = a"(cr0));    /* 将 CR0 寄存器的原始值读入到变
                                                              量 cr0 中 */

    ret = cr0;                 //将 CR0 寄存器的原始值保存至 ret 中
    cr0 & = 0xfffeffff;        //修改 CR0 的值,将其第 16 位(即写保护检查控制位)置 0
    asm volatile ("movl % % eax, % % cr0" : : "a"(cr0));    /* 将清除写保护检查控制位后的值
                                                            回写至 CR0 寄存器 */
    return ret;                //将 CR0 寄存器的原始值返回,以便于将来恢复 CR0 寄存器的值
}


void netlink_init(void) {       /* 创建一个 Netlink 类型的 SOCKET 接口,要基于该接口与应用程序
                                  进行通信,其 Netlink 的协议类型号必须与应用程序中的
                                  Netlink 协议号一致.这里将协议类型号均设置为 29 */
    nl_sk = netlink_kernel_create(Netlink_TEST, 0, nl_data_ready, THIS_MODULE);
    if (!nl_sk) {               //创建失败,进行相关的资源释放
        printk(KERN_ERR "net_link: Cannot create netlink socket. \n");
        if (nl_sk != NULL)
            sock_release(nl_sk - > sk_socket);
    }
    else                        //创建成功,输出提示信息
        printk("net_link: create socket ok. \n");
}


void nl_data_ready (struct sock * sk, int len){    /* 在基于 Netlink 的 SOCKET 接口有数据到达
                                                    时,Linux 内核自动会调用该函数 */
    struct sk_buff * skb;       //消息报文缓冲区指针
    struct nlmsghdr * nlh;      //Netlink 消息头指针
    skb = skb_dequeue(&(sk - > sk_receive_queue));    /* 调用 skb_dequeue,从该套接字对应的
                                                        消息到达链(sk - > sk_receive_queue)
                                                        上,取出一个到达的消息 */
    if (skb -> len >= NLMSG_SPACE(0)) {    /* NLMSG_SPACE(0)表示最短内容的消息长度,即纯消息
                                            头的长度,到达消息若小于该长度是无效消息 */
        nlh = (struct nlmsghdr * )skb->data;    //取出到达消息的内容,即 Netlink 消息头
        pid = nlh->nlmsg_pid;   //获取发送该消息进程的标识符
        printk("net_link: pid is % d, \n", pid);
        kfree_skb(skb);         //释放处理过的消息
    }
    return;
}
```

2. 模块注销部分

```
static void __exit audit_exit(void){
    unsigned int orig_cr0 = clear_and_return_cr0();    //清除 CR0 寄存器写保护检查控制位
    sys_call_table[__NR_open] = orig_open;              //恢复原始 open 系统调用处理函数
    asm volatile ("movl % % eax, % % cr0" : : "a"(orig_cr0));    /* 恢复控制寄存器 CR0 的值,
                        即恢复其写保护检查控制位 */
    netlink_release();
}


void netlink_release(void) {
    if (nl_sk != NULL)
        sock_release(nl_sk -> sk_socket);    //释放 Netlink 资源
}
```

3. 日志信息收集

```
asmlinkage long hacked_open(const char * pathname, int flags, mode_t mode) {    /* 新重载的
                        open 系统调用的处理函数 */
    long ret;               //记录原 open 系统调用处理函数的返回值
    if( pathname == NULL )    //容错性检查
        return -1;
    ret = orig_open(pathname, flags, mode);    /* 调用原 open 系统调用处理函数,并记录相应的
                                            返回值 */
    AuditOpen(pathname,flags,ret);    //进行日志记录操作
    return ret;               //返回原 open 系统调用处理函数的返回值
}


int AuditOpen(const char * pathname,int flags, int ret){
    char commandname[TASK_COMM_LEN];          //程序名缓冲区
    char fullname[256];                       //所打开文件的全路径名缓冲区
    unsigned int size;                        //发送数据的总长度
    void * buffer;                            //发送数据的缓冲区指针
    memset(fullname, 0, 256);                 //初始化所打开文件的全路径名缓冲区
    get_fullname(pathname, fullname);         //获得所打开文件的全路径名
    if (strncmp(fullname,AUDITPATH,15) != 0)  /* 本开发实践只记录 AUDITPATH 目录下的文件
                                            访问日志 */
        return 1;
    strncpy(commandname,current -> comm,TASK_COMM_LEN);    //获得程序名
    size = 16 + TASK_COMM_LEN + 1 + strlen(fullname) + 1;/* 加1用于存放字符串结束标志 */
    buffer = kmalloc(size, 0);                //分配发送缓冲区
    memset(buffer, 0, size);                  //初始化发送缓冲区
    * ((int * )buffer) = current -> uid;      //将用户标识符复制到发送缓冲区中
    * ((int * )buffer + 1) = current -> pid;  //将进程标识符复制到发送缓冲区中
    * ((int * )buffer + 2) = flags;           //将打开类型复制到发送缓冲区中
    * ((int * )buffer + 3) = ret;             //将返回值(即打开是否成功)复制到发送缓冲
                                            区中
    strncpy((char * )( 4 + (int * )buffer ),commandname,16 );    //将程序名复制到发送缓冲区中
    strcpy( (char * )( 4 + TASK_COMM_LEN/4 + (int * )buffer ), fullname);    /* 将要打开文件
                        的文件名复制到发送缓冲区中 */
    netlink_sendmsg(buffer, size);            //向应用程序发送日志数据
    return 0;
```

```
}

void get_fullname(const char * pathname,char * fullname){
    struct dentry * tmp_dentry = current->fs->pwd;    //获取该进程的当前目录
    char tmp_path[MAX_LENGTH];                         //保存路径名的临时缓冲区
    char local_path[MAX_LENGTH];                       //保存路径名的临时缓冲区
    memset(tmp_path,0,MAX_LENGTH);                     //初始化缓冲区
    memset(local_path,0,MAX_LENGTH);                   //初始化缓冲区
    if ( * pathname == '/') {                          /* 比较路径名中的第一个符号是否为'/',即是
                        否为绝对路径,如果是绝对路径,其实就是全路径名 */
        strcpy(fullname,pathname);
        return;
    }
    // pathname 中为相对路径名,首先获得当前所在目录的路径
    while (tmp_dentry != NULL) {                       /* 该循环从当前目录的目录名开始逐层向上处
                        理,local_path 存储从正在处理的那层目录开始至当前目录的目录名 */
        if (!strcmp(tmp_dentry->d_iname,"/"))          //是否已到根目录
            break;                                     //已到根目录,提前退出
        strcpy(tmp_path,"/");                          //设置上下两层目录之间的分隔符'/'
        strcat(tmp_path,tmp_dentry->d_iname);          /* 在目录分隔符前,合并正在处理目录的目
                        录名 */
        strcat(tmp_path,local_path);                   /* 在目录分隔符后,合并上拼合好的下层目录
                        路径(即下层目录至当前目录的路径) */
        strcpy(local_path,tmp_path);                   //将合并结果保存至 local_path
        tmp_dentry = tmp_dentry->d_parent;             //指向上层目录的目录项继续处理
    }
    strcpy(fullname,local_path);                       //复制当前目录的全路径
    strcat(fullname,"/");                              //设置上下两层目录之间的分隔符'/'
    strcat(fullname,pathname);                         //合并上相对路径,即为打开文件的全路径名
    return;
}
```

4. 基于 Netlink 的日志信息发送

```
int netlink_sendmsg(const void * buffer, unsigned int size){
    struct sk_buff * skb;
    struct nlmsghdr * nlh;                    //Netlink 的消息头结构指针
    int len = NLMSG_SPACE(1200);              /* 发送消息的最大长度为 1200,len 为考虑消息
                                                 头后的长度 */
    if((!buffer) || (!nl_sk) || (pid == 0))  /* 如果日志应用程序还没有告诉其进程标识符,
                                                 则不发送日志记录 */
        return 1;
    skb = alloc_skb(len, GFP_ATOMIC);         //分配报文缓冲区
    if (!skb){                                //报文缓冲区分配不成功
        printk(KERN_ERR "net_link: allocat_skb failed.\n");
        return 1;
    }
    nlh = nlmsg_put(skb,0,0,0,1200,0);        //生成 Netlink 消息头结构
    Netlink_CB(skb).pid = 0;                  /* 设置发送本消息的进程标识符,0 表示本消息
                                                 由内核发送 */
    memcpy(NLMSG_DATA(nlh), buffer, size);    /* 将要发送的消息内容复制到 Netlink 消息头的
                                                 后面 */
```

```
//以单播方式,将构造好的消息发送至指定 PID 的上层应用程序
if( netlink_unicast(nl_sk, skb, pid, MSG_DONTWAIT) < 0){
    printk(KERN_ERR "net_link: can not unicast skb \n");
    return 1;
}
return 0;
}
```

9.3　日志应用程序的实现

9.3.1　程序功能及实现思路

日志应用程序的主要功能是从 Netlink 接口中接收内核日志模块发送来的日志数据,并将该日志数据保存到文件中。日志应用程序具体包括以下几个部分:

- 初始化部分。打开命令行参数指定的日志文件,创建一个基于 Netlink 的套接字接口,安装一个自行设计的信号处理函数。
- PID 发送。通过 getpid 系统调用获得本进程的进程标识符,然后将该标识符发送到内核日志模块。
- 循环接收和记录内核日志模块发来的每个日志信息。该循环为无限循环,直到程序结束,每次循环从基于 Netlink 的套接字接口中读取一条日志记录,并进行格式转化,以可读的方式将日志信息记录在日志文件中。
- 进程终止信号处理函数。由于在本程序中采用无限循环的方式接收内核日志模块发来的日志信息,需要以终止进程的方式结束该应用程序。而强行终止该进程可能会导致已经写入日志文件中的日志数据丢失,因此本开发实践重新设置进程终止信号的处理方式,在进程终止信号处理函数中关闭日志文件。

9.3.2　涉及的库函数和结构体

在本开发实践中需要用到在平时的编程中不太用到的一些库函数,这里首先简单介绍一下这些库函数。

1. void signal(int signo, void (* func)(int));

该函数为一个信号设置指定的处理函数,包含两个参数,前一个参数是整数类型,指定为哪类信号设置处理函数,后一个参数 void (* func)(int)是指向一个函数的指针,指明具体的处理函数,该函数需要一个 int 型的参数(也可以忽略这个参数),无返回值。

该函数一旦执行成功,每当进程接收到指定的信号时,为该信号设置的处理函数将会被自动调用。在本开发实践中,用该函数为进程终止信号(SIGTERM)设置新的处理函数,在该新处理函数中实现日志文件的关闭。

2. struct passwd * getpwuid(uid_t uid);

在 Linux 系统中,用户的帐户信息保存在口令文件/etc/passwd(或者/etc/shadow)中,如果知道一个用户标识符 UID,要想获得该帐户的其他信息,如用户名、该帐户的口令、用

户的组标识 GID 等,需要访问口令文件。该函数的功能是获得对应 UID 的帐户信息,参数为指定的用户标识符,返回值为指向帐户信息结构(类型为 struct passwd)的指针。

```
struct passwd {
    char    * pw_name;                    //用户帐号名
    char    * pw_passwd;                  //帐户的口令(以密文形式表示)
    uid_t   pw_uid;                       //用户标识符
    gid_t   pw_gid;                       //用户的组标识
    char    * pw_gecos;                   //用户全名
    char    * pw_dir;                     //用户主目录
    char    * pw_shell;                   //用户的 shell 程序
};
```

如果要获得具体的某一项帐户信息,如用户名,直接访问该结构体中的 pw_name 域即可。在该开发实践中,操作系统层获得的日志记录,其操作主体为用户标识符,为了提高日志记录的可读性,调用该函数将用户标识符转换为对应的用户帐号名。

3. int socket(int domain, int type, int protocol);

该函数用来创建一个套接字接口。Netlink 为方便用户使用,采用类似网络套接字接口的方式完成通信。为区别于一般的网络通信,Netlink 对应一个单独的协议域(domain),即 PF_Netlink。在创建 Netlink 的套接字接口时,该函数的参数形式一般为 socket(PF_Netlink, SOCK_RAW, ProtocalNum)。

上述参数中,协议域指定为 PF_Netlink,指明要创建的套接字为 Netlink,套接字类型指定为 SOCK_RAW,即提供原始的网络协议访问,最后一个参数指明协议通信号。Netlink 套接字通信支持多达 32 个协议通信号,为 0~31。前面十几个协议通信号已经预留给知名的一些应用专用,如 Linux 防火墙等。为了防止与原有建立在 Netlink 机制上的一些应用冲突,在进行 Netlink 相关的应用开发时,应避免选取预留的协议通信号,在后面协议通信号(即 16 以后)中自选一个使用,本开发实践选用 29 作为协议通信号。在进行基于 Netlink 的通信时,应用程序和内核模块要选用相同的协议通信号,否则无法进行正常的 Netlink 通信。

4. ssize_t sendmsg(int sock, const struct msghdr * msg, int flags);

该函数用于向指定套接字发送数据。在本开发实践中,用于向基于 Netlink 的套接字接口发送本进程的进程标识符信息。该函数包含三个参数:

- sock:要向其发送数据的套接字。
- msg:指向要发送消息头的结构体。
- flag:发送的一些控制标志及其组合。

5. 消息头结构体

```
struct msghdr {
    void      * msg_name;              //消息名称,实际为数据包的目标地址
    int       msg_namelen;            //消息名称的长度,即目标地址结构体的长度
    struct iovec   * msg_iov;         /* 指向消息内容的结构体,确切讲指向元素类型为结构体
                                          struct iovec 的数组起始地址,msghdr 中允许一次传递多
                                          个数据包,它们以数组的形式存储在一起即可 */
```

```
    __kernel_size_t msg_iovlen;              //消息数量,即 msg_iov 指向数组的元素个数
    void        * msg_control;               //控制信息,本开发实践不发送控制信息
    __kernel_size_t msg_controllen;          //控制信息的长度
    unsigned    msg_flags;                   //消息发送的标志
};
```

其中消息内容结构体为:

```
struct iovec{
    void __user    * iov_base;               //指向数据包缓冲区
    __kernel_size_t iov_len;                 //数据包的长度
};
```

6. Netlink 套接字的消息头结构体

在基于 Netlink 的套接字通信中,消息内容结构体中的 iov_base 域指向一个 Netlink 机制自己定义的消息头,该消息头也被称为 Netlink 控制块,具体应用在发送 Netlink 消息时必须提供该消息头。Netlink 消息的具体内容紧跟在消息头的后面。

Netlink 套接字的消息头结构体具体为:

```
struct nlmsghdr{
    __u32 nlmsg_len;       //指定消息的总长度,包括紧跟该消息头部的数据部分以及该结构自身
    __u16 nlmsg_type;                        //具体应用内部定义的消息类型
    __u16 nlmsg_flags;                       //额外的消息标志
    __u32 nlmsg_seq;                         //消息的序号
    __u32 nlmsg_pid;                         //以进程标识符表示的消息发送者
};
```

7. ssize_t recvmsg(int sock, struct msghdr * msg, int flags);

该函数用于从指定套接字接收数据,在本开发实践中,用于从 Netlink 的套接字接口接收内核模块发送来的日志记录。该函数与函数 sendmsg() 相对应,所涉及到的数据结构比较类似,可以对照函数 sendmsg() 的消息头结构,解析出内核层发送来的数据。鉴于篇幅,这里不再赘述。

9.3.3 头文件及全局变量

```
# include < sys/stat.h >
# include < sys/socket.h >
# include < sys/types.h >
# include < Linux/netlink.h >
# include < Linux/socket.h >
# include < fcntl.h >
# include < asm/types.h >
# include < unistd.h >
# include < stdio.h >
# include < stdlib.h >
# include < string.h >
# include < time.h >
# include < signal.h >
# include < pwd.h >
# define TM_FMT "%Y-%m-%d %H:%M:%S"   //日期、时间的格式化串
```

```
# define Netlink_TEST 29           //本开发实践中自行定义的 Netlink 协议通信号
# define MAX_PAYLOAD 1024          // Netlink 套接字通信时的最大载荷长度
int sock_fd;                       //Netlink 套接字的标识符
struct msghdr msg;                 //用于构造套接字发送的消息
struct nlmsghdr * nlh = NULL;      //Netlink 自行定义的消息头
struct sockaddr_nl src_addr, dest_addr;  //Netlink 通信时的源地址和目标地址
struct iovec iov;                  //消息内容的结构体
FILE * logfile;                    //日志文件的 FILE 结构体指针
```

9.3.4　函数组成及功能设计

日志应用程序按实现的具体功能划分为如下四个函数。

- 主函数。函数原型为：

  ```
  viod main(int argc, char ** argv);
  ```

  该函数控制了日志应用程序的运行总流程,具体为：打开日志文件,初始化 SOCKET
  接口,调用函数 sendpid()将本进程的进程标识符发送到内核日志模块,并循环接收
  从内核日志模块发送来的每一条日志信息,调用写日志函数 Log()将日志信息格式
  化后写入日志文件。

- 进程标识符发送函数。函数原型为：

  ```
  void sendpid(unsigned int pid);
  ```

  该函数被 main 函数调用,该函数的功能是将进程标识符 pid 封装在数据缓冲区中,
  调用创建好的 SOCKET 接口将该 pid 发送至内核日志模块。

- 写日志函数。函数原型为：

  ```
  void Log(char * commandname, int uid, int pid, char * file_path, int flags, int ret);
  ```

  该函数被 main 函数调用,将参数中表示的日志记录以可读的格式记录到已经打开
  的日志文件中。每条日志记录的格式为：

  用户名(用户标识符) 程序名(进程标识符) 访问时间 所访问的文件名 访问类型 访问是否成功

- 进程终止信号处理函数。函数原型为：

  ```
  void killdeal_func();
  ```

  该函数在进程终止时被自动调用,其主要功能是关闭打开的日志文件,以防止已经
  记录到日志文件中的日志数据丢失。

9.3.5　函数实现与注释

1. 主函数

```
int main(int argc, char * argv[]){
    char buff[110];
    char logpath[32];                   //存储日志文件路径的缓冲区
    if (argc == 1)                      //用户没有指定作为日志文件名的参数
        strcpy(logpath,"./log");        //如果用户不指定日志文件,默认为./log
```

```
        else
            if (argc == 2)                      //取出第一个参数 argv[1]作为日志文件名
                strncpy(logpath, argv[1],32);
            else {
                printf("Usage1: % s logfile! \n", argv[0]);
                printf("Usage2: % s \n", argv[0]);
                exit(1);
            }
    signal(SIGTERM,killdeal_func);      //为进程终止信号 SIGTERM 设置处理函数 killdeal_func
    sock_fd = socket(PF_Netlink, SOCK_RAW, Netlink_TEST);  //创建一个 Netlink 的套接字
    nlh = (struct nlmsghdr * )malloc(NLMSG_SPACE(MAX_PAYLOAD));  / * 分配一个 Netlink 消息
                                                                       头结构 * /
    memset(nlh, 0, NLMSG_SPACE(MAX_PAYLOAD));//初始化消息头结构的缓冲区
    sendpid(getpid());                      //将本进程 PID 发送至内核层
    logfile = fopen(logpath, "w + ");        //打开日志文件
    if (logfile == NULL) {
        printf("Waring: can not create log file\n");
        exit(1);
    }
    while(1){                               //借助 Netlink 机制从内核中循环读取消息
        unsigned int uid, pid,flags,ret;
        char * file_path;                    //被打开的文件名
        char * commandname;                  //打开文件的可执行程序名称
        recvmsg(sock_fd, &msg, 0);           //从套接字中接收消息到 msg
        / * NLMSG_DATA(nlh)用于获得消息的内容,依次为用户标识符、进程标识符、打开标志位、
           打开返回值、程序名以及所打开的文件名 * /
        uid = * ( (unsigned int * )NLMSG_DATA(nlh) );
        pid = * ( 1 + (int * )NLMSG_DATA(nlh) );
        flags = * ( 2 + (int * )NLMSG_DATA(nlh) );
        ret = * ( 3 + (int * )NLMSG_DATA(nlh) );
        commandname = (char * )( 4 + (int * )NLMSG_DATA(nlh));
        file_path = (char * )( 4 + 16/4 + (int * )NLMSG_DATA(nlh));
        Log(commandname, uid,pid, file_path,flags,ret);
    }
    / * 下面的语句在程序结束前释放相应的资源,并关闭日志文件. 因用 SIGTERM 信号终止该程
       序,下面语句可能运行不到,相应功能在信号处理函数中完成 * /
    close(sock_fd);
    free(nlh);
    fclose(logfile);
    return 0;
}
```

2. 进程标识符发送函数

```
void sendpid(unsigned int pid) {            //该函数将本进程 PID 通过 Netlink 机制发送到内核
    memset(&msg, 0, sizeof(msg));           //初始化消息结构体
    memset(&src_addr, 0, sizeof(src_addr)); //初始化源地址结构体
    src_addr.nl_family = AF_Netlink;        //设置源地址协议的类型
    src_addr.nl_pid = pid;                  //设置源地址,即本进程的 PID
    src_addr.nl_groups = 0;                 //0,表示非组播方式
    bind(sock_fd, (struct sockaddr * )&src_addr, sizeof(src_addr));  //绑定地址
```

```
        memset(&dest_addr, 0, sizeof(dest_addr));//初始化目标地址结构
        dest_addr.nl_family = AF_Netlink;        //设置目标地址协议的类型
        dest_addr.nl_pid = 0;                     // 表示消息接收者为 Linux Kernel
        dest_addr.nl_groups = 0;                  //设置为非组播方式
        nlh->nlmsg_len = NLMSG_SPACE(MAX_PAYLOAD);  //设置消息长度
        nlh->nlmsg_pid = pid;                     //设置消息的发送者
        nlh->nlmsg_flags = 0;
        /* 填充 Netlink 消息 */
        iov.iov_base = (void *) nlh;
        iov.iov_len = nlh->nlmsg_len;
        msg.msg_name = (void *)&dest_addr;        //设置消息的目标地址
        msg.msg_namelen = sizeof(dest_addr);      //设置目标地址结构的长度
        msg.msg_iov = &iov;
        msg.msg_iovlen = 1;                       //该次只发送一个消息
        sendmsg(sock_fd, &msg, 0);                //将消息发送至内核层
}
```

3. 日志写入函数

```
void Log(char * commandname,int uid, int pid, char * file_path, int flags,int ret){
        char logtime[64];                    //存储格式化的当前时间
        char username[32];                   //用户名
        struct passwd * pwinfo;              //帐户信息结构指针
        char openresult[10];                 //字符串型表示的文件打开是否成功
        char opentype[16];                   //打开类型
        time_t t = time(0);                  //用于存储当前时间
        /* ret 表示文件操作是否成功,将文件操作成功标志转化为可读的字符串(success 或 failed)
           到 openresult 中 */
        if (ret > 0)
             strcpy(openresult,"success");
        else
             strcpy(openresult,"failed");
        /* 将文件打开标志位转化为可读形式(Read,Write,Read/Write,或 other 之一)到 opentype 中 */
        if (flags & O_RDONLY )
             strcpy(opentype, "Read");       //只读打开
        else
             if (flags & O_WRONLY )
                  strcpy(opentype, "Write");    //只写打开
             else
                  if (flags & O_RDWR )
                       strcpy(opentype, "Read/Write");  //读写方式打开
                  else
                       strcpy(opentype,"other"); //其他打开方式
        if (logfile == NULL)                 //检查日志文件是否已经打开
             return;
        pwinfo = getpwuid(uid);              //获得 uid 对应的帐户信息结构
        strcpy(username,pwinfo->pw_name);    /* 获得帐户信息中的用户名,即获得该 uid 对应
                                                的用户名 */
        strftime(logtime, sizeof(logtime), TM_FMT, localtime(&t));  /* 通过 localtime 函数,获
                  得系统当前时间,然后通过 strftime 函数将时间转化为可读格式 */
        fprintf(logfile,"% s(% d) % s(% d) % s \"% s\" % s % s\n",username,uid,commandname,
```

```
          pid, logtime,file_path,opentype, openresult);   //输出该日志记录到日志文件
          printf("% s(% d) % s(% d) % s \"% s\" % s % s\n", username, uid, commandname, pid,
          logtime, file_path,opentype, openresult);//为便于测试,在终端上输出该日志记录
}
```

4. 进程终止信号处理函数

```
void killdeal_func(){              //一旦进程收到进程终止信号(SIGTERM),该函数
                                        将会被自动调用
       printf("The process is killed! \n");
       close(sock_fd);
       if (logfile != NULL)
              fclose(logfile);       //关闭日志文件
       if (nlh != NULL)
              free(nlh);              //关闭 Netlink
       exit(0);                      //退出程序
}
```

9.4　编译、运行及测试

在 9.2 节和 9.3 节完成原型系统的代码编程后,就可以对该原型系统进行运行测试。在运行测试之前,需要将源代码编译成可执行程序和可加载内核模块。下述编译和运行过程是在 Fedora Core 6 Linux 环境下完成,若要在其他 Linux 发行版(如 Ubuntu 10.04 等)运行和测试,需要对 9.3 节的源代码进行适当改动,所涉及到的主要改动在 9.5.4 节具体阐述。

9.4.1　编译方法和过程

该原型系统由运行在应用层的日志应用程序和执行在内核层的内核日志模块两部分组成,这两部分的编译方法不同,需要分别进行编译。其中应用程序的编译比较简单,只需在 shell 命令行输入下述命令即可:

```
gcc - o auditdaemon auditdaemon.c
```

其中 auditdaemon.c 是保存日志应用程序源代码的文件名,假定该文件就在当前目录下,auditdaemon 为编译出的目标文件,该目标文件名可以在 gcc 编译时任意命名。gcc 命令执行结束,就会在当前目录下得到一个 auditdaemon 的可执行文件。

同第 8 章中内核模块的编译方法类似,本章的开发实践也通过 make 工具来完成。具体的 Makefile 文件内容为:

```
obj - m : = AuditModule. o
AuditModule - objs    : = sdthook. o syscalltable. o netlinkp. o
KDIR    : = /lib/modules/ $ (shell uname - r)/build
PWD     : = $ (shell pwd)
 $ (MAKE) - C $ (KDIR) SUBDIRS = $ (PWD) modules
```

赋值语句 Obj-m ：= AuditModule. o 说明要使用目标文件 AuditModule. o 建立一个

模块,该模块的名字就是 AuditModule.ko。赋值语句 AuditModule-objs ：= sdthook.o syscalltable.o netlinkp.o 指明了 AuditModule.o 所依赖的目标文件,这些目标文件将由同名的 *.c 文件编译而成(9.2.4 节中的代码分散在这三个文件中)。该 Makefile 文件中其他内容的含义与第 8 章中 Makefile 文件的对应部分相类似,这里不再赘述。

在当前目录(即包含上述的 Makefile 文件和源代码文件的目录)下输入 make,执行完成后,就会看到 AuditModule.ko 文件,这就是可加载的内核模块目标文件。

需要注意的是,编者是在 FC6 Linux(内核版本为 2.6.18)下编译 9.2 节和 9.3 节中的源代码,在其他版本的 Linux 系统下编译该程序时可能会遇到兼容性的问题,从而需要一些细节上的改动。据编者所知,Netlink 机制在不同版本的 Linux 内核中其实现存在很多的不同,如果需要在非 2.6.18 版本的 Linux 下进行本章的开发实践,应在 Netlink 机制的使用方式上进行相应的调整。9.5.4 节结合扩展开发实践,简单阐述了将该原型系统移植到 2.6.29 内核版本 Linux 下的基本要点。

9.4.2 文件操作日志测试

上面进行的开发实践只是给出实现系统级日志的一种思路和技术手段,并不是要开发一个完善的日志系统。考虑到可能对系统性能和稳定性产生影响,本开发实践只对一特定目录(即/root/testaudit)下的文件访问操作进行日志记录,因而对/root/testaudit 下的文件进行操作才会被本章开发的日志系统记录下来。在测试之前,通过 mkdir 命令创建/root/testaudit 目录用于测试。

本章开发的原型系统的测试流程大致如下:

(1) 加载和查看模块。

• insmod AuditModule.ko ＃插入 AuditModule.ko 模块到 Linux 内核

• lsmod | grep -e AuditModule ＃查看系统中所有加载的内核模块,如果加载成功,在显示出的内核模块列表中将会看到名字为 AuditModule 的模块

模块编译、加载以及查看的具体过程如图 9-2 所示。

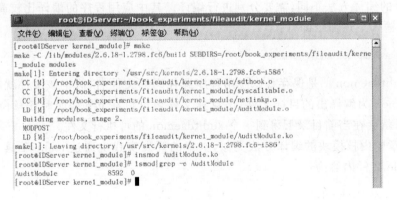

图 9-2 模块编译、加载和查看

(2) 启动日志应用程序。

• ./AuditDaemon ./log ＃告知日志应用程序将日志记录在当前目录下的 log 文件中

（3）文件读写测试。开启一个 shell 终端，将当前目录转移到/root/testaudit 下，在该目录下运行文件创建、读取以及修改相关的各种操作。通过 gedit 程序对该目录下的两个文件（test. c 和 test. txt）进行编辑并保存。

（4）结束日志应用程序。开启一个 shell 终端，执行 kill 命令结束日志应用程序。注意这里不能通过直接在日志应用程序的执行终端上按 Ctrl+C 键结束日志应用程序的执行。

- ps -ax │grep -e AuditDaemon　　♯查找 AuditDaemon 的进程标识符
- kill 5011　　♯终止日志应用程序，假定日志应用程序的进程标识符为 5011

具体执行过程如图 9-3 所示。

图 9-3　结束日志应用程序

（5）查看日志文件内容。上述测试过程完成后，将会在当前目录下看到所记录的日志文件 log。用文本编辑器打开该文件，其所记录的日志内容为：

root(0) gedit(4364) 2010 - 12 - 19 21:45:12 "/root/TestAudit/test.txt" other success
root(0) gedit(4364) 2010 - 12 - 19 21:45:19 "/root/TestAudit/test.c" other success

同时日志应用程序会有如图 9-4 所示的信息输出。

图 9-4　日志应用程序运行过程及信息输出

另外，通过 dmesg 命令，在显示文本的最后可以看到图 9-5 所示的信息。这是内核日志模块在执行一些操作时的信息输出，其中"Info：sys_call_table found at c06104e0"中的 c06104e0 是系统调用入口地址表的首地址，该地址是可变的，不同机器会有不同的地址。

图 9-5　dmesg 的输出信息

（6）测试结束，卸载内核模块。

rmmod AuditModule　　♯测试完成，卸载所插入的内核日志模块。

9.5　扩展开发实践

本章基于 Linux 系统调用重载技术实现了文件操作有关的日志原型系统,为了将开发过程的重点集中在原理和开发技术体现上,本原型系统仅实现了对文件读写等访问操作的记录。实际上,基于 Linux 系统调用重载技术不仅能够重载 open 系统调用,也能重载其他的系统调用。重载系统调用不仅可以用于相关资源访问操作的日志,同样也可以用于对系统调用的控制(详见 9.5.2 节)。因此在本章原型系统的基础上,可进行多个方面的下一步开发实践。

9.5.1　基于系统调用重载的系统级资源访问审计

本章的开发实践实际上只是提供了实现日志系统的一种关键技术和原型思路。无论从日志覆盖的操作范围、日志信息的详细程度来看,还是从便捷的审计界面来看,本章所实现的原型系统距离一个能真正使用的审计系统还有很多的开发工作,可以围绕如下方面进行下一步的开发实践。

1. 日志范围的扩展

通常日志(或审计)系统的存在是基于两个方面的目的,一是便于系统管理员(或安全管理员)了解系统的运行状况或安全状况,二是在系统发生安全相关的事件(如重要文件删除、外泄等)后,能够据此分析事件发生的原因、过程以及相关的责任主体。因此在确定日志的粒度或范围时,首先需要明确系统日志所要达到的目的,然后据此确定日志系统所应具有的粒度以及所要覆盖的范围。就在操作系统层实现的系统级安全日志而言,通常有以下种类的操作需要考虑并加以审计。

- 资源访问类操作,重点是文件访问类操作。这类操作主要包括各类文件(或目录)的创建、打开、读、写、执行(对可执行文件而言)以及删除等。文件访问类操作对系统的数据安全性非常重要,一个实用的系统级安全日志系统应该记录这些资源访问操作。
- 通信类操作。通信类操作代表一个进程与外界(其他进程或主机)的交互。保密性是系统最重要的安全特性之一,通信类操作相关的日志对发现数据泄密具有明显的意义。通信类操作主要分为三种:进程间的数据通信,进程间的控制类通信(如发送各种信号等),网络类通信。就重要性而言,网络类通信应该为日志覆盖的重点操作。
- 管理类操作。管理类操作,如关机或重启系统、内核模块加载、设备添加、挂载及卸载文件系统等,这类操作对系统安全性的影响也比较明显。这类操作的日志对分析系统安全故障具有重要的参考。

在确定好需要进行日志的操作种类后,逐个对照要获得这些操作信息需要重载哪些系统调用,从而分别编写相应系统调用的信息收集函数,并利用上述开发实践中的相关技术,将写好的信息收集函数的入口地址替代系统调用入口地址表中的原有系统调用处理函数的入口地址。

2. 日志项的确定

对于每条日志而言,如果记录的日志项越多,管理员从中获得的信息量就越多,但过多的日志项可能会带来较多的资源(计算或存储资源等)消耗。从系统调用层次上进行日志记录的一个明显问题在于每条日志的语义信息层次相对较低,如果不对日志项进行一些处理,可能管理员并不能从中获得有用的日志信息。

如重载 write 系统调用对写文件操作进行日志记录,通过该系统调用的参数可获得的信息有文件描述符 fd、缓冲区指针、缓冲区长度。显然记录后两个参数作为日志项没有明确的意义,通常管理员不太会去关心文件每次写入了多少内容。而第一个参数(即文件描述符)是一个动态概念,对同一文件每次执行打开操作时,系统可能会分配不同的文件描述符,管理员无法从文件描述符中知道对哪个文件进行了写操作。

因此在确定日志项的时候,要尽量避免记录一些动态的日志项,如内存地址、文件描述符、进程标识符等,要记录管理员能够理解的一些静态项目,如用文件名(最好是全路径名)来替代文件描述符。当然这种替代工作在实现时有一定难度,可能需要访问内核中的多个数据结构才能实现文件描述符到文件名的转换。

3. 日志处理的扩展

对一个日志系统,尤其是系统级的资源访问日志系统而言,系统中所发生的资源访问操作可能极其频繁。如果不对日志信息做一些合并等方面的处理,管理员面对数以万计的日志记录可能手足无措,并不能快速地发现自己感兴趣的日志信息,因此进行日志数据的合并处理是非常有必要的。如对写文件操作进行记录时,系统运行中可能会出现一个进程对某文件短时间内进行数以百计的写操作(如在一个循环体中对一个文件进行多次写),只有操作时间存在细微差别的上百条日志记录对管理员而言意义并不大,将这些日志记录合并成一条记录并不会损失有用的日志信息。

此外,在本章的开发实践中,原型系统的日志记录以文本文件的形式提供给管理员,管理员需要借助通用的文本文件查看软件来浏览信息,这给日志的查询和检索带来不便。在实际的日志系统中,需要提供一定的日志查看和检索手段,以便于管理员高效地获得自己所关心的日志记录。

4. 日志系统的灵活性扩展

日志覆盖的范围在一定程度上影响了日志系统的效率,如果管理员能够对日志系统进行配置,按照自己的需求进行针对性地日志记录,这不仅能提高日志系统的效率,也不降低日志系统的安全效果。在本开发实践中,原型系统只对规定目录(即/root/testaudit)下的文件打开操作进行日志。在下一步的开发实践中,可以考虑提供日志记录的灵活配置,如由管理员指定重要目录进行文件访问日志记录。

9.5.2 基于系统调用重载的访问控制类开发实践

8.5.1 节至 8.5.4 节详细阐述了如何基于 Linux 的安全模块机制实现四种资源访问控制的开发实践,包括:

- 针对指定应用程序的运行权限控制。即引入新的访问控制机制,给指定的应用程序实现一个权限受控的运行环境。该应用程序(实际是该应用程序对应的进程)只能访问在这种访问控制机制下得到授权的资源,而这种授权可以由管理员通过配套开发的配置工具来实现。

- 面向指定应用程序的完整性保护。即实现一种新的访问控制机制,该机制能够为资源(主要是文件)指定能访问它的应用程序。基于这种访问控制机制,可以指定一个应用程序的配置文件、中间结果文件等只能被该应用程序访问等,从而实现应用程序的完整性保护。
- 网络连接控制。即实现新的访问控制机制,来限定指定的应用程序是否能够进行网络通信,以及以何种方式(以 TCP 协议还是以 UDP 协议等)进行网络通信等。
- 基本型文件保险箱。即从操作系统层次提供相应的访问控制机制,实现一个类似保险箱的数据保护系统,可以对用户的重要数据提供特殊的保护。存储保险箱的文件只对保险箱数据管理程序可见,对其他程序是不可见的、也是不可访问的。保险箱数据管理程序在启动时会验证用户的身份。

实际上基于 Linux 的系统调用重载技术,同样也可以实现上述四种资源访问控制。系统调用被重载后,相应的系统调用在激发时会调用重载的系统调用处理函数(如 9.2 节的函数 hacked_open()),而不再调用原来的系统调用处理函数。与实现日志系统不同,在重载的系统调用处理函数中不再是一律调用原来的系统调用处理函数,而是先经过访问控制判断,然后根据判断结果再决定是否调用原来的系统调用处理函数。如果不调用,本质上就相当于拒绝了应用程序的系统调用请求,从而实施相应的访问控制。

对比基于安全模块机制进行上述四种扩展开发实践,本章将以系统调用重载的方式进行的扩展开发实践分别称为:基于系统调用重载的程序运行权限管理、基于系统调用重载的程序完整性保护、基于系统调用重载的网络连接控制、基于系统调用重载的基本型文件保险箱。

9.5.3　基于系统调用重载的加密型文件保险箱

基本型文件保险箱系统从操作系统层次上保证了个人重要数据的安全性,使得他人无法访问(包括查看、修改、删除等)放在文件保险箱中的文件,也无法看到文件保险箱中的文件。基本型文件保险箱在安全性上存在一定的漏洞,通过其他操作系统可访问到文件保险箱中的文件。如将文件保险箱所在的磁盘挂载到其他 Linux 系统或 Windows 系统中,因其他操作系统中不包含文件保险箱系统对应的 LSM 安全模块(或系统调用的重载处理),自然也就不会对文件保险箱系统中文件的访问进行限制。

通常从安全技术的角度无法禁止将丢失的磁盘挂载到其他系统,甚至直接销毁磁盘,也就是说从技术上无法保证文件保险箱中的数据不被访问或破坏。但是从安全角度可以做到即使该磁盘丢失,其上保存的数据也不会被泄密。如果文件保险箱要实现即使在磁盘丢失的情况下数据也不泄密,就需要以密文的形式来保存文件保险箱中的文件数据,下文称这类保险箱为加密型文件保险箱。

加密型文件保险箱除实现基本型文件保险箱的所有安全功能外,其一项重要功能是实现对保险箱内文件数据的加密和解密,即将文件放入到文件保险箱时对文件内容进行加密,当要从文件保险箱中取出文件时进行解密以恢复文件的原始内容。由于文件保险箱管理程序是唯一能够访问该文件保险箱的程序,因此文件内容的加解密过程有如下两种不同的实现方案：

- 系统级的加解密。即在所重载系统调用的处理函数中实现文件内容的加密和解密。在重载的读文件操作和写文件操作相关系统调用的处理函数中，不仅可以实现访问控制，还可以对写入和读出的内容进行变换。
- 应用级的加解密。即在文件保险箱管理程序中实现对文件内容的加密和解密操作。每当将文件放入文件保险箱中时对文件的内容进行加密，当从文件保险箱中取出文件时对文件的内容进行解密。

在实际开发中这两种实现方案都是可行的，而系统级的加解密实现比应用级的加解密实现难度大。事实上，基于 LSM 机制也能实现加密型文件保险箱系统，只不过要实现这样的加密型文件保险箱系统只能采用应用级的加解密方案，即在文件保险箱管理程序中实现对文件内容的加解密，而不能采用系统级的数据加解密，即不适合在 LSM 框架的钩子函数中完成数据的加解密工作。LSM 框架的绝大多数钩子函数都是在相应的操作发生前调用，这样钩子函数的返回结果就能影响和决定 LSM 框架是否继续相应的操作，从而实现访问控制。只有数量极少的钩子函数（如钩子点名称中含"post"的那些函数）在操作完成之后调用。具体到实现加密型文件保险箱所必需的文件读写相关的钩子函数，都是在操作发生之前调用的，这样可实现数据写入保险箱时的加密，但不能实现数据从保险箱读取时的解密。

9.5.4　基于系统调用重载的日志原型系统的移植

本章中的原型系统是在 FC6 Linux 系统（内核版本 2.6.18）中实现的，由于本原型系统在内核有较多的编程工作，因此与 Linux 的内核版本存在密切的关联。据初步测试，该原型系统在内核版本 2.6.14 及以下的 Linux 系统中不能正常运行，也不能在内核版本 2.6.28 及以上的 Linux 系统中运行。如果要将原型系统在主流的 Ubuntu 系统（内核版本 2.6.28 或 2.6.34）上运行，需要进行相应的移植工作。

Netlink 机制在内核层的实现从出现至今一直在发展和变化着，目前常看到的 Linux 内核版本其 Netlink 机制的实现都有明显的差别，而且这种差别直接体现在供软件开发者调用的接口函数上。如 Netlink 套接字的创建函数 netlink_kernel_create()，其形式参数的数量和类型一直在变化，这使得本章的原型系统在其他 Linux 系统上连正常的内核模块编译都不能顺利通过，更谈不上在其他 Linux 系统中运行了。有兴趣的读者可以通过阅读和理解 Netlink 机制的实现及调用接口，将本原型系统移植到主流的 Ubuntu 系统上。

另外，在上面的开发实践中需要获得进程的当前目录，以和相对路径拼合成一个全路径文件名。在 2.6.28 版本的 Linux 内核中，获得当前目录所需要的数据结构的定义有所改变，在进行移植时要重点注意。

9.6　本章小结

本章详细阐述了一个基于系统调用重载技术的文件访问日志系统的原型开发和源代码实现过程，该原型系统重点在于展示系统调用的工作原理、如何实现系统调用的重载，以及如何利用系统调用重载技术实现资源访问日志系统的开发方法，而不在于提供一个完整的日志系统。本章的开发实践除了涉及系统调用的重载技术外,还重点展示了 Netlink 的工作原理,以及如何基于 Netlink 的套接字接口实现内核层与应用层之间的数据交换。

本章完成的基于系统调用重载的日志系统只是一个简单的原型系统,本章最后部分详细讨论了在本原型系统基础上能够进行的具有实际安全意义的扩展开发实践。有兴趣的读者可以在此原型系统的基础上,按照 9.5 节中的内容进行扩展开发实践。

习　　题

1. 对比 9.5.3 节中提到的两种加解密实现方案,即系统级的加解密和应用级的加解密,从实现难度、实现效率、安全性、可扩展性等方面阐述这两种加解密方案的优缺点。

2. 采用 LSM 注册钩子函数的方法和采用系统调用重载的方法都能实现资源相关的访问控制,从实现灵活性、实现难度等方面简述这两种方法的优缺点。

3. 无论是基本型文件保险箱还是加密型文件保险箱,作为访问保险箱的钥匙,保险箱管理程序都是保证保险箱系统安全的关键。如何才能保证保险箱管理程序不被篡改和恶意攻击?

4. 在基于系统调用重载的日志系统实现中,简单阐述实现日志记录合并等处理的必要性。

5. 简述基于 Netlink 机制实现内核层与应用程序间的数据通信时,内核层和应用程序分别需要完成的工作。

6. 简述在所重载的文件打开系统调用(即 open 调用)的处理函数中,如何获得所要打开文件的全路径名。

7. 在 9.2.3 节介绍函数 get_fullname()时提到,该函数的实现方式会带来安全漏洞,攻击者可以恶意绕过原型系统中的系统级日志访问目标文件夹。请举例说明如何绕过原型系统中的日志成功访问到原型系统中设定目标文件夹下的文件。

8. 在本章的开发实践中,为何通过信号处理函数关闭日志文件?

9. 研读 9.2.4 节中的源代码,简单阐述获得系统调用入口地址表首地址的原理和技术。

10. 结合实例,简单阐述实现系统调用重载的大致流程。

11. 本章实现的日志原型系统是否能够在 Ubuntu(内核版本 2.6.28 等)系统上运行?如果不能,如何才能实现系统移植?

第 10 章　内核模块包过滤防火墙的 原型实现

本章在第 5 章的内核模块包过滤防火墙实现原理基础上,具体阐述如何基于 Linux Netfilter 框架以内核模块的形式实现包过滤防火墙。本章首先介绍该防火墙原型系统的总体设计,随后介绍源代码实现过程,最后介绍防火墙原型系统的测试过程,以及在本原型系统基础上所能进行的相关扩展开发实践。

10.1　原型系统的总体设计

本章目的在于用实例的方式展现在 Linux 系统 Netfilter 框架下实现内核模块包过滤防火墙的具体方法和过程,而不是实现复杂的过滤策略。基于此,防火墙原型系统所支持的过滤策略比较简单,主要基于具体协议类型、报文源 IP 地址和目标 IP 地址、报文源端口和目标端口进行 IP 报文过滤和控制。

本章原型系统分为两部分独立实现,一部分是运行在应用层的过滤规则配置程序,用来设置和启用包过滤规则和配置相应的规则参数,包括要控制的协议类型、IP 地址、端口等;另一部分是实现 IP 报文过滤的 Linux 内核模块,该模块通过在 Netfilter 框架中注册钩子函数的方式来实现对 IP 数据包的过滤和控制。

规则配置程序和内核模块分别运行在应用层空间和内核层空间,从操作系统基本原理(见第 1 章)可知,内核模块不能直接访问规则配置程序中的过滤规则。本防火墙原型系统在开发过程中采用与基于 LSM 的文件访问控制开发实践(见第 8 章)同样的方法,即规则配置程序和内核模块间采用注册设备文件结点的方式实现应用程序和内核之间的通信,以传递所配置的过滤规则和参数。

内核模块包过滤防火墙原型系统的总体实现结构如图 10-1 所示。

防火墙原型系统采用黑名单的控制规则,即配置规则约定禁止通过报文的报文信息特征。内核模块在截获到 IP 报文后,将该报文的信息特征与配置规则中指明的报文信息特征进行匹配,如果匹配成功则阻止该报文通过,否则放行该报文。

10.1.1　规则配置程序的设计

规则配置程序主要提供输入界面,让用户可以设置需要控制的协议类型、源 IP 地址和目标 IP 地址、源端口和目标端口。原型系统中约定,如果接收到的数据包的协议类型、IP 地址和端口号与所配置的相匹配,该数据包将被丢弃。具体来讲,该配置程序主要完成两方面的工作:①从用户的输入命令中解析出拟被丢弃数据包的协议类型、源 IP 地址和目标 IP 地址、源端口和目标端口,即解析出用户所输入的报文过滤规则;②创建一个新的设备文件,通过写该设备文件,将所设置的过滤规则传递给 Linux 内核模块。

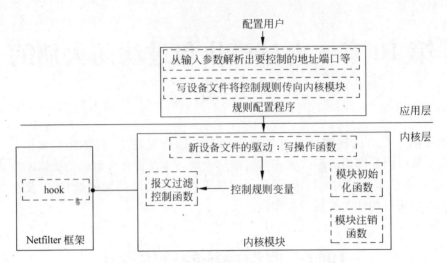

图 10-1　内核模块包过滤防火墙的总体实现结构

原型系统通过命令行参数来配置要控制数据包的协议类型、源 IP 地址和目标 IP 地址、源端口和目标端口,形如:

./configure -p protocol -x source_ip -y dst_ip -m source_port -n dst_port

其中 configure 为原型系统规则配置程序的可执行文件名,其后各选项的具体含义如下:

- -p protocol:指明要控制的协议(或网络应用)类型,为 tcp、udp、ping 三种之一;
- -x source_ip:指明要控制报文的源 IP 地址;
- -y dst_ip:指明要控制报文的目标 IP 地址;
- -m source_port:指明要控制报文的源端口;
- -n dst_port:指明要控制报文的目标端口。

如输入". /configure -p tcp -x 192.168.47.183 -y 202.120.2.120 -m 8888 -n 80",表示禁止源 IP 地址为 192.168.47.183、目标 IP 地址为 202.120.2.120、源端口为 8888、目标端口为 80 的 TCP 通信。

若某个选项省略(即不对该选项进行显式配置),则该选项的设定值为默认值 0,0 表示与任意值相匹配,即表示控制的报文覆盖该选项的所有值域。如:

- ./configure -p ping　♯禁止所有源 IP 地址和目标 IP 地址之间的 ping 操作
- ./configure -p ping -y 192.168.47.1　♯丢弃发往 192.168.47.1 的 ping 包
- ./configure -p tcp -y 192.168.47.1 -n 80　♯丢弃发往 192.168.47.1 的 80 端口的 TCP 包
- ./configure -p udp -x 202.120.2.101　♯丢弃来自 202.120.2.101 的 UDP 包

特别注意的是,如果所有选项都省略,表示关闭该包过滤防火墙的 IP 报文过滤功能,而不是对任意的报文进行控制。命令形式如下:

./configure　♯取消原来的控制规则配置,不再进行 IP 报文过滤

为突出实现原理和简化实现细节,原型系统只支持一条控制规则,只有最新配置的一条

过滤规则是有效的,后配置的规则会覆盖前面配置的规则。多规则支持留给感兴趣的读者在原型系统基础上进行扩展开发实践(见 10.5.1 节)。

10.1.2　内核模块的设计

内核模块主要功能是对收到的数据包进行过滤,即依据所配置的过滤规则,丢弃与所配置报文信息特征相匹配的数据包。内核模块大致包括以下四个部分:

- 新设备文件的驱动。引入新设备文件目的是完成规则配置程序向内核模块发送所配置的过滤规则,因而该驱动只需实现该设备文件的写操作函数即可。该写操作函数的主要功能是接收从规则配置程序写入设备文件的内容(即过滤规则,包括协议类型、源 IP 地址和目标 IP 地址、源端口和目标端口),然后将该内容保存至内核模块中的全局变量中。

- 报文过滤控制函数。该函数在模块初始化阶段会被注册到 Netfilter 框架的相应钩子点上,当报文经过时,该函数将会被自动调用,而且 Netfilter 框架会依据该函数的返回值进行报文过滤。该函数依据全局变量中保存的过滤规则,对是否过滤相应的 IP 报文进行逻辑判断,并将判断的结果作为该函数的返回值。Netfilter 框架在接收到该返回值时,会据此对报文进行处理,即放行或阻止该报文。

为使源码结构清晰,该函数在实际实现时对应一组函数,包括一个总入口函数和一系列具体规则判断函数。注册到 Netfilter 中相应钩子点的函数地址为总入口函数地址,总入口函数依据报文的不同类型调用相应的函数进行规则判断。

- 内核模块的初始化函数。该函数在内核模块加载时会被 Linux 自动调用,主要完成两方面的初始化工作。一是注册新设备文件的驱动,原型系统只是借助于新设备文件获得从应用层通过写文件操作传递到内核模块的数据,因此只需注册设备驱动中的写文件操作函数即可。二是将预先设计好的报文过滤控制函数注册到 Netfilter 框架的相应钩子点,本原型系统实现中是挂在 IP_POST_ROUTING 点上,即在对收到的报文做路由处理后执行包过滤处理。注册完成后,每次数据报文在路由处理后,Netfilter 会自动调用所注册过的钩子函数。

- 内核模块的注销函数。该函数在内核模块注销时被 Linux 自动调用,主要完成设备文件驱动的注销,以及从 Netfilter 框架中注销所注册的钩子函数。注销之后,报文在经过 IP_POST_ROUTING 点时,Netfilter 框架不再调用报文过滤控制函数。

10.2　规则配置程序的实现

10.2.1　用到的库函数

规则配置程序要完成的任务是接收用户的命令行参数输入,并从命令行参数输入中解析出包过滤规则信息,然后再以写设备文件的方式,将包过滤规则信息传递给防火墙原型系统的内核模块,以便于该内核模块据此进行报文过滤与控制。在通过编程实现规则配置时,需要用到一些库函数。为便于理解本开发实践,这里先对这些库函数进行简单的介绍。

1. int getopt(int argc, char * const argv[], const char * optstring);

该函数主要被用来解析命令行选项参数,参数 argc 和参数 argv 由函数 main()中的参数传递而来,分别表示命令行的参数个数(注:因为程序名也被考虑在参数数量中,因而参数 argc 的值实际为参数个数加 1)和每个参数内容,参数 optstring 代表欲处理的选项字符串。

由于要对多个选项参数进行处理,因此该函数通常在 while 循环中反复调用,直到它返回−1(即已经获得所有的选项参数)。每次调用中,当找到一个有效选项字母,它就返回这个字母。如果有选项参数,就设置变量 optarg(库函数中定义的变量,可直接使用)指向这个参数,同时会设置变量 optind(库函数中定义的变量,可直接使用)为该选项参数在 argv 中的下标,即 argv[optind]为这次解析出的参数。

2. int system(const char * string);

该函数功能是执行参数 string 表示的 shell 命令,实现原理为:函数 system()调用函数 fork()产生子进程,由该子进程调用"/bin/sh string"(假定对应的 shell 为/bin/sh)来执行参数 string 字符串所代表的 shell 命令。下面的开发实践用该函数执行创建设备文件的 shell 命令(即 mknod)。

3. int stat(const char * pathname, struct stat * buf);

该函数用于读取文件 pathname 的文件属性信息,如文件类型、inode 结点号、文件所有者等。该函数执行成功后,相应的文件属性信息保存在参数 buf 指向的 stat 结构体中。下面的开发实践不是利用该函数获得设备文件的属性信息,而是间接测试用于传递规则配置信息的设备文件是否存在。如果该设备文件已经存在,就不用再创建该设备文件。

函数 mknod()已经在第 8 章进行了介绍,这里不再赘述。此外下面的开发实践中还用到一些函数,如 strlen()、strcpy()、write()等,因读者比较熟悉,这里也不再赘述。

10.2.2　规则配置程序的函数组成

规则配置程序主要包含如下的三个函数。

- 主函数。函数原型为:

```
int main(int argc, char * argv[]);
```

该函数作为规则配置程序的总入口,完成的主要功能是,首先调用命令行参数解析函数 getpara()从命令行选项中解析出要控制的协议类型、IP 地址、端口等信息,即过滤规则,如果命令行选项错误,则调用函数 display_usage()向用户提示正确的命令行格式。然后将这些所配置的过滤规则信息封装在一个缓冲区中,通过写特定的设备文件(如果该设备文件不存在,将先通过 mknod 命令创建该设备文件)将该规则信息写入到内核中,防火墙原型系统的内核模块会通过设备驱动的方式接收这些过滤规则信息。

- 命令行参数解析函数。函数原型为:

```
int getpara(int argc, char * argv[]);
```

该函数主要从用户输入的命令行选项中提取相应的过滤规则信息,即要控制报文的协议类型、源 IP 地址和目标 IP 地址、源端口和目标端口,然后将这些信息保存在全局变量中,最后通过写设备文件的方式发送至防火墙原型系统的内核模块。

- 参数格式提示函数。函数原型为:

```
void display_usage(char * commandname);
```

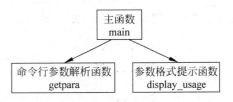

该函数主要向用户显示该规则配置程序正确的命令行选项和格式。

规则配置程序中的函数调用关系如图 10-2 所示。

图 10-2 规则配置程序中的函数调用关系

10.2.3 头文件和全局变量

在该规则配置程序的实现中,涉及到的头文件具体为:

```
# include < sys/types. h>
# include < sys/stat. h>
# include < stdio. h>
# include < fcntl. h>
# include < unistd. h>
# include < string. h>
# include < stdlib. h>
```

该规则配置程序定义 5 个全局变量,保存用户通过命令行选项配置的控制信息。

```
unsigned int controlled_protocol = 0;      //要控制报文的协议类型
unsigned short controlled_srcport = 0;      //要控制报文的源端口
unsigned short controlled_dstport = 0;      //要控制报文的目标端口
unsigned int controlled_saddr = 0;          //要控制报文的源 IP 地址
unsigned int controlled_daddr = 0;          //要控制报文的目标 IP 地址
```

10.2.4 函数的源代码实现

1. 主函数

```
int main(int argc, char * argv[]){
char controlinfo[32];           //规则信息的缓冲区
    int controlinfo_len = 0;    //规则信息的长度,为 0 表示关闭防火墙
    int fd;                     //用于保存设备文件打开后的文件描述符
    struct stat buf;            //用于获取设备文件是否存在的临时缓冲区
    if (argc == 1){   /* 后不跟任何参数,表示用户要关闭防火墙,对照内核控制模块的实现,如
                        果规则配置程序通过写设备文件向内核传入的规则信息长度为 0,将会
                        设置防火墙启用标志(enable_flag)为 0,进而关闭防火墙的报文检查控
                        制功能。 */
        controlinfo_len = 0;
    }
    else{
        getpara(argc, argv); //获得命令行选项中规则信息到相应的全局变量中
        /* 将规则信息按:要控制报文的协议类型,要控制报文的源 IP 地址,要控制报文的目标 IP
            地址,要控制报文的源端口,要控制报文的目标端口的次序,每个字段占 4 字节的格式来
            组织规则信息缓冲区。对照内核模块的实现可知,缓冲区中的内容经过写设备文件传
```

向内核模块时,内核模块按上述格式解析规则信息。*/

```
        *(int *)controlinfo = controlled_protocol;          //要控制报文的协议类型
        *(int *)(controlinfo + 4) = controlled_saddr;       //要控制报文的源 IP 地址
        *(int *)(controlinfo + 8) = controlled_daddr;       //要控制报文的目标 IP 地址
        *(int *)(controlinfo + 12) = controlled_srcport;    //要控制报文的源端口
        *(int *)(controlinfo + 16) = controlled_dstport;    //要控制报文的目标端口
        controlinfo_len = 20;                               //设置规则信息的长度
    }
    if (stat("/dev/controlinfo",&buf) != 0){   //用 stat 调用来测试设备文件是否已经存在
        /*如果设备文件不存在,则先调用 mknod 创建该设备文件,注意创建设备文件的参数要与
            内核中设备注册的相应参数一致*/
        if (system("mknod /dev/controlinfo c 124 0") == -1){  //创建设备文件
            printf("Cann't create the devive file ! \n");
            printf("Please check and try again! \n");
            exit(1);
        }
    }
    fd = open("/dev/controlinfo",O_RDWR,S_IRUSR|S_IWUSR);      //打开该设备文件
    if (fd > 0) {
        write(fd,controlinfo,controlinfo_len);                //将所配置的规则信息写入到设备文件
    }
    else {
        perror("can't open /dev/controlinfo \n");             //输出错误信息
        exit (1);
    }
    close(fd);                                               //关闭打开的设备文件
}
```

2. 命令行选项解析函数

```
int getpara(int argc, char *argv[]){
    int optret;
    unsigned short tmpport;                                 //保存端口的临时变量
    optret = getopt(argc,argv,"pxymnh");                    //获取第一个选项
    while( optret != -1 ) {
        switch( optret ) {                                  //按不同的选项进行处理
            case 'p':                                       //该选项为协议类型
                /* ICMP, TCP, UDP 这三种协议的标识分别为 1,6,17 */
                if (strncmp(argv[optind], "ping",4) == 0)
                    controlled_protocol = 1;     //用户希望对 ping 命令进行控制
                else
                    if ( strncmp(argv[optind], "tcp",3) == 0 )
                        controlled_protocol = 6;      //用户希望控制 TCP 报文
                    else
                        if ( strncmp(argv[optind], "udp",3) == 0 )
                            controlled_protocol = 17;  //用户希望控制 UDP 报文
                        else {   //-p 后跟非"ping""tcp""udp",即不支持的协议类型
                            printf("Unkonwn protocol! please check and try again! \n");
                            exit(1);
                        }
                break;
```

```
                case 'x':                                //该选项为源 IP 地址
                    /* inet_aton 用于将十进制点分 IP 地址格式"如 192.168.47.1"转化为 32 位整
                        数型 IP 地址格式 */
                    if (inet_aton(argv[optind], (struct in_addr *)&controlled_saddr) == 0) {
                        printf("Invalid source ip address! please check and try again! \n ");
                        exit(1);
                    }
                    break;
                case 'y':                                //该选项为目标 IP 地址
                    if ( inet_aton(argv[optind], (struct in_addr * )&controlled_daddr) == 0){
                        printf("Invalid destination ip address! please check and try again! \n ");
                        exit(1);
                    }
                    break;
                case 'm':                                //该选项为源端口
                    tmpport = atoi(argv[optind]);        //atoi 将字符串类型转化为数字型
                    if (tmpport == 0){
                        printf("Invalid source port! please check and try again! \n ");
                        exit(1);
                    }
                    controlled_srcport = htons(tmpport); //转化为网络字节序
                    break;
                    case 'n':                            //该选项为目标端口
                        tmpport = atoi(argv[optind]);
                        if (tmpport == 0){
                            printf("Invalid source port! please check and try again! \n ");
                            exit(1);
                        }
                        controlled_dstport = htons(tmpport);
                        break;
                case 'h':                                //用户输入 h,表示需要帮助(help)
                case '?':
                    display_usage(argv[0]);              //提示用户命令行选项格式
                    exit(1);
                default:
                    printf("Invalid parameters! \n ");
                    display_usage(argv[0]);              //提示用户命令行选项格式
                    exit(1);;
            }
        optret = getopt(argc,argv,"pxymnh");             //处理下一个选项
    }
}
```

3. 命令行选项提示函数

```
void display_usage(char *commandname){
    printf("Usage 1: %s \n", commandname);               //后不跟任何参数,即关闭防火墙功能
    printf("Usage 2: %s - x saddr - y daddr - m srcport - n dstport \n", commandname);
}
```

10.3　内核控制模块的实现

Linux 内核模块在运行时是 Linux 内核的一部分,因此在进行 Linux 内核模块编程时,可使用 Linux 内核中已有的各种资源或信息。事实上,内核模块编程必须使用已有的资源或信息,否则新编写的内核模块就不能很好地与原有内核部分发生信息交互,也难以实现新编写内核模块的功能目标。新内核模块能够使用的内核资源主要包括数据结构、全局性或导出的各类符号(如常量、变量、函数)等。通过包含 Linux 内核中的原有头文件,在新编写的内核模块中就可以使用对应的资源。如果新编写的内核模块中使用了原内核导出的符号,在模块加载时,Linux 内核会依据符号表将对该符号的引用定位到相应的内存地址。

该节首先介绍防火墙原型系统的内核模块开发时要用到的外部函数和结构。

10.3.1　外部函数及结构

在进行内核模块编程时,应该依据模块要实现的功能,确定需要使用 Linux 内核中的哪些结构、变量以及函数等。在本原型系统实现中需要涉及以下的数据结构及函数。

1. struct nf_hook_ops

该结构体描述 Netfilter 钩子函数所需要的注册信息,如钩子函数的地址指针、钩子函数的注册位置以及优先级等。在下面的开发实践中,进行 Netfilter 钩子函数注册时需要以 nf_hook_ops 结构体的指针变量为参数。

```
struct nf_hook_ops{
    struct list_head list;
    nf_hookfn * hook;
    int pf;
    int hooknum;
    int priority;
};
```

list 域用于维护 Netfilter hook 列表,在注册钩子函数时可不关心该域。

hook 域是一个指向 nf_hookfn 类型的函数指针,该函数就是所注册的钩子函数。

pf 域用于指定协议,本原型系统主要控制 IPv4 的报文,IPv4 在 Netfilter 框架体系中对应的协议标识为 PF_INET。

hooknum 域用于指明所注册函数对应的 hook 类型(即对应的钩子点),也就是将钩子函数注册在哪个钩子点上。在 Netfilter 的开发环境中,对每个钩子点进行数字类型的宏定义,表 10-1 说明了每个钩子点的调用时机。本章原型系统的开发实践选择了 NF_IP_POST_ROUTING 作为注册的钩子点。

最后,priority 域用于指定拟注册钩子函数的优先级顺序,如果 Netfilter 框架中已经注册过高优先级的钩子函数,这次注册就不会成功。下文的开发实践选择的优先级为 NF_IP_PRI_FIRST,即最高优先级。

表 10-1　Netfilter 框架中的钩子点

Hook	调用的时机
NF_IP_PRE_ROUTING	在完整性校验之后、选路确定前调用
NF_IP_LOCAL_IN	限于目标地址是本地主机的数据包,在选路确定后调用
NF_IP_FORWARD	限于目标地址是其他主机的数据包,在转发时调用
NF_IP_LOCAL_OUT	限于源于本机的数据包,选路确定前调用
NF_IP_POST_ROUTING	在数据包离开本地主机前调用

2. 钩子函数注册函数/钩子函数卸载函数

函数原型分别为:

```
int nf_register_hook(struct nf_hook_ops * ops);
void nf_unregister_hook (struct nf_hook_ops * reg);
```

前一个函数是 Netfilter 框架提供的钩子函数注册函数,用于在 Netfilter 框架中注册相应的钩子函数,成功返回 0,失败返回非 0。该函数以 nf_hook_ops 结构体指针作为参数,一旦注册成功,当有 IP 报文到达所注册的钩子点时,nf_hook_ops 结构体中 hook 域指向的函数就会被自动调用。

后一个函数是 Netfilter 框架提供的钩子函数卸载函数,相当于是函数 nf_register_hook()的逆向操作函数。一旦卸载成功,前面注册的钩子函数就不再发生作用,IP 报文在流经 Netfilter 框架的相应钩子点时,钩子函数就不会再被调用。在下面的开发实践中,关闭该防火墙时需要调用该函数。

3. struct sk_buff

该结构体用于维护一个网络数据包的各种信息。Netfilter 在钩子点调用注册的钩子函数时,会传递给钩子函数一个该结构体的变量,该变量保存了 Netfilter 正在处理报文的各种信息。通过分析该变量中各个域的内容,就可以知道当前 IP 报文的各种信息(如协议类型、源 IP 地址和目标 IP 地址、源端口和目标端口等),基于这些信息就可以运用既定的包过滤规则,判断出应该放行或阻止该报文。

在进行本开发实践时,需要详细了解该结构体中的相关域。因该结构体比较复杂,下面只列出与本开发实践相关的域。该结构体定义在 Linux 内核源码头文件 include/linux/skbuff.h 中,可直接查看 Linux 内核源代码以进一步了解该结构体的具体内容。

```
struct sk_buff {
    …
    union {
        struct iphdr      * iph;        //该数据包(IPv4 版本)IP 头部所在的位置指针
        struct ipv6hdr    * ipv6h;
        struct arphdr     * arph;
        unsigned char     * raw;
    } nh;
    …
    unsigned char * data;               //对应报文的数据缓冲区指针
};
```

在下文的开发实践中,将通过上述 nh.iph 域和 data 域来确定所收到 IP 数据包的各种信息。

4. struct iphdr

在基于源 IP 地址和目标 IP 地址进行报文过滤时,还需要访问 IP 报文头的结构体,该结构定义在内核源码文件(include/linux/ip.h)中。下面列出本开发实践中用到的数据字段。

```
struct iphdr {
    __u8 ihl:4, version:4;    /* ihl 表示该 IP 报文的头部长度,从 IP 头部开始加上此长度即为
                                 对应的传输层协议首部 */
    …
    __u8 protocol;   /* 指明该 IP 报文的数据载荷是哪种传输协议的数据,ICMP、TCP 或者 UDP 等,
                         该字段保存对应的协议标识,这三种协议的标识分别为 1,6,17 */
    …
    __be32    saddr;         //该 IP 报文的源 IP 地址
    __be32    daddr;         //该 IP 报文的目标 IP 地址
};
```

5. struct icmphdr

ping 程序是最常见的用作测试远程主机是否网络可达的工具程序,该程序基于 ICMP 报文测试远程主机是否可连通,即向远程主机发送一个 ICMP 报文,通过是否收到远程主机响应的 ICMP 报文来确定远程主机是否网络可达。

在对 ping 应用进行控制时需要解析 ICMP 报文的头结构,本章的开发实践只关心 ICMP 报文的类型。ICMP 报文一共有 15 种类型,其中类型 8 是执行 ping 应用的主机发出的 ping 请求报文,类型 0 为被 ping 的目标主机所回应的 ping 回显报文。禁止 ping 就需要对这两类的 ICMP 报文进行判断和控制,不难理解只要禁止其中一类报文就能阻止 ping 应用。

ICMP 报文头结构定义在 Linux 内核源代码文件(include/linux/icmp.h)中,这里仅列出本章用到的域。

```
struct icmphdr {
    __u8        type;        //表示该 ICMP 报文的类型
    …
};
```

6. struct tcphdr

下文的开发实践需要解析 TCP 报文的头结构,用于获得该报文的源端口和目标端口。该结构定义在内核源代码文件(include/linux/tcp.h)中,下面仅列出本开发实践用到的域。

```
struct tcphdr {
    __u16    source;         //该 TCP 报文的源端口
    __u16    dest;           //该 TCP 报文的目标端口
    …
};
```

7. struct udphdr

下文的开发实践需要解析 UDP 报文的头结构,用于获得该报文的源端口和目标端

口。该结构定义在内核源代码文件(include/linux/udp.h)中,下面仅列出本开发实践用到的域。

```
struct udphdr {
    __u16     source;          //该 UDP 报文的源端口
    __u16     dest;            //该 UDP 报文的目标端口
    …
};
```

除上述列出的数据结构和函数外,本章开发实践还会用到 struct file_operations 结构体,以及 copy_from_user()、register_chrdev()、unregister_chrdev()等外部函数,这些结构体和外部函数在第 8 章的开发实践中已有描述,这里不再赘述。

10.3.2　头文件、全局变量及声明

1. 内核模块实现涉及到的头文件和宏定义

```
# include < linux/kernel.h >
# include < linux/module.h >
# include < linux/types.h >
# include < linux/if_ether.h >
# include < linux/netfilter.h >
# include < linux/netfilter_ipv4.h >
# include < linux/tcp.h >
# include < linux/ip.h >
# include < linux/icmp.h >
# include < linux/udp.h >
# define MATCH   1    //表示端口、IP 地址匹配的结果——与要控制的 IP 地址、端口一致
# define NMATCH 0     //表示端口、IP 地址匹配的结果——与要控制的 IP 地址、端口不一致
```

2. 本原型系统的源代码实现中所定义的五类全局变量

• 过滤信息类变量。

```
unsigned int controlled_protocol = 0; /* 表示要控制报文的协议类型: 1—ICMP, 6—TCP, 17—
                                          UDP */
unsigned short controlled_srcport = 0; /* 表示要控制报文的源端口,0 表示控制所有源端口的报
                                          文,该变量只对 TCP 报文和 UDP 报文有效 */
unsigned short controlled_dstport = 0; /* 表示要控制报文的目标端口,该变量只对 TCP 报文和
                                          UDP 报文有效 */
unsigned int controlled_saddr = 0;     //表明要控制报文的源 IP 地址
unsigned int controlled_daddr = 0;     //表明要控制报文的目标 IP 地址
```

• 防火墙启用标志变量。

```
int enable_flag = 0;   /* 表示是否启用防火墙的 IP 报文控制功能,当执行规则配置程序时不加任
                          何参数,该标志变量置 0,否则置 1。内核模块在进行 IP 报文控制之前,
                          首先检查该变量,如果为 0,则不进行任何 IP 报文检查和控制 */
```

• 设备驱动变量。

```
struct file_operations fops = {
    owner:THIS_MODULE,                   //约定使用范围仅限于该模块
```

```
        write: write_controlinfo,
};
```

变量 fops 对应了一个设备开关表,该变量将会被注册为新创建设备文件的驱动。由于本原型系统开发中的设备文件仅用来传递 IP 报文控制相关的规则配置信息,因此只需实现该设备文件的写操作函数。其他操作函数使用系统默认的处理函数即可,无需再另行指明。变量中的 write_controlinfo 即为新设备文件的写操作处理函数。

- 钩子函数注册信息的结构体变量。

```
static struct nf_hook_ops myhook;      /* 该变量用于保存钩子函数注册时用到的各种信息,如函数
                                          地址、钩子点位置、优先级等。内核模块在初始化时将会
                                          填充该结构变量,然后以该变量为参数,调用函数 nf_
                                          register_hook()完成钩子函数的注册 */
```

- 保存 IP 报文信息的全局变量。

```
struct sk_buff * tmpskb;               //本次所处理 IP 报文的缓冲区结构指针
struct iphdr * piphdr;                 //本次所处理 IP 报文的 IP 头部指针
```

3. 函数声明

同其他内核模块相关的开发实践一样,该原型系统的内核模块源代码中也需要声明哪个函数是内核模块初始化函数,以及哪个函数是内核模块注销函数。因此在内核模块编程中需要通过两个已经存在的宏定义,来声明相应的内核模块初始化函数和内核模块注销函数,具体为:

```
module_initcall(initmodule);
module_exit(cleanupmodule);
```

函数 initmodule()和函数 cleanupmodule()是本章开发实践中自行编写的两个函数,前者用于完成新设备注册以及 Netfilter 的钩子函数注册,后者完成相反的工作,即注销已注册的设备和 Netfilter 的钩子函数。

为防止编译出的内核模块在运行过程中出现"kernel tainted"一类的警告,现在的一些 Linux 内核版本要求内核模块通过宏 MODULE_LICENSE 声明此模块的许可证。通常内核可接受的许可证有"GPL"、"GPL V2"等,这里的许可证声明如下:

```
MODULE_LICENSE("GPL");
```

10.3.3　函数组成及功能设计

本原型系统的内核模块实现共包括如下九个函数。

- 端口号匹配函数。函数原型为:

```
int port_check(unsigned short srcport, unsigned short dstport);
```

该函数主要功能是检查所接收报文的源端口号(由参数 srcport 指定)、目标端口号(由参数 dstport 指定)与规则中需要控制的源端口号(由全局变量 controlled_srcport 指定)、目标端口号(由全局变量 controlled_dstport 指定)是否相同,如果相同返回 MATCH,否则返回 NMATCH。如果规则中没有指定端口号,则返回 MATCH,意

味着对任意端口的报文都要进行控制。

- IP 地址匹配函数。函数原型为：

```
int ipaddr_check(unsigned int saddr, unsigned int daddr);
```

该函数主要功能是检查所接收报文的源 IP 地址（由参数 saddr 指定）、目标 IP 地址（由参数 daddr 指定）与规则中需要控制的源 IP 地址（由全局变量 controlled_saddr 指定）、目标 IP 地址（由全局变量 controlled_daddr 指定）是否相同，如果相同返回 MATCH，否则返回 NMATCH。如果规则中没有指定 IP 地址，则返回 MATCH，意味着对任意 IP 地址的报文都要进行控制。

- ICMP 报文过滤函数。函数原型为：

```
int icmp_check(void);
```

该函数主要功能是检查 ICMP 数据包。首先剥掉报文的 IP 头（具体方法可参看 sk_buff 结构体的使用），使指针指向 ICMP 头。这里只对 ICMP 类型为 0 和 8 的数据包加以限制，分别为回显应答报文和请求报文，其他类型的 ICMP 报文让其通过防火墙。对类型为 0 和 8 的 ICMP 报文，该函数先调用函数 ipaddr_check()进行地址匹配，然后根据匹配结果返回 NF_ACCEPT 或 NF_DROP。

- TCP 报文过滤函数。函数原型为：

```
int tcp_check(void);
```

该函数主要功能是检查 TCP 数据包。首先剥掉报文的 IP 头（具体方法可参看 sk_buff 结构体的使用），使指针指向 TCP 头，然后调用函数 ipaddr_check()进行地址匹配，并调用函数 port_check()进行端口匹配，如果这两个函数的返回值均为 MATCH，该函数返回 NF_DROP，即禁止该报文通过，否则返回 NF_ACCEPT，放行该报文。

- UDP 报文过滤函数。函数原型为：

```
int udp_check(void);
```

该函数主要功能是检查 UDP 数据包。首先剥掉报文的 IP 头（具体方法可参看 sk_buff 结构体的使用），使指针指向 UDP 头，然后调用函数 ipaddr_check()进行地址匹配，及调用函数 port_check()进行端口匹配，如果这两个函数的返回值均为 MATCH，该函数返回 NF_DROP，即禁止该报文通过，否则返回 NF_ACCEPT，放行该报文。

- 注册的钩子函数。函数原型为：

```
unsigned int hook_func(unsigned int hooknum, struct sk_buff ** skb, const struct net_device * in,
const struct net_device * out, int ( * okfn)(struct sk_buff * ));
```

该函数将会注册到 Netfilter 相应钩子点，一旦有报文通过该钩子点时，该函数会自动被 Netfilter 框架调用。该函数首先检查全局变量 enable_flag，若为 0，表示用户关闭了该防火墙的报文检查和过滤功能，直接返回 NF_ACCEPT 放行该报文，否则根据该 IP 报文的协议类型，调用相应协议的检查函数（udp_check()，tcp_check()， icmp_check()),根据函数的返回结果,形成并返回控制结果,即 NF_ACCEPT 或 NF_DROP。

- 设备的写操作函数。函数原型为:

```
int write_controlinfo(int fd, char * buf, ssize_t len);
```

该函数是所注册新设备的驱动函数,用于处理对应设备文件的写文件操作。其主要任务是通过调用函数 copy_from_user(),将来自应用层空间的缓冲区内容(即控制规则信息,由参数 buf 传递进该函数)复制到内核层空间的缓冲区(一组全局变量)中。

- 内核模块初始化函数。函数原型为:

```
int initmodule();
```

该函数在内核模块加载时被 Linux 内核自动调用,该函数的主要功能有两个:一是调用外部函数 nf_register_hook(),将全局变量 myhook 中的钩子函数注册到 Netfilter 框架,完成钩子函数注册;二是调用外部函数 register_chrdev(),以全局变量 fops 为设备驱动,注册一个新字符设备。

- 内核模块注销函数。函数原型为:

```
void cleanupmodule();
```

该函数在内核模块注销时被 Linux 内核自动调用,主要完成设备文件驱动的注销,以及从 Netfilter 框架中注销所注册的钩子函数。

上述报文检查相关的六个函数(即前六个函数)间的调用关系如图 10-3 所示。

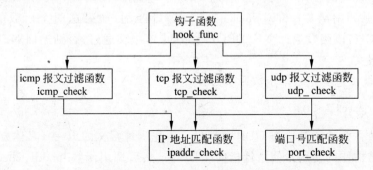

图 10-3　实现报文检查功能的函数组成及调用关系

10.3.4　函数实现与注释

1. 端口号匹配函数

```
int port_check(unsigned short srcport, unsigned short dstport){
    //按要控制的源端口和目标端口是否为 0,分四种情况处理
    if ((controlled_srcport == 0 ) && ( controlled_dstport == 0 )){   /* 要控制的源端口和目
                        标端口均为 0,表示对所有的源端口和目标端口进行控制 */
        return MATCH;
    }
    if ((controlled_srcport != 0 ) && ( controlled_dstport == 0 )){   /* 要控制的目标端口为
```

```
                                0,表示对所有目标端口进行控制 */
        if (controlled_srcport == srcport)           //只比较源端口
            return MATCH;
        else
            return NMATCH;
    }
    if ((controlled_srcport == 0 ) && ( controlled_dstport != 0 )){   /* 要控制的源端口为 0,
                        表示对所有源端口进行控制 */
        if (controlled_dstport == dstport)           //只比较目标端口
            return MATCH;
        else
            return NMATCH;
    }
    if ((controlled_srcport != 0 ) && ( controlled_dstport != 0 )){   /* 要控制的源端口和目
                        标端口均不为 0,要同时对源端口和目标端口进行比较 */
        if ((controlled_srcport == srcport) && (controlled_dstport == dstport))
            return MATCH;
        else
            return NMATCH;
    }
    return NMATCH;                              //正常情况下不会运行到此
}
```

2. IP 地址匹配函数

```
int ipaddr_check(unsigned int saddr, unsigned int daddr){
    //按要控制的源 IP 地址和目标 IP 地址是否为 0,分四种情况处理
    if ((controlled_saddr == 0 ) && ( controlled_daddr == 0 )){   /* 要控制的源 IP 地址和目
                        标 IP 地址均为 0,表示对所有的源 IP 地址和目标 IP 地址进行控制 */
        return MATCH;
    }
    if ((controlled_saddr != 0 ) && ( controlled_daddr == 0 )){   /* 要控制的目标 IP 地址为
                        0,表示对所有目标 IP 地址进行控制 */
        if (controlled_saddr == saddr)            //只比较源 IP 地址
            return MATCH;
        else
            return NMATCH;
    }
    if ((controlled_saddr == 0 ) && ( controlled_daddr != 0 )){   /* 要控制源 IP 地址为 0,表
                        示对所有源 IP 地址进行控制 */
        if (controlled_daddr == daddr)            //只比较目标 IP 地址
            return MATCH;
        else
            return NMATCH;
    }
    if ((controlled_saddr != 0 ) && ( controlled_daddr != 0 )) {   /* 要控制的源 IP 地址和目标
                        IP 地址均不为 0,要同时对源 IP 地址和目标 IP 地址进行比较 */
        if ((controlled_saddr == saddr) && (controlled_daddr == daddr))
            return MATCH;
        else
            return NMATCH;
    }
```

```
            return NMATCH;            //正常情况下不会运行到此
}
```

3. ICMP 报文过滤函数

```
int icmp_check(void){
        struct icmphdr * picmphdr;
        /*首先获得 ICMP 报文的报头,由于 ICMP 报头紧跟在 IP 头部之后,即从缓冲区头开始,跳过 IP
            报头的长度即为 ICMP 报头。在 IP 头部字段中 ihl 域表示 IP 报头长度,由于该字段的长度
            单位为 32bit(即四个字节),故 IP 报头长为 piphdr->ihl*4(以字节为单位)*/
        picmphdr = (struct icmphdr *)(tmpskb->data + (piphdr->ihl * 4));
        //实际上,只对其中一类报文(类型为 0 或 8)进行控制,就能达到禁止 ping 的目的
        if (picmphdr->type == 8){    //该类型的报文为客户端向远程主机发出的 ping 请求报文
            if (ipaddr_check(piphdr->saddr,piphdr->daddr) == MATCH){//比较 IP 地址
                printk("An ICMP packet is denied! \n");
                return NF_DROP;
            }
        }
        if (picmphdr->type == 0){    /*该类型的报文为远程主机向发出 ping 请求报文的客户端所
            回复的 ping 响应报文,注意下面的匹配调用 ipaddr_check(piphdr->daddr,piphdr->saddr),
            将该响应报文的目标 IP 地址与要控制的源 IP 地址进行匹配,将该响应报文的源 IP 地址与要
            控制的目标 IP 地址进行匹配*/
            if (ipaddr_check(piphdr->daddr,piphdr->saddr) == MATCH){
                printk("An ICMP packet is denied! \n");
                return NF_DROP;
            }
        }
        //对其他类型的 ICMP 报文,或者与控制的 IP 地址不匹配的 ICMP 报文,均默认放行
        return NF_ACCEPT;
}
```

4. TCP 报文过滤函数

```
int tcp_check(void){
        struct tcphdr * ptcphdr;
        /*跳过 IP 报文的头部长度,获得 TCP 报文的头部.原理同对 ICMP 的处理(见函数 icmp_check())*/
        ptcphdr = (struct tcphdr *)(tmpskb->data + (piphdr->ihl * 4)); //获得 TCP 报文头部
        //进行 IP 地址和端口的匹配
        if ((ipaddr_check(piphdr->saddr,piphdr->daddr) == MATCH) &&
                            (port_check(ptcphdr->source,ptcphdr->dest) == MATCH)){
                printk("A TCP packet is denied! \n");
                return NF_DROP;        //拒绝与控制的 IP 地址、端口相匹配的 TCP 报文
        }
        else
                return NF_ACCEPT;    //放行与控制的 IP 地址、端口不匹配的 TCP 报文
}
```

5. UDP 报文过滤函数

```
int udp_check(void){
        struct udphdr * pudphdr;
        /*跳过 IP 报文的头部长度,获得 UDP 报文的头部.原理同对 ICMP 的处理(见函数 icmp_check())*/
        pudphdr = (struct udphdr *)(tmpskb->data + (piphdr->ihl * 4));
```

```
//进行 IP 地址和端口的匹配
if ((ipaddr_check(piphdr -> saddr,piphdr -> daddr) == MATCH) &&
                  (port_check(pudphdr -> source,pudphdr -> dest) == MATCH)){
      printk("A UDP packet is denied! \n");
      return NF_DROP;        //拒绝与控制的 IP 地址、端口相匹配的 UDP 报文
   }
   else
      return NF_ACCEPT;    //放行与控制的 IP 地址、端口不匹配的 UDP 报文
}
```

6. 注册的钩子函数

```
unsigned int hook_func(unsigned int hooknum,struct sk_buff ** skb,const struct net_device *
in,const struct net_device * out,int ( * okfn)(struct sk_buff * )){/ * Netfilter 调用该钩子函
数时,传递 4 个参数给钩子函数,这 4 个参数的顺序、类型及含义是 Netfilter 框架预先定义好的,开
发者不能擅自定义.其中 skb 是指向 Netfilter 正在处理报文缓冲区的二重指针,注意在 2.6.28 及以
上内核版本的 Linux 中,该参数为 * skb,skb 即为指向 Netfilter 正在处理报文缓冲区的指针 */
      //首先检查防火墙检查控制机制是否启用,如没有启用,直接放行相应的 IP 报文
      if (enable_flag == 0)
            return NF_ACCEPT;
      tmpskb = * skb;                    //获得报文缓冲区的地址指针
      piphdr = tmpskb -> nh. iph;        //获得 IP 报文的头部,见 10.3.1 节中的数据结构
      //首先判断是否为要控制的协议类型
      if(piphdr -> protocol != controlled_protocol)
          return NF_ACCEPT;                    //不是要控制的协议类型,直接放行
      //若为要控制的协议类型,根据协议类型不同分别调用相应的检查控制函数
      if (piphdr -> protocol == 1)          //协议号为 1,为 ICMP 报文
          return icmp_check();
      else
          if (piphdr -> protocol == 6)          //协议号为 6,为 TCP 报文
              return tcp_check();
          else
              if (piphdr -> protocol     == 17)   //协议号为 17,为 UDP 报文
                  return udp_check();
          else{      //其他的协议号,默认放行,通常不会运行到这个分支
                  printk("Unkonwn type's packet! \n");
                  return NF_ACCEPT;
              }
}
```

7. 设备的写操作函数

```
int write_controlinfo(int fd, char * buf, ssize_t len){   / * 参数约定同文件操作 write 系统调
              用,分别为文件描述符,拟写入内容的缓冲区指针及长度 */
      char controlinfo[128];         //用于保存所写入内容的内核空间缓冲区
      char * pchar;                  //临时缓冲区指针
      pchar = controlinfo;
      if (len == 0){                 //如果写入的内容长度为 0,表示关闭该防火墙的检查控制功能
          enable_flag = 0;           //设置防火墙关闭标志
          return len;
      }
      / * 调用函数 copy_from_user()将规则配置程序传入的用户配置信息(即要控制的信息,如 IP 地
        址、端口等)复制到内核空间缓存区。为何调用函数 copy_from_user()而不用函数 memncpy()
```

直接进行缓冲区复制的具体原因在本书的 8.3.1 节进行了详细的说明 * /

```
if (copy_from_user(controlinfo, buf, len) != 0){
    printk("Can't get the control rule! \n");
    printk("Something may be wrong, please check it! \n");
    return 0;
}
```

/ * 在配置信息缓冲区中,依次存放的字段为: 要控制报文的协议类型,要控制报文的源 IP 地址,要控制报文的目标 IP 地址,要控制报文的源端口,要控制报文的目标端口。每个字段占 4 个字节。具体可对照规则配置程序的相关代码 * /

```
controlled_protocol = *(( int * ) pchar);   //获得要控制报文的协议类型
pchar = pchar + 4;
controlled_saddr = *(( int * ) pchar);      //获得要控制报文的源 IP 地址
pchar = pchar + 4;
controlled_daddr = *(( int * ) pchar);      //获得要控制报文的目标 IP 地址
pchar = pchar + 4;
controlled_srcport = *(( int * ) pchar);    //获得要控制报文的源端口
pchar = pchar + 4;
controlled_dstport = *(( int * ) pchar);    //获得要控制报文的目标端口
enable_flag = 1;                             //设置该防火墙的检查控制启用标志
printk("input info: p = %d, x = %d y = %d m = %d n = %d \n", controlled_protocol,
controlled_saddr, controlled_daddr, controlled_srcport, controlled_dstport); / * 输出更新
后的控制信息 * /
    return len;
}
```

8. 模块初始化函数

```
static int _init initmodule(){          //该函数在模块加载时被自动调用
    int ret;                            //保存注册设备是否成功的变量
    printk("Init Module\n");
    myhook.hook = hook_func;            //设置要注册的钩子函数
    myhook.hooknum = NF_IP_POST_ROUTING; //设置要注册到的钩子点
    myhook.pf = PF_INET;                //设置要控制的网络协议为 IP 协议
    myhook.priority = NF_IP_PRI_FIRST;  //要注册钩子函数的优先级: 最高级
    nf_register_hook(&myhook);          //注册相应的钩子函数
    / * 下面向系统注册设备结点文件,注意这里的设备号和设备名称要与规则配置程序中 mknod 调
        用的参数相一致 * /
    ret = register_chrdev(124, "/dev/controlinfo", &fops);
    if (ret != 0)                       //注册设备驱动不成功
        printk("Can't register device file! \n");
    return 0;
}
```

9. 模块注销函数

```
static void _exit cleanupmodule(){      //该函数在内核模块卸载时被自动调用
    nf_unregister_hook(&myhook);
    / * 注销在内核模块初始化函数中曾向 Netfilter 框架中注册过的钩子函数 * /
    unregister_chrdev(124, "controlinfo");  //向系统注销设备文件
    printk("CleanUp\n");
}
```

10.4 编译、运行及测试

在完成 10.2 节和 10.3 节防火墙原型系统的代码编程后,就可以对该原型系统进行测试。在运行测试前需要将源代码编译成可执行程序及可加载内核模块。下述编译和运行过程是在 Fedora Core 6 Linux 环境下完成,若要在其他 Linux 发行版(如 Ubuntu 10.0.4 等)运行和测试,需要对 10.3 节的源代码进行适当改动,所涉及到的主要改动在 10.5.2 节具体阐述。

10.4.1 编译方法和过程

本章的防火墙原型系统由规则配置程序和内核模块两部分组成,这两部分的编译方法不同,需要分别进行编译。其中规则配置程序为一般的应用程序,编译比较简单,只需 shell 命令行下输入如下命令即可:

```
gcc - o configure configure.c
```

其中 configure.c 是保存规则配置程序源代码的文件名,假定该文件在当前目录下,configure 为编译出的目标文件,该目标文件可任意命名。gcc 命令执行结束后,就会在当前目录下产生一个名为 configure 的可执行文件,即为防火墙原型系统的规则配置程序。

Linux 内核模块的编译方法比较复杂,可能会涉及到很多的编译选项,尤其在 2.6 及以上版本的 Linux 内核中编译内核模块。一般可通过设计工程文件(即 Makefile)的方式来完成内核模块的编译,本开发实践的 Makefile 文件具体如下:(为方便起见,将规则配置程序的编译也包含到该工程文件中,工程文件中每项的具体含义在基于 LSM 的文件访问控制开发实践中已经讲明,详见 8.4.1 节,这里不再赘述。)

```
obj - m += mod_firewall.o
KDIR := /lib/modules/$(shell uname - r)/build
PWD  := $(shell pwd)
default:
    $(MAKE) - C $(KDIR) M = $(PWD) modules
    gcc - o configure configure.c    ♯方便起见,规则配置程序的编译也包含到该工程文件
```

在命令行窗口下,转移到上述源程序和工程文件所在的目录,执行 make 命令,就可以成功编译出一个文件名为 configure 的规则配置程序可执行文件和一个文件名为 mod_firewall.ko 的内核模块。

10.4.2 测试环境说明

通过第 4 章的防火墙实现原理分析可知,包过滤防火墙需要运行在所要控制网络通信的路由结点上。一般需要放置在内部网络连接外部网络的网关处,用于管理和控制内部网络与外部网络间的通信。这种放置在网关处的防火墙运行和测试方法,将在第 13 章透明代理防火墙的测试中做详尽的阐述。本章开发的包过滤防火墙原型系统也可以采用与透明代理防火墙相同的测试环境,即安装在网关处进行测试。

为方便在单台 PC 上完成包过滤防火墙的测试,本原型系统采用一种"简易"的网络测试环境,即防火墙和测试用到的网络客户端运行在同一台 PC 上,该 PC 只要接入互联网中就可进行本防火墙原型系统的测试和功能验证。

在进行测试前,要首先保证测试用 PC 已将 IP 地址、网关、DNS 服务器等信息全部配置正确,使得该 PC 能够正常访问到网络上的其他主机。编者所用的测试机器配置的 IP 地址为"192.168.47.183",下面介绍在这台机器上的具体测试过程。

10.4.3 功能测试过程

1. 加载内核模块

在进行测试时,首先将编译好的内核模块插入到内核中,即在命令行窗口下执行:

- insmod mod_firewall. ko ♯将模块 mod_firewall. ko 插入到 Linux 内核
- lsmod ♯查看系统中所有加载的内核模块,如果加载成功,在显示出的内核模块列表中将会看到名字为 mod_firewall 的模块

采用 dmesg 命令查看内核的信息输出,如果模块加载成功且钩子函数注册成功,在 dmesg 输出信息的最后部分将会看到"Init Module",这是在内核模块初始化函数中通过函数 printk()输出的信息(见图 10-5)。

2. ping 控制功能

通过防火墙规则配置程序设置 ICMP 控制规则,如下:

./configure -p ping -y 192.168.47.254

其中 192.168.47.254 为局域网内某主机的 IP 地址,上面配置的规则要求禁止 ping 该主机。在这条规则配置前可以 ping 通该主机,执行这条规则后无法成功 ping 通该主机。采用 dmesg 命令查看内核的信息输出,在其中可发现"An ICMP packet is denied!"的信息(见图 10-5)。

3. TCP 报文控制测试

通过防火墙配置程序设置 TCP 控制规则,如下:

./configure -p tcp -y 202.120.58.161 -n 80

其中 202.120.58.161 为上海交通大学 BBS 服务器(URL 为 bbs. sjtu. edu. cn)的 IP 地址,所配置的规则要求丢弃发往该 BBS 服务器 80 端口的 TCP 报文。在配置该规则前能够正常访问该 BBS 服务器,配置该规则后就不能以 Web 方式正常访问该 BBS 服务器。同时采用 dmesg 命令查看内核的信息输出,在其中可发现"A TCP packet is denied!"的信息(见图 10-5)。

4. UDP 报文过滤

./configure -p udp -y 202.120.2.100

其中 202.120.2.100 为本机 DNS 服务器的 IP 地址,DNS 服务采用 UDP 协议实现。配置这条规则后,不能以域名的形式访问外网服务器,但能够以 IP 地址的形式直接访问外网服务器,因为其不涉及到域名地址解析。同时采用 dmesg 命令查看内核的信息输出,在

其中可发现"A UDP packet is denied!"的信息(见图 10-5)。

　　注意：在进行该项测试时，最好近期没有访问过用作测试目标的服务器，否则该服务器的 IP 地址可能已经缓存在本机内。

5. 卸载内核模块

测试结束后，卸载已加载的内核模块。

- ./configure ♯去除所设置的所有规则。
- rmmod mod_firewall ♯卸载所插入的防火墙内核模块。
- dmesg ♯查看防火墙运行过程中内核输出的信息。

上面的测试过程具体如图 10-4 所示。

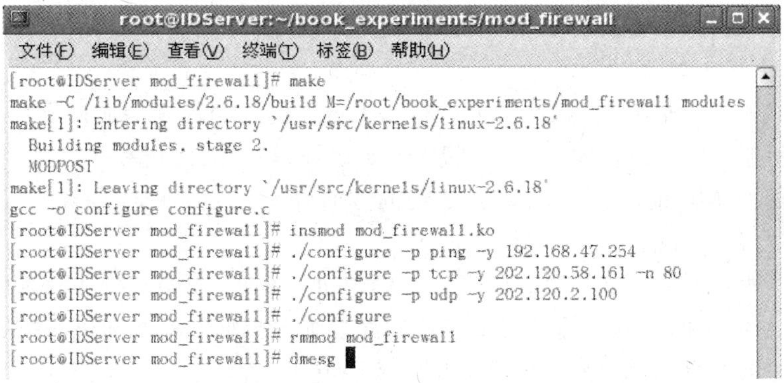

```
root@IDServer:~/book_experiments/mod_firewall
文件(F) 编辑(E) 查看(V) 终端(T) 标签(B) 帮助(H)
[root@IDServer mod_firewall]# make
make -C /lib/modules/2.6.18/build M=/root/book_experiments/mod_firewall modules
make[1]: Entering directory `/usr/src/kernels/linux-2.6.18'
  Building modules, stage 2.
  MODPOST
make[1]: Leaving directory `/usr/src/kernels/linux-2.6.18'
gcc -o configure configure.c
[root@IDServer mod_firewall]# insmod mod_firewall.ko
[root@IDServer mod_firewall]# ./configure -p ping -y 192.168.47.254
[root@IDServer mod_firewall]# ./configure -p tcp -y 202.120.58.161 -n 80
[root@IDServer mod_firewall]# ./configure -p udp -y 202.120.2.100
[root@IDServer mod_firewall]# ./configure
[root@IDServer mod_firewall]# rmmod mod_firewall
[root@IDServer mod_firewall]# dmesg
```

图 10-4　内核模块包过滤防火墙原型系统的测试过程

　　通过 dmesg 命令，在显示文本的最后可以看到如图 10-5 所示信息，这是内核模块在执行一些操作时的信息输出。

```
Init Module
input info: p = 1, x = 0 y = -30431040 m = 0 n = 0
An ICMP packet is denied!
An ICMP packet is denied!
input info: p = 6, x = 0 y = -1590003510 m = 0 n = 20480
A TCP packet is denied!
A TCP packet is denied!
input info: p = 17, x = 0 y = 1677883594 m = 0 n = 0
A UDP packet is denied!
A UDP packet is denied!
A UDP packet is denied!
A UDP packet is denied!
CleanUp
```

图 10-5　测试过程中由 printk 输出的内核信息

10.5　扩展开发实践

　　本章基于 Netfilter 机制实现了一个内核模块包过滤防火墙原型系统，该原型系统在 Netfilter 框架中注册钩子函数，通过钩子函数实现对 IP 报文的检查和控制。对比一个成熟的包过滤防火墙,该原型系统在控制功能等方面还存在明显的不足,可基于该原型系统进行以下方面的扩展开发实践。

10.5.1　内核模块包过滤防火墙的控制功能扩展

本章实现的防火墙原型系统中报文过滤功能比较有限,主要体现在以下方面:

- 控制规则简单,只是依据通信双方的 IP 地址和端口进行检查和控制,实际上包过滤防火墙还可以依据其他要素进行控制,如基于时间段进行控制,在休息日不准从外部网络访问内部网络等,又如区分外部网络和内部网络,不允许外部网络向内部网络发起连接请求等。
- 以几个简单变量存储所配置的控制信息,相当于只能支持一条包过滤规则。这对实用的包过滤防火墙而言是不合适的,通常包过滤防火墙需要同时支持多条包过滤规则。

鉴于此,在本防火墙原型基础上,可进行以下方面的访问控制功能扩展:

- 检查和控制要素的扩展。除实现基于 IP 地址、端口的检查和控制外,还能实现基于时间段、ICMP 报文的子类型、网络访问方向(如禁止外网连内网而允许内网连接外网)等要素进行报文的检查和过滤。
- 多包过滤规则的扩展。以表的形式存储包过滤规则,能够支持用户配置多条包过滤规则,使内核模块能够同时按多条包过滤规则进行报文检查和过滤控制。
- 友好的包过滤规则配置和管理界面。支持包过滤规则的导入、导出、添加、编辑、删除等基本功能。

10.5.2　内核模块包过滤防火墙原型系统的移植

本章进行的原型系统开发是在 FC6 系统(内核版本为 2.6.18)上进行的,如果将该原型系统直接放到目前主流 Linux 系统 Ubuntu(内核版本为 2.6.28 或 2.6.34)上则不能正常运行,需要先进行相应的移植性工作。

因应用程序只涉及到操作系统的系统调用接口,相对而言比较容易在各个 Linux 内核版本上实现移植,甚至绝大多数应用程序不存在移植性问题。本原型系统的规则配置程序作为一个应用程序不存在移植性问题,可直接在其他 Linux 版本上编译运行。

本原型系统中的 Linux 内核模块同应用程序的开发有所区别,该内核模块在实现过程中使用了 Linux 内核资源,如 Netfilter 框架的接口、内核的各种数据结构定义(如 IP 包头、TCP 包头等)。而 Linux 内核一直处在发展过程中,其所支持的 Netfilter 机制的实现也在不停变化之中,内核版本 2.6.18 和 2.6.28 间很多部分存在明显差别。

在将本章开发的防火墙原型系统移植到 Ubuntu 下运行时,有如下两点需要加以注意:

- 结构体 struct sk_buff 在 2.6.24 以后版本的内核中有所扩展变化,一些域的类型和名称都发生了改变。在通过该结构体解析报文首部时需要作相应的调整。如在 2.6.28 版本的内核中,nh 域已经不存在,被替换成 network_header,且数据类型也发生了改变,由联合体变为一个指针类型。
- 在 2.6.28 内核中,Netfilter 框架在调用所注册的钩子函数时,传递给钩子函数的参数类型与 2.6.18 版本内核有明显的不同。函数原型对比如下(其中 hook_func 为假设的钩子函数名）：

- ◆ 2.6.18 版本内核中：int hook_func(unsigned int hooknum, struct sk_buff ** skb, const struct net_device * in, const struct net_device * out, int (* okfn) (struct sk_buff *))；

- ◆ 2.6.28 版本内核中：int hook_func(unsigned int hooknum, struct sk_buff * skb, const struct net_device * in, const struct net_device * out, int (* okfn) (struct sk_buff *))；

如果防火墙原型系统移植中不对源代码进行特别处理，不仅内核模块不能正常运行，甚至会导致系统死机。

进行上述两个方面的修改后，本章开发的原型系统就可以在内核版本 2.6.28 及以上的 Linux 系统上成功编译和运行。

10.5.3　基于 Netfilter 的网络加密通信系统

IP 报文在处理流程中经过 Netfilter 框架某钩子点时，Netfilter 框架不仅会调用所注册的钩子函数，通过钩子函数的返回结果来决定拒绝还是放行该 IP 报文，就像本章实现的包过滤防火墙一样。另外，Netfilter 框架还会将该 IP 报文的具体内容以参数的形式交给钩子函数处理，在钩子函数中，可以按照一定的目的进行报文内容变换（或修改），然后将经过内容变换的 IP 报文再返回给 Netfilter 框架，Netfilter 框架会像处理原始的 IP 报文一样继续处理被钩子函数变换过内容的 IP 报文。

基于这种 IP 报文内容变换技术可以开发出应用层透明的报文加密传输系统。即在钩子函数中，对 IP 报文的内容进行加密处理，这样由本机或本网关发出的 IP 报文，其内容都是密文。在接收端的网关或端系统，需要对应的解密处理，即在 Netfilter 框架中注册相应的钩子函数，在钩子函数中解密出 IP 报文内容。这样就能实现应用层透明的网络加密数据通信，无论是客户端还是服务器都感受不到该加解密过程的存在，而在中间的网络链路上传输的数据是经过加密处理的，通信安全性得到很大的提高。

另外，基于这种 IP 报文内容变换技术可以用于携带报文相关的属性信息，以实现数据认证等网络附加功能。如在军事、国防领域得到应用的多级网络安全系统中，需要标记所传输数据的安全级别，以便接收方对接收到的数据进行安全级别相关的处理（如认证及安全级别跟踪等）。若在 Linux 系统上实现类似的安全功能，就可以采用注册 Netfilter 钩子函数的方式实现。

10.5.4　内核模块包过滤防火墙的攻击检测功能扩展

一些产品化的网络防火墙除了能够按照包过滤规则进行 IP 报文的控制外，还具有一定的攻击检测能力，如检测端口扫描攻击、半连接攻击等。本书第 17 章的开发实践将详细阐述基于所获取 IP 报文如何实现针对端口扫描的攻击检测，本章原型系统的开发中实现了对各种 IP 报文（包括 SYN 报文）的获取，因此可将第 17 章中的端口扫描攻击检测功能集成到本章的内核模块包过滤防火墙中实现。由于涉及到攻击检测的相关技术，需要在学习第 17 章的相关内容后再进行本扩展开发实践。

10.6　本章小结

　　本章详细阐述基于 Netfilter 框架的钩子函数注册机制实现包过滤防火墙原型系统的具体开发过程。该原型系统支持一条报文过滤规则,基于协议类型(UDP、TCP、ICMP)、报文源 IP 地址和目标 IP 地址、报文源端口和目标端口等对 IP 报文进行检查和过滤。另外,本章还为该防火墙原型系统实现一个简单的规则配置程序,该程序通过字符设备文件的方式,将用户配置的规则信息传递给防火墙原型系统的内核模块,也能够通过该配置程序关闭该防火墙原型系统的报文过滤功能。

　　本章完成的原型系统开发所涉及到的关键技术包括:内核模块的编程开发方法,这是开发内核模块包过滤防火墙的基础;在内核模块中实现 Netfilter 钩子函数的注册,完成钩子函数注册后才能截获到相应的 IP 数据报文;添加一个新的字符设备,通过该字符设备,可以将应用层配置的包过滤规则信息发送到内核模块中,用于对所截获 IP 报文进行控制。

　　本章最后详细讨论在该防火墙原型系统基础上能够进行的扩展开发实践,包括:内核模块包过滤防火墙的控制功能扩展,以同时支持多条包过滤规则;内核模块包过滤防火墙的 Linux 平台移植,使本章开发的防火墙原型系统能够运行在 Ubuntu(内核版本 2.6.28 以上)等系统上;基于 Netfilter 的报文内容变换技术,实现一个对应用层透明的网络加密传输系统;集成相应的攻击检测能力至本章开发的防火墙原型系统中。有兴趣的读者可在此原型系统基础上,进行相应的扩展开发实践。

习　　题

　　1. 简述内核模块包过滤防火墙中内核模块的主要功能。

　　2. 在内核模块包过滤防火墙的开发中,内核模块初始化时主要完成哪些工作?

　　3. 结合本章的开发实例,简单阐述函数 getopt() 的主要功能以及使用方法。

　　4. 简单阐述函数 system() 的功能和实现原理。

　　5. 在进行本章的防火墙测试时,如果在内核模块加载之前运行规则配置程序,是否能够成功进行规则配置? 为什么?

　　6. 在向 Netfilter 框架注册钩子函数时,struct nf_hook_ops 是一个关键的结构体,描述了注册相关信息,请说明该结构体包含的数据域及具体含义。

　　7. 在对 ping 应用进行匹配检查和控制时,为何将用户配置的源 IP 地址与报文的目标 IP 地址进行比较?

　　8. 在设计和实现注册到 Netfilter 框架中的钩子函数时,是否可以任意确定该函数的形式参数,包括参数的数量及类型等?

　　9. 在进行内核模块包过滤防火墙测试时,可从哪些方面来判断其内核模块是否已成功加载到 Linux 操作系统中?

　　10. 本章实现的防火墙原型系统在报文过滤和控制方面,主要有哪些需要改进的地方?

11. 简单说明为何实现内核模块包过滤防火墙在不同 Linux 系统间移植，比一般的应用程序移植要难以实现。

12. 简单解释基于 Netfilter 框架实现应用层透明的加密网络通信的基本思路。

13. 结合本章原型系统的具体实现，阐述如何改进该原型系统，使其能够完成对 TCP 连接方向的控制，如内网主机可以连接到外网服务器，而外网主机不能连接到内网中的服务器。

第 11 章 基于队列机制的应用层 包过滤防火墙原型实现

本章主要阐述如何基于 Netfilter 框架的队列功能实现一个应用层的包过滤防火墙原型系统。不同于第 10 章实现的内核模块包过滤防火墙,本章的防火墙原型系统以一个独立应用程序的形式存在,不涉及到 Linux 内核方面的开发和编程。下面首先介绍该防火墙原型系统的总体技术方案,然后介绍源代码实现过程,最后介绍该防火墙原型系统的测试过程,及在该防火墙原型系统基础上所能进行的扩展开发实践。

11.1　原型系统的总体设计

对比第 10 章开发的内核模块包过滤防火墙,本章的应用层包过滤防火墙在报文解析和控制方式上并没有大的区别,都是对 IP 报文进行检查和控制。二者主要不同在于获取 IP 报文的方式,内核模块包过滤防火墙通过在 Netfilter 框架中注册钩子函数的方式获得拟控制的 IP 报文,而应用层包过滤防火墙在应用层获得要控制的 IP 报文。本节首先阐述如何在应用层获得要控制的 IP 报文。

11.1.1　应用层 IP 报文获取方案

早期的 Netfilter 机制(内核版本为 2.2 及以前的 Linux 系统中)并不支持队列机制,即只能在内核层进行报文处理,不能通过队列方式将报文交给应用层处理。在版本为 2.4 的 Linux 内核中,其 Netfilter 机制开始支持队列机制(即 IP queue),用于将数据包从内核空间传递到应用层空间,其不足之处在于只能由单个应用程序接收内核发来的数据包,当时队列机制采用一种独有方式实现内核空间到应用层空间的数据传递,仅限于传递由 Netfilter 框架截获的 IP 数据包。

在 Linux 2.6 内核中,出现了 Netlink 机制(Linux 操作系统中一种在内核空间和应用层空间传递数据的机制,其接口形式类似于网络套接字接口,详见本书 1.6 节),而且该机制逐渐成为 Linux 程序员广泛接受的一种标准化的内核空间与应用层空间数据传递机制。鉴于 Netlink 机制的通用性以及使用方便性,Netfilter 框架开始采用以 Netlink 方式实现的队列机制,即以 Netlink 形式将从内核层截获的 IP 报文发往应用层,应用程序只要按标准的 Netlink 方式就可以读取到从内核层发来的 IP 报文。有些系统程序员将实现在 Netlink 上的队列机制称为 netlink_queue,以区别于传统的 IP queue 机制。基于 Netlink 的队列机制既可以兼容原来的 IP queue 机制,也可以支持多个应用程序接口,即多个应用程序可以同时读取 Netlink 从 IP 层发送来的 IP 报文。

为了便于应用层包过滤防火墙以及其他相关应用的开发,Netfilter 官方组织提供了相应的开发函数库 Libnetfilter_queue,该函数库封装了用于应用层包过滤防火墙的 Netlink

接口。程序员可以直接利用该库提供的接口函数较为方便地获取 Netfilter 框架发送来的 IP 报文,而不再直接调用原始的 Netlink 接口获取 IP 报文。

　　本防火墙原型系统采用基于函数库 Libnetfilter_queue 的方式来完成相应的开发实践,该库及其实现源代码可以到 Netfilter 网站下载。

11.1.2　功能和结构设计

　　本章目的在于以实例的方式展现如何在 Linux 系统的 Netfilter 框架下实现应用层包过滤防火墙的方法,而不是实现复杂的过滤策略。鉴于此,此原型系统中实现的过滤策略比较简单,主要依据不同的协议类型,实现基于 IP 地址和端口的 IP 报文过滤。

　　为简单起见及突出应用层包过滤防火墙的基本原理,本章开发的应用层包过滤防火墙不实现单独的包过滤规则配置程序,包过滤规则配置和基于包过滤规则进行 IP 报文过滤的功能实现在一个应用程序中,即该程序通过命令行参数接收用户配置的一条包过滤规则,然后直接基于该规则实施报文过滤,如要更改包过滤规则,需要首先停止该程序,然后重新以新的命令行参数启动该程序。

11.1.3　运行方式

　　本章的原型系统通过命令行参数来确定待阻止报文的协议类型、源 IP 地址和目标 IP 地址以及源端口和目标端口,形如:

```
./queue_fw -p protocol -x source_ip -y dst_ip -m source_port -n dst_port
```

其中 queue_fw 为原型系统对应的可执行文件名,其后各选项的具体含义如下:
- -p protocol:指明要控制的协议(或网络应用)类型,为 tcp、udp、ping 三种之一;
- -x source_ip:指明要控制报文的源 IP 地址;
- -y dst_ip:指明要控制报文的目标 IP 地址;
- -m source_port:指明要控制报文的源端口;
- -n dst_port:指明要控制报文的目标端口。

　　如“./queue_fw -p tcp -x 192.168.47.183 -y 202.120.2.120 -m 8888 -n 80”表示禁止源 IP 地址为 192.168.47.183、目标 IP 地址为 202.120.2.120,且源端口为 8888、目标端口为 80 的 TCP 通信。

　　若某个选项省略(即不对该选项进行配置),则取其默认值 0,0 表示与任意值相匹配,即表示要控制的报文覆盖该选项的所有值域。如:

```
./queue_fw -p ping                          ♯表示禁止所有源和目标地址间的 ping 操作
./queue_fw -p ping -x 192.168.47.1          ♯阻止 192.168.47.1 对外 ping
./queue_fw -p tcp -y 192.168.47.1 -n 80     ♯发往 192.168.47.1 的 80 端口的 TCP 包被丢弃
./queue_fw -p udp -y 202.120.2.101          ♯发往 202.120.2.101 的 UDP 包被丢弃
```

　　特别注意的是,若所有选项全部省略,表示关闭该包过滤防火墙的 IP 报文过滤功能,而不是对任意的报文进行控制。具体的执行格式如下:

```
./queue_fw       ♯表示取消原来的控制配置,不再进行任何 IP 报文过滤
```

　　这时候相当于关闭防火墙的报文过滤功能,该防火墙工作在转发 IP 报文的模式,不进

行任何报文检查和控制过滤。

如果要关闭该防火墙,直接在终端按 Ctrl+C 键终止该防火墙的运行即可。

11.2　原型系统的实现

11.2.1　外部库函数

对比内核模块包过滤防火墙的编程实现,应用层包过滤防火墙的主要不同在于需要在应用层借助 Netfilter 提供的函数库 Libnetfilter_queue,来获得 Netfilter 框架从内核层发来的 IP 数据包,而不是通过在 Netfilter 框架中注册钩子函数的方式来获得 IP 数据包。因而对该防火墙进行编程实现的关键在于熟悉如何使用函数库 Libnetfilter_queue,以获得和处理相应的 IP 数据包。因此讨论该防火墙的编程实现前,首先简要介绍所用到的主要 Libnetfilter_queue 库函数。

- struct nfq_handle * nfq_open(void); 该函数用于打开 Libnetfilter_queue 函数库,并实例化一个 Netfilter 队列的句柄。如果初始化成功,该函数返回一个指向实例化 Netfilter 队列的句柄。要使用 Netfilter 队列机制接收 Netfilter 框架发送来的 IP 数据包,首先要调用该函数。

- struct nfq_q_handle * nfq_create_queue(struct nfq_handle * h, u_int16_t num, nfq_callback * cb, void * data); Netlink 支持广播机制,应用层可以多路接收 Netfilter 框架发送来的 IP 数据包。该函数创建由参数 num 表示的一个具体队列,参数 h 为调用函数 nfq_open() 的返回值,参数 cb 为所设置的回调函数指针,对队列中的每一个 IP 数据包,将来都会调用参数 cb 指向的处理函数,参数 data 为需要传递给回调函数的数据缓冲区指针。

- int nfq_handle_packet(struct nfq_handle * h, char * buf, int len); 该函数完成对参数 buf 指向的 IP 数据包的处理,该函数的内部实现会调用函数 nfq_create_queue() 中设置的回调函数来处理数据包。

- int nfq_set_verdict(struct nfq_q_handle * qh, u_int32_t id, u_int32_t verdict, u_int32_t data_len, unsigned char * buf); 该函数一般在回调函数中调用,用于设置 Netfilter 框架对该报文的处理方式,其中参数 verdict 指明了具体的处理方式,如 NF_ACCEPT 或 NF_DROP。

11.2.2　头文件和全局变量

1. 头文件、预定义

在该防火墙的原型系统实现中,涉及如下的头文件和预定义:

```
# include < sys/types. h >
# include < stdio. h >
# include < stdlib. h >
```

```
# include < unistd.h >
# include < netinet/in.h >
# include < linux/netfilter.h >
# include < libnetfilter_queue/libnetfilter_queue.h >
# include < string.h >
# include < time.h >
# include < sys/time.h >
# include < linux/ip.h >
# include < linux/tcp.h >
# include < linux/udp.h >
# include < linux/icmp.h >
# define MATCH 1          //表示端口、IP 地址匹配的结果,即与要控制的 IP 地址、端口一致
# define NMATCH 0         //表示端口、IP 地址匹配的结果,即与要控制的 IP 地址、端口不一致
```

2. 本原型系统的源代码实现中定义的三类全局变量

- 过滤信息类变量。

共 6 个全局变量,用来表示用户通过命令行选项配置的过滤规则信息。

```
int enable_flag = 1;     //表示是否启用防火墙的包过滤功能,1(启用),0(禁用)
unsigned int controlled_protocol = 0;   /*表示要控制报文的协议类型:1—ICMP,6—TCP,17—UDP*/
unsigned short controlled_srcport = 0;  /*表示要控制报文的源端口,0 表示要控制所有源端口
                  的报文,该变量只对 TCP 报文和 UDP 报文有效*/
unsigned short controlled_dstport = 0;  /*表示要控制报文的目标端口,该变量只对 TCP 报文和
                  UDP 报文有效*/
unsigned int controlled_saddr = 0;   //表明要控制报文的源 IP 地址
unsigned int controlled_daddr = 0;   //表明要控制报文的目标 IP 地址
```

- 保存 IP 报文信息的全局变量。

```
struct iphdr * piphdr;              //本次处理 IP 报文的 IP 头部指针
```

- 应用 Libnetfilter_queue 函数库使用到的句柄变量。

```
int fd;                         //文件描述符变量
struct nfq_handle * h;
struct nfq_q_handle * qh;
struct nfnl_handle * nh;
```

11.2.3　函数组成及功能设计

该防火墙原型系统的代码实现主要包含如下的九个函数。

- 主函数。函数原型为:

```
int main( int argc, char * argv[]);
```

该函数的主要功能是首先调用参数解析函数 getpara(),从命令行选项中解析出要控制报文的协议类型、地址、端口等信息,如果命令行选项错误,调用函数 display_ usage()向用户提示正确的命令行格式;然后进行 Libnetfilter_queue 函数库相关的初始化工作,并设置报文处理函数 callback();最后该函数进行相应的 IP 报文读取和转发。

- 参数解析函数。函数原型为：

```
int getpara(int argc, char * argv[ ]);
```

该函数主要从用户的命令行选项中提取相应的控制信息，即要控制报文的协议类型、源 IP 地址和目标 IP 地址、源端口和目标端口等，然后将这些信息保存在全局变量中。

- 参数格式提示函数。函数原型为：

```
void display_usage(char * commandname);
```

该函数主要向用户显示该防火墙程序正确的命令行选项和格式。

- 端口匹配函数。函数原型为：

```
int port_check(unsigned short srcport, unsigned short dstport);
```

该函数主要是检查所接收报文的源端口（由参数 srcport 指定）、目标端口（由参数 dstport 指定）与规则中需要控制的源端口（由全局变量 controlled_srcport 指定）、目标端口（由全局变量 controlled_dstport 指定）是否相同，如果相同返回 MATCH，否则返回 NMATCH。如果规则中没有指定端口号，则返回 MATCH，意味着对任意端口的报文都要进行控制。

- IP 地址匹配函数。函数原型为：

```
int ipaddr_check(unsigned int saddr, unsigned int daddr);
```

该函数主要功能是检查所接收报文的源 IP 地址（由参数 saddr 指定）、目标 IP 地址（由参数 daddr 指定）与过滤规则中需要控制的源 IP 地址（由全局变量 controlled_saddr 指定）、目标 IP 地址（由全局变量 controlled_ daddr 指定）是否相同，如果相同返回 MATCH，否则返回 NMATCH。如果规则中没有指定 IP 地址，则返回 MATCH，意味着对任意 IP 地址的报文都要进行控制。

- ICMP 报文过滤函数。函数原型为：

```
int icmp_check(void);
```

该函数主要功能是检查 ICMP 数据包，在本原型系统中具体为控制 ping 应用。该函数首先剥掉报文的 IP 头，使指针指向 ICMP 头。这里只对 ICMP 类型为 0 和 8 的数据包加以限制，分别为 ping 回显应答和请求，其他类型的 ICMP 报文可以通过本原型系统。对类型为 0 或 8 的报文，该函数先调用函数 ipaddr_check()进行地址匹配，然后根据匹配结果返回 NF_ACCEPT 或 NF_DROP。

- TCP 报文过滤函数。函数原型为：

```
int tcp_check(void);
```

该函数主要功能是检查 TCP 数据包。该函数首先剥掉报文的 IP 头，使指针指向 TCP 头，然后调用函数 ipaddr_check()进行地址匹配，以及调用函数 port_check()进行端口匹配，如果这两个函数的返回值均为 MATCH，该函数返回 NF_DROP，即禁止该报文通过，否则返回 NF_ACCEPT，放行该报文。

- UDP 报文过滤函数。函数原型为：

```
int udp_check(void);
```

该函数主要功能是检查 UDP 数据包。该函数首先剥掉报文的 IP 头，使指针指向 UDP 头。然后调用函数 ipaddr_check() 进行地址匹配，以及调用函数 port_check() 进行端口匹配，如果这两个函数的返回值均为 MATCH，该函数返回 NF_DROP，即禁止该报文通过，否则返回 NF_ACCEPT，放行该报文。

- 回调函数。函数原型为：

```
static int callback(struct nfq_q_handle * qh, struct nfgenmsg * nfmsg, struct nfq_data *
nfa, void * data);
```

该函数用于设置 IP 报文的处理方式，告知 Netfilter 框架如何处理对应的 IP 报文，即放行还是拒绝。该函数会被 Libnetfilter_queue 函数库在发送 IP 报文前自动调用。该函数首先检查全局变量 enable_flag，若为 0，表示用户关闭了该防火墙的报文检查和过滤功能，则直接将该 IP 报文的处理方式设置为 NF_ACCEPT。否则，根据该 IP 报文的协议类型，调用相应协议的检查函数（udp_check()，tcp_check()，icmp_check() 之一），形成相应的检查和控制结果，然后据此设置该报文的处理方式，即 NF_ACCEPT 或 NF_DROP。

上述报文检查相关的六个函数（即上述九个函数中的后六个函数）间的调用及引用关系如图 11-1 所示。

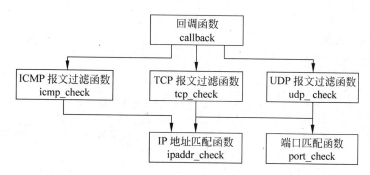

图 11-1　报文检查相关函数间的调用关系

11.2.4　函数实现和注释

1. 主函数

```
int main(int argc, char ** argv){
    char buf[1600];              //从 IP 层获得的报文数据缓冲区，长度要大于最大 IP 长度（即 1512）
    int length;                  //用于保存每次获得报文数据的长度
    if (argc == 1)
        enable_flag = 0;         //关闭防火墙的报文过滤功能
    else {
        getpara(argc, argv);     //获得命令行选项中的控制配置信息到全局变量中
        printf("input info: p = %d, x = %d y = %d m = %d n = %d \n", controlled_
        protocol, controlled_saddr, controlled_daddr, controlled_srcport, controlled_
```

```
              dstport);                        /*显示所配置的控制信息*/
    }
    h = nfq_open();                            //打开 Libnetfilter_queue 函数库,并实例化一个库句柄
    if (!h) {
        fprintf(stderr, "Error during nfq_open()\n");
        exit(1);
    }
    if (nfq_unbind_pf(h, AF_INET) < 0) {    //解除对 nf_queue 句柄已经存在的绑定
        fprintf(stderr, "already nfq_unbind_pf()\n");
        exit(1);
    }
    if (nfq_bind_pf(h, AF_INET) < 0) {      //对 nf_queue 句柄重新绑定协议簇
        fprintf(stderr, "Error during nfq_bind_pf()\n");
        exit(1);
    }
    qh = nfq_create_queue(h, 0, &callback, NULL);
    /*选择处理队列号(这里采用 0 号队列)和设置回调处理函数 callback*/
    if (!qh) {
        fprintf(stderr, "Error during nfq_create_queue()\n");
        exit(1);
    }
    if(nfq_set_mode(qh, NFQNL_COPY_PACKET, 0xffff) < 0){
    /*设置参数 NFQNL_COPY_ PACKET 表示返回数据包*/
        fprintf(stderr, "Can't set packet_copy mode\n");
        exit(1);
    }
    //数据结构转换
    nh = nfq_nfnlh(h);
    fd = nfnl_fd(nh);
    while(1) {
        length = recv(fd, buf, 1600, 0);     //此处完成接收数据包
        nfq_handle_packet(h, buf, length);   /*完成发包的真正函数,函数 nfq_handle_packet()
                会调用在函数 nfq_create_queue()中设置的回调函数来处理数据包*/
    }
    nfq_destroy_queue(qh);                   //关闭队列处理
    nfq_close(h);                            //关闭库
    exit(0);
}
```

2. 命令行选项解析函数

```
int getpara(int argc, char * argv[]){
    int optret;                                   //保存每次解析出的选项字符
    unsigned short tmpport;                        //保存端口的临时变量
    optret = getopt(argc, argv, "pxymnh");         //获取第一个选项
    while( optret != -1 ) {
        printf(" first in getpara: % s\n", argv[optind]);
        switch(optret) {
            case 'p':                             //该选项为协议类型
                if (strncmp(argv[optind], "ping", 4) == 0)
                    controlled_protocol = 1;      //希望对 ping 应用进行控制
```

```
                else
                    if ( strncmp(argv[optind], "tcp",3) == 0  )
                        controlled_protocol = 6;//希望控制 TCP 报文
                    else
                        if ( strncmp(argv[optind], "udp",3) == 0 )
                            controlled_protocol = 17;   //希望控制 UDP 报文
                        else {// - p 后跟非"ping"、"tcp"、"udp",即不支持的协议类型
                            printf("Unkonwn protocol! Please check and try again! \n");
                            exit(1);
                        }
            break;
        case 'x':                                      //该选项为源 IP 地址
            if (inet_aton(argv[optind], (struct in_addr * )&controlled_saddr) == 0){
            /* 用于将十进制点分 IP 地址格式如"192.168.47.1"转化为 32 位整数型 IP 地址
               格式 */
                printf("Invalid source ip address! Please check and try again! \n ");
                exit(1);
            }
            break;
        case 'y':                                      //该选项为目标 IP 地址
            if ( inet_aton(argv[optind], (struct in_addr * )&controlled_daddr) == 0){
                printf("Invalid destination ip address! Please check and try again! \n");
                exit(1);
            }
            break;
        case 'm':                                      //该选项为源端口
            tmpport = atoi(argv[optind]);              //将字符串类型转化为数字型
            if (tmpport == 0){
                printf("Invalid source port! Please check and try again! \n ");
                exit(1);
            }
            controlled_srcport = htons(tmpport);       //转化为网络字节序
            break;
        case 'n':                                      //该选项为目标端口
            tmpport = atoi(argv[optind]);
            if (tmpport == 0){
                printf("Invalid source port! Please check and try again! \n ");
                exit(1);
            }
            controlled_dstport = htons(tmpport);
            break;
        case 'h':                                      //用户输入 h,表示需要帮助(help)
            display_usage(argv[0]);                    //提示用户命令行选项格式
            exit(1);
        default:
        printf("Invalid parameters! \n ");
            display_usage(argv[0]);                    //提示用户命令行选项格式
            exit(1);
        }
        optret = getopt(argc,argv,"pxymnh");           //处理下一个选项
    }
}
```

3. 命令行选项提示函数

```
void display_usage(char * commandname){
    printf("Usage 1: % s \n", commandname);        //后不跟任何参数,关闭报文过滤功能
    printf("Usage 2: % s - x saddr - y daddr - m srcport - n dstport \n", commandname);
}
```

4. 端口匹配函数

```
int port_check(unsigned short srcport, unsigned short dstport){
    //按要控制的源端口和目标端口是否为 0,分四种情况处理
    if ((controlled_srcport == 0 ) && ( controlled_dstport == 0 )){   /* 要控制的源端口和目
                        标端口均为 0,表示对所有的源端口和目标端口进行控制 */
        return MATCH;
    }
    if ((controlled_srcport ! = 0 ) && ( controlled_dstport == 0 )){   /* 要控制的目标端口为
                        0,表示对所有目标端口进行控制 */
        if (controlled_srcport == srcport)        //只比较源端口
            return MATCH;
        else
            return NMATCH;
    }
    if ((controlled_srcport == 0 ) && ( controlled_dstport != 0 )){   /* 要控制的源端口为 0,
                        表示对所有源端口进行控制 */
        if (controlled_dstport == dstport)        //只比较目标端口
            return MATCH;
        else
            return NMATCH;
    }
    if ((controlled_srcport ! = 0 ) && ( controlled_dstport != 0 )){   /* 要控制的源端口和目
                        标端口均不为 0,要同时对源端口和目标端口进行比较 */
        if ((controlled_srcport == srcport) && (controlled_dstport == dstport))
            return MATCH;
        else
            return NMATCH;
    }
    return NMATCH;                                //正常情况下不会运行到此
}
```

5. IP 地址匹配函数

```
int ipaddr_check(unsigned int saddr, unsigned int daddr){
    //按要控制的源 IP 地址和目标 IP 地址是否为 0,分四种情况处理
    if ((controlled_saddr == 0 ) && ( controlled_daddr == 0 )){   /* 要控制的源 IP 地址和目
                        标 IP 地址均为 0,表示对所有的源 IP 地址和目标 IP 地址进行控制 */
        return MATCH;
    }
    if ((controlled_saddr != 0 ) && ( controlled_daddr == 0 )){   /* 要控制的目标 IP 地址为
                        0,表示对所有目标 IP 地址进行控制 */
        if (controlled_saddr == saddr)            //只比较源 IP 地址
            return MATCH;
```

```
            else
                return NMATCH;
        }
    if ((controlled_saddr == 0 ) && ( controlled_daddr != 0 )){   /*要控制的源IP地址为0,
                表示对所有源IP地址进行控制*/
        if (controlled_daddr == daddr)              //只比较目标IP地址
            return MATCH;
        else
            return NMATCH;
    }
    if ((controlled_saddr != 0 ) && ( controlled_daddr != 0 ))     {   /*要控制的源IP地址和
                目标IP地址均不为0,要同时对源IP地址和目标IP地址进行比较*/
        if ((controlled_saddr == saddr) && (controlled_daddr == daddr))
            return MATCH;
        else
            return NMATCH;
    }
    return NMATCH;                                  //正常情况下不会运行到此
}
```

6. ICMP 报文过滤函数

```
int icmp_check(void){
    struct icmphdr * picmphdr;
    /*首先获得IP报文中ICMP报头,由于ICMP报头紧跟在IP头部之后,即从缓冲区起始位置开
        始,跳过IP报头的长度即为ICMP报头。在IP头结构体中,用ihl域表示IP报头长度,由于
        该域的长度单位为32bit(即四个字节),若以字节为单位,IP报头长为ihl*4个字节*/
    picmphdr = (struct icmphdr * )((char * )piphdr + (piphdr -> ihl * 4));//获得ICMP报文头
    //只对ICMP的一类报文(类型为0或8)进行控制,就能达到禁止ping的目的
    if (picmphdr -> type == 8){//该类型的报文为客户端向远程服务器发出的ping请求报文
        if (ipaddr_check(piphdr -> saddr,piphdr -> daddr) == MATCH){
            printk("An ICMP packet is denied! \n");
            return NF_DROP;
        }
    }
    if (picmphdr -> type == 0){ /*该类型的报文为远程服务器向发出ping请求报文的客户端所
    回复的响应报文,注意下面匹配时,调用函数 ipaddr_check(piphdr -> daddr,piphdr -> saddr),
    将该响应报文的目标IP地址与要控制的源IP地址进行匹配,将该响应报文的源IP地址与要控
    制的目标IP地址进行匹配*/
        if (ipaddr_check(piphdr -> daddr,piphdr -> saddr) == MATCH){
            printk("An ICMP packet is denied! \n");
            return NF_DROP;
        }
    }
    //对其他类型的ICMP报文或者与控制的IP地址不匹配的ICMP报文,均默认放行
    return NF_ACCEPT;
}
```

7. TCP 报文过滤函数

```
int tcp_check(void){
    struct tcphdr * ptcphdr;
    ptcphdr = (struct tcphdr * )((char * )piphdr + (piphdr -> ihl * 4));        /*跳过IP报文
```

的头部长度,获得 TCP 报文的头部 */

　　//进行地址和端口的匹配

```
    if((ipaddr_check(piphdr->saddr,piphdr->daddr) == MATCH)&&(port_check(ptcphdr->
    source, ptcphdr->dest) == MATCH)){
        printk("A TCP packet is denied! \n");
        return NF_DROP;          //拒绝与控制的地址和端口相匹配的 TCP 报文
    }
    else
        return NF_ACCEPT;        //放行与控制的地址和端口不匹配的 TCP 报文
}
```

8. UDP 报文过滤函数

```
int udp_check(void){
    struct udphdr * pudphdr;
    pudphdr = (struct udphdr * )((char * )piphdr + (piphdr->ihl * 4));     /* 跳过 IP 报文
的头部长度,获得 UDP 报文的头部 */
    //进行地址和端口的匹配
    if((ipaddr_check(piphdr->saddr,piphdr->daddr) == MATCH)&&(port_check(pudphdr->
    source, pudphdr->dest) == MATCH)){
        printk("A UDP packet is denied! \n");
        return NF_DROP;          //拒绝与控制的地址和端口相匹配的 UDP 报文
    }
    else
        return NF_ACCEPT;        //放行与控制的地址和端口不匹配的 UDP 报文
}
```

9. 回调函数

```
static int callback(struct nfq_q_handle * qh, struct nfgenmsg * nfmsg, struct nfq_data * nfa,
void * data) {//使用 Libnetfilter_queue 要用到的函数,含有对包的判决
    /* 调用该钩子函数时,传递 4 个参数给钩子函数,这 4 个参数的顺序、类型及含义是由
        Libnetfilter_queue 函数库预先定义好的,开发者不能擅自定义 */
    int id = 0;//保存该 IP 的序号,设置断言(即处理方式)时告知系统是针对哪个 IP 包的
    struct nfqnl_msg_packet_hdr * ph;
    unsigned char * pdata = NULL;
    int pdata_len;
    int dealmethod = NF_DROP;    //该报文的默认处理方式
    char srcstr[32],deststr[32];
    ph = nfq_get_msg_packet_hdr(nfa);
    if (ph == NULL)
        return 1;
    id = ntohl(ph->packet_id);
    if (enable_flag == 0)        /* 首先检查防火墙的报文过滤功能是否启用,如没有启用,直接放
                                    行相应的 IP 报文 */
        return nfq_set_verdict(qh, id, NF_ACCEPT, 0, NULL);   /* 设置该报文的处理方式为放行 */
    pdata_len = nfq_get_payload(nfa, (char ** )&pdata);    //获取 IP 层发来的报文
    if (pdata != NULL)
        piphdr = (struct iphdr * ) pdata;                        //转化为 IP 头指针,即获得 IP 头部
    else
        return 1;        //无法获得有效的 IP 头部,提前退出该函数
    inet_ntop(AF_INET, &(piphdr->saddr), srcstr, 32);     //将 32 位源 IP 地址转化为点分形式
                                                             的字符串格式,供输出显示
```

```
        inet_ntop(AF_INET, &(piphdr -> daddr), deststr, 32);   //将 32 位目标 IP 地址转化为点分形
                                                                    式的字符串格式,供输出显示
        printf("get a packet: %s -> %s", srcstr, deststr);    //输出该报文的源和目的地址
        //首先判断是否为要控制的协议类型
        if(piphdr -> protocol == controlled_protocol)
            if (piphdr -> protocol == 1)                     //协议号为 1,为 ICMP 报文
                dealmethod = icmp_check();
            else
                if (piphdr -> protocol == 6)                 //协议号为 6,为 TCP 报文
                    dealmethod = tcp_check();
                else
                    if (piphdr -> protocol  == 17)           //协议号为 17,为 UDP 报文
                        dealmethod = udp_check();
                    else {//其他的协议号,默认放行,通常程序不会运行到该分支
                        printf("Unkonwn type's packet! \n");
                        dealmethod = NF_ACCEPT;
                    }
        else
            dealmethod = NF_ACCEPT;                          //不是要控制的协议类型,直接放行
        return nfq_set_verdict(qh, id, dealmethod, 0, NULL);  //设置对该报文的处理方式
}
```

11.3 编译、运行及测试

在完成 11.2 节的原型系统源代码编写后,就可运行和测试该防火墙原型系统,在运行测试前需要将源代码编译成可执行程序。

11.3.1 编译环境、方法和过程

前面提到,本章开发实践中的防火墙原型系统是在 Libnetfilter_queue 函数库的基础上完成,因此在编译该防火墙原型系统时,需要下载和安装相应的函数库,可以至 Netfilter 的官方网站下载。

在网络浏览器的地址栏输入"http://ftp. netfilter. org/pub/libnetfilter_queue/",网页上会出现 Libnetfilter_queue 函数库的各个版本列表。本开发实践中编者采用的是 0.0.17 版本,这里假定读者也下载安装该版本,选定该版本的链接,另存到本地完成下载。Libnetfilter_queue 函数库的安装过程中,系统会提示依赖 Libnfnetlink 函数库,这需要先去下载和安装 Libnfnetlink 函数库,同下载 Libnetfilter_queue 函数库相同的官方网站即可下载,在进行该开发实践时采用的 Libnfnetlink 函数库版本为 1.0.0。

下载的这两个函数库均为源码压缩文件,安装前需要先行解压。通过在各自的解压目录下分别执行命令 configure 和 make install 来完成这两个库的安装。这里需要注意的是,由于默认安装路径的原因,上述两个库的安装过程可能会出现一些错误(与 Linux 的版本相关,如 Fedora Core 6 系统)。

两个库安装过程中出错的主要原因和解决方法为:通过在 Libnfnetlink 函数库解压目录下执行命令 configure 和 make install 后,该库会默认安装在目录/usr/local/lib 下;而后

在 Libnetfilter_queue 函数库解压目录下执行 命令 configure 时,会提示找不到所依赖的 Libnfnetlink 库文件,这是因为该 configure 命令只会在目录/lib 和目录/usr/lib 下查找 Libnfnetlink 库文件,只要将目录/usr/local/lib 下的相关文件(含其下的子目录)复制到目录/usr/lib 或目录/lib 下,即可成功执行 Libnetfilter_queue 的 configure 命令;最后在 Libnetfilter_queue 解压目录下执行 make install,即可完成 Libnetfilter_queue 函数库的安装。另外,在编译和运行防火墙原型系统的过程中,若出现找不到 Libnetfilter_queue 函数库的错误,用同样方法解决,因该库也默认安装在目录/usr/local/lib 下。

完成上述两个库的下载和安装后,编译该开发实践中的防火墙原型系统比较简单,只需在 shell 终端输入如下命令即可:

```
gcc － lnetfilter_queue － o queue_fw queue_fw.c
```

其中-lnetfilter_queue 指明了使用的函数库为 Libnetfilter_queue,这里 queue_fw.c 为 11.2 节中源代码所在的源文件,该文件保存在当前目录下,queue_fw 为所指定的目标文件名。gcc 命令执行结束后,就会在当前目录下产生一个名为 queue_fw 的可执行程序。

11.3.2 测试环境

应用层包过滤防火墙和内核模块包过滤防火墙一样需要运行在所要控制网络的路由结点上,一般放置在内部网络连接外部网络的网关处,用于管理和控制内部网络与外部网络间的网络通信。

常见的测试方法类似于第 13 章透明代理防火墙的测试,将一台双网卡的 Linux 系统用作网关,在其上运行防火墙程序,就可以顺利完成本章开发的应用层包过滤防火墙的测试和运行。

由于通常接触到的计算机为 PC,很少配置多个网卡,为实现上面提到的测试环境需要另外购置网卡,而对一些笔记本电脑,即使再另外购置一个网卡,也难以安装到笔记本电脑中。鉴于此,本章仍采用第 10 章中提到的"简易"网络测试环境,即防火墙原型系统和测试用到的网络客户端在同一台 PC 上,来完成本防火墙原型系统的测试和功能验证。

在进行应用层包过滤防火墙测试前,首先保证测试用的 PC 已将 IP 地址、网关、DNS 服务器全部配置正确,使得该 PC 能够正常访问网络。另一方面,为避免 Linux 系统内置的包过滤防火墙干扰本防火墙的测试过程,建议进行测试时,预先关闭 Linux 系统的内置防火墙,具体方法参见 5.2.4 节,在如图 5-4 所示的界面中将"启用"改选为"禁止"即可。

编者所用的测试机器所配置的 IP 地址为 192.168.47.183,下节阐述在这台机器上的具体测试过程。

11.3.3 防火墙的功能测试

1. Netfilter 队列机制的启动

从上文介绍可知,本章开发出的应用层包过滤防火墙原型系统的工作基础是借助于 Netfilter 框架的队列机制截获 IP 报文,因而测试前首先需要启用 Netfilter 的队列机制。即在 shell 终端下执行如下的 Netfilter 规则配置命令:

```
iptables - A OUTPUT - j QUEUE
```

该规则设置 Netfilter 框架将所有经过网络出口点(OUTPUT)的报文以队列形式发送到应用层。执行完该条命令后,在启动应用层包过滤防火墙前,所有的网络应用都不能使用,因为这时所有的 IP 报文都被 Netfilter 框架通过队列机制发往应用层空间,而这时应用层包过滤防火墙还没有启动,这些发往应用层空间的报文没有任何程序来接收它们,这些报文自然被舍弃,相当于网络在 IP 层被隔断,任何网络应用都不能正常使用。

2. 网络应用的全通测试

从上面的开发实践可知,如果本章开发的应用层包过滤防火墙运行时不配置任何控制规则,即用命令行启动时不设置任何选项,则该防火墙不对任何报文进行控制,只是接收 Netfilter 框架发往应用层空间的 IP 报文,然后再将这些报文发还 IP 层,继续进行后续处理。这时候,该防火墙全部放行所有接收到的 IP 报文(即防火墙工作在全通状态),相当于完成单纯的 IP 报文转发功能。

为确定本防火墙的报文处理流程是否正常,首先进行该防火墙的全通状态测试。在 shell 终端下执行如下命令:

```
./queue_fw
```

该命令启动防火墙,且所有的网络服务功能都能够正常使用。要终止该防火墙的运行,同终止运行其他程序一样,直接在该 shell 终端下按 Ctrl+C 键即可。

3. ICMP 报文控制功能测试

在 shell 终端下执行如下命令:

```
./queue_fw -p ping -y 192.168.47.254
```

其中 192.168.47.254 为局域网内一主机的 IP 地址,该控制规则要求禁止对该主机的 ping 操作。按如上方式启动防火墙后,就不能 ping 通该主机,而可以 ping 通局域网内的其他 IP 地址(如 192.168.47.240)的主机。

该测试过程和信息输出如图 11-2 所示。

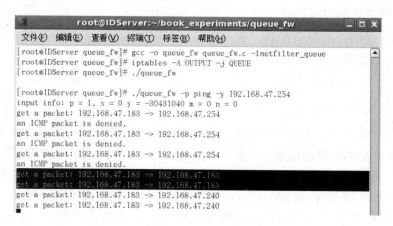

图 11-2　ICMP 报文控制功能测试

上面测试过程中,防火墙原型系统除截获到 ping 程序发向 IP 地址为 192.168.47.254
和 192.168.47.240 主机的 ICMP 报文外,还截获到本机上其他应用的数据包(如
192.168.47.183->192.168.47.183 的报文),测试过程中可不理会这些数据包。

4. TCP 报文控制功能测试

在 shell 终端下执行如下命令:

```
./queue_fw -p tcp -y 202.120.58.161 -n 80
```

其中 202.120.58.161 为上海交通大学 BBS 服务器(URL 为 bbs.sjtu.edu.cn)的 IP 地
址,该规则要求阻止发往该服务器 80 端口的 TCP 报文,执行后不能以 HTTP 方式正常访
问该 BBS 服务器,但可访问其他网站(如 www.sjtu.edu.cn)的 HTTP 服务,也能访问 FTP
等服务。

该测试过程和信息输出如图 11-3 所示。

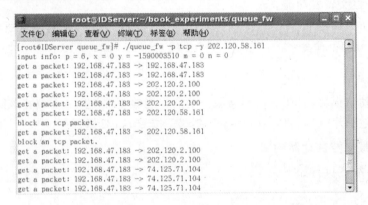

图 11-3　TCP 报文控制功能测试

上面测试过程中,防火墙原型系统截获到发往 bbs.sjtu.edu.cn(IP 地址为 202.120.58.161)、
www.sjtu.edu.cn(IP 地址为 202.120.2.102)、DNS 服务器(IP 地址为 202.120.2.100)的
报文,其中发往 IP 地址为 202.120.58.161 的 TCP 报文被阻止。

5. UDP 报文控制功能测试

域名解析时,DNS 服务器和客户端一般采用 UDP 协议进行交互,下面用 DNS 应用来
测试本防火墙系统对 UDP 报文的控制情况。

在 shell 终端下执行如下命令:

```
./queue_fw -p udp -y 202.120.2.100
```

其中 202.120.2.100 为上海交通大学校内 DNS 服务器的 IP 地址,执行了这条规则后,
所有以域名形式访问外网的网络应用都不能正常使用,而直接使用 IP 地址可以进行访问。

下面以 ping 为例说明具体测试及对比过程,具体为:①如上方式启动该防火墙原型系
统;②用域名形式,不能 ping 通 URL 为 www.sjtu.edu.cn 的 HTTP 服务器,在域名解析
时就出现了错误,如图 11-4 所示;③用其他机器上的 ping 命令解析出 www.sjtu.edu.cn
的 IP 地址,直接用其 IP 地址(202.120.2.102),就可以正常 ping 通该服务器。

注意:在进行相应测试时,最好近期内没有访问过作为测试目标的服务器,否则该服务

器的 IP 地址可能已经缓存在本机内。

伴随上面的测试过程,该防火墙原型系统的运行信息输出如图 11-4 所示。

图 11-4　UDP 控制功能测试输出

上面测试过程中,本防火墙原型系统阻止了发往 DNS 服务器(IP 地址为 202.120.2.100)的 UDP 报文,放行了发往 IP 地址为 202.120.2.102 的 ICMP 报文。

6. 关闭防火墙和 Netfilter 的队列功能

按 Ctrl+C 键可直接终止本防火墙系统的运行,这时候网络无法正常使用,因为前面配置的 Netfilter 队列功能仍在发挥作用,所有的 IP 报文都被 Netfilter 框架通过队列机制发往应用层空间。因而只有在关闭 Netfilter 的队列功能后,网络才能正常使用。涉及到的命令有:

```
./iptables -L OUTPUT        #查出该规则的规则号码
./iptables -D OUTPUT 1      #若用户没配置其他规则,删除 OUTPUT 链上的 1 号规则
```

对应的具体执行过程如图 11-5 所示。

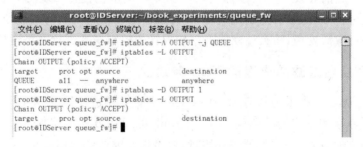

图 11-5　队列功能关闭过程

11.4　扩展开发实践

本章基于 Netfilter 的队列机制实现了一个应用层包过滤防火墙原型系统,该防火墙原型系统通过设置 Netfilter 框架,使其在收到 IP 报文时,将这些报文以队列方式传递到应用层,应用层包过滤防火墙按照包过滤规则对这些报文进行控制。可以基于该原型系统在以下方面进行相关的扩展开发实践。

11.4.1　应用层包过滤防火墙的控制功能扩展

本章实现的应用层包过滤防火墙原型系统的报文过滤功能非常有限,具体体现在以下几个方面:

- 控制规则简单,只能依据通信双方的 IP 地址和端口进行检查和控制　实际上包过滤防火墙还可以依据其他要素进行控制,如基于时间段进行控制,在休息日时间不准从外网访问内网,再如区分内网和外网,不允许外部网络向内部网络发起连接请求等。
- 以几个简单变量存储所配置的控制信息,相当于只能支持一条包过滤规则　显然,这对一个实用的包过滤防火墙而言是不合适的,通常一个实用的包过滤防火墙需要同时支持多条包过滤规则。
- 无法实现控制规则的动态设置　由于控制信息以命令行参数的形式提供,因此所实现的防火墙原型系统无法在系统运行过程中动态修改控制信息。要修改控制信息,只能重新运行该防火墙,修改后的控制信息才能生效。

针对上面提到的几方面问题,可在本防火墙原型系统基础上,进行以下方面的访问控制功能扩展:

- 检查和控制要素的扩展　除实现基于 IP 地址、端口的检查和控制外,还能基于时间段、ICMP 报文的类型等进行报文的检查和控制。
- 多包过滤规则的扩展。以表的形式存储包过滤规则,能够支持用户配置多条包过滤规则,使该防火墙系统能够同时按多条包过滤规则进行报文检查和过滤控制。
- 控制信息配置、保存及动态更新扩展　具体内容包括:实现一个友好的控制信息配置界面(或配置程序),可通过该配置界面实现对防火墙访问控制信息的配置;支持包过滤规则的导入、导出、添加、编辑、删除等基本功能;实现防火墙控制信息的动态配置更新,即配置防火墙规则时,无需暂停或终止防火墙的运行,只需在配置完成之后进行激活处理,防火墙就能依据新配置的控制规则进行网络连接控制。

11.4.2　应用层包过滤防火墙的 Netlink 通信

Linux 系统从 2.6 版本内核开始,其 Netfilter 框架开始以标准 Netlink 的形式与应用层进行数据交互,其队列机制开始建立在 Netlink 的通信方式上实现。Netfilter 框架在处理收到的 IP 报文时,由于用户配置等原因,需要将报文发送到应用层空间时,就采用标准的 Netlink 方式与应用层进行通信。同样在应用层,也可以采用标准的 Netlink 接口来接收和处理这些报文,而不去调用 Netfilter 提供的应用层函数库 Libnetfilter_queue。若熟悉 Netlink 接口形式,直接以 Netlink 接口实现应用层包过滤防火墙也没有很大的难度。

本书第 9 章的开发实践展示了通过 Netlink 机制实现应用层和内核通信的具体实例,既包括内核层的 Netlink 接口编程,也包括应用层的 Netlink 接口编程。直接通过 Netlink 机制实现应用层包过滤防火墙,只需实现应用层的 Netlink 接口编程即可,内核层中基于 Netlink 的数据发送和接收由 Netfilter 框架完成,应用程序只要按照 Netlink 的接口规范,就能与 Netfilter 框架通过 Netlink 机制进行 IP 报文的发送和接收。

11.4.3　应用层包过滤防火墙的报文内容变换扩展

从本章的开发实践中可看出，Netfilter 框架利用队列机制将 IP 层的报文发往应用层，同时可以继续处理从应用层发送回的报文。这意味着 Netfilter 框架不仅是向应用程序询问每个 IP 报文的处理方式（丢弃或放行等），还允许应用程序对报文的内容进行改动。

因此，应用层包过滤防火墙可按一定的应用需求对 IP 报文内容进行变换（或修改），然后将经过内容变换的 IP 报文通过队列机制再返回给 Netfilter 框架，Netfilter 框架会像处理原始的 IP 报文一样继续处理被应用层包过滤防火墙变换过内容的 IP 报文。基于这种 IP 报文内容变换的功能，可以开发出多种应用层透明的网络安全机制，典型的有：

- 报文内容的加密传输。即在应用层包过滤防火墙中，对 IP 报文的内容进行加密处理，这样由本机或本网关发出的 IP 报文，其内容都是密文。在接收端的网关或端系统，需要对应的解密处理，即实现类似的防火墙，但该防火墙对报文内容的变换由加密变成解密。这样就能实现应用层透明的网络加密数据通信，无论是客户端还是服务器都感受不到该加解密过程的存在，而在中间的网络链路上所传输的数据经过加密处理，安全性得到很大的提高。
- 携带该报文相关的属性信息，以实现数据认证等功能。如在军事、国防领域得到应用的多级网络安全系统中，需要标记所传输数据的安全级别，以便接收方对接收到的数据进行安全级别相关的处理（认证及安全级别跟踪等）。若要在 Linux 系统上实现类似的安全需求，就可以采用本章应用层包过滤防火墙的实现方式。

鉴于应用层透明的报文内容加密传输的安全需求更加明确，也便于理解，在本章内容基础上进行报文内容变换相关的开发实践时，可以此为例来进行。

11.4.4　应用层包过滤防火墙的攻击检测功能扩展

一些产品化的网络防火墙除了能够按照包过滤规则进行 IP 报文的控制外，还具有一定的攻击检测能力，如检测端口扫描攻击、半连接攻击等。本书第 17 章的开发实践详细阐述一个端口扫描攻击检测的实现过程，由于本章的原型系统开发也能实现对各种 IP 报文（包括 SYN 报文）的获取，因此可将第 17 章的端口扫描攻击检测功能集成到本章的应用层包过滤防火墙的实现中。由于涉及到攻击检测的相关内容，需要在学习第 17 章后再进行本扩展开发实践。

11.5　本章小结

本章详细阐述了基于 Netfilter 的队列机制实现应用层包过滤防火墙原型系统，该原型系统与内核的 Netfilter 框架通过以 Netlink 为接口形式的队列机制进行 IP 报文的传递。该原型系统支持一条包过滤规则，基于协议类型、报文源 IP 地址和目标 IP 地址、报文源端口和目标端口等要素对 IP 报文进行安全检查和过滤。这种应用层包过滤防火墙的实现模式不仅可以实现对报文的过滤和控制，还可以在应用层对报文内容进行变换，如加密、重定向等，以实现特定的功能。

　　本章最后详细讨论在应用层包过滤防火墙原型系统基础上能够进行的扩展开发实践，包括：应用层包过滤防火墙的控制功能扩展，以及对多条包过滤规则的支持；基于标准的 Netlink 接口规范实现应用层包过滤防火墙；应用层包过滤防火墙的报文内容变换，实现应用层透明的网络加密通信；将攻击检测功能集成到防火墙原型系统中。有兴趣的读者可在此原型系统上进行相应的扩展开发实践。

习　题

　　1. 简述应用层包过滤防火墙的功能组成和实现结构。

　　2. 从编程实现来看，内核模块包过滤防火墙与应用层包过滤防火墙有哪些不同？

　　3. 实现应用层包过滤防火墙无需在 Netfilter 框架中注册钩子函数，是不是应用层包过滤防火墙的实现无需 Netfilter 机制的支持？

　　4. 结合系统实现的程序结构，对比内核模块包过滤防火墙和应用层包过滤防火墙的运行效率。

　　5. 本章所实现的应用层包过滤防火墙，在开发和测试过程中需要哪两个函数库的支持，这两个函数库分别完成什么功能？

　　6. 结合源代码实现，简述应用层包过滤防火墙的 IP 报文获取方式以及报文处理流程。

　　7. 应用层包过滤防火墙在对 ping 网络应用进行控制时，如何判定所截获的 IP 报文是否是 ping 相关的报文而加以检查和控制？

　　8. 在对应用层包过滤防火墙进行测试的过程中，如果用 kill 命令杀死该防火墙的进程，此时网络处于什么状态，即是否能够进行正常的网络通信？

　　9. 结合本章的源代码实现，说明在应用层包过滤防火墙中通过什么方式来具体控制 IP 报文的拒绝或放行。

　　10. 结合本书中包过滤防火墙的两种实现方案，即应用层包过滤防火墙和内核模块包过滤防火墙，说明它们所能实现的防火墙功能是否存在差别。

第12章 应用代理防火墙的原型实现

本章主要阐述如何实现一个应用代理防火墙原型系统。下面首先介绍该原型系统的总体设计,然后介绍该原型系统的源代码实现过程,最后介绍该原型系统的运行与测试过程,及在此原型系统基础上能够进行的扩展开发实践。

12.1 原型系统的总体设计

12.1.1 原型系统的功能设计

本章开发实践目的在于用一个具体实例展现如何实现一个应用代理防火墙原型系统,而不是要实现一个能够直接使用的完善的防火墙系统。为突出和强调应用代理防火墙实现的基本原理,本原型系统的访问控制规则比较简单;只支持基于客户端和服务器地址的访问控制,且所允许通过的客户端 IP 地址和拒绝的服务器域名以预定义形式直接固定在源代码中,无须另外设计相应的控制规则配置程序,每次只能预定义一个客户端 IP 地址和一个服务器域名,形如:

```
#define BLOCKED_SERVER "bbs.sjtu.edu.cn"
char ALLOWED_CLIENTIP[20] = "192.168.47.8";
```

另外,客户端向应用代理防火墙申请代理请求时,只有该客户端的 IP 地址与预定义客户端 IP 地址(由全局变量 ALLOWED_CLIENTIP 指定)一致,且所请求服务器与预定义服务器域名(由预定义 BLOCKED_SERVER 指定)不一致时,该代理防火墙才会提供网络代理服务。在编译和运行该原型系统前,可以按照自己的网络环境和控制目标修改上面的预定义。

通常应用代理防火墙需要对应用层网络协议进行解析,即应用代理防火墙与所代理的应用层协议类型密切相关,应用代理防火墙可以根据需要有选择地对一些应用层协议提供代理。本原型系统只实现了对 HTTP 协议的代理功能,本章的 12.4 节"扩展开发实践"简单阐述了其他应用层协议(如 FTP 等)代理功能的实现思路和要求,感兴趣的读者可在本原型系统基础上进行相应的扩展开发实践。

HTTP(Hyper Text Transfer Protocol)是超文本传输协议的缩写,用于传送 WWW 方式的数据,关于 HTTP 协议的原始资料请参考 RFC2616。HTTP 协议采用了请求/响应模型。首先客户端向服务器发送一个请求消息,具体包括一个请求行(包含请求方法、请求 URL 和 HTTP 版本)、请求头标(由关键字/值对组成,每行一对,通知服务器有关于客户端的功能和标识,如客户端厂家和版本、客户端可识别的内容类型列表、附加到请求的数据字节数等)、空行(发送回车符和退行,通知服务器以下不再有头标)以及请求数据(使用 POST 传送的数据)。其后服务器给客户端返回一个响应消息,具体包括一个状态行(包含 HTTP 版本、响应代码和响应描述)、响应头标(像请求头标一样,指出服务器的功能,标识出响应数据的细节)、空行(发送回车符和退行,表明服务器以下不再有头标)、响应数据(HTML 文档和图像等,也就是 HTML 本身)。HTTP 消息是客户端发向服务器的请求消息和服务器返回给客户端的响应消息的统称。

HTTP 协议运行在传输控制协议(即 TCP 协议)基础上,尽管 TCP 协议有网络连接的概念,HTTP 协议是一种无连接、无状态的应用层协议。HTTP 协议无连接的含义是,尽管 HTTP 传递请求需要依赖于所建立的 TCP 连接,但 HTTP 约定每个 TCP 连接只处理一个请求,服务器处理完客户端的一个 HTTP 请求后即断开该连接,不会出现一个 TCP 连接上传输多个 HTTP 请求的情况。HTTP 协议的无状态是指 HTTP 协议对于事务处理没有记忆能力,每个请求都是独立的,它们之间没有逻辑上的依赖关系。

作为一种标准的应用层协议,无论是请求消息还是应答消息都有严格的定义(具体可见 RFC2616),本章的开发实践没有具体解析这些消息并依据解析出的内容(消息类型等)进行控制,读者可以进行相应的扩展开发实践,自行参照 HTTP 协议格式解析消息并进行控制。

12.1.2　原型系统的逻辑结构

原型系统采用多线程方式实现,包括一个主线程和若干子线程。主线程每接收到一个代理请求时,都会创建一个子线程,该子线程将负责处理该请求所有的操作。

主线程的具体功能依次包括:

- 解析出命令行参数,获得代理防火墙的服务端口。
- 创建套接字接口,然后监听(listen)相应的服务端口。
- 循环执行:接收(accept)来自客户端的代理请求,并进行客户端的 IP 地址检查。若通过检查,创建一个子线程,将该请求交给该子线程处理。

子线程的具体功能依次包括:

- 以参数的形式从主线程中获得代理请求对应的套接字(下称客户套接字)。
- 从该套接字中读取(read)客户端发来的代理请求具体内容。
- 从该内容中解析出客户端所要请求的 HTTP 服务器(以域名形式表示)。
- 进行服务器域名检查,如果检查不通过终止该子线程,若检查通过,则继续后面的处理。
- 与远程的 HTTP 服务器(即客户端请求的 HTTP 服务器)建立 SOCKET 连接,并将客户端发来的请求内容发送到该 SOCKET 接口(下称服务套接字)。
- 一直从服务套接字接口中读取来自于远程 HTTP 服务器的响应,直至对方关闭该连接。对读取到的每个响应转发至客户套接字接口。

12.1.3　程序运行方式

本章开发的防火墙原型系统以命令行程序的形式存在,可以设置一个参数,以指定代理防火墙的服务端口,具体的命令格式如下:

```
./proxy - p port
```

其中 proxy 为通过源代码编译出来的代理防火墙原型系统可执行程序名,port 指定应用代理防火墙原型系统的服务端口。

12.2　原型系统的实现

12.2.1　主要库函数

在本原型系统的开发实践中,服务器 IP 地址解析、线程创建以及命令行参数的解析需调用相关的库函数。为便于理解下面的开发实践,这里先对所涉及到的主要库函数进行简单介绍。

1. int pthread_create(pthread_t * thread, pthread_attr_t * attr, void * (* start_routine) (void *), void * arg);

该函数是 POSIX 标准下创建新线程的函数,在调用时需要提供 4 个参数,第一个参数为指向线程标识符的指针,第二个参数用来设置线程属性,第三个参数是线程执行函数的起始地址,最后一个参数是线程执行函数的参数。在实际使用该函数创建线程时,如果需要将多种信息以参数的形式传递给拟创建的新线程(实际上是对应的线程执行函数),而该线程创建函数只能预留一个参数域(即第四个参数 arg)用作线程执行函数的参数传递,通常的做法是将所有要传递的信息封装在一个结构体中,将该结构体指针作为线程创建函数的第四个实参。调用该函数,需要在源程序中包含相应的头文件 pthread.h,并在编译相应的源程序时,需要通过编译选项-lpthread 指明所用到的库文件。

在该开发实践中,主线程(程序启动后由操作系统默认创建)将调用该函数为每个HTTP 代理请求创建相应的子线程,由该子线程独立处理完成该 HTTP 请求的代理操作。

2. struct hostent * gethostbyname(const char * name);

该函数通过主机名来获得相应主机的信息,通常用于实现域名解析,即由服务器域名解析出服务器的 IP 地址。参数 name 指向存储主机名的缓冲区。该函数执行结果返回一个指向 hostent 结构体的指针,该结构体在相应头文件中定义如下:

```
struct hostent {
    char    * h_name;
    char    ** h_aliases;
    int     h_addrtype;
    int     h_length;
    char    ** h_addr_list;      //指向主机 IP 地址列表
};
#define h_addr   h_addr_list[0]
```

调用该函数后,通过访问返回结构体的 h_addr_list 域就能获得所解析出的主机 IP 地址。在本章开发实践中,每个子线程在代理相应的网络服务请求时,需要调用该函数从获得的服务器域名中解析出客户端所连接服务器的 IP 地址,以便于向该服务器发起 TCP 连接,及发送 HTTP 请求。

下面开发实践中用到命令行参数获取、SOCKET 编程、字符串操作等相关的库函数,一般读者都比较熟悉这些库函数,或者有些库函数已在其他开发实践中介绍过,这里不再赘述。

12.2.2　头文件及全局变量

1. 头文件

该防火墙的源代码实现用到下面的头文件,需要将这些头文件包含到源代码中。

```
# include < sys/types. h >          //相关的类型定义头文件
# include < sys/socket. h >         //SOCKET 操作相关的头文件
# include < netinet/in. h >         //网络地址格式相关的头文件
# include < netdb. h >
# include < string. h >             //字符串操作相关的头文件
# include < stdio. h >              //标准输入输出(如 printf 等)相关的头文件
# include < getopt. h >             //标准命令行参数处理操作(如 getopt)相关的头文件
# include < pthread. h >            //多线程编程需要包含的头文件
```

2. 全局变量和预定义

```
# define REMOTE_SERVER_PORT 80      //远程服务器的端口号,这里默认为 80
# define BUF_SIZE 4096              //每次读取请求和响应的缓冲区大小
# define QUEUE_SIZE 100             //监听的最大 TCP 连接数目
# define BLOCKED_SERVER "bbs.sjtu.edu.cn"  / * 所阻止访问的远程 HTTP 服务器的域名,可自行设置 * /
char ALLOWED_CLIENTIP[20] = "192.168.47.8";   //许可访问的客户端 IP 地址,可自行设置
```
/ * 应用代理防火墙在处理请求时,需要从服务器域名解析出服务器的 IP 地址,然后再连接到目标服
务器。域名解析涉及到访问域名服务器,比较耗时。理想情况下,应用代理防火墙需要建立服务
器域名与 IP 地址对的缓存,这样对同一个服务器的多次访问就只需访问一次远程域名服务器。
本原型系统对此进行简化,只设置一条缓存,存储在全局变量 lastservername 和 lastserverip
中。由于是多线程处理,需要用信号量对这两个变量进行访问互斥保护 * /
```
char lastservername[256] = "";      //缓存最近一次访问的服务器域名
int lastserverip = 0;               //缓冲最近一次访问服务器域名所对应的 IP 地址
pthread_mutex_t conp_mutex;         //信号量,用于对上述两个变量进行互斥访问
```

12.2.3　函数功能与设计

该原型系统的实现共包含如下的六个函数。

- 主函数。函数原型为:

```
int main(int argc, char ** argv);
```

该函数首先解析出命令行参数中的应用代理防火墙服务端口,然后创建相应的套接
字接口,利用该套接字监听该服务端口;循环接收(accept)来自客户端的连接请求,
调用函数 checkclient()进行客户端 IP 地址检查,对通过检查的请求,创建子线程处
理该连接请求。

- 客户端检查函数。函数原型为:

```
int checkclient(in_addr_t cli_addr);
```

该函数实现客户端 IP 地址的检查,即将参数 cli_addr 的内容与全局变量
ALLOWED_CLIENTIP 进行比对,若二者一致,则检查通过,返回 1,否则返回 −1。

- 子线程函数。函数原型为:

```
void dealonereq(void * arg);
```

该函数为子线程的主体函数,用于处理单个 HTTP 代理请求。该函数的具体功能为:①从参数中获得请求对应的套接字(即客户套接字),从该套接字中读取请求的具体内容,调用函数 gethostname()提取所要连接远程 HTTP 服务器的域名;②调用函数 checkserver()检查是否允许该请求,对检查通过的请求,调用函数 connectserver()连接远程 HTTP 服务器,获得对应的套接字接口(即服务套接字),并将请求的具体内容发送至服务套接字接口;③从服务套接字中读取请求响应的内容,并将该响应内容写到客户套接字中。

- 服务器检查函数。函数原型为:

```
int checkserver(char * hostname);
```

该函数实现服务器域名的检查,即将参数 hostname 的内容与预定义 BLOCKED_SERVER 进行比对,若二者一致,则检查不通过,返回−1,否则通过,返回 0。

- 服务器域名提取函数。函数原型为:

```
int gethostname(char * buf,char * hostname, int length);
```

该函数从参数 buf 指向的缓冲区(该缓冲区的内容即为从客户端获取的请求内容)中提取所要连接服务器的域名,然后将该域名保存在参数 hostname 指向的缓冲区中,length 表示 buf 指向缓冲区的长度。

- 连接服务器函数。函数原型为:

```
int connectserver(char * hostname);
```

该函数连接参数 hostname 指向的服务器,并将对应的套接字接口作为函数返回值。由于参数 hostname 指向的服务器是以域名表示的,在连接服务器时,需要首先调用库函数 gethostbyname()获得服务器对应的 IP 地址。

这些函数间的调用关系如图 12-1 所示。

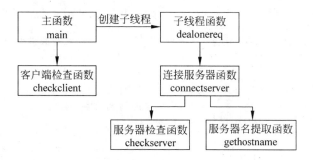

图 12-1　应用代理防火墙实现函数间的调用关系

12.2.4　主线程实现

1. 主函数的源代码实现

```
int main(int argc, char ** argv){
    short port = 0;             //用于保存用户在命令行中输入的服务端口
    char opt;                   //用于保存函数 getopt 分析出的选项标识
    struct sockaddr_in cl_addr,proxyserver_addr;      //用于保存客户端和本代理防火墙的地址
```

```
socklen_t sin_size = sizeof(struct sockaddr_in);
int sockfd, accept_sockfd, on = 1;
pthread_t Clitid;                                    //定义线程变量
while( (opt = getopt(argc, argv, "p:")) != EOF) {//逐个获取每个命令行选项
    switch(opt) {
        case 'p':                                    //-p指明端口参数
            port = (short) atoi(optarg);             //将数字字符串转化为整数
            break;
        default:                                     //出现了不认识的参数
            printf("Usage: % s - p port\n", argv[0]); //输出正确的程序执行方式
            return - 1;
    }
}
if (port == 0) {                                     //用户输入的服务端口是无效的
    printf("Invalid port number, try again. \n");
    printf("Usage: % s - p port\n", argv[0]);        //输出正确的程序执行方式
    return - 1;
}
sockfd = socket(AF_INET, SOCK_STREAM, IPPROTO_TCP);  //创建一个 TCP 协议套接字
if (sockfd < 0) {
    printf("Socket failed … Abort … \n");
    return - 1;
}
memset(&proxyserver_addr, 0, sizeof(proxyserver_addr));//清空该地址结构
proxyserver_addr.sin_family = AF_INET;               //指明是 internet 的地址簇
proxyserver_addr.sin_addr.s_addr = htonl(INADDR_ANY);  /* 设置所绑定的 IP 地址为
INADDR_ANY, INADDR_ANY 表示本主机的 IP 地址,函数 htonl 将 IP 地址由主机字节序转变为网络字节序 */
proxyserver_addr.sin_port = htons(port);  /* 设置服务端口,函数 htons 将端口号由主机
                                字节序转变为网络字节序 */
setsockopt(sockfd, SOL_SOCKET, SO_REUSEADDR, (char * ) &on, sizeof(on));  /* 设置套接字
                                                            选项 */
if (bind(sockfd, (struct sockaddr * ) &proxyserver_addr, sizeof(proxyserver_addr)) < 0)
{ /* 绑定地址 */
    printf("Bind failed … Abort … \n");               //绑定失败,提示错误
    return - 1;
}
if (listen(sockfd, QUEUE_SIZE) < 0) {  /* 监听该套接字,参数 QUEUE_SIZE 指明了监听队列
                                的最大长度 */
    printf("Listen failed … Abort … \n");
    return - 1;
}
while (1) {
    accept_sockfd = accept(sockfd, (struct sockaddr * )&cl_addr, &sin_size);  /* 接收
监听到的连接请求 */
    if (accept_sockfd < 0) {
        printf("accept failed");
        continue;
    }
    printf("Received a request from % s: % u \n", inet_ntoa(cl_addr.sin_addr. s_addr ),
    ntohs(cl_addr.sin_port));                        //输出请求信息
    if (checkclient(cl_addr.sin_addr.s_addr) == 1){  //进行客户端 IP 地址检查
```

```
                        /* 检查通过,创建子线程处理所接收的请求,将该请求对应的客户套接字 accept_
                            sockfd 以参数形式传递给子线程 */
                        pthread_create(&Clitid,NULL,(void * )dealonereq,(void * )accept_sockfd);
                }
                else
                        close(accept_sockfd);//检查不通过,关闭该连接,相当于拒绝了该请求
        }
        return 0;
}
```

2. 客户端检查函数

```
int checkclient(in_addr_t cli_addr) {
        int allowedip;                          //保存 IP 地址的 32 位整数变量
        inet_aton(ALLOWED_CLIENTIP,&allowedip);     /* 函数 inet_aton 将点分十进制表示的 IP 地址
                                                        格式(如"192.168.47.183")转化为 32 位整数
                                                        表示的 IP 地址格式 */
        if (allowedip != cli_addr){             //比较 IP 地址
                printf("Client IP authentication failed !\n ");
                return -1;                      //与允许的客户端 IP 地址不符,返回 -1
        }
        return 1;                               //返回检查通过
}
```

12.2.5　子线程实现

1. 子线程函数的实现

```
void dealonereq(void * arg){
        char buf[BUF_SIZE];                 //该缓冲区用于保存客户端发来的请求消息正文
        int bytes;                          //用于保存客户端发来的请求消息正文的长度
        char recvbuf[BUF_SIZE];             //用于保存服务器发来的响应消息正文
        char hostname[256];                 //保存所请求服务器的域名
        int remotesocket;                   //保存与服务器连接的套接字
        int accept_sockfd;                  //保存与客户端连接的套接字
        accept_sockfd = (int)arg;           //从函数参数中获得与客户端连接的套接字
        pthread_detach(pthread_self());     //属性设置,结束运行时自行释放所占用的内存资源
        bzero(buf,BUF_SIZE);                //清空缓冲区
        bzero(recvbuf,BUF_SIZE);            //清空缓冲区
        bytes = read(accept_sockfd, buf, BUF_SIZE);//读请求消息正文至参数 buf 指向的缓冲区
        if (bytes <= 0){
                close(accept_sockfd);
                return;                                     //无效的请求消息,子线程直接退出
        }
        gethostname(buf,hostname,bytes);            /* 从请求消息正文中提取所请求的服务器域
                                                        名至参数 hostname */
        if (sizeof(hostname) == 0){                 //检查所请求服务器域名的有效性
                printf("Invalid host name");
                close(accept_sockfd);
                return;
        }
        if (checkserver(hostname) == -1){
```

```
            close(accept_sockfd);
            return;                      //不允许向该服务器发 HTTP 请求,直接退出
    }
    remotesocket = connectserver(hostname);//连接参数 hostname 指向的服务器
    if (remotesocket == -1){
            close(accept_sockfd);
            return;                      //连接不成功
    }
    send(remotesocket, buf, bytes,0);    //将请求消息正文转发至服务套接字接口
    while(1){                            //响应的消息正文可能很长,循环多次进行读取和转发
            int readSizeOnce = 0;        //初始化所读取的响应长度
            readSizeOnce = read(remotesocket, recvbuf, BUF_SIZE);  /*读取服务器对所请求消
                                                            息的响应内容 */

            if (readSizeOnce <= 0)
                break;  //读取的消息无效,或服务器已发送完响应内容而关闭了该连接
            send(accept_sockfd, recvbuf, readSizeOnce,0);  /*将从服务器接收到的响应内容转
                                                    发到客户套接字接口,从而转发
                                                    给客户端 */

    }
    //该次请求的代理处理结束,关闭两个套接字,然后退出
    close(remotesocket);                 //关闭与服务器的 TCP 连接
    close(accept_sockfd);                //关闭与客户端的 TCP 连接
}
```

2. 服务器域名提取函数

```
int gethostname(char * buf,char * hostname, int length) {   /*该函数从客户端发来的请求消息
(即参数 buf 指向的缓冲区)中提取出所请求服务器的域名.在请求消息中,所请求服务器域名的内容
类型为"Host"或"host",即跟在"Host:"或"host:"后面的内容就是所请求服务器的域名,域名部分
的结束标志为回车符号,即'\r' */
    char * p;                        //用于保存查找位置的字符指针
    int i,j = 0;                     //循环变量
    bzero(hostname,256);             //清空缓冲区
    //首先将 p 定位到"Host:"或"host:"的开始位置
    p = strstr(buf,"Host: ");        //函数 strstr()用于在缓冲区 buf 中查找子串"Host:"的位置
    if(!p)
        p = strstr(buf,"host: ");    //再用"host:"进行匹配
    i = (p-buf) + 6; /*将 i 定位为域名开始位置的下标,(p-buf)为"Host:"或"host:"在缓冲
区中的开始位置,跳过 6(即"host:"和"Host:"的长度,注意后面有一空格),即为域名在缓冲区
中开始位置的下标 */
    for( j = 0; i<length; i++, j++){
        if(buf[i] == '\r') {         //检测域名结束标志,即回车符号 '\r'
            hostname[j] = '\0';      //给 hostname 置上字符串结束标志 '\0'
            return 0;                //成功,直接返回
        }
        else
            hostname[j] = buf[i];    //将域名的每个字符逐个复制到 hostname 中
    }
    return -1;                       //失败,返回-1
}
```

3. 服务器检查函数

```
int checkserver(char * hostname){          //参数 hostname 为待检查服务器的域名
    if (strstr(hostname, BLOCKED_SERVER) != NULL) {  /* 匹配成功,说明该服务器为要阻止连接
                                                       的服务器 */
        printf("Destination blocked! \n");
        return -1;
    }
    return 0;                              //检查通过,返回 0
}
```

4. 服务器连接函数

```
int connectserver(char * hostname){
    int cnt_stat;                         //保存 connect 函数的返回值,表示连接服务器是否成功
    struct hostent * hostinfo;            //指向 gethostbyname 的返回指针
    struct sockaddr_in server_addr;       //保存服务器的地址
    int remotesocket;                     //连接服务器的套接字接口
    remotesocket = socket(PF_INET, SOCK_STREAM, IPPROTO_TCP);//创建 TCP 套接字
    if (remotesocket < 0) {
        printf("can not create socket! \n");  //创建失败
        return -1;
    }
    memset(&server_addr, 0, sizeof(server_addr));  //清空地址结构
    server_addr.sin_family = AF_INET;             //设置为 internet 地址簇(即 AF_INET)
    server_addr.sin_port = htons(REMOTE_SERVER_PORT);  /* 将要连接的服务器端口设置为默
                                                        认的端口(以网络地址序) */
    pthread_mutex_lock(&conp_mutex);    /* 多线程环境下,对全局变量 lastservername 和
                                          lastserverip 访问需要进行加锁处理 */
    if (strcmp(lastservername, hostname) != 0){   /* 该服务器域名与已缓存 IP 地址的服务
                    器域名不一致,表明该服务器的 IP 地址不在缓存中,需要重新解析域名 */
        hostinfo = gethostbyname(hostname);       //获得服务器的主机信息
        if (!hostinfo) {                          //获取主机信息不成功
            printf("gethostbyname failed! \n");
            return -1;
        }
        strcpy(lastservername, hostname);         //更新所缓存的服务器域名
        lastserverip = * (int * )hostinfo -> h_addr;  //更新所缓存的 IP 地址
        server_addr.sin_addr.s_addr = lastserverip;  //将服务器 IP 地址写入地址结构
    }
    else
        server_addr.sin_addr.s_addr = lastserverip;  /* 为刚访问过的服务器,无需再进行域
                名解析,直接使用缓存(lastserverip)中的地址即可 */
    pthread_mutex_unlock(&conp_mutex);            //对全局变量访问结束,解锁
    cnt_stat = connect(remotesocket,(struct sockaddr * )&server_addr,sizeof(server_addr));
                                          /* 与服务器建立 SOCKET 连接 */
    if (cnt_stat < 0) {                           //连接建立失败
        printf("remote connect failed! \n");
        close(remotesocket);    /* 无法为客户端提供代理服务(或许服务器已关闭),关闭与客
                    户端的连接 */
        return -1;
    }
```

```
else
    printf("connected remote server --------------------->% s:% u. \n",inet_ntoa
    (server_addr. sin_addr.s_addr),ntohs(server_addr.sin_port));  //输出连接服务器成
                                                                      功的提示
    return remotesocket;                                //返回连接服务器的套接字
}
```

12.3　编译、运行与测试

在完成 12.2 节的原型系统源代码编程后,就可对该原型系统进行测试,在运行测试之前需将源代码编译成可执行程序。

12.3.1　编译和运行

在上面的编程实现中用到了多线程,因此在编译该原型系统时需要用到线程库。启动 Linux 操作系统,开启一个终端窗口,在命令行模式下输入如下命令,即可完成应用代理防火墙原型系统的编译。

```
gcc － o proxy proxy.c -lpthread
```

其中 proxy.c 为保存 12.2 节源代码的源文件,proxy 是希望编译出的可执行文件名,-lpthread 指明所使用的函数库,即线程库。编译完成后,在当前目录下就可生成可执行文件 proxy。

在命令行终端下输入如下命令,就可启动所实现的应用代理防火墙原型系统。

```
./proxy -p 8888
```

这里的-p 选项指明了原型系统的服务端口,即该原型系统通过该端口接收来自客户端的代理请求。这里将端口号设置为 8888,用户可自行设定。

12.3.2　测试环境设置

在进行原型系统的功能测试前,需要进行测试相关的软件环境设置。

1. Linux 内置防火墙的设置

Linux 系统在安装时可能默认安装了 Linux 内置防火墙,Linux 系统运行过程中该防火墙默认处于启用状态,且只打开很少的服务端口。如果不进行相应设置,该防火墙可能阻断本章的应用代理防火墙服务端口,客户端的代理请求在 Linux 内核可能就已经被 Linux 内置防火墙拦截和过滤。为了测试本章的应用代理防火墙原型系统,需要禁用 Linux 内置防火墙,或者在 Linux 内置防火墙中开放应用代理防火墙的服务端口(如 8888),具体方法参见 5.3.4 节。

2. 客户端的浏览器设置

本章开发的应用代理防火墙原型系统与第 13 章开发的透明代理防火墙存在本质区别,该原型系统对用户非透明,因而客户端在使用该原型系统前,需要在浏览器中设置代理服

务器。

假定客户端的浏览器为 IE,设置代理服务器的具体步骤为:启动浏览器,在浏览器的菜单中选择"工具"→"Internet 选项",在弹出的对话框中单击"连接"Tab 页,如图 12-2(左)所示。单击"局域网设置",就可以配置代理服务器的 IP 地址和端口。图 12-2(右)中所示的代理服务器 IP 地址即为运行本应用代理防火墙原型系统的主机 IP 地址(这里假定为 192.168.47.183),而端口即为本应用代理防火墙原型系统的服务端口(这里为 8888)。

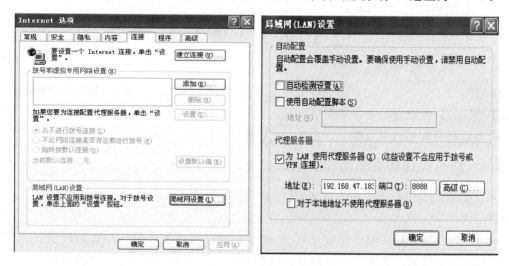

图 12-2　IE 中的代理服务器设置

12.3.3　测试过程

进行相关的软件设置后,就可以进行本应用代理防火墙原型系统的功能测试。在客户端中开启 IE 浏览器,在地址栏输入"http://www.sjtu.edu.cn",就可以看到浏览器中显示出上海交通大学的主页面(这里假定客户端 IP 地址为 192.168.47.8)。

同时在本应用代理防火墙原型系统的运行终端可以看到一些相应的输出信息,如图 12-3 所示。

图 12-3　应用代理防火墙的代理服务信息

在客户端浏览器的地址栏中输入"http://bbs.sjtu.edu.cn",由于在源程序中禁止连接的服务器域名(由 BLOCKED_SERVER 指定)预定义为 bbs.sjtu.edu.cn,该代理连接将会被拒绝。同时在应用代理防火墙原型系统的运行终端可以看到代理服务拒绝的输出信息,如图 12-4 所示。

图 12-4　应用代理防火墙的代理服务拒绝信息

12.4　扩展开发实践

本章实现了一个应用代理防火墙的原型系统,该原型系统的功能比较简单,只能代理一些 HTTP 网页,且控制功能非常简单,也没有引入很好的缓存机制来提高性能等。有兴趣的读者可以现有的防火墙原型系统为基础,完成下面的扩展开发实践。

12.4.1　应用代理防火墙的控制功能扩展

本章实现的应用代理防火墙原型系统,其网络控制功能非常有限,具体表现在以下几个方面:

- 控制规则简单,只能依据客户端 IP 地址和服务器域名来控制是否允许使用代理服务,不能依据其他要素进行控制。实际上与包过滤防火墙相比,应用代理防火墙的最大优点是能够实现高层语义级的安全控制,相应的高层语义级信息可通过应用层的协议数据分析获得,进而实现相应的安全控制。
- 以单个简单变量而不是一张表(或一个配置文件)来存储允许访问的客户端 IP 地址和拒绝访问的服务器域名,不能设置多个客户端 IP 地址和服务器域名。显然,这对实用的应用代理防火墙而言是不合适的,应用代理防火墙需要同时为多个客户端提供代理服务,而且也要支持单个客户端同时访问多个服务器。
- 无法实现控制规则的动态设置。由于控制信息(即许可的客户端和禁止的服务器)在源程序中以预定义的方式出现,因此本防火墙原型系统无法在系统运行过程中动态修改控制信息。在本原型系统中要修改控制信息比较繁琐,需要修改源程序中的预定义,然后重新编译和运行,所进行的控制信息修改才能生效。

针对上述几个方面的问题,在本防火墙原型系统基础上,可进行如下的控制功能扩展。

1. 访问控制规则要素的扩展

支持基于 HTTP 协议信息的访问控制,具体主要有如下两类:

基于用户名和口令的身份认证。其基本思路是,应用代理防火墙在收到代理请求后,并不立即连接所请求的服务器,而是回复一个需要进行身份认证的消息给客户端,客户端的浏览器(IE 等)在收到该消息后,会弹出一个用户认证对话框。如上海交通大学的代理服务器在提供 HTTP 代理服务时,就要求用户提交用户名和口令,这时客户端就会弹出如图 12-5 所示的对话框。浏览器在获得用户输入的用户名和口令后,会将之封装成一个 HTTP 消息传递给应用代理防火墙,应用代理防火墙通过用户名和口令来验证用户身份,再确定是否提供代理服务。关于认证消息的格式等,在进行该扩展实践时可以参看 HTTP 的协议规范。

基于 HTTP 消息内容的控制。HTTP 消息包括浏览器发向服务器的请求消息和服务器发向浏览器的响应消息。请求消息比较简单,请求方法常用的有 GET、HEAD、POST,可以依据不同的请求方法进行控制,也可以实现对 URL 的过滤和控制。响应消息中对网络安全影响较大的要素是响应的实体类型,可以据此进行访问控制,如禁止下载 applet、禁止下载 word 文件等。

2. 控制信息的配置、保存及动态更新扩展

具体内容包括: ①实现一个友好的控制信息配置界面 (或配置程序),可通过该配置界面实现对应用代理防火墙控制规则的配置; ②实用的防火墙系统需要能够配置多条控制规则,而不能像本章原型系统中只能对一个客户端和一个服务器进行控制,因此可实现配置信息的文件(或数据

图 12-5　浏览器的用户认证信息输入对话框

库)保存,这样管理员不用每次全新配置控制规则,只需要在原有的控制规则上进行适当修改即可; ③实现防火墙的动态配置更新,即配置防火墙规则时,无需暂停或终止防火墙的运行,只需在配置完成之后进行激活处理,防火墙就能依据新配置的控制规则进行网络连接控制。

12.4.2　应用代理防火墙的缓存机制支持

本章的防火墙原型系统实现的缓存机制非常简单,只是对解析出的服务器 IP 地址进行缓存,且只保存了一条记录。如果客户端一直在访问同一个服务器上的网页,应用代理防火墙只需在第一次访问该服务器时,通过 DNS 解析出该服务器的 IP 地址,以后的网页请求就不再需要解析该服务器的 IP 地址,直接使用已经解析出的服务器 IP 地址即可。如果客户端交替访问多个服务器,而系统中只缓存最近访问到的一个服务器的 IP 地址,同样需要频繁访问 DNS 服务器去解析相应服务器的 IP 地址。因此,需要对服务器的 IP 地址缓存进行扩展,使之能够缓存以往一段时间内访问过的所有服务器的 IP 地址。需要注意的是,在多线程环境下访问保存服务器 IP 地址的缓冲区时,需要进行互斥保护。

服务器 IP 地址缓存能够明显提高应用代理防火墙的效率。实际上,除对服务器 IP 地址进行缓存外,还可以对服务器的响应消息进行缓存。如果客户端对同一个 URL 进行多次访问,应用代理防火墙可以在第一次对该 URL 所对应服务器进行请求及获得响应消息后,将该响应消息缓存在本地,以后再收到客户端对该 URL 的请求时,无需再访问远程服务器,直接将缓存中的响应消息回复给客户端即可。在客户端频繁访问同一个服务器时,响应消息的缓存机制会极大提高应用代理防火墙的运行效率,一般产品化的代理防火墙都支持这样的缓存功能。

12.4.3　应用代理防火墙的消息变换功能扩展

一些企事业单位使用的应用代理防火墙具有消息变换的功能,应用代理防火墙中的消息变换一般分为如下两种形式:

- 请求消息的变换　即应用代理防火墙为了某种应用目的,修改来自客户端的请求消息,将修改后的请求消息发给所请求的服务器。最常见和常用的修改方式是 URL

重定向，即篡改客户端请求的 URL，相当于将客户端的请求重定向到新的 URL。

- 响应消息的变换　即将服务器返回的响应消息按照某种约定进行修改，将修改后的响应消息返回给客户端。这种消息变换功能的典型应用是网页广告的植入，即修改服务器返回的 HTML 文件等，在其中的相应位置插入广告（如企业的商标、产品 logo、网站链接等）等相关显示标签，然后将修改后的 HTML 文件返回给客户端。客户端的浏览器按修改后的网页文件显示网页时，植入的广告就会显示在网页中的相应位置。

读者可根据兴趣或实际需求，在本原型系统中扩展实现上述的消息变换功能。

12.4.4　应用代理防火墙的审计功能扩展

实用的应用代理防火墙通常应具有完善的日志功能，日志功能是安全管理的重要内容，产品化的防火墙多数都基于所记录的日志信息实现了功能强大的审计功能。另外防火墙的日志数据可能是其他相关安全技术实施的基础，如一些攻击检测系统需要依赖防火墙的日志信息才能正常运行。本章实现的应用代理防火墙原型系统在实现过程中没有考虑对日志功能的支持，更没有考虑基于日志信息的审计功能。

本扩展开发实践的主要内容包含三方面：对所代理的应用连接（包括拒绝的网络连接）的相关信息进行详细的记录；设计和实现相应的日志管理工具，完成日志数据的浏览、查询等功能；实现对日志信息的初步分析，对可疑连接提醒管理员等。

12.4.5　应用代理防火墙的 FTP 支持扩展

本章开发的应用代理防火墙原型系统只能对 HTTP 应用进行代理，对其他的网络应用（如 FTP、EMAIL 等）不能提供代理支持。本节首先简单介绍 FTP 的特点，然后介绍在本原型系统基础上对 FTP 应用的扩展支持。

FTP 协议（File Transfer Protocol）即远程文件传输协议，是建立在 TCP 协议上的一种网络应用层协议。采用 FTP 协议可使 Internet 用户高效地从网上的 FTP 服务器下载大信息量的数据文件，将远程主机上的文件复制到自己的计算机上，以达到资源共享和传递信息的目的。与 HTTP 协议相比，FTP 协议相对比较复杂，不像 HTTP 协议一样只需要一个服务端口建立连接（默认的 HTTP 端口号是 80）。FTP 的文件传输过程伴随两个 TCP 连接，一个是控制连接，另一个是数据传输连接。因此，FTP 协议需要两个端口，一个端口是作为控制连接端口，端口号通常为 21，用于发送指令给服务器以及等待服务器响应，另外一个端口是作为数据传输端口，用来建立数据传输通道，主要作用是客户端向服务器上传文件或目录列表，或者从服务器下载文件或目录列表到客户端。

通常 FTP 协议支持两种模式，一种是主动模式（即 Standard 模式或 PORT 模式），一种是被动模式（即 Passive 模式或 PASV 模式）。Standard 模式下 FTP 客户端发送 PORT 命令到 FTP 服务器，Passive 模式下 FTP 客户端发送 PASV 命令到 FTP 服务器。下面简单阐述 FTP 的这两种工作模式。

- Standard 模式　FTP 客户端首先动态地选择一个端口（一般是 1024 以上），与 FTP 服务器的 TCP 21 端口建立连接，客户端需要接收数据时，利用这个连接通道向 FTP 服务器发送 PORT 命令，PORT 命令中包含了客户端用什么端口接收数据。

在传送数据的时候,服务器端通过自己的 TCP 20 端口与客户端的指定端口建立连接,FTP 服务器和客户端通过该新建连接传送数据。

- Passive 模式 该模式下的控制通道建立与 Standard 模式下的类似,但建立连接后发送的不是 PORT 命令,而是 PASV 命令。FTP 服务器收到 PASV 命令后,随机打开一个高端端口(端口号大于 1024),并且通知客户端在这个端口上传送数据,客户端连接 FTP 服务器的该端口,然后 FTP 服务器将通过这个端口进行数据的传送。

支持 FTP 协议代理的防火墙,其主要任务是分析 FTP 服务器和客户端交互的协议数据,并根据分析出的各个要素进行检查和控制。常见的安全检查和控制要素包括:客户端和服务器的位置(如 IP 地址等)、认证信息(用户名和口令等)、传输文件名(或目录名)、传输的文件类型、文件大小等。

在 HTTP 协议中,客户端每发送一个请求消息并收到相应的响应消息后就会断开 TCP 链接,即每个请求之间没有关联性。而在 FTP 协议中,相应的 TCP 链接(特别是控制链接)会持续存在,因此前后发送的请求命令间可能存在关联关系,这在基于本章的应用代理防火墙原型系统实现对 FTP 协议的扩展支持时要特别注意。由于 FTP 协议相对复杂,在进行相应的扩展开发实践时,可分开实现主动传输模式和被动传输模式,或单独实现其中的一种传输模式。

12.5 本章小结

本章详细阐述了一个应用代理防火墙原型系统的开发过程和实现源代码,该原型系统重点在于展示应用代理防火墙的工作原理、实现过程及基本开发方法,而不在于提供一个功能完善的应用代理防火墙系统。因此本开发实践实现的防火墙原型系统功能比较简单,只能支持简单的 HTTP 协议代理,且没有对 HTTP 的消息内容进行详细的分析和控制,只是对服务器和客户端进行简单的认证和控制。

本章最后详细讨论在本原型系统的基础上所能进行的具有实际安全意义的扩展开发实践,具体包括原型系统的控制功能扩展、缓存机制的扩展、消息变换功能扩展、审计功能扩展,以及对 FTP 协议的扩展支持等。有兴趣的读者可在此原型系统的基础上,按照 12.4 节中的内容进行扩展开发实践。

习 题

1. 简述 HTTP 协议的特点,为什么说 HTTP 协议是一个无状态的协议?
2. HTTP 协议中主要包含哪两类消息?它们各有什么特点?
3. 本章实现应用代理防火墙的主线程和子线程分别完成什么任务和功能?
4. 本章的应用代理防火墙采用多线程方式实现,从功能上讲,采用单线程也能实现应用代理防火墙,简要说明采用多线程实现应用代理防火墙的好处。

5. 应用代理防火墙采用何种方式获得客户端要连接 Web 服务器的域名?

6. 在应用代理防火墙的实现中,为何要对远程服务器的 IP 地址进行缓存?

7. 简单解释字节序的含义,以及说明在网络相关的编程中,为何需要进行字节序的转换。

8. 应用代理防火墙在向远程服务器发起连接前需要知道客户端要访问的远程服务器的 IP 地址。在知道远程服务器域名的前提下,通过何种技术手段获得远程服务器的 IP 地址?

9. 结合本章的开发实践,说明如何在多线程环境下实现对同一个全局变量的安全访问。

10. 在使用应用代理防火墙前,客户端是否必须进行特别设置以及如何设置?

第 13 章 透明代理防火墙的原型实现

本章主要阐述如何实现一个支持 TCP 协议的透明代理防火墙原型系统。下面首先介绍该原型系统的实现原理及相应的关键技术，以及原型系统的总体设计，然后介绍该原型系统的源代码实现过程，最后介绍该原型系统的测试过程，以及在此原型系统基础上能够进行的扩展开发实践。

13.1　透明代理防火墙的关键技术解析

对比第 12 章开发的应用代理防火墙，透明代理防火墙的主要特点在于无需在客户端上进行代理服务器的设置，客户端完全感受不到透明代理防火墙的存在，客户端发出的 IP 报文其目标 IP 地址和端口都对应目标服务器的 IP 地址和端口。而在一般应用代理服务器机制下，客户端发出的 IP 报文其目标 IP 地址和端口是代理服务器的 IP 地址和服务端口，相应的 IP 报文经过网络路由和协议处理后，自然会被交给在该服务端口监听的应用代理程序。对透明代理防火墙而言，其首先需要解决的问题是透明代理防火墙程序如何获得客户端发向目标服务器的网络报文，如果能够成功获得这些网络报文，就可以代替客户端与目标服务器建立连接及进行信息交互，并将从目标服务器获得的信息再转交给客户端。

通过本书第 5 章讲述可知，若在客户端和服务器间的某路由结点（如客户端的网关处）上，启用其操作系统（假定为 Linux 操作系统）中 Netfilter 框架的网络地址转换（NAT）功能，在 IP 层将客户端发出的、路由至本机的 IP 报文，其目标地址重定向（即修改）为本系统的某个指定端口，透明代理防火墙程序只要在此端口进行监听，就能获得客户端发出的应用层消息。

透明代理防火墙程序在获得客户端发出的应用层消息后，还需要考虑解决另外两个关键问题才能代替客户端与目标服务器进行网络通信。

一是如何获得客户端要连接目标服务器的 IP 地址和端口。来自客户端的报文，其目标 IP 地址和端口已经在透明代理防火墙所在系统的 IP 层被修改成该系统的 IP 地址（即本机 IP 地址）和所监听的端口。透明代理防火墙程序必须要获得客户端所连接目标服务器的 IP 地址和端口，也即重定向前的目标 IP 地址和端口，只有这样透明代理防火墙才有可能代替客户端与目标服务器发起网络连接和数据通信。

二是透明代理防火墙在收到目标服务器发往客户端的网络数据后，如何将该网络数据发送给客户端。假定透明代理防火墙已经成功地代表客户端与目标服务器建立了网络连接，并开始了数据通信，对客户端发往目标服务器的数据经 Netfilter 框架的重定向后，透明代理防火墙收到此数据可再转发到与目标服务器的网络连接中。然而，透明代理防火墙在收到目标服务器发往客户端的网络数据后，如何将该数据发送给客户端则成为一个难点。显然另外建立一个网络连接是不可行的,因为客户端感觉不到透明代理防火墙的存在,不会另建一个网络连接来接收透明代理防火墙转发来的由目标服务器发往客户端的网络数据。

解决上述两个关键问题涉及到 Netfilter 框架下目标服务器标识获取和源地址重定向等功能,下面分小节详细阐述。

13.1.1 目标服务器标识获取

上述第一个关键问题对应的是目标服务器标识(IP 地址、服务端口)获取。在实际应用中,第 12 章所实现的应用代理防火墙原型系统以应用代理服务器的形式存在于网络中,从客户端发往该原型系统的消息内容中提取出客户端计划连接服务器(即目标服务器)的域名,通过域名解析来获得目标服务器的 IP 地址。可以想象,对任何网络应用的代理服务而言,由于客户端知道代理服务器的存在,且也希望使用代理服务器的代理功能,因而它在发往代理服务器的应用层消息中肯定包含目标服务器的标识。

在透明代理防火墙的实现中,上述获得目标服务器标识的方式一般是行不通的,尽管这种方式对个别应用协议(如 HTTP 等)通过分析应用层消息或许能够获得目标服务器的标识。除非协议有明确约定,客户端一般将访问目标的标识(目标服务器的 IP 地址和端口)直接填充在 IP 报文中 IP 头的目标 IP 地址域和 TCP 头的目标端口域,不会将访问目标标识再复制一份到报文的应用层数据中。这就像寄信一样,通常将收信人地址和姓名直接写在信封上,信的内容中就不再写收信人的地址和姓名。

另外在透明代理机制下,通过询问客户端来获取目标服务器标识的方式也行不通。由于采用的是透明代理机制,客户端即使收到询问,也会不予理睬。要获得客户端需访问的目标服务器标识,只能寄希望于 Netfilter 在进行网络地址转换时,备份了 IP 报文的原始目标 IP 地址和原始目标端口。事实上,Netfilter 的确这么做了,而且透明代理防火墙程序可以借助相应的接口函数 getsockopt() 访问到原始目标 IP 地址和原始目标端口。函数 getsockopt() 原来只用于获得套接层和传输层的套接字选项,在 Netfilter 框架下,可借助该函数获得 IP 报文的一些选项,主要用于获得 IP 报文重定向前的 IP 地址和端口,包括源 IP 地址和目标 IP 地址,以及源端口和目标端口。本开发实践就采用该函数来获得 IP 报文的原始目标 IP 地址和原始目标端口,该函数的具体用法将在 13.3.1 节中详述。

13.1.2 至客户端的源地址重定向

通常从本机发出的网络数据,其 IP 报文的源 IP 地址会被协议默认填充成本机的 IP 地址。因此,透明代理防火墙程序在将目标服务器的回复数据转发给客户端时,如不采取相应措施,其对应 IP 报文的源 IP 地址也会被协议自动标记为本机 IP 地址。显然这样的 IP 报文不能直接发给客户端,否则在透明代理模式下,客户端会直接丢弃这些来源陌生的报文。因而这些网络数据报文需要先"伪装"成是由目标服务器直接回复的模样(如 IP 报文的源 IP 地址需要修改为目标服务器的 IP 地址等),再转发给客户端。

幸运的是,在对 Linux 系统中的 Netfilter 框架进行正确配置后,就能自动实现 IP 报文源 IP 地址的地址转换,即透明代理防火墙转发的目标服务器回复数据在进入 IP 层后,其对应 IP 报文中的源 IP 地址和源端口首先被默认设置为本机 IP 地址和防火墙对应端口,然后

Netfilter 在通过网口发出该 IP 报文前,将其源 IP 地址和源端口修改成目标服务器的 IP 地址和端口。

Netfilter 实现该功能的关键在于 Netfilter 框架的连接分析和跟踪功能。为了让透明代理防火墙接收到客户端发送来的网络报文,可通过命令 iptables 配置 Netfilter 框架,让 Netfilter 框架对所收到的来自客户端的 IP 报文,不妨记做 $IP_c(x{:}y{-}{>}m{:}n)$(其中 x:y、m:n 表示 IP 地址和端口对,x:y—>m:n 表示报文由源 IP 地址 x、源端口 y 发往目标 IP 地址 m、目标端口 n),将其目标地址和目标端口转换成本机 IP 地址和透明代理防火墙程序监听的端口(假定为 8888),同时对该重定向信息(原始的目标 IP 地址和目标端口,重定向后的目标 IP 地址和目标端口)进行记录。

当有本机发出的报文(记做 IP_s)经过 Netfilter 框架时,如果该报文的源端口为某报文曾经重定向到的目标端口(即 8888),并且该报文的目标 IP 地址和目标端口为该重定向报文的源 IP 地址和源端口(即 x:y),Netfilter 会认为 IP_s 与 IP_c 属于同一网络连接,为其逆向的传输报文,因而 Netfilter 将 IP_s 的源 IP 地址和源端口修改为前面被重定向的原始目标 IP 地址和目标端口(即 m:n)。

经过这样的处理,透明代理防火墙将来自目标服务器的回复数据封装在自己发出的报文中,在网络链路上传递时,该报文的源 IP 地址和源端口为目标服务器的 IP 地址和端口。客户端收到这些报文时,自然会以为是目标服务器直接发送来的报文,从而进行相应的处理。这样客户端无论发送报文还是接收报文,都感受不到透明代理防火墙的存在。

在解决上面两个关键问题后,就可以用类似于应用代理防火墙的开发方式来实现透明代理防火墙,基本思路如下:配置 Netfilter 的目标网络地址转换功能,将来自客户端的报文重定向到本机上的透明代理防火墙监听端口;透明代理防火墙监听该端口,并建立起与客户端的套接字接口;透明代理防火墙通过调用函数 getsockopt(),获得目标服务器 IP 地址和端口,建立起与目标服务器的套接字接口;两个套接字连接建立之后,透明代理防火墙只要按照既定的访问控制规则在它们之间实现应用数据转发即可。

13.2　原型系统的总体设计

13.2.1　原型系统的功能设计

本章开发实践的目的在于用一个具体实例展现如何实现一个透明代理防火墙的原型系统,而不是要实现一个完善的能够直接使用的防火墙系统。为突出和强调透明代理防火墙实现的基本原理,本原型系统的网络控制规则比较简单,只支持基于客户端地址和服务器地址的访问控制,而且所允许通过的客户端地址和服务器地址以全局变量的形式直接固定在源代码中,因而无须设计相应的控制规则配置程序。另外每次只能预定义一个客户端 IP 地址和一个服务器 IP 地址,形如:

```
char ALLOWED_SERVERIP[20] =  "202.120.2.102";
char ALLOWED_CLIENTIP[20] =  "192.168.48.8";
```

透明代理防火墙在截获客户端发往目标服务器的报文时,只有该客户端 IP 地址与预定义的客户端 IP 地址(由全局变量 ALLOWED_CLIENTIP 指定)一致，且所请求的服务器 IP 地址与预定义的服务器 IP 地址(由全局变量 ALLOWED_SERVERIP 指定)一致时，该代理防火墙才会提供网络代理服务。在编译和运行该原型系统前，可以按照自己的网络环境和控制目标修改上面的预定义。

通常，为了实现高层语义相关的网络访问控制，透明代理防火墙需要对应用层网络协议进行解析。为了简单起见，本章的原型系统没有实现对应用层协议的分析和控制，其功能类似于仅基于网络层和传输层特性进行连接控制的透明 TCP 连接代理。有兴趣的读者可按13.5 节进行相应的扩展开发实践，以支持对高层协议的检查和分析。

13.2.2 原型系统的逻辑结构

本原型系统采用多线程的方式实现，即一个主线程和若干子线程。主线程每接收到一个 TCP 连接请求时，都会创建一个子线程，由该子线程负责处理该连接请求以及其上的应用数据传输。

主线程的具体功能依次包括：

- 解析出命令行参数，获得透明代理防火墙的工作端口；
- 创建套接字接口，然后监听(listen)相应的工作端口；
- 循环执行，接收(accept)来自客户端的 TCP 连接请求，并进行客户端的 IP 地址检查，若通过检查，创建一个子线程，将该请求交给该子线程处理。

子线程的具体功能依次包括：

- 以参数的形式从主线程中获得 TCP 请求对应的套接字(下称客户套接字)；
- 调用函数 getsockopt()，从客户套接字获得 IP 报文重定向前的目标 IP 地址和目标端口，即目标服务器的 IP 地址和端口；
- 进行服务器 IP 地址的许可检查，如果检查不通过终止该子线程，若检查通过，则继续后面的处理；
- 与远程服务器(即客户端请求的目标服务器)建立 SOCKET 连接(下称服务套接字)；
- 循环监视服务套接字和客户套接字，一旦某套接字有数据到达，则从该套接字中读取数据，然后将数据转发到另外一个套接字。

13.2.3 原型系统运行方式

本章开发的透明代理防火墙原型系统以命令行方式运行，接收一个参数，以指定防火墙的工作端口。该原型系统采用标准的 UNIX 参数指定方式，运行方式如下：

```
./proxy - p port
```

其中 proxy 为透明代理防火墙原型系统的可执行程序名，其后的参数 port 指定防火墙的工作端口，即在该端口监听客户端发来的连接请求。注意，该端口一定要与命令 iptalbes 配置中的重定向目标端口相一致，否则透明代理防火墙原型系统将监听不到由 Netfilter 框架重定向来的网络数据。

13.3　原型系统的实现

13.3.1　关键库函数

下文的原型系统实现需要涉及到如何获得客户端所要连接目标服务器的 IP 地址和端口,以及在连接建立后如何查询是否有需要转发的数据到达等,实现这些功能涉及到对以下两个库函数的调用。

1. int getsockopt(int s, int level, int optname, void * optval, socklen_t * optlen);

该函数用于获得指定套接字的选项值,参数具体包括:

- s:要进行选项获取的套接字接口;
- level:获取选项所在的协议层次;
- optname:要获取的选项名字,用宏定义的类型来表示;
- optval:指向接收选项值缓冲区的指针;
- optlen:指向存储区的指针,该存储区既用于指明选项值缓冲区(optval)的长度,也用于返回选项长度。

在 Linux 系统中,通过命令 man 或 info 查看该函数的帮助文档可发现,函数 getsockopt()只用于获得套接层和传输层的套接字选项,即将参数 level 指定为 SOL_SOCKET 时,可获得套接层选项,将参数 level 指定为 SOL_TCP 时,可获得 TCP 层选项。

实际上,通过包含 Netfilter 框架的相关头文件,可借助函数 getsockopt()获得 IP 层的一些选项,在本开发实践中用以获得报文地址重定向前的原始目标 IP 地址和目标端口,如:

```
getsockopt(clifd,SOL_IP, SO_ORIGINAL_DST,&servaddr,&servlen);
```

上述函数调用中,选项的协议层次为 IP 协议层(即参数 level 设为 SOL_IP),所获得套接字选项的类型为原始目标地址(包括目标 IP 地址和目标端口)(即参数 optname 设为 SO_ORIGINAL_DST)。

2. int select(int n, fd_set * readfds, fd_set * writefds, fd_set * exceptfds, struct timeval * timeout);

该函数是 SOCKET 网络编程中重要而特别的接口函数,与常见到的诸如 connect()、accept()、recv()或 recvfrom()等阻塞类函数有明显的不同。所谓阻塞就是进程或线程执行到这些函数时必须等待某个事件的发生,如果事件没有发生,进程或线程就被阻塞,函数不能立即返回,这意味着一个进程或线程只能有效管理一个 SOCKET 连接。

一个线程使用函数 select()能够以非阻塞方式管理多个套接字,首先用函数 select()监视一批套接字接口的状态变化,发现其中某套接字的状态变化后,再调用相应的套接字接口函数(如函数 recv()等)来及时处理该套接字上的事件(如接收数据等)。

在本开发实践中,代理一个连接请求需要建立两个 SOCKET 连接,一个是与客户端建立 SOCKET 连接,另一个是与目标服务器端建立 SOCKET 连接,代理的主要任务是将一个套接字接口上接收来的数据发送到另外一个套接字接口上,因此每个子线程需要借助于调用函数 select()同时管理这两个套接字。

该函数的参数说明和用途可参见相应的手册或下文的开发实践。

13.3.2　头文件及全局变量

本章透明代理防火墙原型系统的代码实现需要用到下面的头文件,需要将这些头文件包含在源代码文件中。

```
# include < sys/socket.h >           //SOCKET 操作相关的头文件
# include < netinet/in.h >           //网络地址格式相关的头文件
# include < string.h >               //字符串操作相关的头文件
# include < stdio.h >                //标准输入输出(如 printf 等)相关的头文件
# include < unistd.h >
# include < pthread.h >              //多线程编程需要包含的头文件
# include < sys/select.h >           //套接字轮询函数 select()需要的头文件
# include < linux/netfilter_ipv4.h > //Netfilter 编程需要的头文件
# include < sys/types.h >            //相关的类型定义头文件
# include < getopt.h >               //标准命令行参数处理操作(如 getopt)相关头文件
# define BUFLEN 4096                 //每次读取请求和响应的缓冲区大小
# define LISTENQ 100                 //监听的最大 TCP 连接数目
/* 下面的全局变量定义,表明许可的客户端 IP 地址和服务器 IP 地址 */
char ALLOWED_SERVERIP[20] = "202.120.2.102";   /* 所允许访问的服务器 IP 地址,可自行设置,
                                                  这里设定域名为 www.sjtu.edu.cn 的服务器
                                                  IP 地址 */
char ALLOWED_CLIENTIP[20] = "192.168.48.8";    //许可访问的客户端 IP 地址,可自行设置
```

13.3.3　函数组成和功能设计

该原型系统的实现源代码共包含如下七个函数。

- 主函数。函数原型为:

```
int main(int argc, char ** argv);
```

该函数首先解析出命令行参数中指定的透明代理防火墙工作端口,然后创建相应的套接字接口,即调用函数 tcp_listen()创建相应的套接字,并监听该工作端口。其后该函数循环接收来自客户端的连接请求,调用函数 checkclient()进行客户端地址检查,对通过检查的请求,创建子线程处理该连接请求。

- 客户端监听函数。函数原型为:

```
int tcp_listen(int port);
```

该函数创建相应的套接字,并监听由参数 port 指定的工作端口,返回监听该端口的套接字。

- 客户端检查函数。函数原型为:

```
int checkclient(in_addr_t cli_addr);
```

该函数实现客户端 IP 地址的检查,即将参数 cli_addr 指定的客户端 IP 地址与全局变量 ALLOWED_CLIENTIP 的值进行比对,若二者一致,则检查通过,返回 1,否则返回—1。

- 子线程函数。函数原型为:

```
void Connectionthread (void * arg);
```

该函数为子线程的主体函数,用于处理单个 TCP 连接请求。该函数的具体功能为:首先从参数中获得请求对应的套接字(即客户套接字),调用函数 getsockopt()提取所要连接的目标服务器 IP 地址和端口,然后调用函数 checkserver()检查是否允许该请求,对检查通过的请求,调用函数 Connect_Serv()连接目标服务器,获得对应的套接字接口(即服务套接字),最后调用函数 Data_Trans(),实现客户套接字和服务套接字间的应用数据转发。

- 服务器检查函数。函数原型为:

```
int checkserver(in_addr_t serv_addr);
```

该函数实现服务器 IP 地址的检查,即将参数 serv_addr 所指定的服务器 IP 地址与全局变量 ALLOWED_SERVERIP 的值进行比对,若二者一致,则检查通过,返回 1,否则返回 −1。

- 连接服务器函数。函数原型为:

```
int Connect_Serv(struct sockaddr_in serveraddr);
```

该函数连接由参数 serveraddr 指定 IP 地址和端口的目标服务器,并将对应的套接字接口作为函数返回值。

- 数据传递函数。函数原型为:

```
void Data_Trans(int clifd, int servfd);
```

该函数实现客户套接字和服务套接字间的数据转发,即读取到达一个套接字接口的数据,将其转发到另一个套接字接口中。

这些函数间的调用关系如图 13-1 所示。

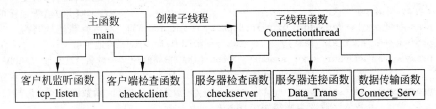

图 13-1 透明代理防火墙的函数调用关系

13.3.4 主线程代码实现与注释

1. 主函数

```
int main(int argc, char ** argv){
    struct sockaddr_in cli_addr;              //保存监听到有连接请求的客户端 IP 地址和端口
    socklen_t sin_size = sizeof(struct sockaddr_in);  //地址结构长度
    int connfd, sockfd, port;                 //port 用于保存用户在命令行中输入的工作端口
    pthread_t Clitid;                         //定义线程变量
    char opt;                                 //保存函数 getopt()分析出的选项标识
```

```
    while( (opt = getopt(argc, argv, "p:")) != EOF) {    //逐个获取每个命令行选项
        switch(opt) {
            case 'p':
                port = (short) atoi(optarg);      //将字符串表示的端口转化为整数
                break;                //只有这一个命令选项,解析出后即可提前退出循环
            default:
                printf("Usage: % s - p port\n", argv[0]);//显示正确的命令行格式
            return - 1;
        }
    }
    sockfd = tcp_listen(port);          //创建套接字,并监听参数 port 指定的端口
    for(;;){
        connfd = accept(sockfd,(struct sockaddr *)&cli_addr, &sin_size);    //接收 TCP 连接请求
        if(connfd <= 0)
            continue;            //无效的 TCP 连接请求
        if (checkclient(cli_addr.sin_addr.s_addr) == - 1){      //进行客户端 IP 地址检查
            close(connfd);          //检查不通过,则关闭与客户端的 TCP 连接
            continue;              //提前终止本次处理
        }
        printf("Received a request from % s: % u \n",inet_ntoa(cli_addr.sin_addr. s_addr) ,
        ntohs(cli_addr.sin_port));    //输出发起连接请求的客户端的 IP 地址和端口
        pthread_create(&Clitid,NULL,Connectionthread,(void *)connfd);/* 创建子线程处理接
        收到的连接请求,将该请求的客户套接字 connfd 以参数形式传递给子线程 */
    }
    return 0;
}
```

2. 客户端监听函数

```
int tcp_listen( int port){
    struct sockaddr_in cl_addr;          //保存监听到的客户端 IP 地址和端口
    struct sockaddr_in proxyserver_addr;  //保存本原型系统所在主机 IP 地址和工作端口
    socklen_t sin_size = sizeof(struct sockaddr_in);          //地址结构的长度
    int sockfd, on = 1;                      //sockfd 为监听连接的套接字
    memset(&proxyserver_addr, 0, sizeof(proxyserver_addr));  //清空该地址结构
    proxyserver_addr.sin_family = AF_INET;//指明是 internet 的地址簇
    proxyserver_addr.sin_addr.s_addr = htonl(INADDR_ANY); /* 设置 IP 地址,INADDR_ANY 表示
                本主机的 IP 地址,函数 htonl()将 IP 地址由主机字节序转变为网络字节序 */
    proxyserver_addr.sin_port = htons(port); /* 设置服务端口,函数 htons()将端口号由主机
            字节序转变为网络字节序 */
    sockfd = socket(AF_INET, SOCK_STREAM, IPPROTO_TCP);        //创建 TCP 协议套接字
    if (sockfd < 0) {
        printf("Socket failed…Abort…\n");
        return;
    }
    setsockopt(sockfd, SOL_SOCKET, SO_REUSEADDR, (char *) &on, sizeof(on)); /* 设置套接字选项 */
    if (bind(sockfd, (struct sockaddr *) &proxyserver_addr, sizeof(proxyserver_addr)) < 0)
    {    /* 绑定地址 */
        printf("Bind failed…Abort…\n");
        return;
    }
    if (listen(sockfd, LISTENQ) < 0) {              //监听该套接字,LISTENQ 指明监听队列长度
```

```
        printf("Listen failed… Abort… \n");
        return;
    }
    return sockfd;
}
```

3. 客户端检查函数

```
int checkclient(in_addr_t cli_addr) {
    int allowedip;                              //保存 IP 地址的 32 位整数变量
    inet_aton(ALLOWED_CLIENTIP,(struct in_addr * )&allowedip); / * 将十进制的点分 IP 地址格
            式(如"192.168.48.8")转化为 32 位 IP 地址格式 * /
    if (allowedip != cli_addr){                 //比较 IP 地址
        printf("Client IP authentication failed !\n ");
        return - 1;                             //与允许的客户端 IP 地址不符,返回 - 1
    }
    return 1;                                    //检查通过,返回 1
}
```

13.3.5　子线程代码实现与注释

1. 子线程函数

```
void * Connectionthread(void * arg){
    int clifd;                                  //保存客户套接字
    int servfd;                                 //保存服务套接字
    struct sockaddr_in servaddr;                //用于连接服务器的地址结构
    socklen_t servlen;                          //地址结构的长度
    pthread_detach(pthread_self());             //线程结束后自行释放资源
    clifd = (int)arg;                           //获得从主线程传入的客户套接字
    if (clifd <= 0)
        return NULL;
    / * 获取客户端要连接服务器的 IP 地址和端口,参数 SOL_IP 指明获得 IP 协议层选项,参数 SO_
        ORIGINAL_DST 表示获取该套接字所接收报文的原始目标 IP 地址和目标端口,即重定向前的
        目标 IP 地址和目标端口 * /
    if ((getsockopt(clifd,SOL_IP,SO_ORIGINAL_DST,&servaddr,&servlen)) != 0 ){
        close(clifd);
        return NULL;
    }
    if (checkserver(servaddr.sin_addr.s_addr) == - 1){    //检查是否允许连接该目标服务器
        close(clifd);                           //不允许连接,关闭与客户端的 TCP 连接
        return NULL;
    }
    servfd = Connect_Serv(servaddr);  //代替客户端连接目标服务器
    if (servfd <= 0 ){
        close(clifd);                           //连接不成功,关闭与客户端的连接
        return NULL;
    }
    Data_Trans(clifd,servfd);                   //实现两个套接字(clifd、servfd)间的数据相互转发
    close(servfd);                              //关闭与服务器的 TCP 连接
    close(clifd);                               //关闭与客户端的 TCP 连接
    return NULL;
}
```

2. 服务器检查函数

```
int checkserver(in_addr_t serv_addr){       //参数为待检查的服务器 IP 地址
    int allowedip;
    inet_aton(ALLOWED_SERVERIP,(struct in_addr * )&allowedip); /*将点分十进制的 IP 地址格
                       式(如"202.120.2.102")转化为 32 位 IP 地址格式 */
    if (allowedip != serv_addr){
        printf("Server IP authentication failed !\n ");
        return -1;                   //检查不通过
    }
    return 1;
}
```

3. 服务器连接函数

```
int Connect_Serv(struct sockaddr_in serveraddr){
    int cnt_stat;                     //保存 connect 函数的返回值,表示连接服务器是否成功
    int remoteSocket;                 //连接服务器的套接字
    remoteSocket = socket(PF_INET, SOCK_STREAM, IPPROTO_TCP);//创建 TCP 套接字
    if (remoteSocket < 0) {
        printf("Can't creat a socket. \n");//创建失败
        return 0;
    }
    serveraddr.sin_family= AF_INET;   //设置为 internet 地址簇(即 AF_INET)
    cnt_stat = connect(remoteSocket, (struct sockaddr * ) &serveraddr, sizeof(serveraddr));
                        /* 与目标服务器建立 SOCKET 连接 */
    if (cnt_stat < 0) {                //连接建立失败
        printf("remote connect failed \n");
        return 0;
    } else
        printf("connected remote server-------------------->% s:% u.\n", inet_ntoa
        (serveraddr. sin_addr.s_addr),ntohs(serveraddr.sin_port));  /*输出连接服务器
                                          成功的提示 */
    return remoteSocket;              //返回连接服务器的套接字
}
```

4. 数据传输函数

```
void Data_Trans( int clifd, int servfd){
    int maxfdp;                       //要轮询套接字的最大值
    fd_set rset;                      //要轮询的套接字集合
    char cli_buf[BUFLEN];             //用于存储客户端发来数据的缓冲区
    char serv_buf[BUFLEN];            //用于存储服务器发来数据的缓冲区
    int length;                       //每次转发数据的最大长度
    FD_ZERO(&rset);                   //清空轮询的套接字集合
    maxfdp = (clifd >= servfd? clifd:servfd ) + 1;//maxfd 设置为两套接字的最大值加 1
    for(;;){
        FD_SET( clifd,&rset );        //将客户套接字设置到要轮询的套接字集合中
        FD_SET( servfd,&rset );       //将服务套接字设置到要轮询的套接字集合中
        if(select( maxfdp,&rset,NULL,NULL,NULL ) < 0){  /* 检查这两个套接字是否有数据到达 */
            printf("A error occurs when selecting. \n");
            return;
        }
```

```
    if( FD_ISSET(clifd,&rset)){      //客户端发来的数据到达客户套接字
        length = read(clifd,cli_buf,BUFLEN);    //从客户套接字中读取数据
        if(length <= 0)                          //可能是该连接被对方关闭
            return;
        if(send( servfd,cli_buf,length,0) <= 0)  //将数据发送到服务套接字
            return;
    }
    if( FD_ISSET(servfd,&rset) ){                //服务器发来的数据到达服务套接字
        length = read(servfd,serv_buf,BUFLEN);   //从服务套接字中读取数据
        if( length <= 0 )                        //可能是该连接被对方关闭
            return;
        if(send(clifd,serv_buf,length,0) <= 0)   //将数据发送到客户套接字
            return;
    }
  }
}
```

13.4　编译、运行与测试

在完成 13.3 节所示的代码编程和实现后,就可以对该原型系统进行测试,在运行测试前需将源代码编译成可执行程序,并设置相应的测试环境。

13.4.1　测试环境设置

在进行透明代理防火墙原型系统的功能测试前,需要进行测试网络环境的设置,以保证测试网络的正常畅通。

一般的应用代理防火墙可以安装在网络中的任意位置,只要客户端设置好代理服务器,客户端的代理请求会自动路由到应用代理防火墙所在的主机。而运用透明代理防火墙实现代理功能时,透明代理防火墙不能随意安置,只能安置在客户端和目标服务器间的某个路由结点上。通常情况下,透明代理防火墙放置在客户端所在局域网的出口处,即内部网络接入外部网络的网关处。

在本透明代理防火墙原型系统的测试中,以安装 Linux 操作系统的双网卡 PC 作为网关,该网关的两个网卡 eth0、eth1 分别连接内部网络和外部网络,具体的网络结构如图 13-2 所示,本章开发的透明代理防火墙原型系统就运行在该 Linux 网关上。

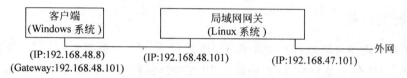

图 13-2　透明代理防火墙的测试网络结构

按照图 13-2 所示设置测试网络,在测试本章开发的防火墙原型系统时,需要依据自己的网络接入情况进行相应设置。以默认方式安装和运行 Linux 系统时,Linux 系统的 IP 报文转发功能(即 IP forward 选项)需要先行开启,Linux 系统才能用作网关。IP forward 选

项保存在一个 proc 文件(即/proc/sys/net/ipv4/ip_forward)中,该文件的内容如果为 0,表示关闭 IP 报文转发功能,为 1 表示打开报文转发功能。在命令行窗口下,运行如下命令即可开启 IP 报文转发功能,即将 1 显示(即输出重定向)到/proc/sys/net/ipv4/ip_forward 文件中。

```
echo 1 > /proc/sys/net/ipv4/ip_forward
```

Linux 系统可能安装了 Linux 内置防火墙,Linux 运行过程中该内置防火墙一般默认处于启用状态,为避免 Linux 内置防火墙影响到本原型系统的测试过程,可预先禁止 Linux 内置防火墙。具体方法参见 5.3.4 节,在如图 5-4 所示的界面中将"启用"改选为"禁止"即可。

在完成上述设置后,客户机与外网之间应该能够正常进行网络通信。为了确保上述设置的正确,在进行下一步测试前,最好从客户端访问一下外网,如用 ping 命令测试一下是否可与外网主机连通。

与测试应用代理防火墙不同,测试透明代理防火墙无需如 12.3.2 节一样对客户端进行代理服务器的设置。

13.4.2　编译和运行

本原型系统的编程实现中用到了多线程,因此在编译该原型系统时需要用到线程库。在 Linux 操作系统中,开启一个 shell 终端,在命令行窗口输入如下命令即可完成透明代理防火墙原型系统的编译。

```
gcc − o tc − proxy tc − proxy.c -lpthread
```

其中 tc-proxy.c 为保存 13.3 节源代码的源文件,tc-proxy 是希望编译出的可执行文件名,-lpthread 指明所使用的函数库,即线程函数库。

编译完成后,在命令行窗口中输入以下内容,就可启动透明代理防火墙。

```
./tc − proxy -p 8888
```

其中-p 选项指明了该透明代理防火墙的工作端口,即 Netfilter 框架将来自客户端的报文重定向到该端口;透明代理防火墙通过监听该端口,接收来自客户端经重定向后的 TCP 连接请求。这里将工作端口设置为 8888,用户可自行设定,但要与 Netfilter 框架中设定的重定向目标端口(即 iptables 命令中--to-ports 选项的内容)相一致。

13.4.3　测试过程

在对透明代理防火墙进行功能测试前,还需对 Netfilter 框架进行配置,要求它在收到 TCP 协议报文(实际上是对应 TCP 协议的 IP 报文)时,将这些报文重定向到透明代理防火墙正在监听的端口(即 8888)。Netfilter 框架的处理规则可通过命令 iptables 来配置,在命令行下运行以下命令即可实现 TCP 报文重定向。

```
iptables − t nat − A PREROUTING -p tcp -j REDIRECT −− to − ports 8888
```

命令参数的具体含义如下。

- -t nat：指明该规则配置操作的对象是网络地址转换（NAT）相关的规则表；
- -A PREROUTING：指明在 PREROUTING 的处理链上增加规则，本实验需要在 IP 路由前进行目标地址重定向，这样重定向后的报文（即修改了目标 IP 地址和端口的报文）在 IP 层进行后继的路由处理后，会自动被 IP 层交给上层协议处理；
- -p tcp：指明该条规则只对 TCP 协议的报文有效，因本透明代理防火墙只支持对 TCP 上网络应用的代理；
- -j REDIRECT：指明规则处理的动作是报文重定向（REDIRECT）；
- --to-ports 8888：指明重定向到的目标端口为 8888。

这条配置规则的含义是：在网络地址转换（NAT）规则表中的 PREROUTING 处理链上增加一条规则，该规则将所有的 TCP 协议报文重定向到本机的 8888 端口。

在进行上述设置后，系统中的 Netfilter 处理规则如图 13-3 所示。

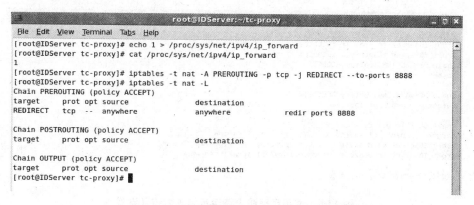

图 13-3　透明代理防火墙运行时的 Netfilter 处理规则设置

在客户端中开启 IE 浏览器，在地址栏输入"http://www.sjtu.edu.cn"（其 IP 地址为 202.120.2.102），就可以看到浏览器中显示出上海交通大学的主页面（注：进行该测试时，要保证 DNS 服务是可用的，或者直接以 IP 地址形式访问网页，如 http://202.120.2.102，否则可能因 DNS 的问题导致不能显示出所请求的网页）。同时在透明代理防火墙的运行终端可以看到相应的输出信息，如图 13-4（这里客户端 IP 地址为 192.168.48.8）所示。

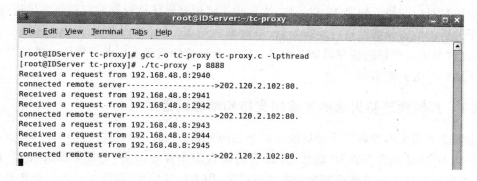

图 13-4　透明代理防火墙的代理信息输出

在客户端浏览器的地址栏中输入 http://bbs.sjtu.edu.cn，由于在源程序中允许连接的服务器 IP 地址预定义为 202.120.2.102（由变量 ALLOWED_SERVER 指定），不是 bbs.

sjtu. edu. cn 服务器对应的 202.120.58.161，该代理连接将会被拒绝。同时透明代理防火墙原型系统会输出相应的一些拒绝代理的信息，如图 13-5 所示。

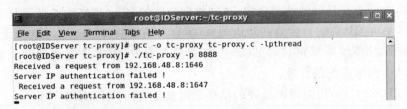

图 13-5　透明代理防火墙的拒绝代理信息输出

在实验结束后，通过相关 shell 命令关闭 Linux 系统的 TCP 协议报文重定向功能，以及取消 IP 数据包转发功能，具体操作如图 13-6 所示。

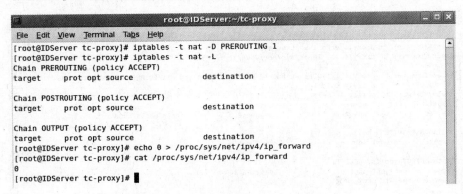

图 13-6　透明代理防火墙运行结束后恢复设置

13.5　扩展开发实践

对比第 12 章实现的应用代理防火墙，本章实现的透明代理防火墙实质上是一个 TCP 协议代理服务器，其代理功能并不局限于对 HTTP 协议的支持，很多建立在 TCP 协议上的网络应用都可以支持。同第 12 章一样，本章防火墙原型系统也没有对应用层协议进行分析并基于分析出的协议属性进行连接控制，只对客户端 IP 地址和服务器 IP 地址进行了简单控制，也没有引入很好的缓存机制来提高性能。有兴趣的读者可以基于该防火墙原型系统，完成下面的扩展开发实践。

13.5.1　透明代理防火墙的多规则支持和动态配置扩展

上面的开发实践中以单个全局变量而不是用一张表（或一个配置文件）来存储允许访问的客户端 IP 地址和服务器 IP 地址，因而不能设置多个客户端 IP 地址和服务器 IP 地址。另外，本原型系统无法实现控制规则的动态设置，因为控制信息（即许可的客户端和服务器）在源程序中以预定义的方式出现，要修改控制信息比较繁琐，需要修改源程序中的预定义，然后重新编译和运行，所修改的控制规则才能生效。

该扩展开发实践的具体内容包括：实现一个友好的控制信息配置界面（或配置程序），

可通过该配置界面配置该原型系统的控制规则；一个实用的防火墙需要能够配置多条安全控制规则，而不能像本原型系统中只能对一个客户端和一个服务器进行代理和控制，因此需要实现配置信息的文件（或数据库）保存，以便管理员不用每次全新配置控制规则，只需要在原有的控制规则上进行适当修改即可；实现防火墙规则的动态配置更新，即配置防火墙规则时，无需暂停或终止防火墙的运行，只需在配置完成后进行激活处理，防火墙就能依据新配置的控制规则进行网络连接控制。

13.5.2　透明代理防火墙的 HTTP 协议解析与控制扩展

本章所实现的透明代理防火墙原型系统没有对应用层协议的数据内容进行分析和控制，可以将其改造成针对某特定应用协议（FTP、HTTP 等）的透明代理防火墙，在其中实现应用层协议的分析和控制。本节和下节分别简单介绍针对 HTTP 协议和 FTP 协议的解析和控制扩展。HTTP 协议和 FTP 协议的概念和特征已经在第 12 章中进行了介绍，这里不再赘述。

本节的扩展开发实践涉及到对 HTTP 消息内容的分析和控制，HTTP 消息包括浏览器向服务器的请求消息以及服务器向浏览器的响应消息。请求消息比较简单，请求方法常用的有 GET、HEAD、POST，可以依据不同的请求方法进行控制，也可以实现对 URL 的过滤和控制。响应消息中对网络安全影响较大的要素是响应的实体类型，可以据此进行访问控制，如禁止下载 applet、禁止下载 word 文件等。

对比第 12 章中应用代理防火墙的控制功能扩展，透明代理防火墙无法实现基于用户名和口令的身份认证以及相应的连接控制，原因在于客户端感受不到透明代理防火墙的存在，透明代理防火墙无法发送要求客户端提供身份认证的消息，即使发送了这类消息，客户端也不予理会。

13.5.3　透明代理防火墙的 FTP 协议解析与控制扩展

支持 FTP 协议的透明代理防火墙，其主要任务是分析 FTP 服务器和客户端交互的协议数据，并根据分析出的各个要素进行检查和控制。常见的安全检查和控制要素包括客户端和服务器的位置（IP 地址等）、认证信息（用户名和口令等）、传输的文件名（或目录名）、传输的文件类型、文件大小等。

在 HTTP 协议中，客户端每发送一个请求消息并收到相应的响应消息后就会断开TCP 链接，即每个请求之间没有关联性。在 FTP 协议中，所建立的 TCP 链接（特别是控制链接）可能会持续存在，前后发送的请求命令间可能存在关联关系，这在基于本章的透明代理防火墙原型系统实现对 FTP 协议的扩展时要特别注意。由于 FTP 协议相对复杂，在进行相应的扩展开发实践时，可分开实现主动传输模式和被动传输模式，或单独实现其中的一种传输模式。

13.5.4　透明代理防火墙的网页缓存扩展

很多实际的 Web 代理服务器为提高客户端访问网页的速度，经常对目标服务器的响应消息（如网页等）进行缓存。如果客户端对同一个 URL 进行访问，代理服务器可以在第一次请求该 URL 时，将所获得的响应消息缓存在本地，以后再收到客户端对该 URL 的请求时,无需再访问目标服务器,直接将缓存中的响应消息回复给客户端即可。响应消息缓存机制在客户端频繁访问同一个目标服务器时,会极大提高代理服务器的运行效率。同第 12 章的应用代理防火墙一样,透明代理防火墙也可以进行网页缓存机制的扩展。

对比第 12 章中的相关扩展开发实践(见 12.4.2),透明代理防火墙无需进行目标服务器域名与 IP 地址对的缓存。透明代理防火墙不是从客户端发出的应用协议数据(如 HTTP 的请求消息)中提取目标服务器的域名,而是从套接字选项中直接获得目标服务器的 IP 地址,因而无需进行目标服务器域名与 IP 地址对的缓存处理。

13.5.5　透明代理防火墙的 HTTP 消息变换扩展

一些企事业单位使用的代理防火墙具有消息变换的功能,透明代理防火墙中的消息变换一般分为如下两种形式:

- 请求消息的变换　即透明代理防火墙为了某种应用目的,修改来自客户端的请求消息,将修改后的请求消息发给所请求的服务器。最常见和常用的修改方式是 URL 的重定向,即篡改客户端请求的 URL,相当于将客户端的请求重定向到新的 URL。
- 响应消息的变换　即透明代理防火墙将服务器返回的响应消息按照某种约定进行修改,将修改后的响应消息返回给客户端。这种消息变换功能的典型应用是网页广告的植入,即修改服务器返回的 HTML 文件等,在其中的相应位置插入小广告(如企业的商标、产品 Logo 等)等显示标签,然后将修改后的 HTML 文件返回给客户端。客户端的浏览器按修改后的网页文件显示网页时,植入的广告就会显示在网页中的相应位置。

13.6　本 章 小 结

本章详细阐述了一个透明代理防火墙原型系统的开发过程和实现源代码的过程,该原型系统重点在于展示透明代理防火墙的工作原理,以及透明代理防火墙的基本开发方法和实现过程,而不在于提供一个功能完善的透明代理防火墙系统。因此本开发实践实现的原型系统功能比较简单,相当于一个简单的 TCP 协议代理,没有对应用层协议的数据内容进行详细的分析和控制,只是对服务器 IP 地址和客户端 IP 地址进行简单的认证和控制。

本章最后讨论了在本原型系统基础上所能进行的具有实际安全意义的扩展开发实践,具体包括原型系统的多规则和动态配置扩展、网页缓存机制的扩展、对 HTTP 协议和 FTP 协议的分析和控制扩展,以及 HTTP 消息变换功能扩展等。有兴趣的读者可以此原型系统为基础,按照 13.5 节中的内容进行相应的扩展开发实践。

习 　 题

1. 结合本章透明代理防火墙原型系统的实现过程,阐述如何获得客户端要连接的目标服务器的 IP 地址和端口。

2. 结合本章的具体实现解释 Netfilter 框架中目标地址重定向的基本功能,重点阐述对回复数据的处理。

3. 本章实现透明代理防火墙原型系统时,主线程和子线程分别完成什么任务和功能?

4. 透明代理防火墙所监听的端口是否是客户端发出的数据包中的目标端口? 如果不是,如何确定该监听端口?

5. 透明代理防火墙程序由于异常原因终止后,这时内网的客户端能否连接外网的服务器进行网络通信?

6. 从所能代理的应用服务类型上看,本章实现的透明代理防火墙与第 12 章实现的应用代理防火墙是否存在差别? 若存在,具体差别是什么?

7. 简述轮询方式(即 select 方式)监听套接字接口数据到达的基本原理和过程。

8. 依据透明代理防火墙的实现过程,简要说明该防火墙为何无法实现对所代理客户端进行用户帐号和口令的认证。

9. 在透明代理防火墙的实现中,是否应如应用代理防火墙一样,需要对服务器的域名和 IP 地址对进行缓存,以提高透明代理防火墙的代理服务效率? 为什么?

第 14 章　端口扫描工具的原型实现

本章主要阐述如何实现端口扫描工具,该端口扫描工具可以支持全连接扫描、半连接扫描以及 FIN 扫描。下面首先介绍该原型工具的总体设计,然后介绍该原型工具的源代码实现过程,最后介绍该原型工具的测试,以及在此原型工具的基础上能够进行的扩展开发实践。

14.1　原型工具的总体设计

14.1.1　功能及实现方案

本章原型工具主要支持三种类型的端口扫描方式,即全连接扫描、半连接扫描(也称为 SYN 扫描)以及结束连接扫描(也称为 FIN 扫描)。为突出端口扫描技术的基本原理,原型工具不开发用户友好的 GUI 界面,即直接运行在命令行模式下,通过命令行参数的形式选择采用何种扫描方式进行端口扫描,同时端口扫描的结果直接输出到字符终端上。

三种端口扫描方式的实现要点如下:

- 全连接扫描:通过 connect() 函数逐个连接要扫描的每个端口,本原型工具采用单线程的串行扫描方式,因而扫描速度较慢,多线程并行扫描留给读者进行相应的扩展开发实践。
- 半连接扫描:用 Libpcap 和 Libnet 提供的相关库函数实现底层协议报文的直接发送和接收,报文发送和接收用两个线程分别实现,一个线程用于发送 SYN 探测报文,另一个线程用于接收探测响应报文,并同时分析被扫描端口的开放情况。
- FIN 扫描:采用与半连接扫描相似的实现思路,即基于 Libpcap 和 Libnet 库函数实现底层协议报文的直接操纵,报文发送和接收用两个线程分别实现,一个线程用于发送 FIN 探测报文,另一个线程用于接收可能的回复报文。

14.1.2　原型工具的运行方式

本章端口扫描原型工具共包含五个参数,具体执行格式为:

portscan scan_type interface IPaddr startport endport

portscan 为端口扫描工具的可执行程序名,其后五个参数的含义分别为:

- scan_type:扫描类型,有三种扫描方式,分别为 SOCKET_SCAN(即全连接扫描),SYN_SCAN(即半连接扫描),FIN_SCAN(即结束连接扫描)。
- interface:网络接口,如"eth0"、"lo"等。SYN 扫描和 FIN 扫描发送探测对方端口的报文时,需要指定从哪个网络接口发出。该参数对全连接扫描是无意义的,随便指定一个字符串即可。

- IPaddr：目标主机的 IP 地址，用于指定所要扫描的主机。该原型工具只能对一个具体主机进行端口扫描，暂不支持对整个网段的扫描，对整个网段扫描留给读者进行扩展开发实践。
- startport：本原型工具支持对一个端口范围的扫描，该参数指定了扫描端口范围的开始端口。
- endport：指定扫描端口范围的结束端口。

14.2　原型工具的实现

本原型工具借助 Libpcap 和 Libnet 函数库实现对 TCP/IP 协议底层协议处理的直接操纵，这两个函数库的功能特点和接口函数在 6.4.2 节中已详细介绍，这里不再赘述。

14.2.1　主要头文件及宏定义

由于端口扫描工具需要调用网络相关的库函数和结构定义，因此需要包含网络相关的头文件，具体为：

```
# include < net/if.h >
# include < sys/socket.h >
# include < netinet/in.h >
```

在实现 FIN 扫描和 SYN 扫描时，需要调用 Libnet 库函数生成和发送探测报文，调用 Libpcap 库函数来获取来自被扫描主机的响应报文，另外该工具采用两个线程分别实现发送探测报文和接收响应报文。因此需要包含相应的头文件，具体如下：

```
# include < libnet.h >         //Libnet 函数库头文件
# include < pcap.h >           //Libpcap 函数库头文件
# include < pthread.h >        //线程函数库头文件
```

除上面提到的头文件外，还需要标准 I/O 函数库等一些常规性的头文件，具体为：

```
# include < stdlib.h >
# include < stdio.h >
# include < string.h >
# include < time.h >
# include < unistd.h >
# include < sys/types.h >
# include < sys/ioctl.h >
```

本开发实践涉及的宏定义包括以下几类。

- 扫描类型。

```
# define SOCKET_SCAN      1      //全连接扫描
# define SYN_SCAN         2      //半连接扫描
# define FIN_SCAN        ·3      //结束连接扫描
```

- 扫描结果。

```
# define OPEN          1        //所扫描的端口处于打开状态
# define CLOSE         2        //所扫描的端口处于关闭状态
# define UNKNOWN       3        //所扫描的端口状态未知
```

- 报文的相关标志位。

```
# define IP_RF 0x8000           //分片预留的标志位
# define IP_DF 0x4000           //不分片的标志位
# define IP_MF 0x2000           //后继还有分片的标志位
# define IP_OFFMASK 0x1fff      //获得分片偏移的掩码
```

下面是 TCP 标志字段的相关掩码位：

```
# define TH_FIN 0x01
# define TH_SYN 0x02
# define TH_RST 0x04
# define TH_PUSH 0x08
# define TH_ACK 0x10
# define TH_URG 0x20
# define TH_ECE 0x40
# define TH_CWR 0x80
# define TH_FLAGS (TH_FIN|TH_SYN|TH_RST|TH_ACK|TH_URG|TH_ECE|TH_CWR)
```

- 获取协议信息的参数宏。

```
# define IP_HL(ip)   (((ip) -> ip_vhl) & 0x0f)        //获取后 4 位,即 IP 长度信息
# define TH_OFF(th)  (((th) -> th_offx2 & 0xf0) >> 4)  //获得 TCP 的头部长
```

14.2.2　主要数据结构

本工具的开发主要包含四种数据结构：保存所有扫描信息的结构 struct scaninfo_struct，MAC 帧头结构 struct sniff_ethernet，IP 头结构 struct sniff_ip，TCP 头结构 struct sniff_tcp。

- 扫描信息结构。

```
struct scaninfo_struct{               //从用户输入的命令行参数中解析出来的扫描参数
    int scan_type;                    //扫描类型: SOCKET_SCAN/SYN_SCAN/FIN_SCAN
    char interface[32];               //网络接口,对 SOCKET_SCAN 扫描无意义
    struct in_addr ipaddr;            //被扫描目标的 IP 地址
    char ipaddr_string[32];           //内容同 ipaddr,但为点分格式,形如"192.168.47.1"
    int startport;                    //扫描的起始端口
    int endport;                      //扫描的结束端口
    int portnum;                      //要扫描的端口数: endport - startport + 1
    //下面只用于 SYN_SCAN/FIN_SCAN 扫描类型的字段
    int sourceport;                   //扫描用的源端口
    pthread_cond_t * cond;            //用于通知扫描过程结束
    int flags;                        //构造扫描报文时用到的标志位
    // 下面两个字段保存扫描结果
    int * portstatus;                 //保存扫描结果,初始化时分配长度为 portnum 的数组空间
    int alreadyscan;                  //已经扫描完成的端口数量
```

```
};
```

- 帧头格式。

```
struct sniff_ethernet {
    u_char ether_dhost[ETHER_ADDR_LEN];      //目标 MAC 地址
    u_char ether_shost[ETHER_ADDR_LEN];      //源 MAC 地址
    u_short ether_type;                      //上层协议类型：IP、ARP 或 RARP
};
```

- IP 头格式。

```
struct sniff_ip {
    u_char ip_vhl;                   //高 4 位为 IP 协议版本，低 4 位为 IP 头长度
    u_char ip_tos;                   //服务类型
    u_short ip_len;                  //长度
    u_short ip_id;                   //分片标识
    u_short ip_off;                  //高 3 位为分片标志位，后 13 位为分片偏移量
    u_char ip_ttl;                   //以跳(hop)数表示的 IP 报文生存周期
    u_char ip_p;                     //上层协议类型标识：TCP(6)、UDP(17)等
    u_short ip_sum;                  // IP 校验和
    struct in_addr ip_src,ip_dst;    //源 IP 地址和目标 IP 地址
};
```

- TCP 头格式。

```
struct sniff_tcp {
    u_short th_sport;                //源端口号
    u_short th_dport;                //目标端口号
    u_int32_t th_seq;                //序列号
    u_int32_t th_ack;                //应答号
    u_char th_offx2;                 //高 4 位为头部长度，低 4 位为预留位
    u_char th_flags;                 //高 2 位为预留位，低 6 位为标志位
    u_short th_win;                  //窗口大小
    u_short th_sum;                  //校验和
    u_short th_urp;                  //紧急指针
};
```

14.2.3　函数组成和功能设计

按照所实现的具体功能，本开发实践中的源代码主要包括如下的九个函数。

- 主函数。函数原型为：

```
void main( int argc, char * argv[ ]);
```

该函数为主函数，控制整个工具的运行流程。该函数首先调用函数 parse_scanpara()
进行命令行参数的解析，然后根据扫描类型调用不同的扫描处理函数，如为全连接
扫描，调用函数 socket_scan()，若为 SYN 扫描或 FIN 扫描，则调用函数 synfin_scan()。
扫描结束后，调用函数 output_scanresult()在控制台上显示扫描结果。

- 命令行解析函数。函数原型为：

```
int parse_scanpara( int argc, char * argv[ ],struct scaninfo_struct * pparse_result);
```

该函数被主函数调用,主函数直接将命令行输入以函数参数形式传递给该函数,该函数解析命令行输入,将解析结果保存在参数 pparse_result 指向的 scaninfo_struct 结构体中。

- 全连接扫描函数。函数原型为:

```
void socket_scan(struct scaninfo_struct * pscaninfo);
```

该函数由主函数调用,以试图建立 SOCKET 连接的方式来探测被扫描主机端口的开放情况,从而完成基于全连接的端口扫描功能。

- SYN/FIN 扫描主函数。函数原型为:

```
void synfin_scan(struct scaninfo_struct * pscaninfo);
```

由于采用了相似的扫描原理和技术手段,SYN/FIN 两种类型的扫描在一起实现。该函数由主函数调用,通过创建两个独立的线程来实现端口扫描,一个线程用于发送探测报文,另一个线程负责接收被扫描主机的响应报文,通过分析判断端口的状态。

- 探测报文发送线程函数。函数原型为:

```
void * sendthread(void * args);
```

该函数在函数 synfin_scan()创建子线程时使用,以循环的形式对要扫描的每个端口调用函数 sendpacket()来生成和发送探测报文。

- 探测报文发送函数。函数原型为:

```
void sendpacket( const char * ip_src, const char * ip_dst,u_int16_t sp, u_int16_t dp, u_int8_t flags, char * interface);
```

该函数被函数 sendthread()调用,通过 Libnet 函数库提供的接口,按扫描类型的不同分别生成和发送不同类型的探测报文。

- 响应报文接收线程函数。函数原型为:

```
void * receivethread(void * args);
```

该函数完成 Libpcap 库相关的初始化工作,包括抓包过滤规则的设置等,并在 Libpcap 处理框架中注册包处理的钩子函数 packet_handler(),这样 Libpcap 框架每收到一个数据包就会主动调用响应报文处理函数 packet_handler()。

- 响应报文处理函数。函数原型为:

```
void packet_handler(u_char * args,const pcap_pkthdr * header,const u_char * packet);
```

该函数被 Libpcap 框架自动调用,Libpcap 框架在每收到一个目标端口为扫描源端口的数据包时,都会调用该处理函数。该函数依据收到的报文,来判断被扫描主机的相应端口是否打开。

- 扫描结果输出函数。函数原型为:

```
void output_scanresult(struct scaninfo_struct scaninfo);
```

该函数被主函数调用,用于输出端口扫描的结果。

上述函数间的调用或引用关系如图 14-1 所示。

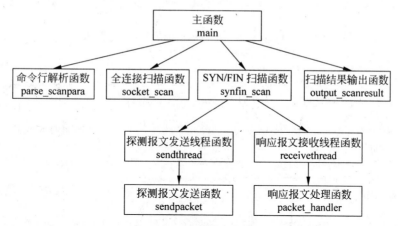

图 14-1　端口扫描工具中的函数调用或引用关系

14.2.4　函数源代码与注释

1. 主函数

```
int main(int argc,char * argv[]){
    struct scaninfo_struct scaninfo;                //用于保存扫描信息
    if (parse_scanpara(argc, argv,&scaninfo)) {     //进行参数解析,结果放在 scaninfo
        printf("Usage % s SOCKET_SCAN/SYN_SCAN/FIN_SCAN interface IPaddr startport endport",
        argv[0]);                                   //提示正确的命令行格式
        exit(1);
    }
    if (scaninfo.scan_type == SOCKET_SCAN)
        socket_scan(&scaninfo);                     //调用实现全连接扫描的函数
    else
        if ((scaninfo.scan_type == SYN_SCAN ) || (scaninfo.scan_type == FIN_SCAN))
            synfin_scan(&scaninfo);                 //调用实现 SYN 扫描和 FIN 扫描的函数
        else {
            printf("Unsupported scan type! \n");    //提示扫描类型输入错误
            exit(1);
        }
    output_scanresult(scaninfo);                    //输出扫描结果
}
```

2. 命令行解析函数

```
int parse_scanpara(int argc, char * argv[],struct scaninfo_struct * pparse_result){
    if (argc != 6) {                               //检查参数个数
        printf("The count of parameters error!\n");
        return 1;
    }
    //解析扫描类型
    if (!strcmp(argv[1],"SOCKET_SCAN"))
        pparse_result -> scan_type = SOCKET_SCAN;
    else
```

```
        if (!strcmp(argv[1],"SYN_SCAN"))
            pparse_result -> scan_type = SYN_SCAN;
        else
            if (!strcmp(argv[1],"FIN_SCAN"))
                pparse_result -> scan_type = FIN_SCAN;
            else {
                printf("An Unsupported scan tyep!\n");
                return 1;
            }
    strcpy(pparse_result -> interface, argv[2]);              //解析接口类型
    strcpy(pparse_result -> ipaddr_string, argv[3]);         //解析 IP 地址
    if (inet_aton(argv[3],&pparse_result -> ipaddr) == 0 ) {  //转化为 32 位 IP 地址
        printf("IPaddr format error! please check it! \n");
        return 1;
    }
    pparse_result -> startport = atoi(argv[4]);              //解析起始端口
    pparse_result -> endport = atoi(argv[5]);               //解析结束端口
    //计算出要扫描的端口数量
    pparse_result -> portnum = pparse_result -> endport - pparse_result -> startport + 1;
    pparse_result -> alreadyscan = 0;                       //初始化已经扫描的端口数
    //分配存储空间,以供存放每个端口的扫描结果
    pparse_result -> portstatus = (int * ) malloc(pparse_result -> portnum * 4);
    for (int i = 0; i < pparse_result -> portnum; i++)
        pparse_result -> portstatus[i] = UNKNOWN;          //初始化每个端口的扫描结果
    //设置扫描标志,在生成端口探测报文时会用到该标志
    if (pparse_result -> scan_type == SYN_SCAN)
        pparse_result -> flags = TH_SYN;
    else
        if (pparse_result -> scan_type == FIN_SCAN)
            pparse_result -> flags = TH_FIN;
    return 0;
}
```

3. 全连接扫描函数

```
void socket_scan(struct scaninfo_struct * pscaninfo){
    for (int i = pscaninfo -> startport; i <= pscaninfo -> endport; i++){
        //每次循环扫描一个端口
        struct sockaddr_in addr;
        memset(&addr, 0, sizeof(addr));
        addr.sin_family = AF_INET;
        addr.sin_port = htons(i);                        //设置扫描端口
        inet_pton(AF_INET, pscaninfo -> ipaddr_string, &addr.sin_addr);    //目标 IP 地址
        int sock = socket(AF_INET, SOCK_STREAM, 0);      //创建套接字
        if (sock == -1) {                                //套接字创建不成功,提示错误
            printf("create socket error! \n");
            return ;
        }
        //对要扫描的端口发起 socket 连接
        int retval = connect(sock, (const struct sockaddr * )(&addr), sizeof(addr));
        if (retval == 0) {                               //连接成功,表明端口是打开的
            pscaninfo -> portstatus[i - pscaninfo -> startport] = OPEN;
```

```
            close(sock);                          //关闭所建立的连接
        }
        else                                      //连接失败,表明端口是关闭的
            pscaninfo->portstatus[i-pscaninfo->startport] = CLOSE;
    }
}
```

4. SYN/FIN 扫描函数

```
void synfin_scan(struct scaninfo_struct * pscaninfo){
    pthread_t s_thread;                       //发包线程变量
    pthread_t r_thread;                       //收包线程变量
    pthread_cond_t cond;                      //线程结束条件
    pthread_mutex_t mutex;                    //用户线程同步信号
    struct timeval now;                       //保存当前时间的变量
    struct timespec to;                       //保存扫描超时时间的变量
    //变量初始化
    pthread_mutex_init(&mutex, NULL);         //变量初始化
    pthread_cond_init(&cond, NULL);           //变量初始化
    pscaninfo->cond = &cond;
    srand(time(NULL));                        //重置随机种子
    pscaninfo->sourceport = rand() % 2000 + 2000; /*在指定范围(可自行调整)随机生成一
              个源端口,用作扫描源端口 */
    //创建一个接收来自对方主机响应报文的线程
    pthread_create(&r_thread, NULL, receivethread, (void * )(pscaninfo));
    usleep(200000);                           //等待接收线程准备接收响应报文
    pthread_create(&s_thread, NULL, sendthread, (void * )(pscaninfo)); /*创建一个发送扫描
                                                          报文的线程 */
    pthread_join(s_thread, NULL);             //等待发送报文线程结束
    //设置扫描超时时间
    gettimeofday(&now, NULL);
    to.tv_sec = now.tv_sec;
    to.tv_nsec = now.tv_usec * 1000;
    to.tv_sec += 10;                          //该值可按估算扫描时间自行设定
    pthread_cond_timedwait(&cond, &mutex, &to);   //等待接收线程结束
    //释放资源
    pthread_cancel(r_thread);
    pthread_cond_destroy(&cond);
    pthread_mutex_destroy(&mutex);
}
```

5. 探测报文发送线程函数

```
void * sendthread(void * args){
    struct scaninfo_struct * pscaninfo = (struct scaninfo_struct * )args;
    char src_ip[16];                          //用于保存源 IP 地址
    struct ifreq ifr;                         //用于保存网络接口和对应的 IP 地址信息
    int sock;                                 //套接字
    int i;                                    //循环变量
    sock = socket(AF_INET, SOCK_DGRAM, 0);    //创建套接字
    if (sock == -1)    {                      //无法创建 socket
        printf("Can not get local ip address \n");
        exit(1);
```

```
    }
    //调用 ioctl 获得指定网络接口的 IP 地址
    strncpy(ifr.ifr_name, pscaninfo->interface, IFNAMSIZ);   //设置接口名称
    if (ioctl(sock, SIOCGIFADDR, &ifr) == -1)     {           //无法获得网络接口的 IP 地址
        printf("Can not get local ip address \n");
        exit(1);
    }
    struct sockaddr_in sin;
    memcpy(&sin, &ifr.ifr_addr, sizeof(sin));                 //复制出地址结构
    //转换成点分形式的字符串地址格式
    const char * tmp = inet_ntoa(sin.sin_addr);
    strncpy(src_ip, tmp, 16);
    //发送探测报文
    for (i = pscaninfo->startport; i <= pscaninfo->endport; i++)
        sendpacket(src_ip, pscaninfo->ipaddr_string, pscaninfo->sourceport, i, pscaninfo
            ->flags, pscaninfo->interface);
    return NULL;
}
```

6. 探测报文发送函数

```
int sendpacket(const char * ip_src, const char * ip_dst,     u_int16_t srcport, u_int16_t
dstport, u_int8_t flags, char * device){
    libnet_t *l;
    char errbuf[LIBNET_ERRBUF_SIZE];                          //出错缓冲区,用于获取错误信息
    int ack;
    l = libnet_init(LIBNET_RAW4, device, errbuf);  //初始化一个 Libnet 句柄
    if (l == NULL) {
        printf("libnet init: % s \n", errbuf);
        libnet_destroy(l);
        return 1;                                            //返回失败标志
    }
    /* 设置 TCP 头中的确认序列号,如为 SYN 包,则确认序列号为 0,否则设随机值即可 */
    if (flags == TH_SYN)
        ack = 0;
    else
        ack = rand() % 200000 + 200000;
    //按指定参数构造一个 TCP 协议块,每个参数含义可具体参看 Libnet 库函数指南
    libnet_ptag_t tcp_tag = libnet_build_tcp(
        srcport,                        //源端口
        dstport,                        //目标端口
        rand() % 200000 + 200000,       //随机生成一个 TCP 序列号
        ack,                            //设置确认序列号 ACK
        flags,                          /* 设置 TCP 报文的控制标志,可为 TH_URG、TH_ACK、
                                           TH_PSH、TH_RST、TH_SYN、TH_FIN */
        rand() % 3000 + 5000,           //设置 window 大小,为一随机值
        0,                              //设置校验和 sum 为 0,标明由协议来计算校验和
        0,                              //设置 URG 指针
        LIBNET_TCP_H,                   //设置 TCP 报文长度
        NULL,                           //设置 TCP 报文的 payload 内容
        0,                              //设置 payload 的长度
        l,                              //设置 Libnet 句柄
```

```
            0                              //设置 Libnet 的 id
    );
    if (tcp_tag == -1){                    //构造失败
        printf("building tcp header error \n ");
        libnet_destroy(l);
        return 1;                          //返回失败标志
    }
    //按指定参数构造一个 IP 协议块
    libnet_ptag_t ipv4_tag = libnet_build_ipv4(
        LIBNET_IPV4_H + LIBNET_TCP_H,      //设置报文长度
        0,                                 //设置 TOS
        0,                                 //设置 IP 的标识 ID
        0,                                 //设置 IP 的分片标志 frag
        64,                                //设置 TTL
        IPPROTO_TCP,                       //设置协议类型
        0,                                 //设置校验和为 0,由协议计算校验和
        libnet_name2addr4(l,(char * )ip_src, LIBNET_DONT_RESOLVE),   //设置源 IP 地址
        libnet_name2addr4(l,(char * )ip_dst, LIBNET_DONT_RESOLVE),   //设置目标 IP 地址
        NULL,                              //设置 IP 报文的 payload
        0,                                 //设置 payload 的长度
        l,                                 //设置 Libnet 句柄
        0                                  //设置 Libnet 的 id
    );
    if (ipv4_tag == -1)    {               //构造失败
        printf("building ipv4 header error \n");
        libnet_destroy(l);
        return 1;                          //返回失败标志
    }
    int retval = libnet_write(l);          //发送所产生的数据包
    if (retval == -1){                     //发送失败
        printf("sending packet error");
        libnet_destroy(l);
        return 1;                          //返回失败标志
    }
    libnet_destroy(l);
    return 0;                              //返回成功标志
}
```

7. 响应报文接收线程函数

```
void * receivethread(void * args){
    struct scaninfo_struct * pscaninfo = (struct scaninfo_struct * )args;
    bpf_u_int32 net;                       //存储网络号的变量
    bpf_u_int32 mask;                      //存储子网掩码的变量
    char errbuf[PCAP_ERRBUF_SIZE];
    //获得指定网络接口的网络号和子网掩码
    pcap_lookupnet(pscaninfo -> interface, &net, &mask, errbuf);
    pcap_t * handle;
    //获得用于捕获网络数据包的数据包捕获描述字,相当于初始化 Libpcap 框架
    handle = pcap_open_live(pscaninfo -> interface, 100, 1, 0, errbuf);
    if (handle == NULL) {                  //无法初始化 Libpcap
        printf("pcap open device failure \n");
```

```
            return NULL;
        }
        /* 计算出过滤规则串,这里只需关心协议类型为 TCP 且目标端口为 pscaninfo->sourceport 的
           报文,因为发出的扫描报文源端口为 pscaninfo->sourceport,被扫描主机回应报文的目标
           端口是 pscaninfo->sourceport */
        char filter[100] = "tcp port ";
        char tmp[20];
        snprintf(tmp, sizeof(tmp), "%d", pscaninfo->sourceport);
        strcat(filter, tmp);
        strcat(filter, " and src host ");
        strcpy(tmp, pscaninfo->ipaddr_string);
        strcat(filter, tmp);
        struct bpf_program fp;                      //过滤器变量
        int retval = 0;
        retval = pcap_compile(handle, &fp, filter, 0, net);   //将过滤规则串编译到过滤器中
        if (retval == -1)
            return NULL;
        retval = pcap_setfilter(handle, &fp);             //设置编译好过滤规则串的过滤器
        if (retval == -1)
            return NULL;
        pcap_loop(handle, 0, packet_handler, (u_char *)pscaninfo); /* 设置 Libpcap 框架的回调
                函数 packet_handler,Libpcap 框架每收到一个包,都会调用该函数 */
        return NULL;
}
```

8. 响应报文处理函数

```
void packet_handler(u_char * args, const pcap_pkthdr * header, const u_char * packet){
    struct scaninfo_struct * pscaninfo = (struct scaninfo_struct *)args;   //获得扫描信息结构
    int SIZE_ETHERNET = 14;                              //以太帧头长度
    struct sniff_ethernet * ethernet;                   //以太帧指针
    struct sniff_ip * ip;                               //IP 数据包指针
    struct sniff_tcp * tcp;                             //TCP 数据包指针
    u_int size_ip;                                      //保存 IP 数据包长
    u_int size_tcp;                                     //保存 TCP 数据包长
    ethernet = (struct sniff_ethernet *)(packet);       //指向以太帧
    ip = (sniff_ip *)(packet + SIZE_ETHERNET);          //跳过帧头,指向 IP 数据包
    size_ip = IP_HL(ip) * 4;                            //获得 IP 数据包的长度
    if (size_ip < 20) {                                 //IP 数据包长度错误
        printf("Invalid IP header length: %d bytes \n", size_ip);
        return;
    }
    tcp = (struct sniff_tcp *)(packet + SIZE_ETHERNET + size_ip); /* 跳过帧头和 IP 头,指
                向 TCP 数据报文 */
    size_tcp = TH_OFF(tcp) * 4;                          //TCP 报文的长度
    if (size_tcp < 20) {                                //TCP 报文长度错误
        printf("Invalid TCP header length: %d bytes \n", size_tcp);
        return;
    }
    int srcport = ntohs(tcp->th_sport);                 //获得响应报文的源端口
    int dstport = ntohs(tcp->th_dport);                 //获得响应报文的目标端口
    //分情况处理所收到的 IP 包,以断定对方主机上的目标端口是否打开
```

```
    if (pscaninfo->scan_type == SYN_SCAN){              //若为 SYN 扫描
        if (dstport == pscaninfo->sourceport){
            if (tcp->th_flags == (TH_SYN | TH_ACK))/*打开的端口常常回复包含 SYN ACK 标
                           志的报文*/
                pscaninfo->portstatus[srcport - pscaninfo->startport] = OPEN;
            else
                if ((tcp->th_flags & TH_RST) != 0) /*关闭的端口常常会回复包含 RST 标志的
                           报文*/
                    pscaninfo->portstatus[srcport - pscaninfo->startport] = CLOSE;
                else                               //回复的报文不含上面的标志
                    pscaninfo->portstatus[srcport - pscaninfo->startport] = UNKNOWN;
            pscaninfo->alreadyscan++;              //完成对一个端口的扫描
        }
    }else
        if (pscaninfo->scan_type == FIN_SCAN){     //若为 FIN 扫描
            if (dstport == pscaninfo->sourceport){
                if ((tcp->th_flags & TH_RST) != 0)   //包含 RST 标志的包
                    pscaninfo->portstatus[srcport - pscaninfo->startport] = CLOSE;
                else    //收不到包含 RST 标志的包并不意味端口开放
                    pscaninfo->portstatus[srcport - pscaninfo->startport] = UNKNOWN;
                pscaninfo->alreadyscan++;
            }
        }
    if (pscaninfo->alreadyscan >= pscaninfo->portnum)
        pthread_cond_signal(pscaninfo->cond);          //扫描结束,唤醒主线程
}
```

9. 扫描结果输出函数

```
void output_scanresult(struct scaninfo_struct scaninfo){
    printf(" Scan result of the host(%s):\n", scaninfo.ipaddr_string);
    printf(" port   status\n");
    for (int i = 0; i < scaninfo.portnum; i++) {
        //每次循环输出一行,对应一个端口的状态
        if (scaninfo.portstatus[i] == OPEN)          //打开状态
            printf("    %d open\n",scaninfo.startport + i);
        else
            if (scaninfo.portstatus[i] == CLOSE)    //关闭状态
                printf("    %d close\n",scaninfo.startport + i);
            else
                printf("    %d unknown\n",scaninfo.startport + i);//未知
    }
}
```

14.3　编译、运行和测试

在 14.2 节完成原型工具的代码编程实现后,就可以对该原型工具进行测试,在运行测试之前需要将源代码编译成可执行程序。

14.3.1　端口扫描工具的编译

端口扫描工具的源代码由两个文件组成：portscan. h 和 portscan. c，前者包含了 14.2.2 中定义的结构体（包括 struct scaninfo_struct，struct sniff_ethernet，struct sniff_ip 及 struct sniff_tcp）和宏定义，后者包含了 14.2.4 节中定义的九个函数。

如果系统中还没有安装 Libnet 函数库和 Libpcap 函数库，在编译端口扫描程序之前，需要在网上下载和安装这两个函数库。安装完相关的函数库后，就可用 gcc 编译器对源代码进行编译。在编译的时候需要指定所用到的三个库，即 Libpthread、Libnet 和 Libpcap，编译命令如下：

```
gcc - o portscan - I/usr/include -lnet -lpcap -lpthread portscan.c
```

成功编译后，就可以在当前目录下得到端口扫描工具的可执行文件 portscan。

14.3.2　对 Linux 系统的扫描测试

运行所实现的端口扫描工具，对本机（IP 地址为 202.119.47.183，操作系统为 Linux）进行三种扫描类型的测试，扫描的端口范围为 20~30。

* 全连接扫描。执行命令：

```
./portscan  SOCKET_SCAN  lo 192.168.47.183  20  30
```

运行结果如图 14-2 所示。

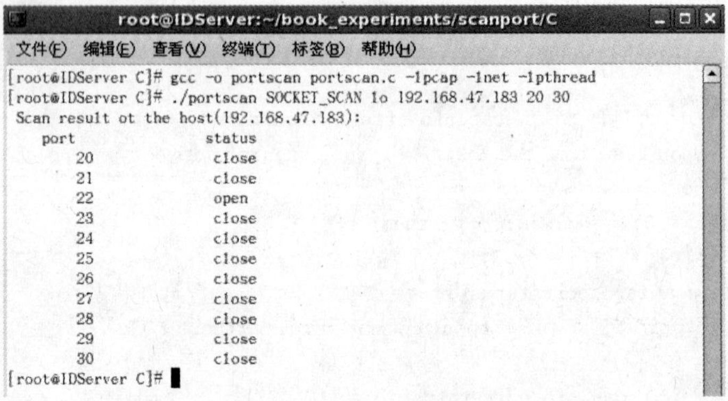

图 14-2　对 Linux 系统的全连接扫描测试结果

* 半连接扫描。执行命令：

```
./portscan  SYN_SCAN  lo 192.168.47.183  20  30
```

运行结果如图 14-3 所示。

* FIN 扫描。执行命令：

```
./portscan  FIN_SCAN  lo 192.168.47.183  20  30
```

运行结果如图 14-4 所示。

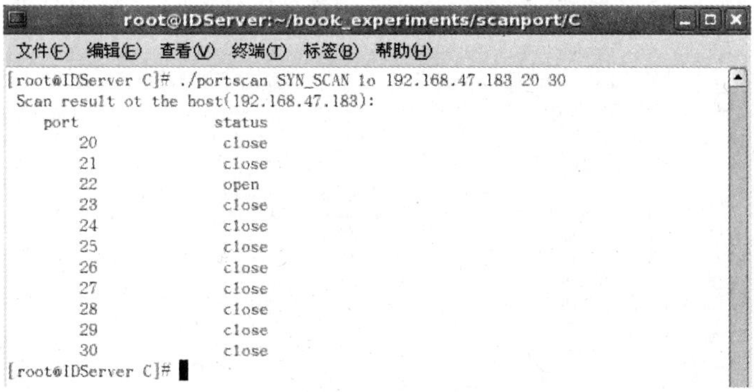

图 14-3　对 Linux 系统的半连接扫描测试结果

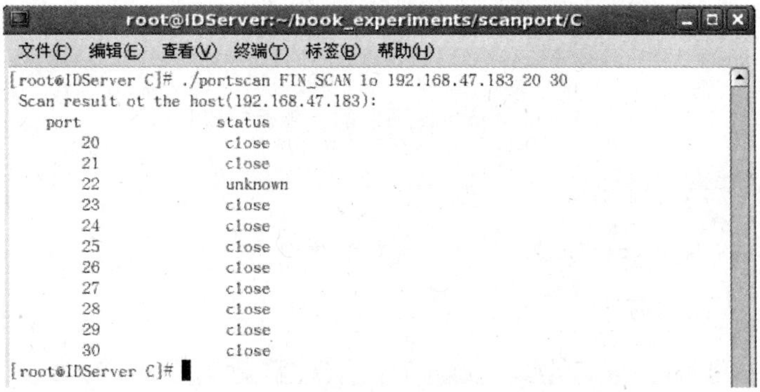

图 14-4　对 Linux 系统的 FIN 扫描测试结果

14.3.3　对 Windows 系统的扫描测试

运行所实现的端口扫描工具,对另一台测试主机(IP 为 202.119.47.240,操作系统为 Windows 2000)进行三种扫描类型测试,扫描的端口范围为 130~140 端口。

• 全连接扫描。执行命令:

```
./portscan  SOCKET_SCAN  eth0 192.168.47.240  130  140
```

运行结果如图 14-5 所示。

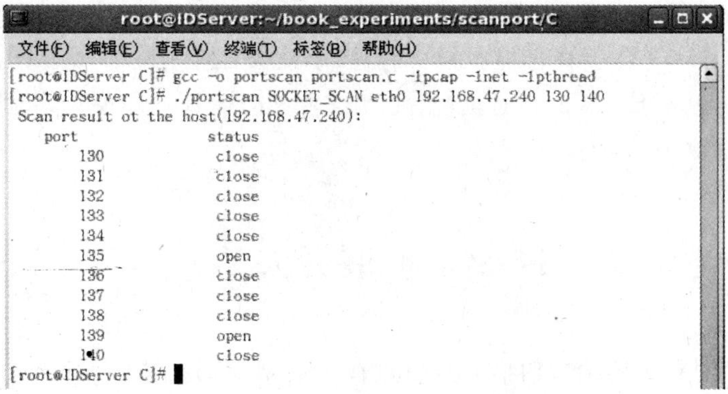

图 14-5　对 Windows 系统的全连接扫描测试结果

- 半连接扫描。执行命令：

```
./portscan  SYN_SCAN  eth0 192.168.47.240  130  140
```

运行结果如图 14-6 所示。

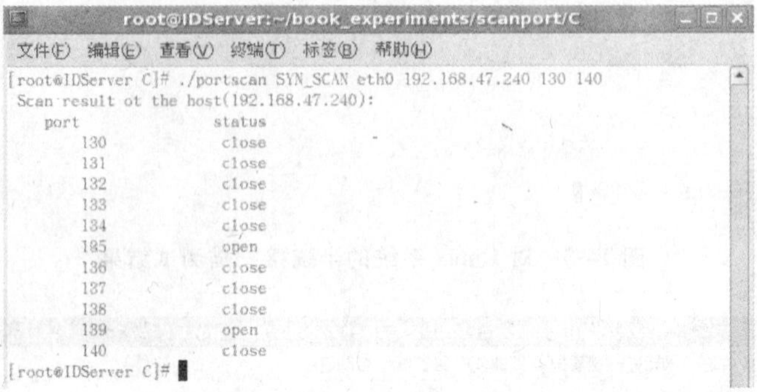

图 14-6　对 Windows 系统的半连接扫描测试结果

- FIN 扫描。执行命令：

```
./portscan  FIN_SCAN  eth0 192.168.47.240  130  140
```

运行结果如图 14-7 所示。

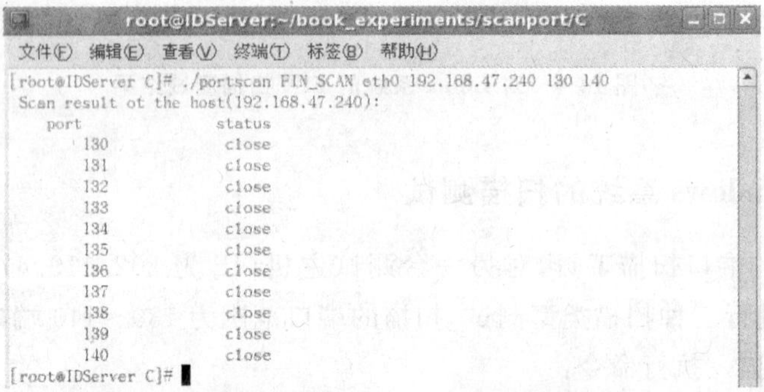

图 14-7　对 Windows 系统的 FIN 扫描测试结果

对比对 Windows 系统的三种扫描方式，FIN 扫描不能成功扫描出开放的端口，这印证了 Windows 系统和 Linux 系统在 TCP/IP 协议实现中对收到 FIN 报文的处理方式是不同的。

注意：在对目标主机进行扫描测试的时候，要注意目标主机的个人防火墙配置情况，个人防火墙能够干扰端口扫描工具的执行，使得扫描出的端口开放情况与实际的端口开放情况不一致。

14.4　扩展开发实践

本开发实践中完成的端口扫描工具重点在于展示端口扫描技术，在功能方面还存在一些不足，可以基于本章原型工具进行以下方面的扩展开发实践。

14.4.1　UDP 扫描扩展实现

上面实现的三种扫描方式只针对 TCP 协议的端口进行扫描,不能实现对 UDP 端口的扫描。要对目标主机的 UDP 端口进行扫描,需要向被扫描主机的端口发送 UDP 探测包。与前面的扫描方式不同,在 UDP 端口扫描中,被扫描的主机并不会返回传输层协议的报文,如包含各种标志的 TCP 报文,而是返回 ICMP 类型的报文,这些 ICMP 类型的报文一般不能通过正常的协议处理过程到达应用层。要获得目标主机响应的 ICMP 报文,需要采用原始套接字编程,或者使用如前面开发实践中 SYN 扫描或 FIN 扫描中用到的 Libpcap 函数工具库。

14.4.2　全连接扫描的多线程扩展

全连接扫描通过 SOCKET 接口的 connect 函数调用是否成功建立 TCP 连接,来判断被扫描主机的端口打开情况。发送端在发送 SYN 报文试图与对方建立 TCP 连接后,如果对方立即回复 SYN+ACK 响应报文,则连接建立成功。即使暂时收不到对方发送的回应报文(对方主机不存在或端口没打开等),发送端的 TCP 协议也会等待一段时间才会认定对方没有回复报文,并向应用层返回连接建立不成功,以应对报文传输过程中的网络延迟。在用原型工具实现端口扫描时,需要依次对每个端口进行扫描,通过连接是否建立成功判断完一个端口的状态后,再进行下一个端口的扫描。如果扫描的端口范围比较大,而且所扫描到的端口大都是关闭的(事实上也是如此,实际系统中开放的端口要远少于关闭端口),扫描的时间就会很长。提高扫描效率的基本方法是创建多个线程对多个端口同时进行扫描,将要扫描的端口平均分配给每个线程分别进行扫描,因而扫描所用的时间会呈比例缩减,从而大幅度提高端口扫描的效率。

14.4.3　端口扫描原型工具的扫描功能扩展

具体的功能扩展包括以下方面:

* 网段扫描　上面开发的原型工具只能对一个指定主机的端口范围进行扫描,不能对一个指定的网段进行扫描。通常一个网络号中并不是所有的 IP 地址都被真实的主机占用。因此在对网段进行扫描时,最好能够用 ping 等技术手段确定要进行扫描的 IP 地址是否对应实际的机器,这样既可以提高扫描的准确性,也可以加快扫描的速度。

* 高级信息扫描功能　本章实现的原型工具只针对目标主机的端口开放情况进行了扫描。实际上,由于不同种类操作系统在 TCP/IP 协议实现和应用服务配置方面存在一些细微的差别等原因,一个端口扫描工具还可以据此对目标主机的软件配置信息进行扫描,包括操作系统类型及版本、数据库软件及版本等。例如,通过分析目标主机回复 ICMP 报文的 TTL 值,就可以大概知道该主机的类型。这些高级信息扫描有助于发现更多的安全脆弱性。

14.5   本章小结

本章详细阐述了一个端口扫描原型工具的开发过程和实现源代码,该原型工具能够对指定目标主机的端口进行扫描,获知该主机的端口打开状况。本章阐述一个原型工具的开发实践过程,其目的不是在于实现一个强大、完善的端口扫描工具,而是在于通过该开发实践过程,使读者对端口扫描技术以及脆弱性检测有更深一步理解。因而本章原型工具的功能相对简单,如不支持多线程的全连接扫描等,有兴趣的读者可以在此原型工具基础上,按照 14.4 节中的内容进行下一步的端口扫描工具开发实践。

习   题

1. 本章原型工具的编程中使用了哪些函数库,以及在编译过程中如何指定这些函数库?

2. 对比半连接扫描和 FIN 扫描,原型工具中全连接扫描效率低下的根本原因在于什么方面?

3. 半连接扫描和 FIN 扫描是否也像全连接扫描一样,需要进行多线程扩展以提高端口扫描的速度?

4. 用扫描具体实例的方式,对比说明半连接扫描和 FIN 扫描的扫描结果准确性。

5. 对同一个 Windows 系统进行不同方式的端口扫描,分析出现图 14-6 和图 14-7 不同扫描结果的原因。

第 15 章　弱口令扫描工具的原型实现

本章主要阐述如何设计和编程实现一个简单的弱口令扫描原型工具。下面首先介绍该原型工具的总体设计,然后介绍该原型工具的源代码实现过程,最后介绍该原型工具的测试以及在此原型工具基础上能够进行的扩展开发实践。

15.1　原型工具的总体设计

本章实现的原型工具只支持对 Linux 操作系统的弱口令扫描,针对其他系统(如 Windows 操作系统)的弱口令扫描可参照本原型工具进行扩展实现(参见 15.4 节)。

15.1.1　原型工具的输入

从 6.5 节和 6.6 节可知,利用弱口令扫描工具进行弱口令扫描时首先需要获得两类信息,一是包含密文口令信息的 passwd 文件/shadow 文件,另一个是包含潜在口令词条的字典文件。

口令信息存放在 passwd 文件或 shadow 文件中,这两个文件中每一行对应一个用户帐户的信息。在这两个文件中,对应行所包含的数据域不尽相同,但前两个域的内容是一样的,分别是帐户名域和密文域,弱口令扫描工具只需要访问这两个数据域。因此下文的弱口令扫描原型工具实现中,并不会刻意区分是 passwd 文件还是 shadow 文件。为阐述方便,这里将 passwd 文件和 shadow 文件统称为 shadow 文件,即下文所称的 shadow 文件是广义的,也涵盖 passwd 文件在内。

字典文件以文本文件的形式存在,词条与词条之间以行结束符分割,即每一行对应一个词条,通过 C 语言编程以字符串读入的方式就能依次从字典文件中读出词条。

15.1.2　口令加密方式

目前大部分 Linux 系统的用户口令都是采用 MD5 算法进行加密,本章实现的弱口令扫描原型工具暂定只扫描运用 MD5 加密算法的用户口令。在 Linux 系统的库函数中,已经实现了 MD5 加密函数,函数原型为 char * crypt(char * key, char * salt),其中第一个参数 key 指向要加密的内容,第二个参数指向一个 salt 值。如果 salt 值的内容是以 1 开始的字符串,crypt 函数则采用 MD5 算法对 key 指向的内容进行加密,否则将采用其他算法进行加密,加密后的密文保存在返回值指向的一个缓冲区中。值得注意的是,如果采用 MD5 加密算法,其 salt 值也包含在返回值指向的缓冲区的起始部分,也就是说在返回值指向的缓冲区中,去掉其起始部分的 salt 值后,才是真正的加密密文。

15.1.3　原型工具的运行方式

本章实现的弱口令扫描工具以命令行方式执行,能够以命令行参数的形式指定 shadow

文件和字典文件,具体运行格式为:

```
crack shadowfile dictionary
```

crack 表示原型工具的可执行文件名,shadowfile 用于指定 shadow 文件,dictionary 用于指定字典文件。

15.2　原型工具的实现

15.2.1　头文件和数据结构

本原型工具的源代码实现中,需要用到字符串、基本输入/输出以及 MD5 加密等操作,需包含相关的头文件,具体为:

```
# include < unistd. h>          //使用 crypt 的库函数需要包含该头文件
# include < stdio. h>
# include < stdlib. h>
# include < string. h>
```

在对一个用户帐户进行弱口令扫描时,通常需要用到三种信息,即用户的帐户名、加密用的 salt 值以及口令对应的密文。本原型工具的实现中为这三种信息定义了一个结构,即 userinfo_struct。

```
struct userinfo_struct{
    char user[128];             //帐户名
    char salt[128];             //加密用的 salt 值
    char crypt_passwd[128];     //口令对应的密文
};
```

15.2.2　函数组成和功能设计

弱口令扫描工具的原型实现主要由三个函数组成。

- 口令信息行解析函数。函数原型为:

```
int parse_shadowline(char * shadow_line, struct userinfo_struct * parse_result);
```

该函数从参数 shadow_line 指向的 shadow 文件中的一行解析出用户帐户、salt 值和密文口令,并将解析出的信息存放在参数 parse_result 指向的结构体中。

- 弱口令扫描函数。函数原型为:

```
int dict_crack(FILE * dict_fp,struct userinfo_struct userinfo);
```

该函数从参数 dict_fp 指向的字典文件中逐一读取每个词条,进行 MD5 加密,并将加密结果与参数 userinfo 中存储的密文口令进行比对,如果比对成功,该词条即为该帐户的明文口令。

- 主函数。函数原型为:

```
int main(int argc, char * argv[]);
```

该函数主要完成命令行参数的解析,并执行如下循环:从 shadow 文件中读取一行,调用函数 parse_shadowline()从中解析出用户帐号、salt 值和密文口令,然后调用弱口令扫描函数 dict_crack()对该帐户的口令进行试探,如图 15-1 所示。

图 15-1 弱口令扫描工具原型的函数调用关系

15.2.3 函数源代码和注释

1. 口令信息行解析函数

```
int parse_shadowline(char * shadow_line, struct userinfo_struct * parse_result){
    /* 口令信息行解析函数,返回值为 0 时表示解析成功,非 0 表示该行的内容格式不合规范,解析
      失败 */
    char * p, * q;          //两个字符指针,用于指向 shadow_line 缓冲区中的位置
    if (shadow_line == NULL) {              //判断参数的合法性
        printf("Error shadow line input!\n");
        return - 1;
    }
    p = shadow_line;
    q = strchr(p,':'); /* 在缓冲区中查找第一个字符':'所在的位置,该位置前面为用户帐号,后
      面为口令密文 */
    if (!q) {    //找不到':'字符,不是 shadow 文件标准形式的一行内容
        printf("Error shadow file format!\n");
        return - 1;
    }
    strncpy(parse_result -> user,p,q-p);    //提取用户帐号,q-p 表示帐号长度
    parse_result -> user[q-p] = '\0';        //设置用户帐号字符串的结束标志
    p = q + 1;                              //跳过字符':',p 指向口令密文域的起始位置
    if (strncmp (p,"$1$",3)!= 0){   /* 通过查看密文域的起始符号串是否是"$1$",来判定
                                        所采用的加密算法是否是 MD5,这里暂定仅支持对 MD5
                                        加密口令的弱口令扫描 */
        printf("Not encrypted by md5 algorithm. \n");
        return - 1;
    }
    q = strchr(p+3,'$');  //跳过'$1$'三个字符(即 p+3),并搜索字符'$',即 salt 值的结束位置
    if (!q) {   /* 无法搜索到字符'$',即 salt 值的结束位置,缓冲区格式错误,不是 shadow 文件
                标准形式的一行内容 */
        printf("Error shadow file format!\n");
        return - 1;
    }
    strncpy(parse_result -> salt,p,q-p+1);    /* 取出 salt 值(形如 $1$ … $ )到 parse_
                                                result 的相应字段 */
    parse_result -> salt[q-p+1] = '\0'; //设置 salt 值的字符串结束标志
    p = q + 1;                          //p 跳过'$'
```

```
    q = strchr(p, ':');  //搜索口令密文域的结束标志':',则指针 p 和 q 之间的内容为密文口令
    f (!q) {  /* 无法搜索到字符':',即密文域的结束位置,缓冲区格式错误,可能不是 shadow 文
              件标准形式的一行内容 */
        printf("Error shadow file format!\n");
        return - 1;
    }
    strncpy(parse_result -> crypt_passwd, p, q-p);  //取出口令密文到 parse_result 的相应字段
    parse_result -> crypt_passwd[q-p] = '\0';   //设置口令密文的结束标志
    return 0;
}
```

2. 弱口令扫描函数

```
int dict_crack(FILE * dict_fp, struct userinfo_struct userinfo) {//扫描成功返回1,失败返回 0
    char * md5_check;                             //保存候选词条加密结果的指针
    int success_flag = 0;                         //是否破译成功的标识,1 成功,0 失败
    char one_word[256];                           //存储从字典中读出的一个词条
    char md5_code[256];   /* 存储用户信息结构中的 salt 值和口令密文,因为加密函数返回的加
                            密结果中前面包含了 salt 值,因而用户信息结构中 salt 值和口令密
                            文需要合并起来,再与加密函数返回的加密结果进行比较 */
    strcpy(md5_code, strcat(userinfo.salt, userinfo.crypt_passwd));  //salt 值 + 密文
    fseek(dict_fp, 0, SEEK_SET);                  //将文件读指针移至文件的开头
    while( (fscanf(dict_fp, "%s", one_word))!= EOF) {  //每次读取一个词条至 one_word
        md5_check = (char *)crypt(one_word, userinfo.salt); /* 对读出的词条,利用 salt 值
                    进行加密,结果保存在 md5_check 指向的缓冲区中 */
        if ( strcmp(md5_code, md5_check) == 0){       //密文比较
            success_flag = 1;                         //设置成功标志
            printf("The passwd for user %s is %s\n", userinfo.user, one_word); /* 输出扫描
                    成功的帐户名和口令 */
            break;                                    //扫描成功,提前退出循环
        }
    }
    return success_flag;
}
```

3. 主函数

```
int main(int argc, char * argv[]){
    FILE * shadow_fp;              //shadow 文件指针
    FILE * dict_fp;               //字典文件指针
    char shadow_line[256];        //存放从 shadow 文件中读取的一行
    struct userinfo_struct userinfo;  //存放用户信息(包括帐号、salt 值及口令密文)
    int SUCCESS = 0;              //是否成功破解的标识,1 成功,0 失败
    if ( argc != 3){   /* 输入参数检查,该弱口令扫描程序需要两个参数,argv[1]表示 shadow 文
                        件名,argv[2]表示字典文件名 */
        printf("Input format error! Usage as:\n");
        printf("%s   shadow_file dict_file \n", argv[0]);
        exit(1);
    }
    if ((shadow_fp = fopen(argv[1], "r")) == NULL){   //打开 shadow 文件出错
        printf("Cannot open the shadow file. \n");
```

```
        exit(1);
    }
    if ((dict_fp = fopen(argv[2],"r")) == NULL){    //打开字典文件出错
        printf("Cannot open the dict file. \n");
        exit(1);
    }
    while ( (fscanf(shadow_fp," % s",shadow_line))!= EOF) {    /* 每次从 shadow 文件中读取一
                                                                 行,直至文件结束 */
        //从读出的一行内容,调用函数 parse_shadowline()解析出相应的用户信息
        if (parse_shadowline(shadow_line,&userinfo)!= 0){
            printf("Cannot parse the shadow line!\n");
            continue;
        }
        /* 调用弱口令扫描函数 dict_crack()来搜索字典中是否有词条可以加密出相应的密文 */
        if(dict_crack(dict_fp,userinfo) == 1)          //破解成功,设置成功标志
            SUCCESS = 1;
    }
    if ( SUCCESS == 0)
        printf("Sorry, no password cracked, please try with anther dictionary!\n");
    fclose(dict_fp);                               //关闭字典文件
    fclose(shadow_fp);                             //关闭 shadow 文件
    return 0;
}
```

15.3　编译、运行与测试

对上述的源码编译后,就能得到可执行的弱口令扫描工具。编译器版本为 gcc2.6 以上版本,编译时在 shell 终端输入如下命令:

```
gcc -lcrypt -o crack crack.c
```

crack.c 为弱口令扫描程序的源文件名,crack 为指定的原型工具可执行文件名。由于扫描工具调用了 crypt 库函数,因此编译选项-lcrypt 不能省略,以指明 gcc 生成的目标文件链接 crypt 库。

在编译好弱口令扫描工具后,就可以进行弱口令扫描的尝试,具体步骤如下:

(1) 创建一个测试用户,并设置简单口令。如执行:

```
adduser testuser
passwd testuser
```

以英语单词 hero 作为该用户的口令,设置该口令,在/etc/shadow 文件中会发现一行该帐户的口令信息,如:

```
testuser: $ 1 $ MhgRTOx7 $ G2WKT5fk4hnftT38o8Olx. :14760:0:99999:7:::
```

(2) 构造一个扫描字典,假定该字典文件名为 dictionary. txt,该字典中包含常用的英语单词。

（3）执行弱口令扫描测试，在 shell 终端下执行命令：

```
crack  shadow  dictionary.txt
```

在终端上就会看到扫描成功的信息"The passwd for user testuser is hero"。
图 15-2 给出一个具体的测试过程和结果。

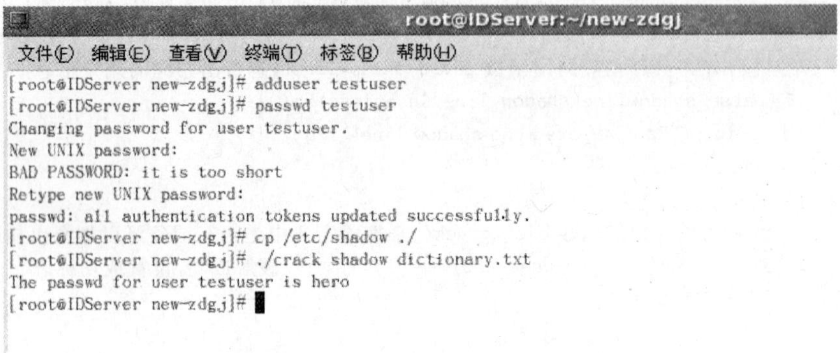

```
root@IDServer:~/new-zdgj
文件(F) 编辑(E) 查看(V) 终端(T) 标签(B) 帮助(H)
[root@IDServer new-zdgj]# adduser testuser
[root@IDServer new-zdgj]# passwd testuser
Changing password for user testuser.
New UNIX password:
BAD PASSWORD: it is too short
Retype new UNIX password:
passwd: all authentication tokens updated successfully.
[root@IDServer new-zdgj]# cp /etc/shadow ./
[root@IDServer new-zdgj]# ./crack shadow dictionary.txt
The passwd for user testuser is hero
[root@IDServer new-zdgj]#
```

图 15-2　弱口令扫描过程及结果

15.4　扩展开发实践

本章实现了一个弱口令扫描工具的原型，能够对一些简单的 Linux 用户口令进行扫描。下面给出在本原型工具基础上的扩展开发实践。

15.4.1　弱口令扫描的功能增强扩展

若用户口令不是有规律的词条，而是一些词条的变种，本章所实现的弱口令扫描工具就不能扫描成功。常见的词条变种方式包括：
- 两个词条连接在一起作为用户口令，常见的是一个单词重复两次作为用户口令，如 prettypretty。
- 单词中的某个字母大写后作为用户口令，通常是首字母大写，如 Pretty。
- 单词后面加一个或两个数字字符作为用户口令，如 pretty11、pretty12。

针对常见的词条变换方式，有兴趣或者有需要的读者可在本原型工具基础上自行扩展，以成功检测出经过词条变换的弱口令。

15.4.2　针对 Windows 系统的弱口令扫描实现

本章实现的弱口令扫描工具只能对 Linux 的口令系统进行扫描，由于加密方式的区别，该弱口令扫描工具无法实现对 Windows 口令系统的弱口令扫描。Windows NT 及 Windows 2000 中对用户帐户的安全管理使用了安全帐号管理器（Security Account Manager，SAM）的机制，sam 文件是 Windows NT 或 Windows 2000 系统中的用户帐户数据库，所有 Windows NT 或 Windows 2000 中的用户帐号及口令等相关信息都会保存在这个文件中，实现 Windows 系统的弱口令扫描主要涉及对该文件的解析和访问。

15.5   本 章 小 结

　　本章在 6.5 节弱口令扫描原理介绍的基础之上,实现了一个原型化的弱口令扫描工具,该工具能够对简单的 Linux 用户口令进行扫描。从实际的扫描测试中可以得知,如果用户用一个规律单词作为口令,在数分钟甚至数秒钟内就能够扫描成功,获得用户设置的口令。通过该开发实践可以看出设置弱口令对系统安全的现实威胁,需要从思想上提高自己的口令安全意识。

　　本原型扫描工具没有考虑对规律词条的组合和变换的扫描,如果以一个组合词或者一个单词的变换形式作为口令,就不能成功扫描出该用户口令。针对常见的词条变换方式,可以在该原型工具的基础上进行扩展开发实践,以支持对词条变换口令的弱口令扫描。

习   题

　　1. Linux 操作系统中用户的帐号、口令信息通常保存在哪些文件中?

　　2. 在 Linux 下的 C 语言程序设计中,可以采用何种方式实现基于 MD5 的信息加密过程?

　　3. 简要说明 salt 值在口令加密过程中的作用。

　　4. 结合原型工具的实现,说明弱口令扫描的大致过程。

　　5. 收集并列举出 3 种以上用作口令设置的词条变换方式,使得所设置的口令既容易记忆又难以扫描成功。

第16章 基于特征串匹配的攻击检测系统原型实现

本章主要阐述如何实现基于特征串匹配的攻击检测原型系统。下面首先介绍该原型系统的总体设计，然后介绍该原型系统的源代码实现过程，最后介绍该原型系统的测试过程，以及在此原型系统的基础上能够进行的扩展开发实践。

16.1 原型系统的总体设计

基于特征串匹配的攻击检测系统主要通过查找网络数据报文中是否包含预知的攻击特征串来判断是否存在相应类型的网络攻击。要实现该类的攻击检测系统需要重点解决三个关键问题：收集和定义攻击特征串，获取网络数据包，高效的字符串匹配算法。收集和定义攻击特征串一般由网络安全专家或工程技术人员手工完成，本章的开发实践不对攻击特征库的构造进行深入的探讨。本节介绍原型系统的检测功能和实现原理、原型系统实现的两个关键技术(即网络数据包的获取、字符串匹配)以及原型系统的执行方式。

16.1.1 检测功能概述

基于特征串匹配的攻击检测是目前比较流行的、常用的攻击检测技术，不少产品化的入侵检测系统都采用这种检测技术实现攻击检测。实际的基于特征串匹配的攻击检测系统在实现时需要考虑复杂的网络环境、各种网络协议、良好的界面以及检测效率等多个方面。本章的目的不是要实现一个完善的入侵检测系统，而是借助实例化的原型系统展现基于特征串匹配的攻击检测原型系统的实现原理和过程。因此，本章原型系统的功能实现进行了相应的简化，具体包括以下方面：

- 只局限于检测 TCP 协议的报文。多数网络应用都是基于 TCP 协议的，实际的网络攻击大部分是针对 TCP 网络应用进行的，如各种 CGI 攻击等，因此本原型系统主要对 TCP 报文进行基于特征串匹配的攻击检测。
- 只针对单个报文进行检测，不考虑相邻报文的合并检测。有经验的攻击者可能通过精心设计，将攻击特征串分在两个相邻的报文中进行传递，从而逃避本原型系统的检测。可依据 16.4 节"扩展开发实践"增强原型系统的抗逃避检测能力。
- 采用简单的攻击判定算法，只要发现 TCP 包的数据载荷中存在攻击特征串，即认为受到了攻击。不可否认，这种简单的判定算法可能会导致入侵误报，16.4.3 节对一些误报场景进行了说明，可以据此进行相应的扩展开发实践。
- 原型系统的运行需要指定保存攻击特征串的文件。原型系统从指定文件中读取相应的攻击特征串，并依据这些特征串实施攻击检测。本开发实践由编者直接通过网络查阅已知的攻击特征串，保存在特征串文件中，并依此对原型系统进行测试。

- 攻击响应方式只限于简单的告警。如果发现网络中存在攻击行为,仅在控制台上输出攻击的类型、攻击的发起主机和攻击目标主机(即含攻击特征串的网络数据包的源 IP 地址和目标 IP 地址)。产品化的入侵检测系统其攻击响应方式可能包括邮件告警、手机短信告警、协同防火墙阻断相应的网络连接等。

16.1.2　TCP 数据包的获取方案

　　抓取网络中的 TCP 数据包是原型系统实现特征串匹配及攻击检测的前提和基础,回顾 7.4.6 节中的内容,获得网络中的 TCP 数据包有三种常见的方法:在网络中间结点获取,通过嗅探方式获取,以及通过交换机(或路由器)的镜像端口获取。考虑到以太网是最常见到的网络环境,组建这样的网络实验环境无需高档的交换机和路由器支持。因此本原型系统采用网络嗅探的方式获得网络数据包,即让网卡工作在混杂模式下,用于接收所有的网络数据包。另外,为降低开发的难度及突出攻击检测的实现原理,本开发实践借助于第三方的 Libpcap 函数库来完成 TCP 数据包的抓取,Libpcap 的使用方法和主要函数在 6.4.2 节中已经说明,这里不再赘述。

16.1.3　特征串匹配算法

　　在基于特征串匹配的攻击检测过程中,大量的、需要反复执行的操作是字符串匹配,即在网络数据包中查找特征串,特征串匹配过程对应非常大的运算量。在实际的入侵检测系统中,如何实现和改进字符串匹配算法对于提高攻击检测的效率非常重要。

　　最简单、也是最常想到的特征串匹配算法是逐个特征串、逐个字符进行比较,即从网络上读取一个数据包后,按照下面方式进行特征串匹配:

　　(1) 读取一个特征串,从数据包的第一个字节开始提取与该特征串等长的一组字节,并与该特征串比对,如果两组字节匹配,则视为检测到一次攻击,如果两组字节不匹配,则从数据包的下一个字节开始提取与特征串等长的一组字节与特征串比对。每次后移一个字节重复对比过程,直到数据包的每个字节都比对完毕。

　　(2) 读取攻击特征库中的下一个特征串,进行与(1)同样的比对操作。重复进行直到特征库中的最后特征串,然后从网络中读取下一个数据包进行检测。

　　不难看出这种特征串匹配算法效率低下,若特征串平均长度记为 L,共 N 个特征串,要在长度为 P 的网络报文中搜索是否存在特征串,需要进行$(P-L) * N$次的字符串比对操作,对应的字符比较次数最大可达$L * (P-L) * N$次,一般情况下特征串长度 L 会远小于数据报文的长度,因此针对每个报文所需的字符比较次数最大接近于$L * P * N$次。

　　一个攻击检测系统如果包含 100 个平均长度为 20 的特征串,在百兆网络环境极端情况下每秒要对总长为 100 兆的数据搜索特征串,需要进行字符对比操作次数最多可达$2 * 10^{11}$次,显然这样的计算复杂度对很多计算机系统都是难以承受的。因此产品化的入侵检测系统很少采用这种特征串匹配算法,这些检测系统通常采用 BM 算法或 AC 算法等高效的字符串匹配算法,这些算法能够大大加快特征串匹配速度。

　　为了突出攻击检测系统的实现原理,本章仍采用最基本的特征串匹配算法来完成攻击检测。16.4 节"扩展开发实践"对 BM 算法和 AC 算法进行了介绍,可以在原型系统的基础上进行相应的扩展开发实践。

16.1.4　程序运行方式

本开发实践完成的基于特征串匹配的攻击检测系统,其可执行程序包含 1 个参数,具体执行格式为:

```
./patterndetect patternfile
```

patterndetect 为保存在当前目录下的攻击检测原型系统的可执行文件名,其后的参数 patternfile 表示保存攻击特征串的库文件(下文简称攻击特征文件)。在特征串攻击实施过程中,特征串与相应的攻击类型间存在明确的对应关系,攻击特征文件在指明每个特征串的同时也指明该攻击特征串对应的攻击类型,因而本章开发的原型系统在攻击检测过程中能够给出所检测到的攻击类型。

攻击特征文件为包含一行(或多行)内容的文本文件,每行表示一个攻击特征串及所对应的攻击类型,具体格式为:

```
attacktype♯attackpattern
```

attacktype 表示攻击类型,attackpattern 表示攻击特征串,二者以"♯"符号分隔。

16.2　原型系统的实现

16.2.1　主要头文件

本原型系统的源代码实现中,需要用到文件操作、网络功能以及 Libpcap 函数库,因此需要包含相关的头文件,具体为:

```
♯include <sys/types.h>
♯include <sys/stat.h>
♯include <fcntl.h>
♯include <stdio.h>
♯include <pcap.h>                //Libpcap 函数库的头文件
♯include <arpa/inet.h>
♯include <string.h>
♯include <stdlib.h>
```

16.2.2　主要数据结构

本原型系统主要包括三个数据结构:报文信息结构 PACKETINFO,特征串信息结构 ATTACKPATTERN,IP 头结构 IPHEADER。

1. 报文信息结构

每抓取一个报文,将相应的信息提取存放在此结构体变量中,用于特征串匹配。

```
typedef struct Packetinfo{
    u_char src_ip[4];            //报文的源 IP 地址
    u_char dest_ip[4];           //报文的目标 IP 地址
```

```
        char * packetcontent;          //报文的应用层数据内容
        int contentlen;                //报文的应用层数据内容的长度
}PACKETINFO;
```

2. 特征串信息结构

每个结构体用于保存一个攻击特征模式(包括攻击特征串和对应的攻击类型),从攻击特征文件中读出的攻击特征模式以该结构体链表的形式(称为攻击特征模式链)保存在内存中。

```
typedef struct AttackPattern{
        char attackdes[256];           //特征串描述,即所对应的攻击类型
        char patterncontent[256];      //攻击特征串
        int patternlen;                //攻击特征串的长度
        struct AttackPattern * next;   //后继指针,用于将所有的攻击特征模式组织成链表
}ATTACKPATTERN;
```

3. IP 头结构

```
typedef struct {                       //IP 头格式
        u_char version:4;              //版本号
        u_char header_len:4;           //IP 头部长度
        u_char tos:8;                  //服务类型
        u_int16_t total_len:16;        //报文总长度
        u_int16_t ident:16;            //数据包标识符,即数据包的序号
        u_char flags:3;                //片类型标志(不分片,尾片等)
        u_int16_t fragment:13;         //该片的偏移量
        u_char ttl:8;                  //报文生存周期
        u_char proto:8;                //上层协议
        u_int16_t checksum;            //IP 校验和
        u_char sourceIP[4];            //源 IP 地址
        u_char destIP[4];              //目标 IP 地址
}IPHEADER;
```

16.2.3　使用的全局变量

```
ATTACKPATTERN * pPatternHeader;        //全局变量,保存攻击特征模式链表头
int minpattern_len;                    //最短特征串的长度,在读取攻击特征文件时对该变量赋值
```

16.2.4　函数组成和调用关系

按照所实现的具体功能,本开发实践中的源代码主要包括如下的六个函数。

- 主函数。函数原型为:

```
int main(int argc,char * argv[]);
```

该函数作为主函数,主要完成三个功能:①调用函数 parse_para()进行命令行参数解析,即分析出用户指定的攻击特征文件名;②调用函数 readpattern()将攻击特征文件中的特征串及对应的攻击类型读到内存中以链表形式保存;③初始化 Libpcap 函数库,然后将函数 pcap_callback()设置成 Libpcap 函数库的回调函数。之后,每当 Libpcap 库抓到一个 IP 报文,都会调用所设置的回调函数。

- 命令行参数解析函数。函数原型为：

```
int parse_para(int argc,char * argv[],char * filename);
```

该函数被主函数调用，主函数将命令行输入以函数参数形式传递给该函数，该函数解析命令行输入，将解析结果保存在参数 filename 指向的缓冲区中。

- 特征串读取函数。函数原型为：

```
int readpattern(char * patternfile);
```

该函数被主函数调用，从参数 patternfile 表示的攻击特征文件中逐个读取攻击特征模式，并将这些攻击特征模式以链表的形式保存在内存中，即生成攻击特征模式链。

- Libpcap 库的回调函数。函数原型为：

```
void pcap_callback(u_char * user,const struct pcap_pkthdr * header,const u_char * pkt_data);
```

该函数为所设置的回调函数，负责对抓到的数据包进行分析，具体完成的工作包括：提取报文的信息保存到一个 PACKETINFO 结构变量中，然后调用函数 matchpattern()逐个匹配特征串，如果发现某个特征串在该报文的数据内容中，调用报警函数 output_alert()报警。

- 特征串匹配函数。函数原型为：

```
int matchpattern(ATTACKPATTERN * pOnepattern, PACKETINFO * pOnepacket);
```

该函数被函数 pcap_callback()调用，以查找指针 pOnepacket 指向的数据包中是否存在指针 pOnepattern 指向的特征串。

- 报警输出函数。函数原型为：

```
void output_alert(ATTACKPATTERN * pOnepattern, PACKETINFO * pOnepacket);
```

该函数用于输出报警信息，即攻击类型、受攻击的主机 IP 地址，以及发起攻击的主机 IP 地址。

上述函数及外部函数 pcap_loop()（Libpcap 库中用于设置抓包处理的函数）的调用和依赖关系如图 16-1 所示。

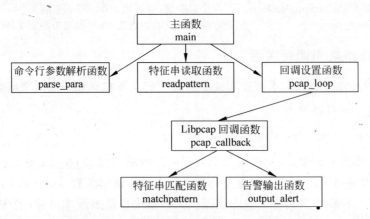

图 16-1　攻击检测原型系统的函数调用关系

16.2.5 函数源代码与注释

1. 主函数

```
int main(int argc,char * argv[]){
    char patternfile[256];                          //保存攻击特征文件名
    char * device;                                  //网络接口设备指针
    char errbuf[PCAP_ERRBUF_SIZE];                  //错误信息缓冲区
    pcap_t * phandle;                               //Libpcap 句柄
    bpf_u_int32 ipaddress, ipmask;                  //保存 IP 地址和掩码
    struct bpf_program fcode;                       //过滤串缓冲区
    if(parse_para(argc,argv,patternfile))           //解析参数
        exit(0);
    if (readpattern(patternfile))                   //从攻击特征文件中读取攻击特征模式
        exit(0);
    if((device = pcap_lookupdev(errbuf)) == NULL)   //获得可用的网络设备名
        exit(0);
    if(pcap_lookupnet(device,&ipaddress,&ipmask,errbuf) == -1) //获得 IP 地址和子网掩码
        exit(0);
    phandle = pcap_open_live(device,200,1,500,errbuf);  //打开设备
    if(phandle == NULL)
        exit(0);
    //设置过滤器,只捕获 TCP 对应的 IP 报文
    if(pcap_compile(phandle,&fcode,"ip and tcp",0,ipmask) == -1) //编译过滤串
        exit(0);
    if(pcap_setfilter(phandle,&fcode) == -1)        //设置过滤器
        exit(0);
    printf("开始特征串攻击检测...\n");
    pcap_loop(phandle,-1,pcap_callback,NULL);       //设置回调函数,开始数据包捕捉
}
```

2. 命令行参数解析函数

```
int parse_para(int argc,char * argv[],char * filename){
    //该程序只接收攻击特征文件名一个参数,外加程序名自身,因而 argc 应等于 2
    if(argc != 2) {                                 //参数的数量错误
        printf("Usage % s : patternfile \n",argv[0]); //输出正确的命令行参数格式
        return 1;
    }else{
        bzero(filename, 256);
        strncpy(filename,argv[1],255);              //复制攻击特征文件名
        return 0;
    }
}
```

3. 攻击特征模式读取函数

```
int readpattern(char * patternfile){
    FILE * file;                    //文件结构指针
    char linebuffer[256];           //用于读取一行内容(对应一个攻击特征模式)的缓冲区
    file = fopen(patternfile,"r");  //以读方式打开攻击特征文件
    if ( file == NULL) {            //文件打开失败
```

```
        printf("Cann't open the pattern file! Please check it and try again! \n");
        return 1;
    }
    bzero(linebuffer,256);                  //初始化缓冲区
    pPatternHeader = NULL;                  //初始化攻击特征模式链表的头指针
    minpattern_len = 1000;                  //类似于求最小值的过程,先赋大值(超过所有特征串长)
    while(fgets(linebuffer,255,file)){      //每次读取一行,直至结束
        ATTACKPATTERN * pOnepattern;        //攻击特征模式结构指针
        int deslen;                         //特征串描述(即攻击类型名称)长度
        char * pchar;                       //字符指针,用于临时指向行缓冲区中的位置
        pchar = strchr(linebuffer,'#');     //查找特征串描述和特征串间的分割符'#'
        if (pchar == NULL)                  //未查到分隔符,表示该行不是有效的特征串
            continue;
        pOnepattern = malloc(sizeof(ATTACKPATTERN));/* 分配攻击特征模式结构的缓冲区 */
        deslen = pchar - linebuffer;        //计算特征串描述的长度,即分隔符与行开头的距离
        pOnepattern->patternlen = strlen(linebuffer) - deslen - 1 - 1;/* 特征串长度,总
                                的行长度减去描述长度、分隔符、换行符 */
        pchar++;                            //跳过分隔符,指向特征串开始位置
        memcpy(pOnepattern->attackdes, linebuffer, deslen);  //复制特征串描述
        //复制特征串
        memcpy(pOnepattern->patterncontent, pchar, pOnepattern->patternlen);
        if (pOnepattern->patternlen < minpattern_len)
            minpattern_len = pOnepattern->patternlen;  //更新特征串最小长度
        pOnepattern->next = NULL;           //初始化后继指针
        //将新的攻击特征模式插入到攻击特征模式链表中
        if (pPatternHeader == NULL)                     //攻击特征模式链表为空
            pPatternHeader = pOnepattern;
        else{
            //插入到链表头的位置
            pOnepattern->next = pPatternHeader;
            pPatternHeader = pOnepattern;
        }
        bzero(linebuffer,256);                          //清空行缓冲
    }
    if (pPatternHeader == NULL)                         //检查是否成功读取了特征串
        return 1;
    return 0;
}
```

4. 回调函数

```
void pcap_callback(u_char * user,const struct pcap_pkthdr * header,const u_char * pkt_data){
    IPHEADER * ip_header;                               //IP头指针
    PACKETINFO onepacket;                               //报文信息结构
    ATTACKPATTERN * pOnepattern;                        //攻击特征模式结构指针
    bzero(&onepacket,sizeof(PACKETINFO));               //初始化报文信息结构缓冲区
    if(header->len >= 14)
        ip_header = (IPHEADER *)(pkt_data+14);          //跳过帧头长度14
    else
        return;                                         //该帧长度小于帧头,为无效的数据
    if(ip_header->proto == 6){                          //为TCP协议的协议标识号
```

```
    onepacket.contentlen = ip_header -> total_len - 20 - 20;//减去 IP 和 TCP 头长
    if (onepacket.contentlen < minpattern_len)
        return;     //小于最短的特征串长度,不可能成功匹配任何特征串
    //跳过帧头、IP 头和 TCP 头
    onepacket.packetcontent = (char * )(pkt_data + 14 + 20 + 20);
    strncpy(onepacket.src_ip,ip_header -> sourceIP,4);    //复制源 IP 地址
    strncpy(onepacket.dest_ip,ip_header -> destIP,4);     //复制目标 IP 地址
    ATTACKPATTERN * pOnepattern = pPatternHeader;         //获得攻击特征模式链头
    while(pOnepattern != NULL){  //每次循环匹配一个攻击特征模式
        if (matchpattern(pOnepattern, &onepacket)){       //在报文数据中匹配特征串
            output_alert(pOnepattern, &onepacket);        //匹配成功,输出告警信息
        }
        pOnepattern = pOnepattern -> next;                //指向下一个攻击特征模式
    }
    }
}
```

5. 特征串匹配函数

```
int matchpattern(ATTACKPATTERN * pOnepattern, PACKETINFO * pOnepacket){
    int leftlen;                    //表示数据包中还未比较的内容长度
    char * leftcontent;             //指向数据包中还未比较内容的开头位置
    leftlen = pOnepacket -> contentlen;       //获取数据包内容的长度
    leftcontent = pOnepacket -> packetcontent;    //获得数据包内容的头位置
    while(leftlen >= pOnepattern -> patternlen){  //逐个位置进行比较
        if (strncmp(leftcontent,pOnepattern -> patterncontent,pOnepattern -> patternlen) == 0)
            return 1;
        leftlen -- ;                //未比较的内容长度减 1
        leftcontent ++;             //在数据包内容中,后移一个位置进行下次匹配
    }
    return 0;
}
```

6. 告警输出函数

```
void output_alert(ATTACKPATTERN * pOnepattern,PACKETINFO * pOnepacket){
    printf("发现特征串攻击:\n 攻击类型 % s", pOnepattern -> attackdes);   //输出攻击类型
    printf ( "% d. % d. % d. % d == >", pOnepacket -> src_ip[0], Onepacket -> src_ip[1],
        pOnepacket -> src_ip[2],pOnepacket -> src_ip[3]);//输出发起攻击的主机 IP 地址
    printf ( "% d. % d. % d. % d\n", pOnepacket -> dest_ip[0], Onepacket -> dest_ip[1],
        pOnepacket -> dest_ip[2],pOnepacket -> dest_ip[3]);//输出被攻击的主机 IP 地址
}
```

16.3　编译及运行测试

在 16.2 节完成原型系统的代码编程和实现后,就可以对该原型系统进行测试,在运行测试之前需要将源代码编译成可执行程序。

16.3.1 编译方式

在本章的原型系统开发中,利用 Libpcap 函数库中的函数实现 IP 报文的获取。因此该原型系统的编译需要依赖 Libpcap 函数库。若系统中还没有安装 Libpcap 库,在编译该系统原型前,需要从网上下载该函数库,然后进行安装。在安装之后,就可以用 gcc 编译器对源代码进行编译,具体编译命令如下:

```
gcc - o patterndetect PatternDetection.c -lpcap
```

这里 PatternDetection.c 是包含 16.2 节中实现代码的源程序文件,patterndetect 是所希望编译出的可执行文件名,选项-lpcap 告知编译器链接 Libpcap 函数库。编译成功后,在当前目录下,就可以看到该原型系统的可执行文件 patterndetect。

16.3.2 运行与测试

在编译好基于特征串匹配的攻击检测系统可执行文件后,就可以进行攻击检测功能的测试。由于该原型系统需要依赖攻击特征文件,因此需要预先构造好攻击特征文件。编者从网上收集了两个 CGI 漏洞以及发起攻击的特征串。

- whois_raw.cgi 漏洞与攻击。由于 whois_raw.cgi 作者的失误,该 CGI 可能导致入侵者在目标系统上以 httpd 启动用户的权限执行系统命令。该 CGI 漏洞的攻击特征串为 whois_raw.cgi? fqdn＝％0acat％20/etc/passwd。具体攻击是否能够成功取决于目标系统中是否存在这种漏洞,以及该漏洞是否经过修复。
- faxsurvey 漏洞与攻击。在一些 Linux 操作系统的发行版上,其 cgi-bin 目录下的 faxsurvey 程序允许入侵者无须登录就能在服务器上执行指令。该漏洞的攻击特征串为 faxsurvey? /bin/cat％20/etc/passwd。该攻击只对特定的 Linux 版本有效,且在未经漏洞修复时才能攻击成功。

测试之前,基于这两个 CGI 漏洞构造了攻击特征文件,文件名为 patterfile,具体内容为:

```
whois_raw.cgi # whois_raw.cgi?fqdn = ％0acat％20/etc/passwd
faxsurvey # faxsurvey?/bin/cat％20/etc/passwd
```

为了简单起见,本原型系统的测试并没有实际构建包含这两个漏洞的计算机系统,因此并不能呈现出实际攻击成功的效果。测试具体方法为:通过向浏览器的地址栏输入包含该攻击串的 URL,然后通过原型系统检测网络数据包来发现是否存在特定类型的攻击。

测试过程涉及到三台计算机系统,一台用于运行攻击检测原型系统,一台用于发起 CGI 攻击,一台为被攻击目标主机。组网方式为基于双绞线的广播式以太网,具体网络结构如图 16-2 所示。

图 16-2　基于特征串匹配的攻击检测原型系统网络测试环境

测试过程大致如下。

（1）启动检测程序，在攻击检测主机的命令行窗口，输入并执行如下命令：

`./patterdetect patternfile`

（2）发起 CGI 攻击，在发起攻击的主机上启动浏览器，在地址栏输入如下 URL：

`http://192.168.47.183/faxsurvey?/bin/cat % 20/etc/passwd`

再在地址栏输入如下 URL：

`http://192.168.47.183/whois_raw.cgi?fqdn = % 0acat % 20/etc/passwd`

（3）查看检测效果，在攻击检测系统所在主机上可看到相应的攻击告警信息，如图 16-3 所示。

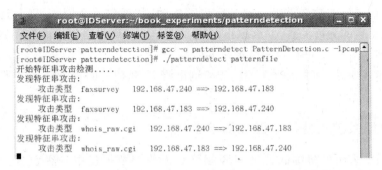

图 16-3　基于特征串匹配的攻击检测原型系统的攻击告警输出

从图 16-3 中可看到，对每次攻击行为出现了两条检测记录，这是因为服务器在收到 URL 请求后，由于不存在这样的 URL，于是给客户端回复了该 URL 不存在的消息，该回复消息也被原型系统检测到了，因此产生了 192.168.47.183 —＞192.168.47.240 的攻击误告警。

这里需要注意的是，在进行原型系统测试时，需要在被攻击主机上启动 Web 服务，否则攻击主机和被攻击主机间无法成功建立 TCP 连接，更谈不上攻击主机向被攻击主机发送包含攻击特征串的数据包，因而也不可能检测出特征串攻击。

16.4　扩展开发实践

本章实现了一个基于特征串匹配的攻击检测系统原型，该原型系统的功能比较简单，只是对截获到的 TCP 报文内容进行特征串的简单匹配，以实现攻击检测和告警。实际上要实现一个实用的攻击检测系统，还需要进行多方面改进，有兴趣的读者可以基于本节讨论，在本章原型系统的基础上进行扩展的开发实践。

16.4.1　原型系统的抗逃避检测扩展

本章的原型系统对单个 IP 数据包独立进行攻击特征串的匹配，并以此进行攻击检测和告警,因而不能成功检测出一些跨 IP 数据包的特征串。例如攻击者在发送含"whois_raw. cgi? fqdn=％0acat％20/etc/passwd"特征串的 URL 请求对目标服务器发起攻击时,可采用一定的报文发送技巧,让特征串"whois_raw. cgi? fqdn=％0acat％20/etc/passwd"分散在两个相邻的 IP 数据包中进行传递,如将字符串"whois_raw. cgi? fq"放在前一 IP 数据包的结尾部分,将字符串"dn=％0acat％20/etc/passwd"放在后一 IP 数据包的开头部分,从而逃避攻击检测系统的检测。

要实现攻击检测系统的抗逃避能力,在进行攻击特征串匹配时,需要对多个 IP 报文的应用层数据进行重新组装,通过对重组后的应用层数据进行特征串匹配,来发现跨 IP 数据包的特征串及可能存在的网络攻击。通常报文数据的重组涉及到两个协议层次:

- IP 协议层的 IP 分片重组　一个完整的 IP 数据包在传递过程中可能被分为多个 IP 分片,在进行攻击特征串匹配前需要将 IP 分片重组成完整的 IP 数据包。
- TCP 协议层的数据重组　即分析出哪些 IP 数据包属于同一 TCP 连接,以及这些 IP 数据包的先后关系,并提取出同一 TCP 连接 IP 数据包中的应用数据,按正确顺序拼装在一起后进行攻击特征串的匹配。

经过上述处理后,攻击检测系统就能检测出跨 IP 数据包的攻击特征串及可能形成的网络攻击。

16.4.2　原型系统的特征串匹配算法改进

本原型系统采用最简单的特征串匹配算法来检测数据包中是否包含攻击特征串,从 16.1.3 节可知,该特征串匹配算法具有很高的时间复杂度,即使在百兆的局域网环境中,攻击检测系统也来不及对抓取的所有网络数据报文进行特征串匹配,这也是产品化的入侵检测系统不采用这种特征串匹配算法的原因。

字符串匹配是信息科学中比较常用的技术,除入侵检测外,文本检索、内容过滤、文献分类等领域都会涉及到字符串匹配。因而科学家们对字符串匹配技术进行了深入的研究,提出多种高效的字符串匹配算法,其中比较常见、被广泛应用的经典算法是 KMP 算法和 BM 算法,以及用于多字符串匹配的 AC 算法。

简单字符串匹配算法的显著缺点在于匹配过程中的回溯,提高了匹配复杂度。因此 D. E. Knuth,J. H. Morris 与 V. R. Pratt 提出了无回溯的字符串匹配算法,即 KMP 算法,该算法的基本思想是:给待匹配的字符串预先定义一个 next 函数,next 函数包含了字符串本身局部匹配的信息,利用这些信息可实现无回溯的字符串匹配过程。BM 算法是 Boyer-Moore 算法的简称,由 Boyer 和 Moore 提出,BM 算法采用从右向左比较的方法,同时应用到了两种启发式规则(即坏字符规则和好后缀规则)来进行跳跃式匹配。

AC 算法全称为 Aho-Corasick 算法,是在 KMP 算法基础上发展起来的一种多字符串匹配算法,用于在一段文本中查找多个字符串。该算法分为三个阶段:①将多字符串以树状结构组织,即字符串树;②基于字符串树构建失败转移指针,这些失败转移指针的作用类似于 KMP 算法的 next 函数;③基于带失败转移指针的字符串树实现无回溯的字符串匹配过程。AC 算法的特点在于通过一次扫描过程就能发现多个字符串。近年来,有学者将 BM 算法的思想同时应用于 AC 算法中,提出了新的多字符串匹配算法,这就是 AC-BM 算法。

以上的算法过程相对复杂,具体算法细节可参考数据结构教材或专门的文献资料,这里不再赘述。利用上述算法来搜索数据包中是否包含攻击特征串,可以大幅度提高入侵检测系统的运行效率。

16.4.3　原型系统的检测准确性扩展

上面的原型系统实现过程中,只要在网络报文中发现含有攻击特征串就被认定为受到了相应类型的网络攻击,这种简单的攻击判定方式可能会带来攻击误报。下面是常见的几种在网络报文中发现攻击特征串而没有发生网络攻击的情况。

- 内网用户检索和下载介绍特征串攻击的相关知识网页时,网络中可能会检测到包含攻击特征串的网络报文,因为这些网页制作者可能会列举一些实际特征串的例子来说明基于特征串攻击的原理和概念。
- 内网用户通过 FTP 的方式从远程服务器下载包含攻击特征串的一些文件,如介绍特征串攻击原理的书籍文件、相关的软件工具等。

实际上,可以通过对网络报文的进一步分析来排除这些攻击误报,其基本思想是:预先分析每个攻击特征串形成攻击时的网络场景特点,如对应的网络协议、特征串出现位置等。在检测过程中,若在一网络数据包中发现某攻击特征串,先不急于攻击告警,而是先分析该网络报文属于哪种网络应用以及特征串的出现位置是否符合该攻击特征串对应攻击形成时的网络场景特点。然后再确定网络攻击发生的可能性,以及是否需要攻击告警。比如多数 CGI 攻击发生时,其攻击特征串通常会出现在客户端向服务器发起 Web 网页请求的 URL 中,若在服务器响应的 Web 网页中或非 Web 应用中发现包含 CGI 攻击特征串,就不能认定遭到了 CGI 攻击。

另外,一些类型的网络攻击特征串存在多个变种,如果在攻击检测过程中考虑对特征串变种的匹配,也能提高攻击检测系统检测攻击的能力。有兴趣的读者可在原型系统的基础上尝试进行这方面的扩展开发实践。

16.5　本章小结

本章详细阐述了一个基于特征串匹配的攻击检测原型系统的开发过程和实现源代码,该原型系统可以对基于特征串的网络攻击进行简单的检测。该原型系统以实例的形式展示入侵检测系统的工作原理、实现方法和开发过程,可以借助该开发实践来加深对入侵检测原理和实现技术的理解。

本章开发的原型系统在功能上比较简单,判定攻击的依据也比较简单,只要网络数据包中发现攻击特征串就认定为发现了网络攻击,另外特征串匹配过程也采用最原始的字符串匹配算法。本章最后详细讨论在本原型系统的基础上所能进行的扩展开发实践,具体包括抗逃避检测扩展、特征串匹配算法改进扩展以及检测准确性扩展。有兴趣的读者可以在此原型系统基础上,按照 16.4 节中的内容进行相应的扩展开发实践。

习　题

1. 结合原型系统的实现方式,说明攻击者基于特征串的攻击过程是否可以逃避原型系统的检测,若能逃避,阐述其基本方法。

2. 如何改进原型系统,才能有效实现对所有基于特征串攻击的检测?

3. 举例说明 KMP 算法的算法思想和基本过程,重点说明 next 函数的构建和使用。

4. 查找资料,详细说明 BM 算法的基本过程。

5. 举例说明 AC 算法中失败转移指针的作用。

6. 举例说明该原型系统在哪些情况下会出现攻击误报,以及消除这些攻击误报的基本思路。

7. 简述原型系统在检测准确性上还存在哪些需要改进的地方,以及采用何种思路实现相应的改进。

第17章 端口扫描检测系统的原型实现

本章主要阐述如何实现端口扫描检测原型系统,下面首先介绍该原型系统的总体设计,然后介绍该原型系统的源代码实现,最后介绍该原型系统的测试过程,以及在此原型系统的基础上能够进行的扩展开发实践。

17.1 原型系统的总体设计

本节介绍原型系统的功能设计与实现原理、原型系统的实现结构,并介绍该原型系统的运行方式。

17.1.1 原型系统的功能及实现原理

本书第7章详细讨论了用于脆弱性测试的端口扫描技术,包括全连接扫描、半连接扫描、FIN扫描、UDP扫描。这些端口扫描技术通过发送相应类型的探测性报文,然后依据被扫描网络(或主机)的响应来推定端口的状态(打开或关闭)。端口扫描技术除用于系统的脆弱性测试以提高系统的安全性外,还经常被外界攻击者作为入侵系统的前期准备工作。因此端口扫描检测系统能提早发现可能的入侵行为,从而降低入侵可能带来的危害。本章中的原型系统实现主要在于展现端口扫描检测系统的实现原理,而不是要实现一个完善的端口扫描检测系统,因此本章的原型系统主要针对全连接扫描和半连接扫描(即SYN扫描)进行检测。

全连接扫描和SYN扫描都是向被扫描主机发送连接请求(即SYN报文)来实施端口扫描,二者的不同在于前者在接收到被扫描主机的反馈(即带SYN和ACK标志的TCP报文)后,会回复一个带ACK标志的TCP报文以建立相应的SOCKET连接,而后者不会回复这样的TCP报文。从扫描方式和效果上看,这两种扫描方式并没有本质性的区别,都是向被扫描主机的多个端口发送SYN报文,然后依据是否收到相应的反馈来判断端口是否打开。因此可以通过检查网络中的SYN报文来检测网络中是否存在全连接扫描或半连接扫描,即检测系统将SYN报文视为判定系统中是否存在端口扫描的网络特征属性。

正常的网络连接建立过程也会发送SYN报文,因此网络中发现有SYN报文并不意味着网络中一定存在端口扫描。通过对扫描攻击目的和形成过程分析不难发现,端口扫描中发送的SYN报文相比一般网络应用中的SYN报文存在如下区别:端口扫描中,在一个较短的时间内会对某主机的多个或一大批端口发送SYN报文。如果在网络中发现了这种现象,即短时间内观测到多个发往同一主机不同端口的SYN报文,基本可以认定为该主机受到了端口扫描攻击,发送这些SYN报文的主机(由报文的源IP地址标识)即是发起扫描的攻击源。这里要强调的是,发往同一主机多个端口的SYN报文才能作为判定端口扫描的依据,观测到发往同一主机的多个 SYN 报文并不能作为判定依据。如果网络中存在一个公共服务器,该服务器同时为多个用户提供网络服务是很正常的现象,很可能在短时间内观测到发往该公共服务器的多个 SYN 报文,不过这些报文都是发往同一个目标端口。

下面开发的原型系统通过统计一段时间内网络中发往单个主机的 SYN 报文所涉及到的目标端口数量来进行扫描攻击检测。为了便于理解检测规则的含义,本原型系统中所统计的时间长度、用于产生报警的目标端口数量都由用户输入确定,运行该原型系统的用户自己来指明端口扫描的判定标准。

本章的原型系统中,统计网络中发往单个主机的 SYN 报文所涉及的目标端口数量,并进行攻击判断是该原型系统要完成的最主要功能。本原型系统主要针对简单以太网环境实施攻击检测,因此与第 16 章基于特征串匹配的攻击检测系统开发采用同样的报文获取方式,即借助于 Libpcap 库实现 SYN 报文的获取。

17.1.2　程序运行方式

本开发实践完成的端口扫描检测原型系统,编译完成后为一个可执行程序,该程序一共包含两个参数,具体执行格式为:

detect_portscan　port_amount detect_period

detect_portscan 为端口扫描检测原型系统的可执行文件名。参数 port_amount 指定一个检测周期内连接请求发往单个主机的目标端口数量(即 SYN 报文涉及到的目标端口数量)上限。若在一个检测周期内发现某主机有超过该参数指定值的端口数连接请求,即判定为该主机受到了扫描攻击。该参数的最大值为 10,如果超过 10 将会自动设置为 10。参数 detect_period 设定检测周期,单位为秒。

若执行程序时不设定参数,则将参数 port_amount 默认为 5,将参数 detect_period 默认为 7。

17.2　原型系统的实现

17.2.1　主要头文件及宏定义

由于端口扫描检测程序需要调用网络相关的库函数和结构定义,因此需要包含网络相关的头文件,具体为:

```
# include < stdio. h >
# include < pcap. h >                        // Libpcap 库头文件
# include < arpa/ inet. h >
# include < string. h >
# include < stdlib. h >
```

本开发实践涉及到的宏定义如下:

```
# define MAXNUM_SCANNEDPORT 10              //同一主机被试图连接的默认端口数上限
```

17.2.2　主要数据结构

本程序主要定义了 4 种数据结构：保存参数信息的结构 detect_para，保存单个被扫描主机的信息结构 DetectedHost，IP 头结构 IPHEADER，TCP 头结构 TCPHEADER。

1. 参数信息结构

```
typedef struct detect_para{                    //保存用户输入参数的数据结构
    int port_num;                              //报警的端口数量上限
    int period;                                //检测周期
} detect_para;
```

2. 单个被扫描主机的信息结构

```
typedef struct DetectedHost {                  //用于保存单个主机被扫描到的端口信息
    u_char src_ip[4];                          //发送 SYN 报文主机的 IP 地址
    u_char dest_ip[4];                         //被扫描主机的 IP 地址
    u_short port_list[MAXNUM_SCANNEDPORT];     //SYN 报文涉及到的目标端口列表
    time_t time_list[MAXNUM_SCANNEDPORT];      // 收到 SYN 报文的时间列表
    struct DetectedHost * next;                //后继指针，用于指向下一个结构体
}DetectedHost;
```

3. IP 头结构

```
typedef struct {
    u_char version:4;                          //版本号
    u_char header_len:4;                       //IP 头长度
    u_char Los:8;                              //服务类型
    u_int16_t total_len:16;                    //数据包长度
    u_int16_t ident:16;                        //数据包标识符
    u_char flags:3;                            //片类型标志(不分片,尾片等)
    u_int16_t fragment:13;                     //该片的偏移量
    u_char ttl:8;                              //生存时间
    u_char proto:8;                            //上层协议标识号
    u_int16_t checksum;                        //IP 校验和
    u_char sourceIP[4];                        //源 IP 地址
    u_char destIP[4];                          //目标 IP 地址
}IPHEADER;
```

4. TCP 头结构

```
typedef struct {
    u_int16_t source_port;                     //源端口
    u_int16_t dest_port;                       //目标端口
    u_int32_t seq;                             //序列号
    u_int32_t ack_seq;                         //确认序列号
    u_int16_t res1:4;                          //预留
    u_int16_t doff:4;                          //首部长度
    u_int16_t fin:1;                           //结束连接标志位
    u_int16_t syn:1;                           //连接请求标志位
    u_int16_t rst:1;                           //重新连接标志位
    u_int16_t psh:1;                           //要求接收方立即交到上层处理的标志位
```

```
    u_int16_t ack:1;                           //确认标志位
    u_int16_t urg:1;                           //紧急数据标志位
    u_int16_t res2:2;                          //预留
    u_int16_t window;                          //窗口,告诉接收者可以接收的大小
    u_int16_t check;                           //校验和
    u_int16_t urg_prt;                         //紧急指针
}TCPHEADER;
```

17.2.3　使用的全局变量

```
DetectedHost * pHostlistHeader;/* 扫描信息链的表头指针,该链表的每个结点对应一个目标主机 * /
detect_para para;                             //全局变量 para,保存了命令行参数的值
```

17.2.4　函数组成和功能设计

按照所实现的具体功能,本开发实践中源代码主要包括如下七个函数。

- 主函数。函数原型为:

```
int main( int argc,char * argv[ ]);
```

该函数作为主函数,主要完成两个功能:①调用函数 parse_detect_para()进行命令行参数解析;②初始化 Libpcap 工具库,然后调用函数 pcap_loop()将函数 pcap_callback()设置成 Libpcap 库的回调函数,并且开始端口扫描检测。之后,每当 Libpcap 库抓到一个 IP 报文,都会调用所设置的回调函数。

- 命令行解析函数。函数原型为:

```
int parse_detect_para( int argc,char * argv[ ],detect_para * result);
```

该函数被主函数调用,主函数直接将命令行输入以函数参数形式传递给该函数,该函数解析命令行输入,并将解析结果保存在全局变量 para 中。

- 回调函数。函数原型为:

```
void pcap_callback (u_char * user,const struct pcap_pkthdr * header,const u_char * pkt_data);
```

该函数为所设置的回调函数,负责对抓到的数据包进行分析和统计,具体完成的工作包括:①如果收到的是 SYN 报文,将该数据包的相关信息更新到扫描信息链表,包括插入和删除链表等,这些工作通过调用函数 updatehostinfo()、函数 add_host()及函数 delete_host()来完成;②对链表中的每个结点会依据用户设置的检测参数判定是否存在扫描攻击,若存在扫描攻击,则调用函数 output_alert()报警。

- 主机结点信息更新函数。函数原型为:

```
int updatehostinfo(DetectedHost * orignalhostinfo, DetectedHost * newhostinfo, int * foundflag);
```

该函数被函数 pcap_callback()调用,用于更新参数 orignalhostinfo 指向的在扫描信息链上的结点信息,参数 newhostinfo 为新抓到的 SYN 报文对应的结点信息。该函数首先确定这两个结点是否对应同一个目标主机,如果是,将参数 newhostinfo 中的目标端口信息合并到参数 orignalhostinfo 指向的结点,并将参数 foundflag 所指向的值设置为 1。

- 结点添加函数。函数原型为：

  void add_host(DetectedHost * phost);

  该函数负责将参数 phost 指向的主机结点加入到扫描信息链中。
- 结点删除函数。函数原型为：

  int delete_host(DetectedHost * phost);

  该函数从扫描信息链中删除参数 phost 指向的主机结点。
- 报警响应函数。函数原型为：

  void output_alert(DetectedHost * p);

  该函数用于输出报警信息，如受到扫描攻击的主机 IP 地址等。

上述函数及外部函数 pcap_loop()（Libpcap 库中用于设置抓包处理的函数）的调用和依赖关系如图 17-1 所示。

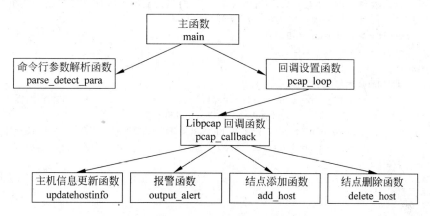

图 17-1　端口扫描检测程序的函数调用关系

17.2.5　函数源代码与注释

1. 主函数

```
int main(int argc,char * argv[]){
    pHostlistHeader = NULL;                          //初始化链表头
    char * device;                                    //网络接口设备指针
    char errbuf[PCAP_ERRBUF_SIZE];                    //错误信息缓冲区
    pcap_t * phandle;                                 //Libpcap 句柄
    bpf_u_int32 ipaddress, ipmask;                    //保存 IP 地址和掩码
    struct bpf_program fcode;                         //过滤串缓冲区
    if(parse_detect_para(argc,argv,&para)){           //解析参数
        printf("Usage % s : the amount of scanned ports, detect_period! \n",argv[0]);
                                                      /* 输出命令行参数提示 */
        exit(0);
    }
    if((device = pcap_lookupdev(errbuf)) == NULL)     //获得可用的网络设备名
        exit(0);
    if(pcap_lookupnet(device,&ipaddress,&ipmask,errbuf) == - 1)  //获得 IP 地址和子网掩码
```

```
        exit(0);
    phandle = pcap_open_live(device,200,1,500,errbuf);        //打开设备
    if(phandle == NULL)
        exit(0);
    //编译过滤串,希望只捕获 TCP 对应的 IP 包
    if(pcap_compile(phandle,&fcode,"ip and tcp",0,ipmask) == -1)
        exit(0);
    if(pcap_setfilter(phandle,&fcode) == -1)                  //设置过滤器
        exit(0);
    printf("开始检测端口扫描....\n");
    pcap_loop(phandle,-1,pcap_callback,NULL);      //设置回调函数,开始端口扫描检测
}
```

2. 命令行参数解析函数

```
int parse_detect_para(int argc,char * argv[],detect_para * result) {
    if(argc == 1) {
    /* 不指定检测参数,设置为默认值,如果在 7 秒内观测到有 SYN 报文发向某一主机的 5 个(及
       以上)目标端口,则被认定为该主机受到端口扫描 */
        result->port_num = 5;
        result->period = 7;
    }else
        if (argc == 3){
            result->port_num = atoi(argv[1]);                //获得报警所需的端口数目
            if (result->port_num > MAXNUM_SCANNEDPORT)
                result->port_num = MAXNUM_SCANNEDPORT;       //设置为默认上限值
            result->period = atoi(argv[2]);                  //获得检测周期
        } else
            return 1;                           //参数格式错误,无法解析出命令行参数
    return 0;
}
```

3. 回调函数

```
void pcap_callback(u_char * user,const struct pcap_pkthdr * header,const u_char * pkt_data){
    int existflag;          //标志变量,表示新 SYN 报文对应的主机结点是否已在扫描信息链中
    IPHEADER * ip_header;   //IP 头指针
    TCPHEADER * tcp_header; //TCP 头指针
    struct timeval current_tv;           //当前时间的结构变量
    time_t current_time;                 //当前时间,以秒表示
    gettimeofday(&current_tv,NULL);      //获得当前时间
    current_time = current_tv.tv_sec;    //记录当前时间,精确到秒即可
    if(header->len >= 14)                //MAC 头长度为 14,小于 14 不可能是有效的 IP 包
        ip_header = (IPHEADER * )(pkt_data+14);   //获得 IP 头指针
    else    return;
    if(ip_header->proto == 6){                   //只处理 TCP 包,6 为 TCP 协议号
        if(header->len >= 34)                    //MAC 头和 IP 头共为 34 字节
            tcp_header = (TCPHEADER * )(pkt_data+34); /* 跳过 MAC 头和 IP 头,获得 TCP 头 */
        else
            return;
        if ((tcp_header->syn == 0) || ((tcp_header->ack == 1)))
            return;                //只关心带 SYN 标志且不带 ACK 标志的 IP 数据包
```

```
DetectedHost * phost = (DetectedHost * )malloc(sizeof(DetectedHost));
bzero(phost,sizeof(DetectedHost));
strncpy(phost - > src_ip, ip_header - > sourceIP,4);      //记录源 IP 地址
strncpy(phost - > dest_ip, ip_header - > destIP,4);       //记录目标 IP 地址
phost - > port_list[0] = tcp_header - > dest_port;       //记录目标端口
phost - > time_list[0] = current_time;                   //记录当前时间
existflag = 0;
DetectedHost * p = pHostlistHeader;                      //获得链表头
//下面每次循环对链上的一个结点进行信息更新和攻击判定检查
while(p != NULL){
    int validnum_scanedport = updatehostinfo(p,phost,&existflag); / * 更新结点的
    信息,函数 updatehostinfo()的返回值为该结点在最近的检测周期内有几个端口被
    试图连接过。existflag 标志表示新结点和链上某结点是否对应同一个主机,在
    updatehostinfo 函数内,当前结点与新结点为同一主机时,existflag 被赋值为 1 * /
    DetectedHost * tmphost = NULL;
    if(validnum_scanedport == 0)          //检测周期内,该结点无被试图连接的端口
        tmphost = p;                       //记录该结点,便于后面删除
    else
        if(validnum_scanedport >= para. port_num){   //达到了告警的限度
            output_alert(p);                           //输出告警信息
            tmphost = p;          //为防止重复告警,记录该结点以在后面删除
        }
    p = p - > next;                        //处理下一个主机结点
    if (tmphost)
            delete_host(tmphost); //删除当前的主机结点
}
//循环结束,如果新扫描结点不在链上,则添加到链上,否则释放存储空间
if (existflag == 0)
    add_host(phost);
else
    free(phost);
}
}
```

4. 主机结点信息更新函数

```
int updatehostinfo (DetectedHost * orignalhostinfo, DetectedHost * newhostinfo, int *
foundflag){
    int index;                    //索引号,用作循环变量
    int found_index = -1;        //新试图连接端口在端口数组的位置索引
    int empty_index = -1;        //端口数组中的一个空白项索引
    int valid_num = 0;           //统计主机结点中检测周期内被试图连接的端口数量
    if ( * (int * )(orignalhostinfo - > dest_ip) == * (int * )(newhostinfo - > dest_ip)){
                            / * 两个结点的主机 IP 地址相同,进行信息合并 * /
        / * 逐个扫描该主机结点中保存被试图连接的端口。若该端口在新结点中再次被连接,记
            下索引号,便于在循环后更新试图连接时间。若该端口的试图连接时间超出了检测周
            期,设置为无效。扫描过程中,同时找到一个空白项以用于记录新结点试图连接到的
            端口,还统计检测周期内被试图连接的端口数量          * /
        for(index = 0; index < MAXNUM_SCANNEDPORT; index ++){
```

```
            if(newhostinfo->dest_port == orignalhostinfo->port_list[index]){
                //目标端口一致,记下端口的索引号
                found_index = index;
                valid_num ++;        //记录检测周期内被试图连接的端口数量
                continue;
            }
            if(newhostinfo->time_list[0] - orignalhostinfo->time_list[index]> para.
            period) /*超出检测周期的被连接的端口*/
                orignalhostinfo->port_list[index] = 0;   //设置该端口为无效
            if (orignalhostinfo->port_list[index] == 0)
                empty_index = index;                      //找到一个空白项
            else
                valid_num ++;
        }
        if (found_index >= 0)                              //更新试图连接的时间
            orignalhostinfo->time_list[found_index] = newhostinfo->time_list[0];
        else{          //将新连接的端口记录到数组中
            if (empty_index >= 0){
                //记录时间
                orignalhostinfo->time_list[empty_index] = newhostinfo->time_list[0];
                //记录端口
                orignalhostinfo->port_list[empty_index] = newhostinfo->port_list[0];
            }
        }
        *foundflag = 1;                                    //表示新结点
    } else{
        for(index = 0; index < MAXNUM_SCANNEDPORT; index ++){
            if(newhostinfo->time_list[0] - orignalhostinfo->time_list[index]> para.
            period) /* 若对该端口的试图连接发生在检测周期外 */
                orignalhostinfo->port_list[index] = 0;
            if (orignalhostinfo->port_list[index] > 0)
                valid_num ++;                              //有效端口数量加1
        }
    }
    return valid_num;                                      //返回有效的端口数量
}
```

5. 告警函数

```
void output_alert(DetectedHost * p){
    printf("发现扫描攻击:");
    //输出发送 SYN 报文的源 IP 地址,可能是发起扫描攻击的主机 IP 地址
    printf("%d.%d.%d.%d==>",p->src_ip[0], p->src_ip[1], p->src_ip[2], p->src_ip[3]);
    //输出被扫描的主机 IP 地址
    printf("%d.%d.%d.%d\n",p->dest_ip[0],p->dest_ip[1],p->dest_ip[2], p->dest_ip[3]);
}
```

6. 结点添加函数

```
void add_host(DetectedHost * phost){
    if (phost == NULL)
```

```
        return ;
    if(pHostlistHeader == NULL)          //原来的扫描信息链是空链
        pHostlistHeader = phost;
    else{                                //将 phost 指向的主机结点插入到链表的首部
        phost->next = pHostlistHeader;
        pHostlistHeader = phost;
    }
    return;
}
```

7. 结点删除函数

```
int delete_host(DetectedHost * phost){
    DetectedHost * p = pHostlistHeader;   //获取链表头
    if ((phost == NULL)||(p == NULL))
        return 0;
    if(p == phost){                       //要删除的是第一个结点
        pHostlistHeader = phost->next;
        free(phost);                      //释放删除结点的内存空间
        return 1;
    }
    while (p->next != NULL){               //从扫描信息链的第二个结点开始,扫描这个链表
        if(p->next == phost){              //找到了该结点
            p->next = phost->next;         //从链表中删除该结点
            free(phost);                   //释放删除结点的内存空间
            return 1;
        }
        p = p->next;                       //后移一个结点
    }
    return 0;
}
```

17.3　编译及运行测试

在 17.2 节完成原型系统的代码编程和实现后,就可以对该原型系统进行测试,在测试之前需要将源代码编译成可执行程序。

17.3.1　编译

本章的原型系统开发利用了 Libpcap 函数库中的函数实现 IP 报文的获取,因此该原型系统的编译需要依赖 Libpcap 函数库。若系统中还没有安装 Libpcap 库,在编译原型系统对应的端口扫描检测程序前,需要在网上下载该函数库,然后进行安装。具体的下载和安装方法多数读者已经熟悉,这里不再赘述。在安装之后,就可以用 gcc 编译器对源代码进行编译,具体的编译命令如下:

```
gcc -o detect_portscan -lpcap detect_portscan.c
```

这里 detect_portscan. c 是包含 17.2 节中实现代码的源程序文件,detect_portscan 是希

望编译出的可执行文件名,选项-lpcap 告知编译器链接 Libpacp 函数库。编译成功后,在当前目录下,可以看到该原型系统的可执行文件 detect_portscan。

17.3.2　运行与测试

在编译好端口扫描检测程序后,就可以进行扫描攻击检测功能的测试。为了顺利完成该测试,需要对网内主机进行相应的端口扫描,这里可以采用本书第 14 章开发的端口扫描工具来协助完成本原型系统的测试,也可以采用第三方开发的端口扫描软件(如 Nmap)来进行端口扫描,以检验本原型系统的检测效果。

这里简单叙述采用 Nmap 进行端口扫描的测试过程。测试网络环境涉及 3 台主机,其网络结构如图 17-2 所示,网络类型为广播式以太网。

图 17-2　扫描攻击检测测试的网络环境

1. 全连接扫描及检测

- 在攻击检测主机上启动端口扫描检测程序。

./detect_portscan 10 10

- 在扫描主机上启动 Nmap 进行全连接扫描。

./nmap − sT 192.168.47.240

在扫描过程中,攻击检测主机上可看到如图 17-3 所示的检测结果。

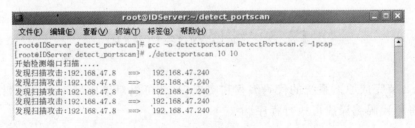

图 17-3　全连接扫描检测结果

2. 半连接扫描及检测

- 在攻击检测主机上启动端口扫描检测程序。

./detect_portscan 10 10

- 在扫描主机上启动 Nmap 进行半连接扫描。

./nmap − sS 192.168.47.240

扫描过程中,攻击检测主机上可看到如图 17-4 所示的检测结果。

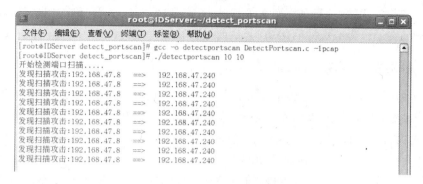

图 17-4　半连接扫描检测结果

17.4　扩展开发实践

　　本章实现了一个针对端口扫描检测的原型系统,该原型系统的功能相对简单,只是对 SYN 报文进行简单的统计,并实现了简单的告警。因此与产品化的检测系统相比,该原型系统对端口扫描检测的支持无论是在准确性上还是在功能性上都存在比较大的扩展余地,下面就一些主要的扩展方向进行讨论,有兴趣的读者可以基于这些讨论,在本章原型系统的基础上进行相应的扩展开发实践。

17.4.1　原型系统的检测准确性改善

　　在统计被试图连接的端口数量时,本章的原型系统没有区分发送 SYN 报文的源 IP 地址,这种做法在一定程度上可以检测分布式的端口扫描。所谓的分布式扫描是借助多个源主机发送 SYN 报文完成扫描,以使发出的端口探测报文不引人注意,从而逃过检测。但本章的做法可能会造成检测误报,因为不能排除多个正常的网络用户同时请求某主机上多个网络服务的可能性。如果在统计 SYN 报文时,考虑和区分 SYN 报文的源 IP 地址,可以在一定程度上提高对端口扫描检测的准确性。

　　本章的检测系统只能检测到网络(或系统中的主机)中是否存在全连接扫描或半连接扫描,但没有进一步判断出是全连接扫描还是半连接扫描。要区分具体的扫描类型,除抓取和分析 SYN 报文外,还需要对其他类型的 TCP 报文进行抓取和分析。确定一个端口扫描后,区分扫描类型的关键在于能不能发现一个完整的 TCP 协议连接过程,如果发现实施扫描主机和被扫描主机间存在完整的 TCP 连接过程,就可以认定为是全连接端口扫描。如果没有发现建立完整的 TCP 连接过程,就要进一步分析出导致没有建立 TCP 连接的原因,即确定出扫描到的主机端口是关闭的,还是实施扫描主机没有回复连接确认报文,如果是后者就可以断定为半连接扫描。

　　另外对一些典型网络中的 SYN 报文发送情况进行分析也有利于提高端口扫描检测的准确性。比如内网中有一个 FTP 服务器,外网的一个客户端启用多个 FTP 客户端软件与该 FTP 服务器进行被动模式下的文件下载和上传。本章开发的原型系统就可能会观察到一外网主机(即 FTP 客户端)向内网主机(即 FTP 服务器)的多个端口发送 SYN 报文,因而可能形成扫描攻击误报。若在原型系统基础上,充分考虑常见的网络应用场景,就可判断出这些 SYN 报文是否为正常的网络访问,从而提高检测准确性。

17.4.2　针对 FIN 扫描检测扩展

本章实现的原型系统只实现了 TCP 全连接和半连接扫描的检测,如果攻击者基于 FIN 扫描技术(基本原理可参见本书 6.3.3 节)对目标网络或主机展开端口扫描,本原型系统就不能检测出该端口扫描。要实现对 FIN 扫描的检测,需要对带 FIN 标志的 TCP 报文(简称 FIN 报文)进行抓取和分析,如果发现从一个源 IP 地址向多个目标主机端口发送大量的 FIN 报文,基本可以认定网络或主机正在受到端口扫描。通过观察和分析 SYN 报文,知道了当前存在的 TCP 连接,一旦观察到试图关闭不存在 TCP 连接的 FIN 报文,就可以直接断定网络或系统受到了 FIN 扫描攻击。

17.4.3　针对 UDP 端口扫描检测扩展

如果攻击者采用 UDP 端口扫描技术来扫描网络或主机中的 UDP 端口,本章实现的原型系统就不能有效地检测出这类端口扫描。要实现对 UDP 扫描的检测,需要对 UDP 报文进行抓取和分析,如果发现从一个或几个源 IP 地址向目标主机多个 UDP 端口发送大量的报文,基本可以断定网络或主机正在受到端口扫描攻击。

17.4.4　针对半连接攻击的检测扩展

拒绝服务攻击是黑客最常用的攻击手段之一,拒绝服务攻击针对网络系统、主机、某种网络服务的可用性发起攻击,其目的是干扰攻击目标的正常运行,甚至使攻击目标崩溃或瘫痪。半连接攻击是一种最流行、最常见的拒绝服务(Denial of Service,DoS)攻击方式,该类攻击利用 TCP 协议的缺陷,发送大量伪造的带 SYN 标志的 TCP 连接请求报文,使被攻击主机的连接资源耗尽,从而无法再为正常网络用户提供服务。

通过网络中 SYN 报文的抓取和分析就能实现对半连接攻击的检测,半连接攻击和端口扫描攻击都会产生大批量的 SYN 报文,但二者还是存在明显区别。端口扫描攻击中在一个较短的时间内会对某主机的多个或一大批端口发送 SYN 报文,而且这些报文通常为同一个源 IP 地址。半连接攻击发送的大批量 SYN 报文,具有相同的目标地址和端口,而且这些报文是伪造的,源 IP 地址和端口可能是随机的。如果在网络中发现了这种现象,即短时间内观测到大批量发往某主机同一端口的 SYN 报文,而没有观察到对应的连接确认报文(即第三次握手报文),基本可以认定为该主机受到了半连接攻击。

17.5　本 章 小 结

本章详细阐述了一个针对 TCP 端口扫描检测的原型系统开发过程和实现源代码,该原型系统可以对 TCP 全连接扫描和半连接扫描这两种主要的端口扫描方式进行检测。该原型系统以实例的形式主要展示端口扫描检测系统的工作原理、实现方法和开发过程,可以借助该开发实践来加深对端口扫描检测原理和实现技术的理解。

　　本章开发的原型系统在功能上比较简单,判定端口扫描的依据也比较原始。本章最后详细讨论了在本原型系统的基础上所能进行的扩展开发实践的具体目标和方向,具体包括检测准确性改善、针对 FIN 扫描的攻击检测扩展、针对 UDP 扫描的攻击检测扩展以及半连接攻击检测扩展。有兴趣的读者可以在此原型系统的基础上,按照 17.4 节中的内容进行相应的扩展开发实践。

习　　题

　　1. 本章原型系统的开发实践并没有区分一个扫描是全连接扫描还是半连接扫描,简述区分检测这两类扫描的基本思路。

　　2. 如果发现一个主机向其他主机的多个端口发送了带 SYN 标志的 TCP 报文,是否可以认定该主机正在进行端口扫描? 如果不能认定,请举反例说明。

　　3. 如果网络中发现发往某主机端口的大量 SYN 报文,是否可以认定该主机受到了端口扫描? 如果不能认定,请举反例说明。

　　4. 简述原型系统在端口扫描检测的准确性上还存在哪些需要改进的地方,以及采用何种思路实现相应的改进。

附录 A 扩展开发实践题目汇总

A1 基于 LSM 的程序运行权限管理

基于 Linux 安全模块(LSM)机制,通过实现一组相关的钩子函数,对特定应用程序的运行权限进行限定,如只能访问指定目录下的文件、不能对外发起网络连接等。本扩展开发实践可用于为不可信或来历不明的程序提供一个受限的、可控的程序运行环境。本扩展开发实践的具体目标和内容详见 8.5.1 节。

本书第 8 章的开发实践基于 LSM 机制实现了一个文件删除控制的原型系统,本扩展开发实践可通过扩展该原型系统来完成。相关原理、技术及实现请参见本书第 1、2、8 章。

A2 基于 LSM 的程序完整性保护

基于 Linux 安全模块(LSM)机制,通过实现一组相关的钩子函数,对特定应用程序的完整性进行保护,具体包括静态完整性保护和动态完整性保护。前者主要是保证应用程序的可执行文件和相关资源文件(如配置文件等)不被其他程序破坏(甚至访问),后者主要是保证应用程序在其运行过程中不被其他程序干扰,如该应用程序运行时的进程不被非法终止等。本扩展开发实践可用于为一些重要程序的运行提供更加安全的执行环境,其具体内容详见 8.5.2 节。

本书第 8 章的开发实践基于 LSM 机制实现了一个文件删除控制的原型系统,本扩展开发实践可通过扩展该原型系统来完成。相关原理、技术及实现请参见本书第 1、2、8 章。

A3 基于 LSM 的网络连接控制系统

LSM 框架中的钩子点不仅覆盖到各种文件操作,还覆盖了各种网络通信操作。如果在网络通信操作相关的钩子点注册控制函数,就能够实现对各种网络连接和通信操作的控制,实现类似于 Windows 系统中个人防火墙的大致功能。本扩展开发实践是通过实现与网络通信操作相关的 LSM 钩子函数,从而对网络连接和通信操作进行控制。本扩展开发实践的具体目标和内容详见 8.5.3 节。

完成该开发实践的关键技术在于 LSM 模块的编程。本书第 8 章的开发实践基于 LSM 机制实现了一个文件删除控制的原型系统,本扩展开发实践可参照该原型系统的实现方式来完成。相关原理、技术及实现请参见本书第 1、2、8 章。

A4 基于 LSM 的基本型文件保险箱

该开发实践的开发目标为借助于 LSM 机制,从操作系统层面实现特殊的访问控制机制,即实现一个类似保险箱的数据保护系统(即文件保险箱)。文件保险箱的基本思想是设置一个文件夹(即保险箱文件夹)用作文件保险箱的数据存储,同时开发一个保险箱数据管理程序,该程序用于实现保险箱文件的管理,相当于文件保险箱的钥匙,负责完成相关的保险箱数据操作,如向保险箱中保存文件或从保险箱中取出文件。该保险箱中的文件对于保险箱数据管理程序外的其他程序都不可见。保险箱数据管理程序在启动时,会通过相应的技术措施验证用户的身份。本扩展开发实践的具体目标和内容详见 8.5.4 节。

本书第 8 章的开发实践基于 LSM 机制实现了一个文件删除控制的原型系统,本扩展开发实践可通过扩展该原型系统来完成。相关原理、技术及实现请参见本书第 1、2、8 章。

A5 基于 LSM 的系统级资源访问审计

Linux 系统在进行资源访问操作时,LSM 框架会调用注册在相应位置点的钩子函数,询问访问判决。在本扩展开发实践的具体实施上,可以在钩子函数中完成资源访问上下文信息的收集,从而实现一个系统级的资源访问审计系统。本扩展开发实践的具体要求和内容详见 8.5.5 节。

完成本扩展开发实践的关键技术在于内核模块编程以及 LSM 钩子函数的实现,本书第 8 章的开发实践基于 LSM 机制实现了一个文件删除控制的原型系统。本扩展开发实践可参照该原型系统的实现方式来完成。相关原理、技术及实现请参见本书第 1、2、8 章。

A6 基于系统调用重载的系统级资源访问审计

本扩展开发实践的目标是基于系统调用重载的方法实现一个系统级的资源访问审计系统,即通过修改系统调用入口地址表,实现对系统资源访问相关系统调用处理函数的重载,在其中完成操作上下文信息的收集,从而实现系统级的资源访问审计。本扩展开发实践的具体内容详见 9.5.1 节。

本书第 9 章实现了一个基于系统调用重载的文件操作日志原型系统,本扩展开发实践可以在该原型系统的基础上完成,通过对该原型系统进行多方面的扩展(包括日志的范围、日志的详细程度、日志的灵活性、日志信息的审计处理等)来实现。相关原理、技术及实现请参见本书第 1、2、9 章。

A7 基于系统调用重载的程序运行权限管理

本扩展开发实践的开发目标与 A1"基于 LSM 的程序运行权限管理"大致相同,即对特定应用程序的运行权限进行限定,如只能访问指定目录下的文件、不能对外发起网络连接等,从而保证系统在执行不可信或来历不明的程序时,不至于对系统造成严重破坏;但本开发实践采用系统调用重载方式实现。本扩展开发实践的具体目标和内容详见 9.5.2 节。

本书第 9 章实现了一个基于系统调用重载的文件操作日志原型系统。实际上在重载的系统调用处理函数中,既可以实现相关的操作日志,也可以进行资源访问控制,可借此完成本开发实践中的程序运行权限管理。本扩展开发实践可参照该原型系统的实现技术来完成。相关原理、技术及实现请参见本书第 1、2、9 章。

A8 基于系统调用重载的程序完整性保护

本扩展开发实践的开发目标与 A2"基于 LSM 的程序完整性保护"基本相同,即保证应用程序所需要的资源(如可执行文件、配置文件等)不被非法删除,运行过程不被其他程序干扰,从而为一些重要程序的运行提供更加安全的执行环境;但本开发实践采用系统调用重载的方式实现程序完整性保护。本扩展开发实践的具体目标和内容详见 9.5.2 节。

本书第 9 章实现了一个基于系统调用重载的文件操作日志原型系统。实际上在重载的系统调用处理函数中,既可以实现相关的操作日志,也可以进行资源访问控制,可借此完成本开发实践中的程序完整性保护。本扩展开发实践可参照该原型系统的实现技术来完成。相关原理、技术及实现请参见本书第 1、2、9 章。

A9　基于系统调用重载的网络连接控制系统

本扩展开发实践的开发目标与 A3"基于 LSM 的网络连接控制系统"基本相同,即对各种网络连接和通信操作进行控制,实现类似于 Windows 系统中个人防火墙的大致功能。与 A3 中扩展开发实践不同的是,本扩展开发实践在实现网络连接控制时采用的是系统调用重载方式,而不是设置 LSM 钩子函数。本扩展开发实践的具体目标和内容详见 9.5.2 节。

本扩展开发实践的关键在于实现系统调用处理函数的重载,本书第 9 章的基于系统调用重载的文件操作日志原型系统展示了重载系统调用处理函数的详细过程。可参照该原型系统完成本扩展开发实践。相关原理、技术及实现请参见本书第 1、2、9 章。

A10　基于系统调用重载的基本型文件保险箱

本扩展开发实践的开发目标与 A4"基于 LSM 的基本型文件保险箱"基本相同,即设置一个文件夹(即保险箱文件夹)用作文件保险箱的数据存储,同时开发一个保险箱数据管理程序,实现保险箱文件的管理。保险箱文件夹对其他任何程序都不可见,从而为用户的重要数据提供更为严格的安全保障。与 A4 中扩展开发实践不同的是,本扩展开发实践在实现文件保险箱时采用的是系统调用重载方式。本扩展开发实践的具体目标和内容详见 9.5.2 节。

本书第 9 章实现了一个基于系统调用重载的文件操作日志原型系统。在重载的系统调用处理函数中可以实现相关的操作日志,也可以进行资源访问控制,可借此完成本开发实践中的文件保险箱功能。本扩展开发实践可参照该原型系统的实现技术来完成。相关原理、技术及实现请参见本书第 1、2、9 章。

A11　基于系统调用重载的加密型文件保险箱

基本型文件保险箱从操作系统层面上保证了个人重要数据的安全性,但存储保险箱数据文件的磁盘一旦离开系统,将会造成数据泄密。本扩展开发实践要实现一个加密型文件保险箱,该保险箱除实现基本型文件保险箱的所有安全功能外,还实现对保险箱数据文件的加密和解密,即将文件放入到文件保险箱时对文件内容进行加密,当从文件保险箱中取出文件时,对文件进行解密以恢复文件的原始内容。在本扩展开发实践中,完成加解密的方案有两种,即系统级的加解密和应用级的加解密。本扩展开发实践的具体目标和内容详见 9.5.3 节。

本书第 9 章实现了一个基于系统调用重载的文件操作日志原型系统。在重载的系统调用处理函数中,除了可以实现相关的操作日志、资源访问控制外,还可对访问所涉及到的数据进行变换,据此可以实现系统级的数据加密和解密。在进行本扩展开发实践时,如采用系统级的加解密方案,可参照该原型系统的实现技术来完成。若采用应用级加解密方案,直接在文件保险箱的管理程序中实现相应的数据加密和解密即可。

为降低实现难度,可先完成 A10 的扩展开发实践,即先实现一个基于系统调用重载的基本型文件保险箱,然后再在此基础上进行本扩展开发实践。相关原理、技术及实现请参见本书第 1、2、9 章。

A12 基于系统调用重载的日志原型系统的移植

本扩展开发实践的目标是在主流的 Ubuntu 系统(内核版本 2.6.28 或 2.6.34)中,实现一个基于系统调用重载的日志原型系统。本书第 9 章中的日志原型系统是在 Fedora Core 6 系统(内核版本 2.6.18)中实现,由于该原型系统在内核有较多的编程工作,因此与 Linux 的内核版本存在密切的关联。如果要将该原型系统运行在主流的 Ubuntu 系统中,需要进行移植。本扩展开发实践的关键在于 Netlink 机制在各操作系统版本中的实现差别很大,原型系统的移植工作主要在于改动 Netlink 接口的调用方式,另外当前目录的获取方法也略有不同。相关原理、技术及实现请参见本书第 1、2、9 章。

A13 内核模块包过滤防火墙的控制功能扩展

第 10 章中实现的内核模块包过滤防火墙原型系统,其报文过滤功能非常有限,如控制规则简单,只是依据通信双方的 IP 地址和端口进行检查和控制,并以几个简单变量存储控制信息,相当于只能支持一条包过滤规则。因此该原型系统可进行以下方面的访问控制功能扩展:①检查和控制要素的扩展,除实现基于 IP 地址、端口的检查和控制外,还能基于时间段、网络接口、ICMP 报文的子类型等进行报文的检查和控制;②多包过滤规则的扩展,以表的形式存储包过滤规则,能够支持用户配置多条包过滤规则,使得防火墙系统能够同时按多条包过滤规则进行报文检查和过滤控制;③友好的包过滤规则配置和管理界面,支持包过滤规则导入、导出、添加、编辑、删除等基本功能。

本扩展开发实践的具体目标和内容详见 10.5.1 节,相关原理、技术及实现请参见本书第 3、4、5、10 章。

A14 内核模块包过滤防火墙原型系统的移植

本扩展开发实践的目标是在目前主流的 Ubuntu 系统(内核版本 2.6.28 或 2.6.34)中实现内核模块包过滤防火墙原型系统。本书第 10 章已经在 FC6 系统(内核版本 2.6.18)中实现了一个内核模块包过滤防火墙原型系统,该原型系统不能直接运行在目前主流的 Ubuntu 系统中,需要先进行相应的移植工作。

本书第 10 章在实现包过滤防火墙原型系统过程中用到了相应的内核资源,如 Netfilter 框架的接口、内核的各种数据结构定义(如 IP 包头、TCP 包头等)。而 Linux 内核一直处在发展过程中,其所支持的 Netfilter 机制的实现也在不停地变化,内核版本 2.6.18 和 2.6.28 间很多部分存在明显差别。本扩展开发实践的关键在于 Netfilter 机制在各操作系统版本上的实现差别较大,且不同操作系统版本中一些内核结构体(如 struct sk_buff)的定义也有差别,需要进行相应的程序改动。进行第 10 章的原型系统移植时的主要工作和注意事项请参看 10.5.2 节,相关原理、技术及实现请参见本书第 3、4、5、10 章。

A15　基于 Netfilter 的网络加密通信系统

本扩展开发实践的目标是利用 Netfilter 机制截获 IP 报文,并对所截获的报文内容进行加解密变换,实现一个应用层透明的网络数据加密通信系统。本书第 10 章实现了内核模块包过滤防火墙原型系统,本扩展开发实践可以采用与该原型系统相同的技术,即在 Netfilter 框架中注册钩子函数截获 IP 数据报文,然后对所截获的报文进行数据加解密处理。显然,要实现应用层透明的加密通信,需要在网络数据发送端和网络数据接收端同时进行相应的技术开发和部署。本扩展开发实践的具体开发目标和开发思路请参见 10.5.3 节,相关原理、技术和实现请参见本书第 3、4、5、10 章。

A16　应用层包过滤防火墙的控制功能扩展

第 11 章中实现的应用层包过滤防火墙原型系统的报文过滤功能非常有限,如控制规则简单,只是依据通信双方的 IP 地址和端口进行检查和控制,且以几个简单变量存储控制信息,只能支持一条包过滤规则。因此该防火墙原型系统可进行以下方面的访问控制功能扩展:检查和控制要素的扩展,除实现基于 IP 地址、端口的检查和控制外,还能使其基于时间段、网络接口、ICMP 报文的子类型等进行报文的检查和控制;多包过滤规则的扩展,以表的形式存储包过滤规则,能够支持用户配置多条包过滤规则,使应用层包过滤防火墙能够同时按多条包过滤规则进行报文检查和过滤控制;友好的包过滤规则配置和管理界面,支持包过滤规则导入和导出、添加、编辑、删除等基本功能。本扩展开发实践的具体目标和内容详见 11.4.1 节,相关原理、技术及实现请参见本书第 3、4、5、11 章。

A17　应用层包过滤防火墙的 Netlink 通信

Linux 系统从 2.6 版本内核开始,其中的 Netfilter 框架以标准 Netlink 形式与应用层进行数据交互,Netfilter 框架的队列机制开始建立在 Netlink 的通信方式上实现。本书第 9 章的开发实践展示了通过 Netlink 机制实现应用层和内核通信的具体实例,既包括内核层的 Netlink 接口编程,也包括应用层的 Netlink 接口编程。直接通过 Netlink 机制实现应用层包过滤防火墙,只需实现应用层的 Netlink 接口编程即可,内核层中基于 Netlink 的数据发送和接收由 Netfilter 框架完成,应用程序只要按 Netlink 的接口规范,就能与 Netfilter 框架基于 Netlink 进行 IP 报文的发送和接收。本扩展开发实践的具体目标和内容详见 11.4.2 节。

本扩展开发实践不使用 Netfilter 提供的应用层函数库,而采用标准的 Netlink 通信方式实现应用层包过滤防火墙。进行该扩展开发实践时,应用层包过滤防火墙的相关开发技术可以参看本书第 3、4、5、11 章,Netlink 的编程可参见第 9 章。

A18　基于 Netfilter 的应用层网络加密通信系统

本扩展开发实践的目标是利用 Netfilter 机制截获 IP 报文,通过对所截获报文的内容进行加解密变换,实现一个应用层透明的网络加密通信系统。本书第 11 章实现了一个应用层包过滤防火墙原型系统,在该系统中,Netfilter 框架将截获的 IP 报文以队列方式传递到应用层进行控制。实际上,在应用层除可对 IP 报文进行控制外,还可以对 IP 报文的数据内容进行加解密处理,从而实现一个应用层透明的网络加密通信系统。同 A15 的扩展开发实践一样,实现应用层透明的加密通信系统,需要在网络数据发送端和网络数据接收端同时进行相应的技术开发和部署。该扩展开发实践的具体开发思路请参见 11.4.3 节,其相关原理和实现技术请参见本书第 3、4、5、11 章。

A19　应用代理防火墙的控制功能扩展

第 12 章实现的应用代理防火墙,其控制功能较为有限,只能依据客户端和服务器的地址或域名进行控制,缺乏基于高层次的语义信息的控制,而且只能支持一条静态的访问控制规则。网络控制功能扩展具体包括:访问控制规则要素的扩展,支持基于 HTTP 协议信息的访问控制,支持用户身份认证及相应的连接控制;实现一个友好的控制信息配置界面(或配置程序),可通过该配置界面对防火墙的访问控制规则进行各种配置和动态更新。该扩展开发实践的具体目标和内容详见 12.4.1 节,其相关原理、技术及实现请参见本书第 3、4、5、12 章。

A20　应用代理防火墙的缓存机制支持

缓存机制对于提高应用代理防火墙的性能和运行效率具有非常明显的作用。缓存机制包含两类信息的缓存,一类是服务器域名和 IP 地址对的缓存,另一类是针对 URL 请求的服务器响应消息的缓存。服务器域名和 IP 地址对的缓存机制能有效减少应用代理防火墙访问 DNS 服务器的频率,在客户端频繁访问同一个服务器时,仅需一次访问 DNS 服务器,从而提高防火墙的运行效率。另外,在客户端频繁访问同一个服务器时,响应消息的缓存机制也会极大提高应用代理防火墙的运行效率。如果客户端对同一个 URL 进行多次访问,应用代理防火墙可以在第一次对该 URL 进行请求时,获得响应消息后将响应消息缓存在本地。以后应用代理防火墙再收到客户端对该 URL 的请求时,无需再访问远程服务器,直接将缓存中的响应消息回复给客户端即可。

本书第 12 章实现的应用代理防火墙原型系统,仅对刚访问过的远程服务器的 IP 地址进行缓存。在本扩展开发实践中,缓存在以往一段时间内访问过的所有服务器的 IP 地址,则可有效降低应用代理防火墙访问 DNS 服务器的频率,而对服务器响应消息的缓存能进一步提高该原型系统的运行效率。本扩展开发实践的具体目标和内容详见 12.4.2 节,相关原理、技术及实现请参见本书第 3、4、5、12 章。

A21　应用代理防火墙的消息变换功能扩展

一些企事业单位使用的代理防火墙具有消息变换的功能,代理防火墙中的消息变换一般分为两种形式。一种是请求消息的变换,即代理防火墙为了某种应用目的,修改来自客户端的请求消息,将修改后的请求消息发给目标服务器。最常见和常用的请求消息变换方式是 URL 的重定向,即篡改客户端请求的 URL,相当于将客户端的请求重定向到新的 URL。另一种是响应消息的变换,即将服务器返回的响应消息按照某种约定的要求进行修改,将修改后的响应消息返回给客户端。响应消息变换功能的典型应用是网页广告的植入。本扩展开发实践的具体目标和内容详见 12.4.3 节,其相关原理、技术及实现请参见本书第 3、4、5、12 章。

A22　应用代理防火墙的审计功能扩展

实际的应用代理防火墙通常具有完善的日志功能,该功能是安全管理的重要内容,产品化的防火墙多数都基于日志信息实现了功能强大的审计功能。本书第 12 章的应用代理防火墙原型系统在实现过程中没有考虑对日志功能的支持,更没有考虑基于日志信息的审计功能。本扩展开发实践的主要内容包含三方面:对所代理的应用连接(包括拒绝的网络连接)的相关信息进行详细的记录;设计和实现相应的日志管理工具,完成日志数据的浏览、查询等功能;实现日志信息的初步分析,对可疑连接提醒管理员等。本扩展开发实践的具体目标和内容详见 12.4.4 节,其相关原理、技术及实现请参见本书第 3、4、5、12 章。

A23　应用代理防火墙的 FTP 支持扩展

第 12 章开发的应用代理防火墙只能对 HTTP 应用提供代理功能,对其他的网络应用(如 FTP、EMAIL 等)不能提供代理支持。支持 FTP 协议的应用代理防火墙的主要任务是分析 FTP 服务器和客户端交互的协议数据,并根据分析出的各个协议要素进行检查和控制。常见的安全检查和控制要素包括:客户端和服务器的位置(IP 地址等)、认证信息(用户名和口令等)、传输文件名(或目录名)、传输的文件类型、文件大小等。本扩展开发实践的具体目标和内容详见 12.4.5 节,其相关原理、技术及实现请参见本书第 3、4、5、12 章。

A24　透明代理防火墙的多规则支持和动态配置扩展

在第 13 章的透明代理防火墙原型系统中,以单个全局变量而不是用一张表(或一个配置文件)来存储允许访问的客户端 IP 地址和服务器域名,不能设置多个客户端 IP 地址和服务器域名,也无法实现控制规则的动态设置。本扩展开发实践的具体内容包括:实现一个友好的控制规则配置界面(或配置程序),可通过该配置界面实现对防火墙多条访问控制规则的配置;实现配置规则的文件(或数据库)保存,这样每次不用全新配置控制规则,只需要在原有的控制规则上进行适当修改即可;实现防火墙的动态配置更新,即配置防火墙规则时,无需暂停或终止防火墙的运行。本扩展开发实践的具体目标和内容详见 13.5.1 节,其相关原理、技术及实现请参见本书第 3、4、5、13 章。

A25　透明代理防火墙的 HTTP 协议解析与控制扩展

本书第 13 章实现的透明代理防火墙没有对应用层协议的数据内容进行分析和控制,如要实现对 HTTP 协议的控制,需要在此原型系统基础上进行扩展开发。本扩展开发实践涉及到对 HTTP 消息内容的分析和控制,具体控制内容包括:依据不同的请求方法进行控制;对所请求 URL 的过滤和控制;对响应消息的内容类型进行控制(如禁止 applet 下载等)。本扩展开发实践的具体目标和内容详见 13.5.2 节,其相关原理、技术及实现请参见本书第 3、4、5、13 章。

A26　透明代理防火墙的 FTP 协议解析与控制扩展

本扩展开发实践的目标是实现一个能对 FTP 协议进行针对性控制的透明代理防火墙,该防火墙的主要任务是分析 FTP 服务器和客户端交互的协议数据,并根据分析出的各个要素进行相应的检查和控制。常见的安全检查和控制要素包括：客户机和服务器的位置（IP 地址等）、认证信息（用户名和口令等）、传输文件名（或目录名）、传输的文件类型、文件大小等。本扩展开发实践可以在第 13 章的透明代理防火墙原型系统基础上进行，其具体目标和内容详见 13.5.3 节，相关原理、技术及实现请参见本书第 3、4、5、13 章。

A27　透明代理防火墙的网页缓存扩展

实际的 Web 代理服务器为提高客户端访问网页的速度，通常会对目标服务器的响应消息（网页等）进行缓存，这样客户端对同一个 URL 进行频繁访问时，会极大提高代理服务器的运行效率。本扩展开发实践的主要任务是实现网页缓存机制，这需要对 HTTP 协议进行解析，以分析出相应的 URL 以及响应消息的具体内容等。本扩展开发实践可在第 13 章的透明代理防火墙原型系统基础上进行，其具体目标和内容详见 13.5.4 节，相关原理、技术及实现请参见本书第 3、4、5、13 章。

A28　透明代理防火墙的 HTTP 消息变换扩展

本扩展开发实践的主要任务是在透明代理防火墙中实现 HTTP 消息变换的功能。消息变换一般分为两种形式，一种是请求消息的变换，即代理防火墙为了某种应用目的，修改来自客户端的请求消息，将修改后的请求消息发给目标服务器。最常见和常用的请求消息修改方式是 URL 的重定向，即篡改客户端请求的 URL，相当于将客户端的请求重定向到新的 URL。另一种是响应消息的变换，即将目标服务器返回的响应消息按照某种约定进行修改，将修改后的响应消息返回给客户端。这种响应消息变换功能的典型应用是网页广告的植入。本扩展开发实践需要在第 13 章的透明代理防火墙原型系统基础上进行，其具体目标和内容见 13.5.5 节，相关原理、技术及实现请参见本书第 3、4、5、13 章。

A29　UDP 扫描扩展实现

要对目标主机的 UDP 端口进行扫描，需要向目标主机的端口发送 UDP 探测包。与 TCP 扫描返回 TCP 报文不同，UDP 端口扫描中被扫描的目标主机返回的是 ICMP 类型的报文，而这些 ICMP 类型的报文一般不能通过正常的协议处理到达应用层。要获得这些扫描响应的 ICMP 报文，需要采用原始套接字编程，或者调用 Libpcap 库函数。本书第 14 章实现了半连接扫描和 FIN 扫描，其中完整展示了如何利用 Libpcap 库函数来操纵 TCP/IP 底层协议处理。本扩展开发实践可以借鉴第 14 章的端口扫描技术来实现，该开发实践的具体目标和内容详见 14.4.1 节，其相关原理、技术及实现请参见本书第 6、14 章。

A30　全连接扫描的多线程扩展

全连接扫描通过 SOCKET 接口函数 connect() 调用是否成功建立 TCP 链接，来判断被扫描主机的端口打开情况。发送端在发送 SYN 报文试图与对方建立 TCP 链接后，即使暂时收不到对方发送的回复报文（甚至对方主机不存在或端口没打开等），发送端的 TCP 协议也会等待一段时间才会认定对方没有回复报文，并向应用层返回连接建立不成功，以应对报文传输过程中的网络延迟。本书第 14 章的原型工具采用单线程模式来实现端口扫描，如果扫描的端口范围比较大，而且所扫描到的端口大都是关闭的（事实上一主机开放的端口要远少于关闭端口），扫描的时间就会比较长。提高扫描效率的基本方法是创建多个线程对端口同时进行扫描，将要扫描的端口平均分配给每个线程，因此扫描所用的时间会呈比例缩减，从而大幅度提高端口扫描的效率。本扩展开发实践可在第 14 章的原型工具基础上完成，其具体目标和内容详见 14.4.2 节，相关原理、技术及实现请参见本书第 6、14 章。

A31　端口扫描原型工具的功能扩展

本书第 14 章开发的原型工具只能对指定主机的端口范围进行扫描，不能对一个指定的网段进行扫描，且只对端口开放情况进行扫描。在该原型工具基础上所能扩展的具体功能包括以下方面：①网段扫描，在对网段进行扫描时，最好能够用 ping 等技术手段确定要扫描的 IP 地址是否对应实际的机器，这样既可以提高扫描的准确性，也可以加快扫描的速度；②高级信息扫描功能，不同种类操作系统在 TCP/IP 协议实现和应用服务配置方面存在一些细微的差别，据此一个端口扫描工具还可以对目标主机的软件配置信息进行扫描，包括操作系统类型及版本、数据库软件及版本等，这些高级信息扫描有助于发现更多的安全脆弱性。

本扩展开发实践的具体目标和内容详见 14.4.3 节，该开发实践可在本书第 14 章的原型工具基础上完成，其相关原理、技术及实现请参见本书第 6、14 章。

A32　弱口令扫描的功能增强扩展

本书第 15 章实现的弱口令扫描工具只能实现单个词条的匹配，如果一个口令经过了词条变种，该工具就不能成功检测出该口令。常见的词条变种方式包括：①两个词条连接在一起作为用户口令，常见的是一个单词重复两次作为用户口令，如 prettypretty；②单词中的某个字母大写后作为用户口令，通常是首字母大写，如 Pretty；③单词后面加一个或两个数字字符作为用户口令，如 pretty11、pretty12。本扩展开发实践对弱口令扫描功能进行增强，以支持对词条变种的弱口令扫描。该开发实践可在本书第 15 章的原型工具基础上完成，其相关原理、技术及实现请参见本书第 6、15 章。

A33　针对 Windows 系统的弱口令扫描实现

本书第 15 章实现的弱口令扫描工具只能对 Linux 的口令系统进行弱口令检测，由于加密方式的区别，该弱口令扫描工具无法实现对 Windows 口令系统的弱口令扫描。Windows NT 及 Windows 2000 中对用户帐户的安全管理使用了安全帐号管理器（Security Account Manager，SAM）机制，系统中的 sam 文件是 Windows NT 的用户帐户数据库，所有 Windows NT 用户的帐号及口令等相关信息都会保存在这个文件中。实现 Windows 系统的弱口令扫描，主要涉及到对 sam 文件的解析和访问。本扩展开发实践可在本书第 15 章的原型工具基础上完成，其相关原理、技术及实现请参见本书第 6、15 章。

A34　基于特征串匹配的攻击检测原型系统的抗逃避检测扩展

本书第 16 章的原型系统对单个 IP 数据包独立进行攻击特征串的匹配，并以此进行攻击检测和告警，因而不能成功检测出一些跨 IP 数据包的特征串。要实现攻击检测系统的抗逃避能力，在进行攻击特征串匹配时，需要对 IP 报文应用层数据进行重组，通过对重组后的应用层数据进行特征串匹配,来发现跨 IP 数据包的特征串及可能存在的网络攻击。通常报文数据的重组涉及到两个协议层次:IP 协议层的 IP 分片重组和 TCP 协议层的数据重组,然后在重组后的数据中搜索特征串就能检测出跨 IP 数据包的攻击特征串及可能形成的网络攻击。该扩展开发实践可在第 16 章的开发实践基础上完成,其相关原理、技术及实现请参见本书第 7、16 章。

A35　基于特征串匹配的攻击检测原型系统的特征串匹配算法改进

本书第 16 章实现的原型系统采用最简单的特征串匹配算法来检测数据包中是否包含攻击特征串,该特征串匹配算法具有很高的时间复杂度,即使在百兆的局域网环境中,攻击检测系统也来不及对所抓取的所有网络数据报文进行特征串匹配。产品化的入侵检测系统通常采用 AC、BM 等匹配算法来提高特征串的检索效率,利用这些算法来搜索数据包中是否包含攻击特征串,可以大幅度提高原型系统的运行效率。该扩展开发实践可在第 16 章的开发实践基础上完成,其相关原理、技术及实现请参见本书第 7、16 章。

A36　基于特征串匹配的攻击检测原型系统的检测准确性扩展

本书第 16 章的原型系统实现过程中,只要在网络报文中发现含有攻击特征串就被认定为检测到了相应类型的网络攻击,这种简单的攻击判定方式可能会带来攻击误报。在网络报文中发现攻击特征串而没有发生网络攻击的常见情况有:①内网用户检索和下载介绍特征串攻击技术的相关网页时,网络中可能会检测到包含攻击特征串的网络报文,因为这些网页制作者可能会列举一些攻击特征串的例子来说明基于特征串攻击的原理和概念;②内网用户通过 FTP 的方式从远程服务器下载包含攻击特征串的一些文件,如介绍特征串攻击原理的书籍文件、相关的软件工具等。在原型系统中对网络报文进一步分析就可以排除这些攻击误报。本扩展开发实践可在第 16 章的原型系统基础上完成,其相关原理、技术及实现请参见本书第 7、16 章。

A37　端口扫描检测原型系统的检测准确性改善

本书第 17 章实现的原型系统在功能上比较简单,判定端口扫描的依据也比较原始和"草率"。扩展开发的主要方面包括:①检测分布式的端口扫描;②区分具体的扫描类型,进一步判断出是全连接扫描还是半连接扫描;③在原型系统基础上,充分考虑常见的网络应用场景(如 SYN 报文发送情况),进一步判断出 SYN 报文是否是正常的网络访问,从而提高检测精度。本扩展开发实践可在第 17 章的原型系统基础上完成,其相关原理、技术及实现请参见本书第 7、17 章。

A38　针对 FIN 扫描检测扩展

本书第 17 章的原型系统只实现了对 TCP 全连接扫描和半连接扫描的检测,如果攻击者基于 FIN 扫描技术对目标网络或主机展开端口扫描,本原型系统就不能检测出该扫描。要实现对 FIN 扫描的检测,需要对带 FIN 标志的 TCP 报文(简称 FIN 报文)进行抓取和分析,如果发现从一个源 IP 地址向多个目标主机端口发送大量的 FIN 报文,基本可以认定网络或主机正在受到端口扫描攻击。通过观察和分析 SYN 报文,知道当前存在的 TCP 链接,一旦观察到试图关闭不存在 TCP 链接的 FIN 报文,就可以断定网络或主机受到了 FIN 扫描攻击。本扩展开发实践可在第 17 章的原型系统基础上完成,其相关原理、技术及实现请参见本书第 7、17 章。

A39　针对 UDP 端口扫描检测扩展

本书第 17 章的原型系统只实现了对 TCP 全连接和半连接扫描的检测,如果攻击者采用 UDP 端口扫描技术来扫描网络或主机中的 UDP 端口,该原型系统就不能有效地检测出这类端口扫描。要实现对 UDP 端口扫描的检测,需要对 UDP 报文进行抓取和分析,如果发现从一个或几个源 IP 地址向目标主机多个 UDP 端口发送大量的报文,基本可以断定网络或主机正在受到 UDP 端口扫描攻击。本扩展开发实践可在第 17 章的原型系统基础上完成,其相关原理、技术及实现请参见本书第 7、17 章。

A40　针对半连接攻击的检测扩展

本书第 17 章的原型系统只实现了对 TCP 全连接和半连接扫描的检测,实际上通过网络中 SYN 报文的抓取和分析也能实现对半连接攻击的检测。半连接攻击和端口扫描都会产生大批量的 SYN 报文,但二者存在明显区别。端口扫描攻击中,在一个较短的时间内会对某主机的多个或一大批端口发送 SYN 报文,而且这些报文通常为同一个源 IP 地址。半连接攻击发送的大批量 SYN 报文具有相同的目标 IP 地址和目标端口,而且这些报文是伪造的,源 IP 地址和源端口可能是随机的,如果在网络中发现了这种现象,即短时间内观测到大批量发往某主机同一端口的 SYN 报文,而没有观察到对应的连接确认报文(即第三次握手报文),基本可以认定该主机受到了半连接攻击。本扩展开发实践可在第 17 章的原型系统基础上完成,其相关原理、技术及实现请参见本书第 7、17 章。

A41　内核模块包过滤防火墙的攻击检测功能扩展

一些产品化的网络防火墙除了能够按照包过滤规则进行 IP 报文的控制外,还具有一定的攻击检测能力,如检测端口扫描攻击、半连接攻击等。本书第 10 章实现的内核模块包过滤防火墙原型系统没有包含攻击检测功能,而第 17 章的开发实践详细阐述一个端口扫描攻击检测的实现过程。由于内核模块包过滤防火墙中已经实现了各种 IP 报文(包括 SYN 报文)的获取,因此可将端口扫描攻击检测功能集成到内核模块包过滤防火墙中实现,开发一个具有端口扫描检测能力的内核模块包过滤防火墙。本扩展开发实践可在第 10、17 章的开发实践基础上完成,其相关原理、技术及实现请参见本书第 3、4、5、7、10、17 章。

A42　应用层包过滤防火墙的攻击检测功能扩展

本书第 11 章实现的应用层包过滤防火墙中能获取各种 IP 数据包,但没有对可能包含的攻击进行检测,而第 17 章的开发实践详细阐述一个端口扫描攻击检测的实现过程。因此也可像 A41 的扩展开发实践一样,将端口扫描攻击检测功能集成到应用层包过滤防火墙中实现,开发一个具有端口扫描检测能力的应用层包过滤防火墙。本扩展开发实践可在第 11、17 章的开发实践基础上完成,其相关原理、技术及实现请参见本书第 3、4、5、7、11、17 章。

参 考 文 献

1　William Stallings. Operating System Internal and Design Principles (3rd Edition). Prentice-Hall, International, Inc. 2008.

2　汤小舟,梁红兵等.计算机操作系统(第三版).西安:西安电子科技大学出版社.2007.

3　Andrew S. Tanenbaum. Modern Operating Systems (3rd Edition). Prentice-Hall, International, Inc. 2007.

4　Andrew S. Tanenbaum, Albert S. Woodhull. Operating Systems:Design and Implementation (2nd Edition). Prentice-Hall, International, Inc. 2006.

5　陆松年,薛质等.操作系统教程(第3版):原理、应用、开发、系统、网络管理.北京:电子工业出版社.2010.

6　胡希明.UNIX结构分析(核心代码的结构与算法).杭州:浙江大学出版社.2002.

7　张红光,李福才.UNIX操作系统教程.北京:机械工业出版社.2010.

8　陆松年,訾小超等.操作系统实验教程.北京:电子工业出版社.2010.

9　Robert Love. Linux Kernel Development (3rd Edition). Addison-Wesley Professional. 2010.

10　Daniel P. Bovet,Marco Cesati. Understanding the Linux Kernel (3rd Edition). O'Reilly Media, Inc. 2005.

11　Michael Beck,Harald Bohme, et al. Linux Kernel Programming (3rd Edition). Addison-Wesley Professional. 2002.

12　Stevens W. Richard,Fenner Bill,Rudoff Andrew M. UNIX 网络编程(卷1):套接字联网 API(英文版第3版).北京:人民邮电出版社.2009.

13　Stevens W. Richard. UNIX 网络编程(卷2):进程间通信(英文版 第2版).北京:人民邮电出版社.2009.

14　Stevens W. Richard,Stevens A. Rango. UNIX 环境高级编程(英文版 第2版).北京:人民邮电出版社.2006.

15　W. Richard Stevens. TCP/IP 详解(卷1):协议.北京:机械工业出版社.2007.

16　Gary R. Wright,W. Richard Stevens. TCP/IP 详解(卷2):实现.北京:机械工业出版社.2008.

17　W. Richard Stevens. TCP/IP 详解(卷3):TCP 事务协议、HTTP、NNTP 和 UNIX 域协议.北京:机械工业出版社.2000.

18　周明德等.保护模式下的80386及编程.北京:清华大学出版社.1994.

19　周明德,张淑玲.UNIX 系统下的80386.北京:清华大学出版社.1994.

20　曹桂平.Linux 内核网络栈源代码情景分析.北京:人民邮电出版社.2010.

21　Christian Benvenuti. 深入理解 Linux 网络技术内幕.北京:中国电力出版社.2009.

22　Corbet J. Linux 设备驱动程序(第三版).北京:中国电力出版社.2006.

23　沈昌祥.信息安全导论.北京:电子工业出版社.2009.

24　胡道元,闵京华.网络安全(第2版).北京:清华大学出版社.2008.

25　Schneier B. 应用密码学:协议、算法与 C 源程序.北京:机械工业出版社.2003.

26　熊平,朱天清.信息安全原理及应用.北京:清华大学出版社.2009.

27　贾春福,郑鹏.操作系统安全.武汉:武汉大学出版社.2006.

28　林果园,张爱娟等.操作系统安全.北京:北京邮电大学出版社.2010.

29　Stallings W. 密码编码学与网络安全——原理与实践(第四版).北京:电子工业出版社.2006.

30　梁亚声等.计算机网络安全教程(第2版).北京：机械工业出版社.2008.

31　Gregg,M.堆栈攻击——八层网络安全防御.北京：人民邮电出版社.2008.

32　Forouzan B. A.密码学与网络安全.北京：清华大学出版社.2009.

33　William Stallings.网络安全基础：应用与标准(第4版).北京：清华大学出版社.2010.

34　张玉清,陈深龙,杨彬.网络攻击与防御技术实验教程.北京：清华大学出版社.2010.

35　Zalewski M.网络安全之道：被动侦查和间接攻击实用指南.北京：水利水电出版社.2007.

36　Michael Rash. Linux防火墙.北京：人民邮电出版社.2009.

37　吴秀梅.防火墙技术及应用教程.北京：清华大学出版社.2010.

38　阎慧,王伟等.防火墙原理与技术.北京：机械工业出版社.2004.

39　杨义先,钮心忻.入侵检测理论与技术.北京：北京高等教育出版社.2006.

40　胡昌振.网络入侵检测原理与技术.北京：北京理工大学出版社.2006.

41　Thomas H. Cormen,Charles E. Leiserson,et al.算法导论(第二版).北京：机械工业出版社.2006.

42　http://www. netfilter. org/.

43　http://sourceforge. net/projects/libpcap/.

44　http://libnet. sourceforge. net/.

21 世纪高等学校数字媒体专业规划教材

ISBN	书　　名	定价(元)
9787302224877	数字动画编导制作	29.50
9787302222651	数字图像处理技术	35.00
9787302218562	动态网页设计与制作	35.00
9787302222644	J2ME 手机游戏开发技术与实践	36.00
9787302217343	Flash 多媒体课件制作教程	29.50
9787302208037	Photoshop CS4 中文版上机必做练习	99.00
9787302210399	数字音视频资源的设计与制作	25.00
9787302201076	Flash 动画设计与制作	29.50
9787302174530	网页设计与制作	29.50
9787302185406	网页设计与制作实践教程	35.00
9787302180319	非线性编辑原理与技术	25.00
9787302168119	数字媒体技术导论	32.00
9787302155188	多媒体技术与应用	25.00

以上教材样书可以免费赠送给授课教师，如果需要，请发电子邮件与我们联系。

教学资源支持

敬爱的教师：

感谢您一直以来对清华版计算机教材的支持和爱护。为了配合本课程的教学需要，本教材配有配套的电子教案(素材)，有需求的教师可以与我们联系，我们将向使用本教材进行教学的教师免费赠送电子教案(素材)，希望有助于教学活动的开展。

相关信息请拨打电话 010-62776969 或发送电子邮件至 weijj@tup.tsinghua.edu.cn 咨询，也可以到清华大学出版社主页(http://www.tup.com.cn 或 http://www.tup.tsinghua.edu.cn)上查询和下载。

如果您在使用本教材的过程中遇到了什么问题，或者有相关教材出版计划，也请您发邮件或来信告诉我们，以便我们更好地为您服务。

地址：北京市海淀区双清路学研大厦 A 座 708 室　　计算机与信息分社魏江江　收
邮编：100084　　　　　　　　　　电子邮件：weijj@tup.tsinghua.edu.cn
电话：010-62770175-4604　　　　　邮购电话：010-62786544

《网页设计与制作》目录

ISBN 978-7-302-17453-0　　蔡立燕　梁　芳　主编

图书简介：

Dreamweaver 8、Fireworks 8 和 Flash 8 是 Macromedia 公司为网页制作人员研制的新一代网页设计软件，被称为网页制作"三剑客"。它们在专业网页制作、网页图形处理、矢量动画以及 Web 编程等领域中占有十分重要的地位。

本书共 11 章，从基础网络知识出发，从网站规划开始，重点介绍了使用"网页三剑客"制作网页的方法。内容包括了网页设计基础、HTML 语言基础、使用 Dreamweaver 8 管理站点和制作网页、使用 Fireworks 8 处理网页图像、使用 Flash 8 制作动画、动态交互式网页的制作，以及网站制作的综合应用。

本书遵循循序渐进的原则，通过实例结合基础知识讲解的方法介绍了网页设计与制作的基础知识和基本操作技能，在每章的后面都提供了配套的习题。

为了方便教学和读者上机操作练习，作者还编写了《网页设计与制作实践教程》一书，作为与本书配套的实验教材。另外，还有与本书配套的电子课件，供教师教学参考。

本书适合应用型本科院校、高职高专院校作为教材使用，也可作为自学网页制作技术的教材使用。

目　　录：

第1章　网页设计基础
　1.1　Internet 的基础知识
　1.2　IP 地址和 Internet 域名
　1.3　网页浏览原理
　1.4　网站规划与网页设计
　习题
第2章　网页设计语言基础
　2.1　HTML 语言简介
　2.2　基本页面布局
　2.3　文本修饰
　2.4　超链接
　2.5　图像处理
　2.6　表格
　2.7　多窗口页面
　习题
第3章　初识 Dreamweaver
　3.1　Dreamweaver 窗口的基本结构
　3.2　建立站点
　3.3　编辑一个简单的主页
　习题
第4章　文档创建与设置
　4.1　插入文本和媒体对象
　4.2　在网页中使用超链接
　4.3　制作一个简单的网页
　习题
第5章　表格与框架
　5.1　表格的基本知识
　5.2　框架的使用
　习题
第6章　用 CCS 美化网页
　6.1　CSS 基础
　6.2　创建 CSS
　6.3　CSS 基本应用
　6.4　链接外部 CSS 样式文件
　习题
第7章　网页布局设计
　7.1　用表格布局页面

　7.2　用层布局页面
　7.3　框架布局页面
　7.4　表格与层的相互转换
　7.5　DIV 和 CSS 布局
　习题
第8章　Flash 动画制作
　8.1　Flash 8 概述
　8.2　绘图基础
　8.3　元件和实例
　8.4　常见 Flash 动画
　8.5　动作脚本入门
　8.6　动画发布
　习题
第9章　Fireworks 8 图像处理
　9.1　Fireworks 8 工作界面
　9.2　编辑区
　9.3　绘图工具
　9.4　文本工具
　9.5　蒙版的应用
　9.6　滤镜的应用
　9.7　网页元素的应用
　9.8　GIF 动画
　习题
第10章　表单及 ASP 动态网页的制作
　10.1　ASP 编程语言
　10.2　安装和配置 Web 服务器
　10.3　制作表单
　10.4　网站数据库
　10.5　Dreamweaver＋ASP 制作动态
网页
　习题
第11章　三剑客综合实例
　11.1　在 Fireworks 中制作网页图形
　11.2　切割网页图形
　11.3　在 Dreamweaver 中编辑网页
　11.4　在 Flash 中制作动画
　11.5　在 Dreamweaver 中完善网页